H. Gruber, R. Neumann

Erfolg im Mathe-Abi

Basiswissen
Rheinland-Pfalz

Übungsbuch für den
Grund- und Leistungskurs
mit Tipps und Lösungen

W0354715

Freiburger Verlag

Gedruckt auf chlorfrei gebleichtem Papier
mit umweltfreundlichem Strom der EWS Schönau
* Printed in Germany *

Vorwort

Erfolg von Anfang an

Dieses Übungsbuch ist auf die Anforderungen des Mathematik-Abiturs in Rheinland-Pfalz abgestimmt und enthält alle Themenbereiche Analysis, Lineare Algebra/ Analytische Geometrie mit Matrizen und Stochastik. Alle nur für den Leistungskurs relevanten Aufgaben sind mit **«LK»** gekennzeichnet.

Viele der Aufgaben lassen sich ohne Taschenrechner lösen und fördern das Grundwissen und die Grundkompetenzen in Mathematik, vom einfachen Rechnen und Formelanwenden bis zu gedanklichen Zusammenhängen. Die weiterführenden Aufgaben fördern die Vernetzung des Gelernten sowie die Übertragung auf komplexere, anwendungsorientierte Aufgaben. Das Übungsbuch ist eine Hilfe zum Selbstlernen (learning by doing) und bietet die Möglichkeit, sich intensiv auf die Prüfung vorzubereiten und gezielt Themen zu vertiefen. Hat man Erfolg bei den grundlegenden Aufgaben, machen Mathematik und Lernen wieder mehr Spaß.

Die Wahlpflichtthemen

In den Gebieten Lineare Algebra/ Analytische Geometrie und Stochastik gibt es Wahlpflichtthemen, d.h. im Unterricht werden zum Teil nur bestimmte Aspekte eines Gebietes behandelt. Eine kurze Übersicht über die relevanten Kapitel befindet sich am Anfang der Aufgabenteile.

Der blaue Tippteil

Hat man keine Idee, wie man eine Aufgabe angehen soll, hilft der blaue Tippteil in der Mitte des Buches weiter: Zu jeder Aufgabe gibt es dort Tipps, die helfen, einen Ansatz zu finden, ohne die Lösung vorwegzunehmen.

Wie arbeitet man mit diesem Buch?

Am Anfang jedes Kapitels befindet sich eine kurze Übersicht über die jeweiligen Themen. Die einzelnen Kapitel bauen zwar aufeinander auf, doch ist es nicht zwingend notwendig, das Buch der Reihe nach durchzuarbeiten. Die Aufgaben sind in der Regel in ihrer Schwierigkeit gestaffelt. Von fast jeder Aufgabe gibt es mehrere Variationen zum Vertiefen. In der Mitte des Buches befindet sich der blaue Tippteil mit Denk- und Lösungshilfen. Die Lösungen mit ausführlichem Lösungsweg bilden den dritten Teil des Übungsbuchs. Hier findet man die notwendigen Formeln, Rechenverfahren und Denkschritte sowie sinvolle alternative Lösungswege.

Allen Schülerinnen und Schülern, die sich auf das Abitur vorbereiten, wünschen wir viel Erfolg.

Helmut Gruber und Robert Neumann

Themenübersicht für die Jahrgangsstufen 11 bis 13

Grundfach

Grenzwerte
Differentialrechnung
Integralrechnung
Exponentialfunktionen

Lineare Algebra / Analytische Geometrie

wahlweise

- Geraden und Ebenen im Raum
- Geometrische Abbildungen und Matrizen
- Matrizen in praktischen Anwendungen

Stochastik 1

Stochastik 2

wahlweise

- Simulation von Zufallsexperimenten
- Testen von Hypothesen
- Schätzen von Wahrscheinlichkeiten

Leistungsfach

Grenzwerte
Differentialrechnung
Integralrechnung
Weiterführung der Differential- und Integralrechnung

Lineare Algebra / Analytische Geometrie

wahlweise

- Vektorielle analytische Geometrie
- Vektoren und Matrizen
- Vektorräume und lineare Abbildungen - Anwendungen

Stochastik

Inhaltsverzeichnis

Analysis

1 Von der Gleichung zur Kurve

Tipps ab Seite 97, Lösungen ab Seite 153

Funktionale Betrachtungen
Kenntnis grundlegender Funktionstypen
Skizze des Graphs einer Funktion aus dem Funktionsterm

Es geht in diesem Kapitel darum, aus einer gegebenen Funktionsgleichung den zugehörigen Graph zu skizzieren. Dazu ist es nötig, dass Sie die Graphen grundlegender Funktionstypen kennen.

Tipp: Skizzieren Sie zuerst den Graphen der zugehörigen Grundfunktion und anschließend schrittweise eine eventuelle Spiegelung, Streckung/Stauchung sowie die Verschiebungen in x-bzw. y-Richtung.

1.1 Ganzrationale Funktionen

Skizzieren Sie die Graphen folgender Funktionen und bestimmen Sie die Schnittpunkte mit den Koordinatenachsen.

a) $f(x) = \frac{1}{2}x + 1$ b) $f(x) = -\frac{3}{4}x$ c) $f(x) = -x + 1$

d) $f(x) = (x-1)^2 - 4$ e) $f(x) = -x^2 + 4$ f) $f(x) = -(x+1)^2 + 1$

g) $f(x) = (x-1)^3 + 1$ h) $f(x) = -(x+1)^3$ i) $f(x) = 2x^3 - 2$

1.2 Exponentialfunktionen

Skizzieren Sie den Graphen folgender Funktionen und bestimmen Sie jeweils die Asymptote.

a) $f(x) = e^{x-1} + 1$ b) $f(x) = -e^{x-1} + 1$ c) $f(x) = e^{-(x-1)} + 2$

d) $f(x) = -e^{-x+1} + 1$

1.3 LK: Gebrochenrationale Funktionen

Skizzieren Sie die Graphen von folgenden Funktionen und bestimmen Sie jeweils die Asymptoten.

a) $f(x) = \frac{1}{x+1} + 2$ b) $f(x) = -\frac{1}{x-1}$ c) $f(x) = -\frac{1}{x-1} - 2$

d) $f(x) = \frac{1}{(x+1)^2} - 1$ e) $f(x) = -\frac{1}{(x+1)^2}$ f) $f(x) = -\frac{1}{(x-1)^2} + 2$

1.4 LK: Logarithmusfunktionen

Skizzieren Sie die Graphen von folgenden Funktionen und geben Sie jeweils den Definitionsbereich und die Asymptoten an.

a) $f(x) = \ln x + 2$ b) $f(x) = \ln(x+2)$ c) $f(x) = -\ln x - 1$

d) $f(x) = -\ln(x-1) + 1$

1.5 LK: Trigonometrische Funktionen

Skizzieren Sie die Graphen von folgenden Funktionen und geben Sie jeweils die Periode an.

a) $f(x) = 2\sin x$ b) $f(x) = \frac{1}{2}\cos x$ c) $f(x) = \sin(2x)$

d) $f(x) = -\sin(2x) + 1$ e) $f(x) = \sin(x+1)$ f) $f(x) = \frac{1}{2}\sin(2x) + \frac{3}{2}$

2 Aufstellen von Funktionen mit Randbedingungen

Tipps ab Seite 98, Lösungen ab Seite 161

Funktionale Betrachtungen
Aufstellen von Funktionsgleichungen ganzrationaler, gebrochenrationaler Funktionen und Exponentialfunktionen mit Randbedingungen

Tipp: Stellen Sie zuerst die allgemeine Funktionsgleichung und ihre Ableitungen auf. Aus dieser können Sie die Anzahl der benötigten Parameter leicht ablesen. Für jede zu bestimmende Unbekannte brauchen Sie eine «Information», z.B. $f'(3) = 0$. Aus jeder dieser «Informationen» ergibt sich eine Gleichung.

2.1 Ganzrationale Funktionen

a) Eine Parabel geht durch $P_1\,(0 \mid 4)$, $P_2\,(1 \mid 0)$ und $P_3\,(2 \mid 18)$. Bestimmen Sie die Gleichung dieser Parabel.

b) Eine Parabel hat den Hochpunkt $M\,(1 \mid 3)$ und geht durch $Q\,(0 \mid 2)$. Bestimmen Sie die Gleichung der Parabel.

c) Eine zur y-Achse symmetrische Parabel hat in $P\,(1 \mid 6)$ die Steigung 2. Bestimmen Sie die Gleichung der Parabel.

d) Eine zur y-Achse symmetrische Parabel schneidet die x-Achse an der Stelle $x = \sqrt{3}$ und geht durch $T\,(0 \mid -3)$. Bestimmen Sie die Gleichung der dazugehörigen Funktion.

e) Der Graph einer ganzrationalen Funktion 3. Grades hat den Wendepunkt $W\,(0 \mid 0)$ und den Hochpunkt $H\,(2 \mid 2)$. Bestimmen Sie die Gleichung der Funktion.

f) Eine Parabel dritten Grades (kubische Parabel) hat im Punkt $P\,(0 \mid 1)$ die Steigung $m_P = -1$; ihr Wendepunkt ist $W\,(-1 \mid 4)$. Bestimmen Sie die Gleichung dieser Parabel.

g) Bestimmen Sie a und b so, dass der Graph der Funktion f mit $f(x) = ax^4 + bx^2$ den Wendepunkt $W\,(1 \mid -2{,}5)$ hat.

2.2 Exponentialfunktionen

Die allgemeine e-Funktion für natürliches exponentielles Wachstum hat die Gestalt: $f(x) = a \cdot e^{kx}$.
Bestimmen Sie bei den folgenden Aufgaben jeweils die Parameter a und k.

a) Eine e-Funktion geht durch die Punkte $\mathrm{P}(0 \mid 2)$ und $\mathrm{Q}\left(4 \mid 2e^{12}\right)$.

b) Eine e-Funktion geht durch die Punkte $\mathrm{A}(0 \mid 3)$ und $\mathrm{B}\left(2 \mid 3e^{8}\right)$.

c) Bei einer e-Funktion ist $f'(0) = 6$ und $f(0) = 3$.

d) Bei einer e-Funktion ist $f'(0) = 4$ und $f(0) = 2$.

e) Eine e-Funktion hat den Anfangswert $f(0) = 5$ und für $x = 0$ die Steigung 10.

2.3 LK: Gebrochenrationale Funktionen

a) Der Graph einer gebrochenrationalen Funktion hat eine Polstelle mit Vorzeichenwechsel (abgekürzt: VZW) bei $x = 1$, die Gerade mit der Gleichung $y = 4$ ist die waagerechte Asymptote und der Punkt $\mathrm{P}(2 \mid 6)$ liegt auf der Kurve. Bestimmen Sie eine mögliche Funktionsgleichung.

b) Der Graph einer gebrochenrationalen Funktion hat eine Polstelle ohne VZW bei $x = 2$, die Gerade mit der Gleichung $y = x + 1$ ist die schiefe Asymptote und der Punkt $\mathrm{Q}(3 \mid 2)$ liegt auf der Kurve. Bestimmen Sie eine mögliche Funktionsgleichung.

c) Der Graph einer gebrochenrationalen Funktion besitzt Polstellen mit VZW bei $x_1 = 1$ und $x_2 = -1$, die Gerade mit der Gleichung $y = 2x - 3$ ist die schiefe Asymptote und der Punkt $\mathrm{R}(2 \mid 3)$ liegt auf der Kurve. Bestimmen Sie eine mögliche Funktionsgleichung.

d) Der Graph einer gebrochenrationalen Funktion hat eine Polstelle mit VZW bei $x_1 = 1$, eine Polstelle ohne VZW bei $x_2 = 2$, die Gerade mit der Gleichung $y = 3x - 2$ ist die schiefe Asymptote und der Punkt $\mathrm{P}(0 \mid 1)$ liegt auf der Kurve. Bestimmen Sie eine mögliche Funktionsgleichung.

3 Von der Kurve zur Gleichung

Tipps ab Seite 99, Lösungen ab Seite 165

Funktionale Betrachtungen
Kenntnis wichtiger Funktionstypen. Translation (Verschiebung) horizontal und vertikal
Auffinden des Funktionsterms bei gegebenem Graph

In diesem Kapitel geht es darum, dass Sie aus dem Graph einen möglichen Funktionsterm bestimmen. Dabei spielt die horizontale und vertikale Translation (Verschiebung) eine große Rolle. D.h. ein Graph einer Funktion, die einen relativ einfachen Funktionsterm besitzen kann (wie z.B. $f(x) = x^2$), wird in die eine oder andere Richtung verschoben. Dadurch wird der Funktionsterm komplexer. Bei den gebrochenrationalen Funktionen ist gefragt, dass Sie aus den charakteristischen Punkten der Funktion (Polstellen, Schnittpunkten mit den Achsen, Verhalten für $x \to \pm\infty$) einen Funktionsterm erstellen können.

3.1 Ganzrationale Funktionen

Nachfolgend sind die Graphen einiger Funktionen angegeben. Bestimmen Sie einen möglichen Funktionsterm.

a)

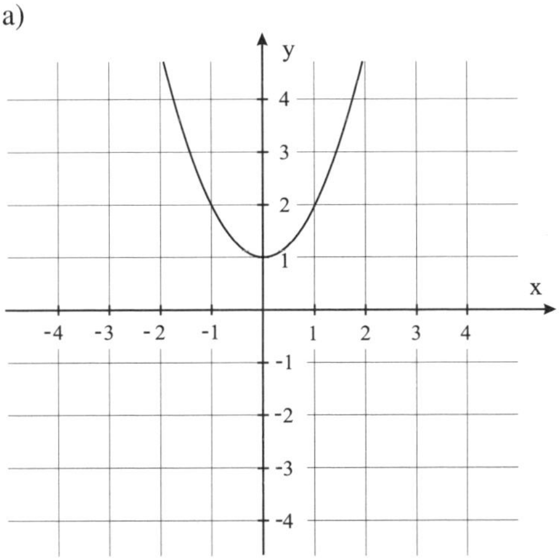

b)

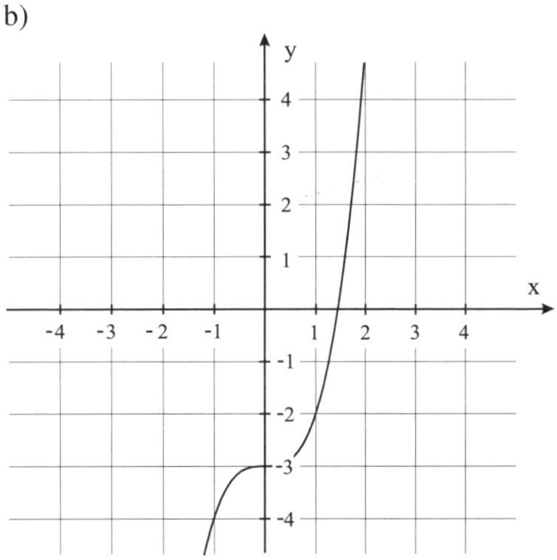

c)

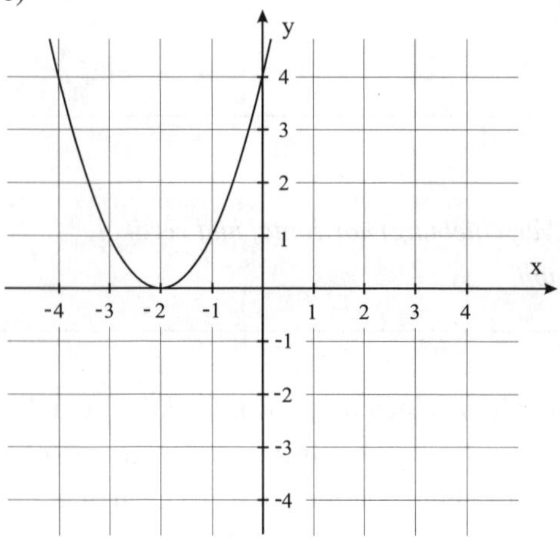
y
x
-4 -3 -2 -1 1 2 3 4
4 3 2 1 -1 -2 -3 -4

d)

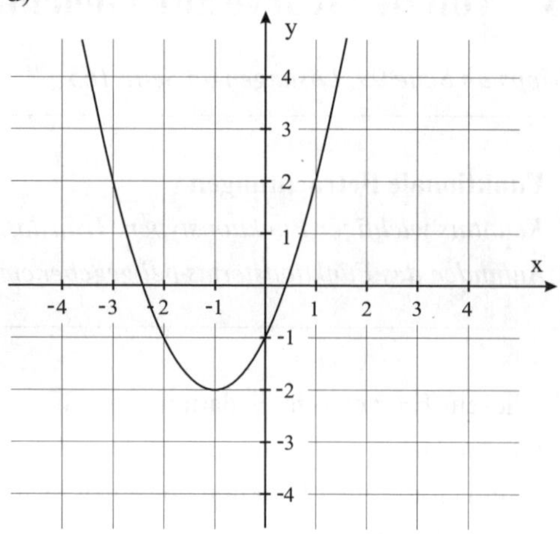
y
x
-4 -3 -2 -1 1 2 3 4
4 3 2 1 -1 -2 -3 -4

e)

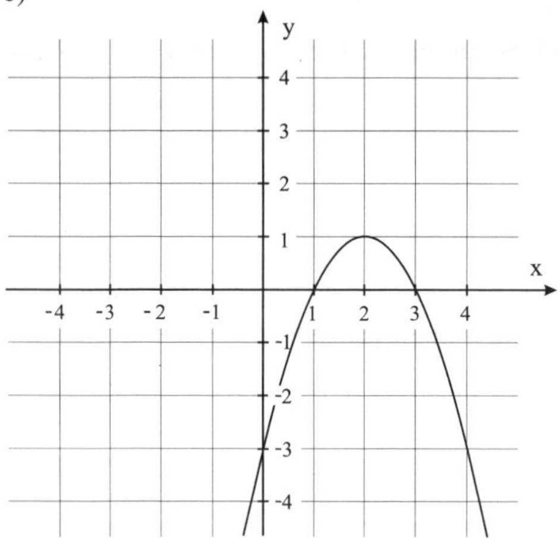
y
x
-4 -3 -2 -1 1 2 3 4
4 3 2 1 -1 -2 -3 -4

f)

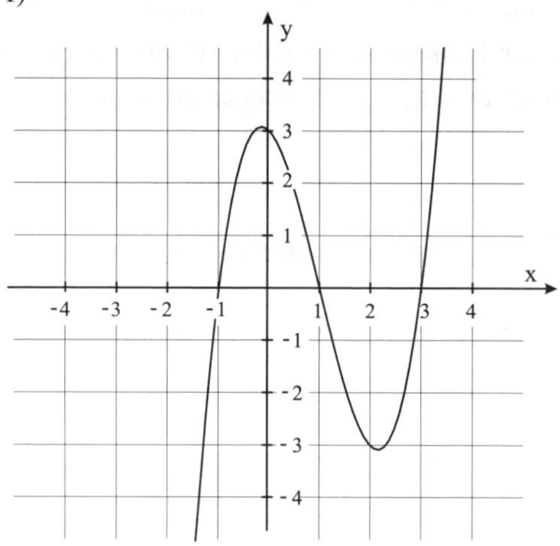
y
x
-4 -3 -2 -1 1 2 3 4
4 3 2 1 -1 -2 -3 -4

g)

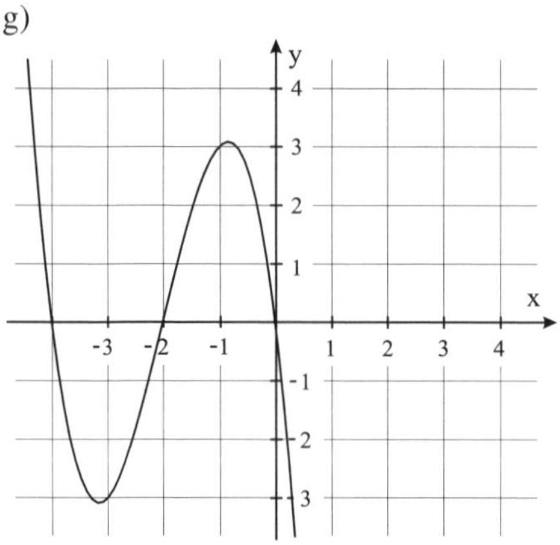
y
x
-3 -2 -1 1 2 3 4
4 3 2 1 -1 2 3

h)

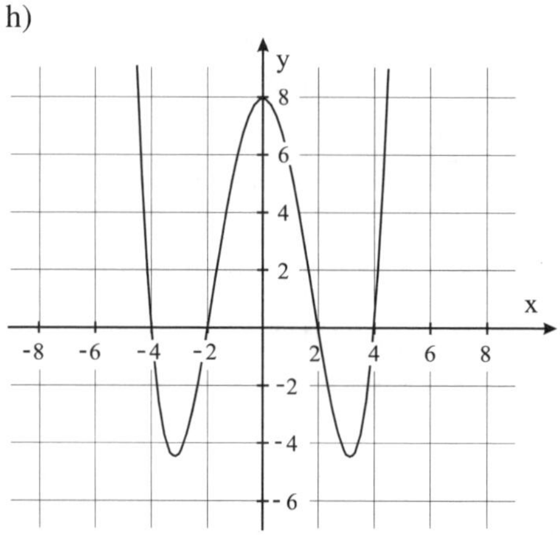
y
x
-8 -6 -4 -2 2 4 6 8
8 6 4 2 -2 -4 -6

3.2 LK: Gebrochenrationale Funktionen

Nachfolgend sind die Graphen von einigen Funktionen angegeben. Bestimmen Sie einen möglichen Funktionsterm.

Tipp: Überlegen Sie, ob es sich bei den gegebenen Graphen um nach rechts/links oder oben/unten verschobene gebrochenrationale Grundfunktionen handelt. Ansonsten bestimmen Sie die Polstellen (mit bzw. ohne Vorzeichenwechsel), die waagerechte bzw. schiefe Asymptote und die Koordinaten eines gegebenen Punktes des Graphen.

a)

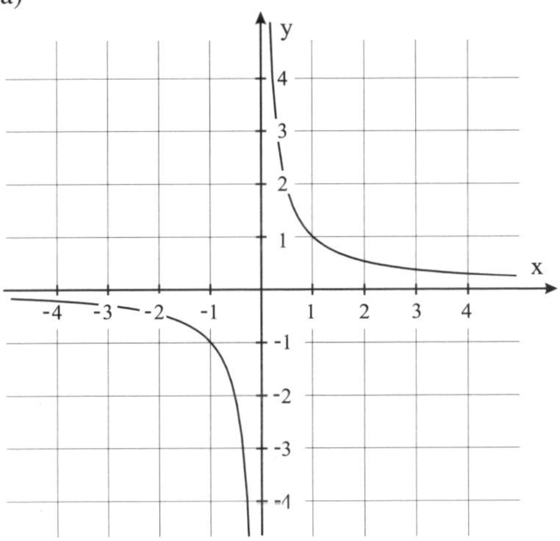

b)

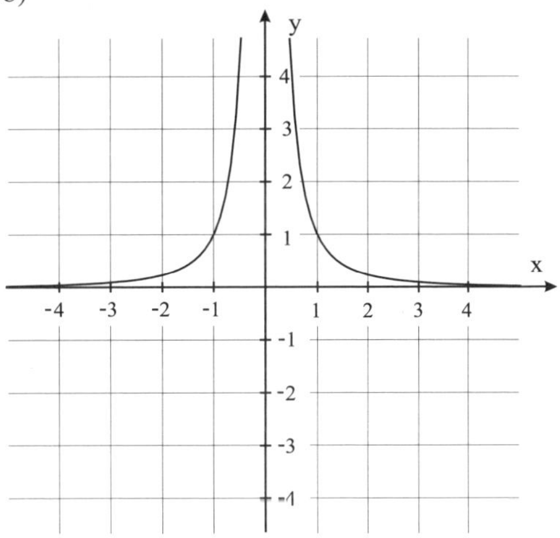

c)

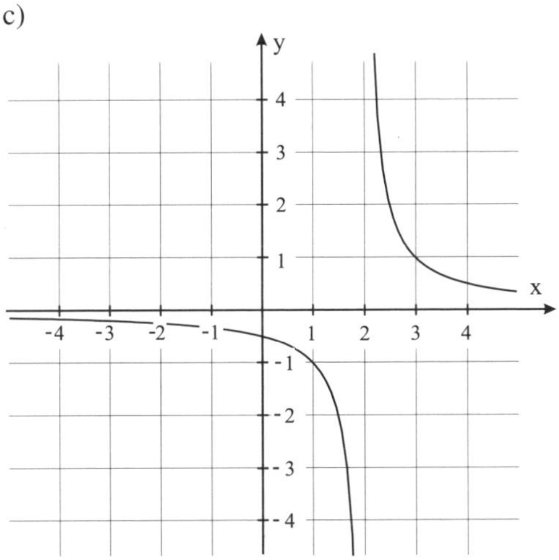

d)

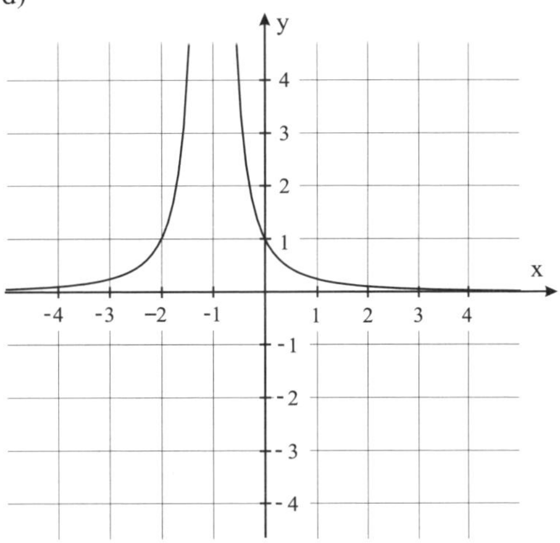

e)

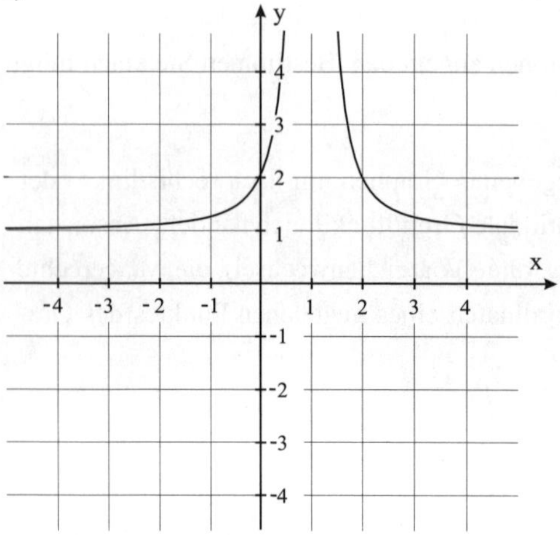

f)

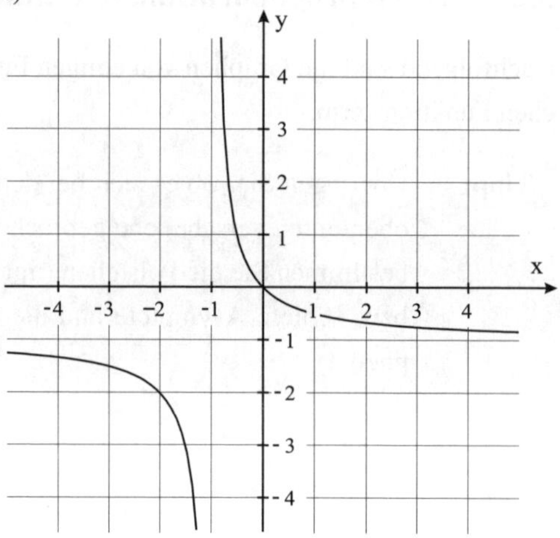

4 Differenzieren

Tipps ab Seite 100, Lösungen ab Seite 169

Algorithmische Grundkenntnisse zur Differentiation
Ableitungen von Funktionen (ganzrationale, gebrochenrationale, e-Funktionen, Logarithmusfunktionen, Produkt-, Quotienten- und Kettenregel)

Tipp: Um die Ableitungsregeln immer «parat» zu haben: Verwenden Sie Vokabelkärtchen und lernen Sie diese auswendig so, wie Sie Vokabeln auswendig lernen würden.

Leiten Sie alle angegebenen Funktionen einmal ab und vereinfachen Sie die entstehenden Terme:

4.1 Ganzrationale Funktionen

a) $f(x) = 4x^5 - 2x^3$ b) $f(x) = 2ax^3 - 6a^2x^2$ c) $f(x) = t^2x^4 - 3t^3x^2 + 4t^2$

d) $f(x) = (4x+1)^3$ e) $f(x) = \left(2x^2+a\right)^4$ f) $f(x) = \left(2ax^3+3\right)^3$

g) $f(x) = (x-1)\cdot(x-k)^2$ h) $f(x) = 2ax\cdot(x-a)^2$

4.2 Exponentialfunktionen

a) $f(x) = 3x^2\cdot e^{-4x}$ b) $f(x) = \frac{1}{2}x^3\cdot e^{2x}$ c) $f(x) = (2x+5)e^{-x}$

d) $f(x) = (x+k)e^{-kx}$ e) $f(x) = (4x+e^{-x})^2$ f) $f(x) = \left(x^2+e^{2x}\right)^2$

g) $f(x) = (e^x+e^{-x})^2$ h) $f(x) = \left(2k+e^{-2x}\right)^2$

4.3 LK: Gebrochenrationale Funktionen

Leiten Sie alle angegebenen Funktionen einmal ab:

a) $f(x) = \frac{4}{(2x+1)^2}$ b) $f(x) = \frac{x}{(3x+2)^2}$ c) $f(x) = \frac{x^2}{(2x+1)^2}$ d) $f(x) = \frac{ax}{x^2+a}$

e) $f(x) = \frac{3x^2+2x-1}{x^2-1}$ f) $f(x) = \frac{x^3-2x^2+2}{x^2+1}$ g) $f(x) = \frac{2x^4-3x+1}{x^3+x}$ h) $f(x) = \frac{ax^2+2}{x^2+a}$

4.4 LK: Logarithmusfunktionen

Leiten Sie alle angegebenen Funktionen einmal ab:

a) $f(x) = \ln\left(2+3x^2\right)$ b) $f(x) = \ln\left(2x^2+x\right)$ c) $f(x) = \ln\left(4x^2-2x+1\right)$

d) $f(x) = \ln\left(ax^2+bx+c\right)$ e) $f(x) = 2x \cdot \ln(4+x)$ f) $f(x) = x^2 \cdot \ln\left(x^2+1\right)$

g) $f(x) = (2x-3)\ln(3x+2)$ h) $f(x) = \left(x^2-2x\right)\ln\left(x^2+1\right)$ i) $f(x) = \ln\left(x^2+t\right)$

4.5 LK: Gebrochene Exponentialfunktionen

Leiten Sie alle angegebenen Funktionen einmal ab:

a) $f(x) = \frac{3}{1+e^x}$ b) $f(x) = \frac{4}{1-e^{-x}}$ c) $f(x) = \frac{x}{2+e^{3x}}$ d) $f(x) = \frac{x^2}{1+e^{-x}}$

e) $f(x) = \frac{e^x}{2-e^{-x}}$ f) $f(x) = \frac{2e^{-x}}{1+e^x}$ g) $f(x) = \frac{e^x+e^{-x}}{1+e^x}$

4.6 LK: Gebrochene ln-Funktionen

Leiten Sie alle angegebenen Funktionen einmal ab:

a) $f(x) = \frac{2}{\ln x}$ b) $f(x) = \frac{2x}{\ln(ax)}$ c) $f(x) = \frac{3}{x \cdot \ln(ax)}$

d) $f(x) = \ln\left(\frac{1+x}{1-x}\right)$ e) $f(x) = \frac{\ln(2x)}{x^2}$ f) $f(x) = \frac{\ln(ax)}{2x+1}$

4.7 LK: Trigonometrische Funktionen

Leiten Sie alle angegebenen Funktionen einmal ab:

a) $f(x) = 2x \cdot \cos\left(\frac{1}{2}x^2+4\right)$ b) $f(x) = x^2 \cdot \sin(4x+3)$ c) $f(x) = (x^2-4) \cdot \sin\left(\frac{1}{3}x^2+2\right)$

d) $f(x) = x^2 \cdot \cos\left(\frac{1}{2}x-1\right)$ e) $f(x) = (x+\cos x)^2$ f) $f(x) = (\sin x + \cos x)^2$

g) $f(x) = \left(x^2-\sin x\right)^3$ h) $f(x) = (ax-\sin(ax))^2$

5 Gleichungslehre

Tipps ab Seite 101, Lösungen ab Seite 173

Gleichungslehre
Gleichungen höherer Ordnung, Lineare Gleichungssysteme, Polynomdivision

Sie sollten verschiedene Arten von Gleichungen lösen können. Dazu zählen vor allem quadratische Gleichungen und ihre Abwandlungen, wie z.B. Gleichungen, die auf quadratische Gleichungen führen, indem man eine Substitution durchführt, aber auch Gleichungen 3. Grades. Auch wenn man viele Gleichungen inzwischen mit dem GTR oder CAS lösen kann, ist es wichtig, diese Grundfertigkeiten zu beherrschen.

5.1 Gleichungen

Geben Sie die Lösungsmenge der Gleichungen an, dabei gilt für die Parameter: $a,\ t,\ k \in \mathbb{R}$

a) $x^2+3x-4=0$ b) $x^2+x-56=0$ c) $x^2+\frac{2}{5}x-\frac{3}{5}=0$

d) $(2x-5)e^{-x}=0$ e) $\left(x^2-4\right)e^{0,5x}=0$ f) $xe^x=0$

g) $(x-1)\cdot(x-a)^2=0$ h) $x^2\cdot(ax-4a)=0$ i) $(x-t)\,e^{-x}=0$

j) $(2x-4k)\,e^{2kx}=0$ k) $\left(kx^2-k\right)e^{-kx}=0$ l) $e^{2x}-6e^x+5=0$

m) $e^{4x}-5e^{2x}+6=0$ n) $2x^4-3x^3=0$ o) $x^4-3x^3+2x^2=0$

p) $x^4-4x^2+3=0$ q) $x^4-13x^2+36=0$ r) $x^3-4x=0$

s) $x^4-2x^2=0$ t) $x^3-5x^2+6x=0$

LK:

u) $2\cdot(1-\ln x)=1$ v) $\ln(3-x)=0$ w) $\ln(2x-3)=0$

5.2 Lineare Gleichungssysteme

Geben Sie die Lösungsmenge der folgenden linearen Gleichungssysteme an:

a)
$$\begin{array}{rcrcrcr} x_1 & + & 2x_2 & - & x_3 & = & 8 \\ -x_1 & + & x_2 & + & 2x_3 & = & 0 \\ -x_1 & - & 5x_2 & - & 4x_3 & = & -12 \end{array}$$

b)
$$\begin{array}{rcrcrcr} x_1 & + & 2x_2 & - & 2x_3 & = & 7 \\ x_1 & - & x_2 & - & 4x_3 & = & -9 \\ x_1 & + & 4x_2 & + & 3x_3 & = & 25 \end{array}$$

Tipp: Prüfen Sie immer zuerst, ob zwei Gleichungen ein Vielfaches voneinander sind. In diesem Fall wird eine der beiden Gleichungen gestrichen. Ein Gleichungssystem mit drei Variablen und zwei Gleichungen besitzt unendlich viele Lösungen (falls kein Widerspruch auftritt). In diesem Fall legt man eine Variable fest, z.B. $x_3 = t$ und rechnet die anderen Variablen in Abhängigkeit von diesem Parameter aus.

c) $$\begin{aligned} x_1 + x_2 + 7x_3 &= 2 \\ 2x_1 - x_2 - 3x_3 &= -5 \\ 4x_1 - x_2 + 4x_3 &= -7 \end{aligned}$$

d) $$\begin{aligned} x_1 + 2x_2 - x_3 &= 4 \\ -x_1 + 2x_2 - 3x_3 &= 6 \\ 2x_1 + 4x_2 - 2x_3 &= 8 \end{aligned}$$

e) $$\begin{aligned} x + 2y + z &= 4 \\ -x - 4y + z &= 7 \\ 2x + 8y - 2z &= 18 \end{aligned}$$

f) $$\begin{aligned} x - y + 2z &= 6 \\ -2x + 2y - 4z &= -12 \\ 2x + y + z &= 3 \end{aligned}$$

5.3 Polynomdivision

Tipp: Um eine Polynomdivision durchführen zu können, brauchen Sie zuerst eine Lösung der zu untersuchenden Gleichung. Diese findet man durch «systematisches Probieren». Setzen Sie einige einfache Zahlen ($\pm 1, \pm 2, ...$) für x in die Gleichung ein und prüfen Sie, ob diese die Gleichung lösen.

Zerlegen Sie die Gleichungen in Linearfaktoren, indem Sie eine Polynomdivision durchführen und bestimmen Sie alle Lösungen der Gleichungen:

a) $x^3 - 2x^2 - 5x + 6 = 0$ b) $x^3 + 3x^2 - 6x - 8 = 0$ c) $x^3 + 0,5x^2 - 3,5x - 3 = 0$

d) $x^3 - 4,5x^2 + 3,5x + 3 = 0$ e) $x^4 - x^3 - 13x^2 + x + 12 = 0$

5.4 LK: Trigonometrische Gleichungen

Bestimmen Sie für das angegebene Intervall jeweils die Lösungsmenge der Gleichung:

a) $\sin(3x) = 1;\; x \in [0; 2\pi]$ b) $\sin(4x) = 0;\; x \in [0; \pi]$

c) $\cos(2x) = -1;\; x \in [0; 2\pi]$ d) $\cos(3x) = 0;\; x \in [0; \pi]$

e) $\sin(x - \pi) = 0;\; x \in [0; 2\pi]$ f) $\sin(2x - \pi) = 1;\; x \in [0; 2\pi]$

g) $\cos(2x + \pi) = -1;\; x \in [0; 2\pi]$ h) $\cos(2x + \pi) = 0;\; x \in [0; \pi]$

i) $(x - t) \cdot \sin x = 0;\; x \in [0; \pi];\; 0 \leqslant t \leqslant \pi$ j) $(2a - x) \cdot \cos x = 0;\; x \in [0; \pi];\; 0 \leqslant a \leqslant \frac{\pi}{2}$

k) $ax \cdot \sin x = 0;\; x \in [0; 2\pi];\; a > 0$ l) $tx \cdot \cos x = 0;\; x \in [0; \pi];\; t > 0$

6 Eigenschaften von Kurven

Tipps ab Seite 103, Lösungen ab Seite 182

Funktionale Betrachtungen
Graphische Differentiation
Interpretation charakteristischer Eigenschaften einer Funktion anhand ihres Graphen
Verständnis von f' *bzw.* f'' *und* F

6.1 Graph der Ableitungsfunktion, Aussagen bewerten

Nachfolgend finden Sie Graphen von Funktionen. Skizzieren Sie zu jeder Funktion den Graphen der Ableitungsfunktion in das Koordinatensystem und bewerten Sie die angegeben Aussagen.

Tipp: Die Ableitung sollte sich nicht nur grob an der Funktion orientieren, sondern den Steigungsverlauf relativ genau wiedergeben. Ermitteln Sie daher die Steigung nicht nur in den wichtigen Punkten durch Anlegen einer Tangente (mit Hilfe z.B. eines Lineals oder eines Stiftes) und «Abzählen» der Steigung (Kästchen zählen).
Dazu sind die Gitternetzlinien sehr hilfreich. Sind sie nicht bei einer Aufgabe vorhanden, zeichnen Sie sich diese unbedingt dazu.

6.1.1 f_1 bis f_4

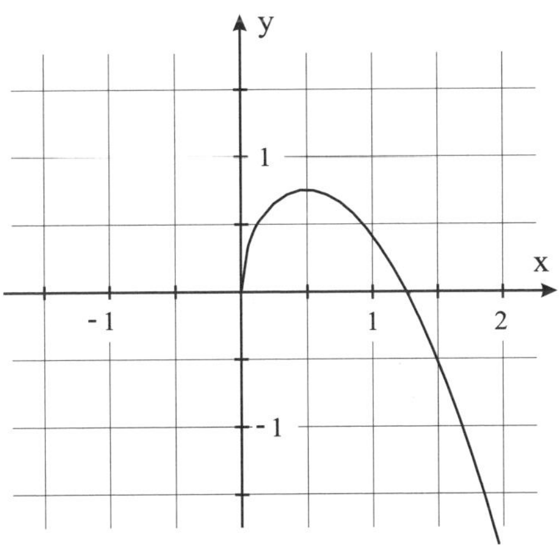

f_1

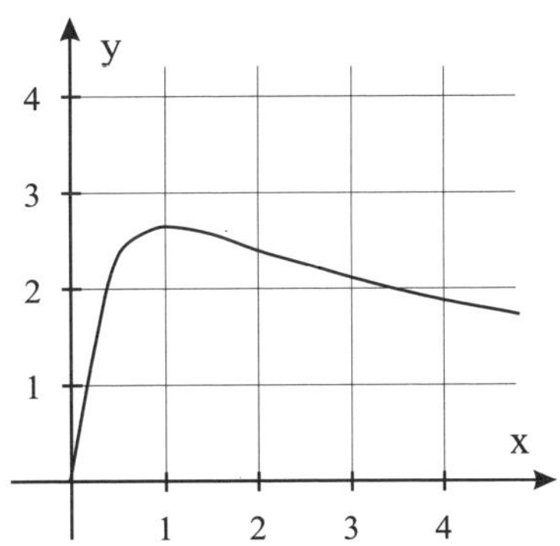

f_2

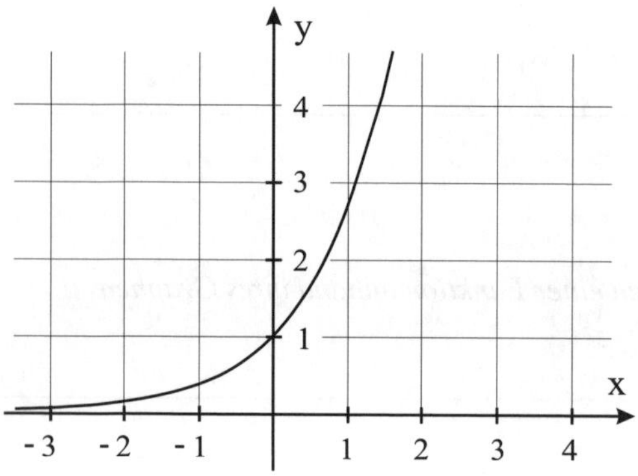

f_3

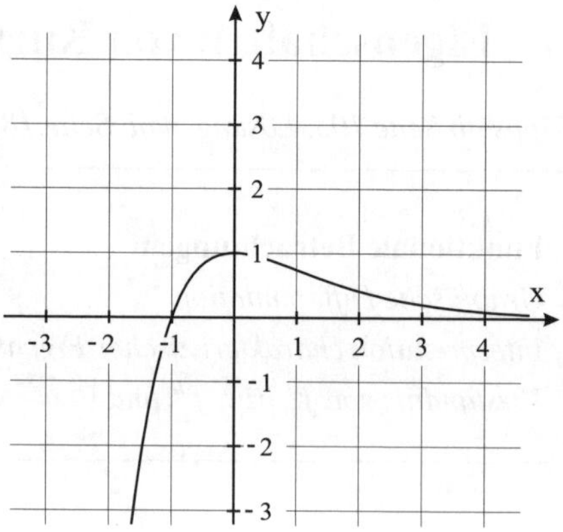

f_4

a) Zeichnen Sie die Graphen der ersten Ableitung in das Koordinatensystem.

b) Nebenstehend finden Sie mehrere Aussagen. Streichen Sie die Funktionen aus, auf die die Aussagen nicht zutreffen.

f' hat für $x = 1$ ein relatives Maximum	f_1	f_2	f_3	f_4
f' ist für $x > 0$ monoton fallend	f_1	f_2	f_3	f_4
f' ist für $x > 0$ monoton steigend	f_1	f_2	f_3	f_4
f' ist für $x > 1$ negativ	f_1	f_2	f_3	f_4

6.1.2 f_5 bis f_8

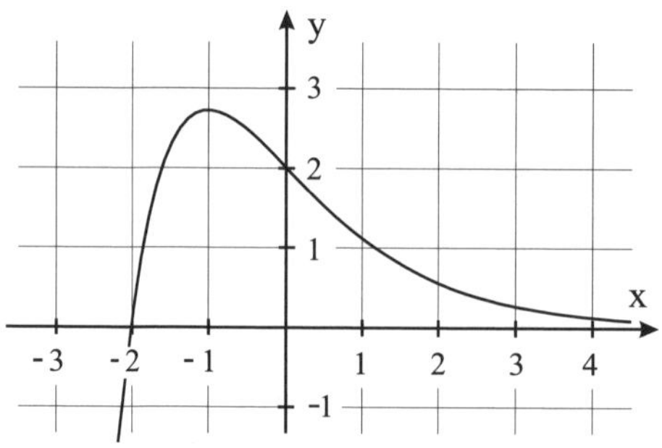

f_5

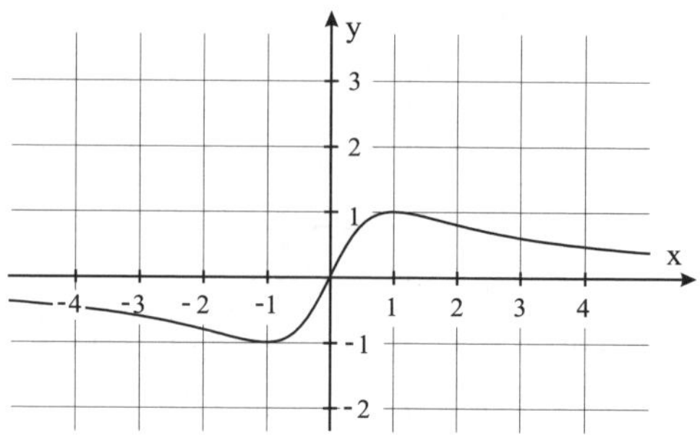

f_6

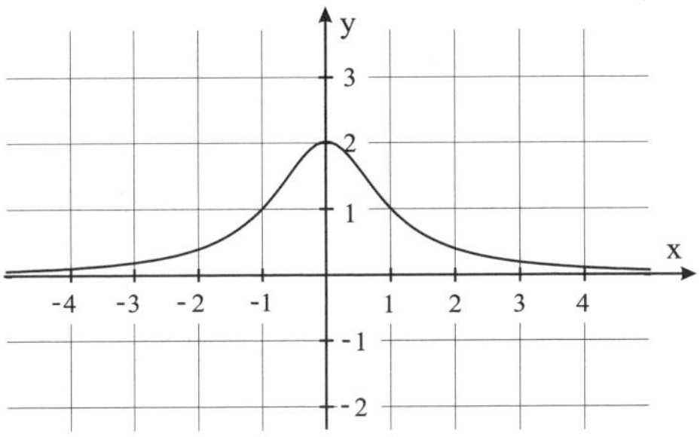

f_7

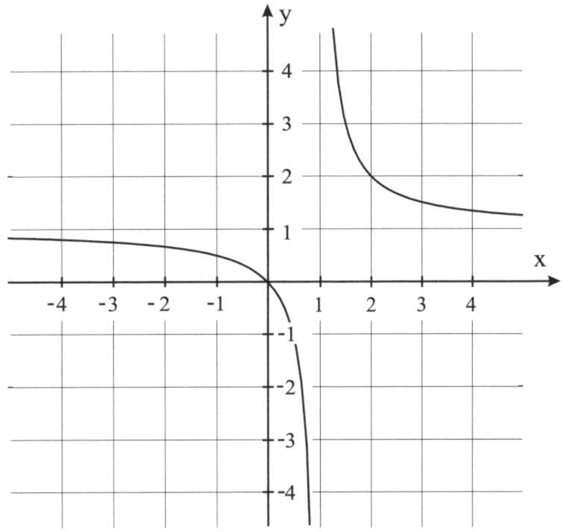

f_8

a) Zeichnen Sie die Graphen der ersten Ableitung in das Koordinatensystem.

b) Nebenstehend finden Sie mehrere Aussagen. Streichen Sie die Funktionen aus, auf die die Aussagen nicht zutreffen.

$f'(x) < 0$	f_5	f_6	f_7	f_8
$f''(0) = 0$	f_5	f_6	f_7	f_8
$f'(1) = f'(-1)$	f_5	f_6	f_7	f_8

6.2 LK: Aussagen über die Funktion bei gegebener Ableitungsfunktion treffen

Bei den folgenden Aufgaben ist der Graph der Ableitungsfunktion f' einer Funktion f gegeben.

Entscheiden Sie, ob die folgenden Aussagen über f richtig, falsch oder unentscheidbar sind. Begründen Sie dabei Ihre Entscheidung.

Aufgabe I

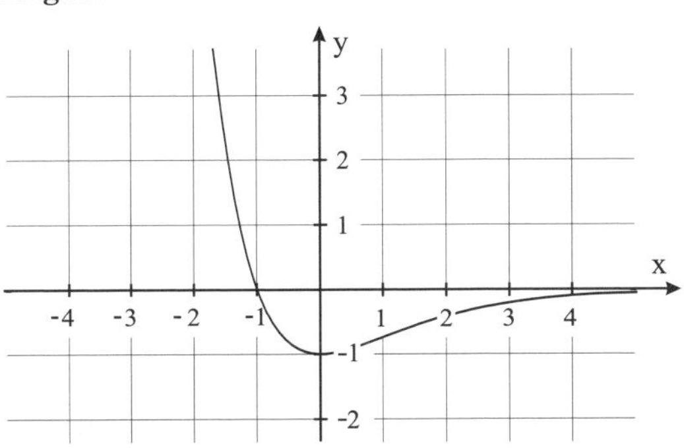

a) Bei $x = 0$ besitzt der Graph von f einen Extrempunkt.

b) Bei $x = -1$ besitzt der Graph von f eine waagerechte Tangente.

c) Der Graph der Funktion f besitzt keine Wendepunkte.

d) $f(x) > 0$ für $x > -1$.

Aufgabe II

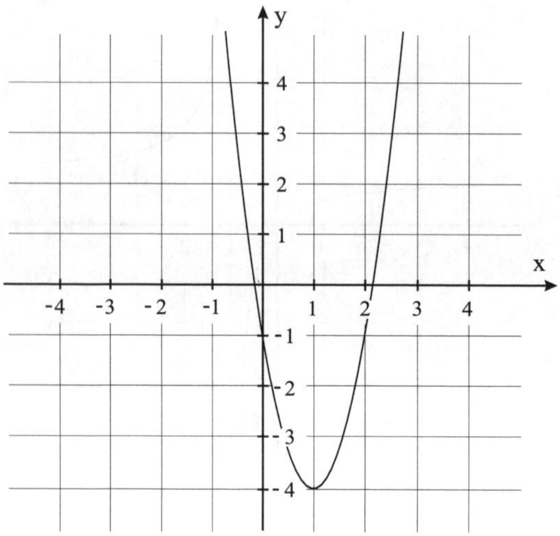

a) An der Stelle $x = 1$ besitzt der Graph von f einen Extrempunkt.

b) An der Stelle $x \approx -0,2$ hat der Graph von f einen Hochpunkt.

c) Der Grad von f ist mindestens gleich 2.

d) Bei $x \approx 2,4$ besitzt der Graph der Funktion f eine Tangente, die parallel zur Geraden $y = 2x$ ist.

Aufgabe III

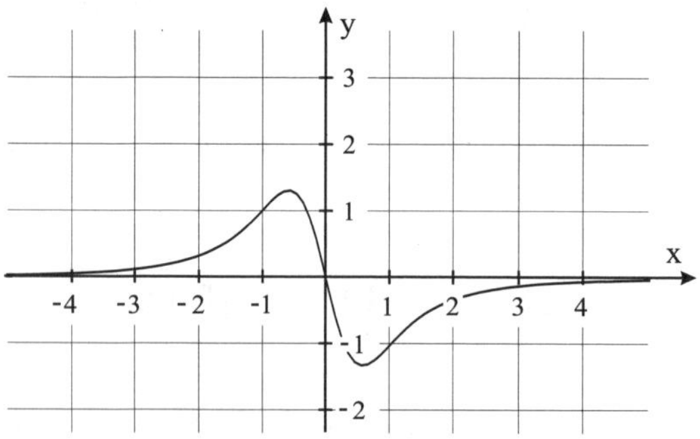

a) Der Graph von f ist achsensymmetrisch.

b) Der Graph von f schneidet die x-Achse in zwei Punkten.

c) Der Graph von f besitzt bei $x = 0$ einen Tiefpunkt.

d) Der Graph von f besitzt 2 Extrempunkte.

6.3 Interpretation von Graphen

Aufgabe I

Die Kurve gibt die Gesamtverkaufszahlen eines neuen Produktes an.

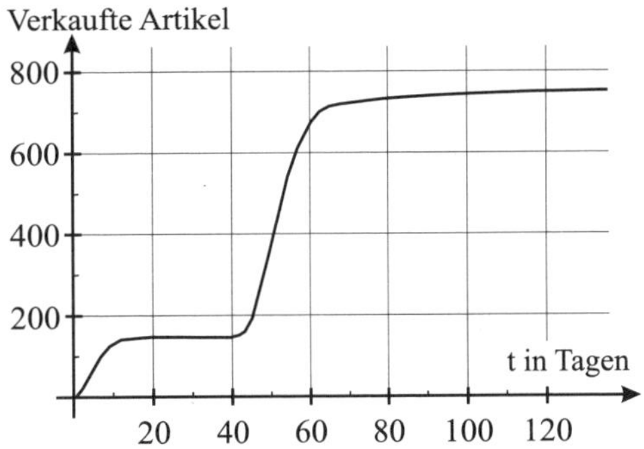

a) Welches sind besondere Punkte im Graph?

b) Wieviele Produkte hat die Firma zwischen der 3. und 4. Woche verkauft?

c) Wieviele Artikel hat die Firma in der Zeit vom 40. bis zum 60. Tag durchschnittlich pro Tag verkauft?

d) Wie hoch ist die Verkaufsrate am 50. Tag?

e) Welche Zukunftsprognose bezüglich der Absatzchancen würden Sie aussprechen?

Aufgabe II

Die Abbildung gibt die Besucherzahl einer Ausstellung an.

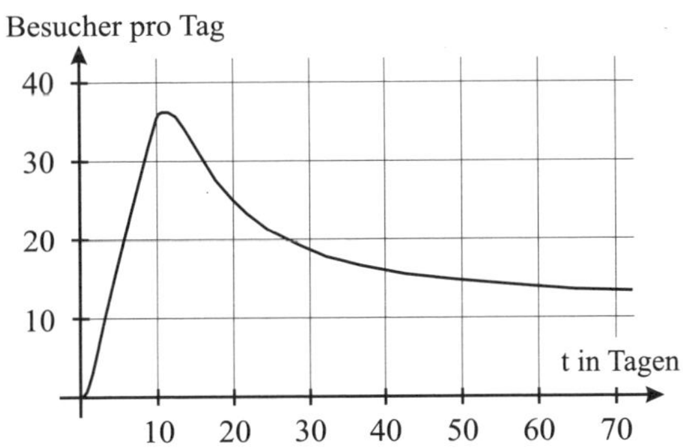

a) Welches sind besondere Punkte im Graph?

b) Welche Bedeutung haben diese besonderen Punkte für die Ausstellung?

c) Schildern Sie einen Weg, um herauszufinden, wie viele Besucher die Ausstellung in den ersten 10 Tagen ungefähr besucht haben.

d) Welche tägliche Besucherzahl erwarten Sie nach 80 Tagen?

Aufgabe III

Die untenstehende Grafik gibt die Anzahl der Besuche der Homepage der Firma XY an. Der Internetauftritt wurde begleitet durch zwei Werbeaktionen: Zuerst wurden Flyer eingesetzt, als dies nicht zu dem gewünschten Erfolg führte, wurden für einen gewissen Zeitraum Fernsehspots gesendet.

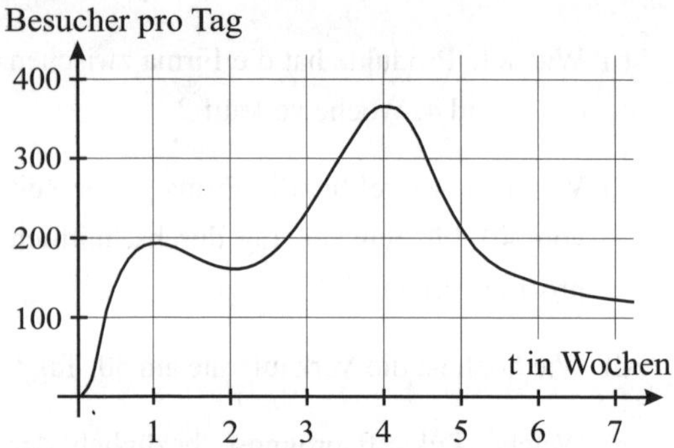

a) In welchen Zeiträumen haben die Werbeaktionen vermutlich stattgefunden?

b) Erläutern Sie anhand des Graphen den Begriff der lokalen Extremstelle.

c) Nennen Sie zwei Funktionen, die keine lokalen Extremstellen besitzen.

7 Kurvendiskussion

Tipps ab Seite 106, Lösungen ab Seite 188

Funktionale Betrachtungen
Interpretation charakteristischer Eigenschaften einer Funktion anhand ihres Graphen, Elemente der Kurvendiskussion, Symmetrie, Kenntnis wichtiger Funktionstypen

In diesem Kapitel geht es zuerst darum, aus Kurven, die verschiedene Vorgänge beschreiben, wesentliche Informationen zu gewinnen. Außerdem wird erwartet, dass Sie die wesentlichen Elemente einer vollständigen Funktionsuntersuchung, der «Kurvendiskussion», kennen.

Tipp: Um eine Funktion genauer zu untersuchen, ist es meist hilfreich, alle besonderen Punkte zu betrachten. Dies sind vor allem Punkte oder Bereiche, an denen sich die Steigung des Graphen der Funktion stark ändert.

7.1 Elemente der Kurvendiskussion

a) Zeigen Sie, dass der Graph von f mit $f(x) = x^2 \cdot e^x;\, x \in \mathbb{R}$ bei $x = 0$ einen Tiefpunkt besitzt.

b) Zeigen Sie, dass der Graph von $f(x) = 3x^3 + 4,\, x \in \mathbb{R}$ an der Stelle $x = 0$ einen Sattelpunkt besitzt.

c) Begründen Sie, dass der Graph von $f(x) = x^2 e^{-x} + 1;\, x \in \mathbb{R}$die Gerade $y = 1$ als Asymptote für $x \longrightarrow +\infty$ besitzt.

d) Prüfen Sie, ob der Graph von $f(x) = \frac{1}{4}x^4 - x^3 + 4x - 2;\, x \in \mathbb{R}$ an der Stelle $x = 2$ einen Tiefpunkt hat.

e) Zeigen Sie, dass der Graph der Funktion f mit $f(x) = x^2 e^{-x}$ zwei Punkte mit waagerechter Tangente hat. Bestimmen Sie die Gleichung der Geraden durch diese beiden Punkte.

f) Zeigen Sie, dass der Graph der Funktion f mit $f(x) = x \cdot e^{-x}$ genau einen Wendepunkt hat.

g) Gegeben ist eine Funktion f und ihre Ableitung $f'(x) = (x-2)^3$. Prüfen Sie, ob der Graph von f einen Tiefpunkt besitzt.

7.2 Funktionenscharen/ Funktionen mit Parameter

Als Funktionenscharen werden Funktionen bezeichnet, die einen Parameter enthalten. Die dazugehörigen Graphen nennt man Kurvenscharen.

a) Gegeben ist die Funktionenschar $f_t(x) = \frac{1}{2}x + t$ mit $t \in \mathbb{R}$.

  I) Skizzieren Sie die Graphen für einige Werte von t. Beschreiben Sie die Veränderung der Graphen bei der Variation von t.

  II) Für welche Werte des Parameters t geht der Graph von f_t durch $P_1(2 \mid 3)$ bzw. durch $P_2(1 \mid 2)$?

b) Gegeben ist die Funktionenschar $f_t(x) = tx + 2$ mit $t \in \mathbb{R}$.

  I) Skizzieren Sie die Graphen für einige Werte von t. Beschreiben Sie die Veränderung der Graphen bei der Variation von t.

  II) Für welche Werte des Parameters t geht der Graph von f_t durch $P_1(1 \mid 5)$ bzw. durch $P_2(1 \mid 1{,}5)$?

c) Gegeben ist die Funktionenschar $f_t(x) = tx - 2t$ mit $t \in \mathbb{R}$.

  I) Skizzieren Sie die Graphen für einige Werte von t. Beschreiben Sie die Veränderung der Graphen bei der Variation von t.

  II) Für welche Werte des Parameters t geht der Graph von f_t durch $P_1(3 \mid 2)$ bzw. durch $P_2(1 \mid \frac{1}{2})$?

d) Gegeben ist die Funktionenschar $f_t(x) = tx^2$ mit $t \in \mathbb{R}$.

  I) Skizzieren Sie die Graphen für einige Werte von t. Beschreiben Sie die Veränderung der Graphen bei der Variation von t.

  II) Für welche Werte des Parameters t geht der Graph von f_t durch $P_1(2 \mid 2)$ bzw. durch $P_2(-1 \mid -2)$?

e) Gegeben sind die Funktionen $f(x) = -x^2 + 2$ und $g_t(x) = tx^2 - 1$ mit $t \in \mathbb{R}$. Für welchen Wert von t stehen die Graphen der beiden Funktionen in ihrem Schnittpunkt senkrecht aufeinander?

f) Gegeben sind die Funktionen $f(x) = 2x^2$ und $g_t(x) = -tx^2 + 4$ mit $t \in \mathbb{R}$. Für welchen Wert von t stehen die Graphen der beiden Funktionen in ihrem Schnittpunkt senkrecht aufeinander?

g) Gegeben ist die Funktionenschar f_t mit $f_t(x) = (2x+t) \cdot e^{-x}$ mit $x \in \mathbb{R}$ und $t \geqslant 0$.
Ordnen Sie den abgebildeten Graphen von f_t die zugehörigen Parameter t zu.

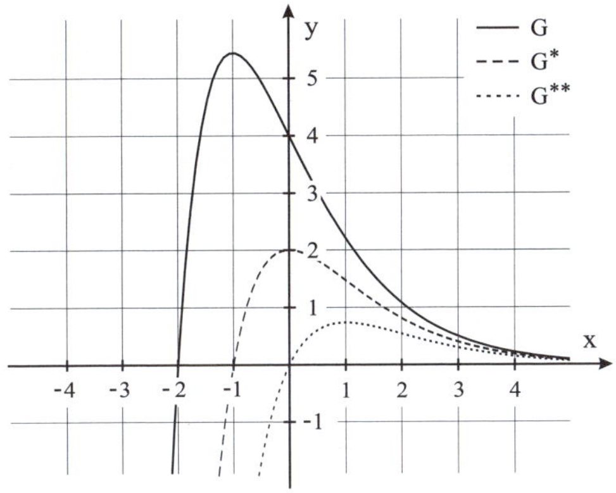

h) Bestimmen Sie t so, dass der Graph der Funktionenschar f_t mit $f_t(x) = x \cdot e^{tx}$; $x \in \mathbb{R}$; $t < 0$ an der Stelle $x = 2$ einen Extrempunkt hat.

7.3 Tangenten und Normalen

Tipp: Tangente und Normale stehen senkrecht aufeinander, wenn für die Tangentensteigung m_t und die Normalensteigung m_n gilt: $m_n = -\frac{1}{m_t}$.

a) Bestimmen Sie die Gleichung der Tangente und der Normalen im Punkt $(1 \mid -1)$ an den Graphen der Funktion f mit $f(x) = x^2 - 4x + 2$.

b) Bestimmen Sie die Gleichung der Tangente und der Normalen im Wendepunkt an den Graphen der Funktion f mit $f(x) = x^3 + x + 1$.

c) Gegeben ist die Funktion f mit $f(x) = x^2 + 4x - 3$. Gesucht ist:

I) Die Gleichung der Tangente mit Steigung $m = -2$.

II) Die Gleichung der Tangente, welche orthogonal ist zur Geraden mit der Gleichung $y = -\frac{1}{3}x + 4$.

III) Die Gleichung der Tangente, welche parallel ist zur Geraden $y = 4x - \frac{7}{2}$.

d) Gegeben ist die Funktion f mit der Gleichung $f(x) = 2x^2 - 5x + 1$. Gesucht ist:

I) Die Gleichung der Tangente, welche parallel ist zur Geraden durch $A(0 \mid 3)$ und $B(-4 \mid 7)$.

II) Die Gleichung der Normalen, welche parallel ist zur Geraden mit der Gleichung $y = -\frac{1}{3}x + 2$.

III) Die Gleichung der Normalen, welche orthogonal ist zur Geraden mit der Gleichung $y = 7x + 5$.

e) Gegeben ist die Funktion f mit $f(x) = x^2 - 2x + 3$. Ihr Graph sei G.

I) **LK:** Vom Punkt $P(0 \mid -6)$, welcher nicht auf der Kurve liegt, werden Tangenten an G gelegt. Bestimmen Sie die Koordinaten der Berührpunkte sowie die Tangentengleichungen.

II) **LK:** Wie lauten die Koordinaten der Berührpunkte, wenn von $Q(1 \mid -7)$ Tangenten an G gelegt werden?

7.4 Berührpunkte zweier Kurven

a) Zeigen Sie, dass sich die Graphen der Funktion f mit $f(x) = \frac{1}{5}x^3 - 2x^2 + 5x + 3$ und der Funktion g mit $g(x) = -x^2 + 5x + 3$ im Punkt $B(0 \mid 3)$ berühren.

b) Zeigen Sie, dass sich die Graphen der Funktion f mit $f(x) = x^2 + \frac{1}{2}$ und der Funktion g mit $g(x) = -4x^4 + 4x^3 + \frac{1}{2}$ im Punkt $B\left(\frac{1}{2} \mid \frac{3}{4}\right)$ berühren.

c) Berechnen Sie den Berührpunkt der Graphen der Funktion f mit $f(x) = \frac{1}{3}x^3 - 2x^2 + 3x + 4$ und der Funktion g mit $g(x) = -x^2 + 3x + 4$.

d) Berechnen Sie die Berührpunkte der Graphen der Funktion f mit $f(x) = x^2 + 1$ und der Funktion g mit $g(x) = -\frac{1}{4}x^4 + x^3 + 1$.

7.5 Symmetrie

a) Begründen Sie, dass der Graph von $f(x) = \frac{1}{x^2} + 3;\ x \in \mathbb{R} \setminus \{0\}$ achsensymmetrisch zur y-Achse ist.

b) Begründen Sie, dass der Graph von $f(x) = 3x^5 - 7{,}2x^3 + x;\ x \in \mathbb{R}$ punktsymmetrisch zum Ursprung ist.

c) Zeigen Sie, dass der Graph von $f(x) = 4 \cdot e^{-\frac{x^2}{2}};\ x \in \mathbb{R}$ achsensymmetrisch zur y-Achse ist.

d) Zeigen Sie, dass der Graph von $f(x) = x \cdot \ln\left(x^2\right);\ x \in \mathbb{R} \setminus \{0\}$ punktsymmetrisch zum Ursprung ist.

7.6 Monotonie

Untersuchen Sie jeweils das Monotonieverhalten der Funktion f:

a) $f(x) = \frac{x^2}{x+1}$ b) $f(x) = \frac{3x}{e^x}$ c) $f(x) = \frac{2x}{\ln x}$

8 LK: Allgemeines Verständnis von Funktionen

Tipps ab Seite 108, Lösungen ab Seite 197

Funktionale Betrachtungen
Kenntnis von Begriffen und Definitionen (Definitionsbereich, Stetigkeit, Differenzierbarkeit, Polstellen)

Bei den folgenden Aufgaben geht es um grundlegende Zusammenhänge. Die Grundlagen der Differentialrechnung sollten Sie kennen und z.B. die anschauliche Definition der Stetigkeit angeben können.

8.1 Definitionsbereich

Bestimmen Sie für folgende Funktionen den maximalen Definitionsbereich:

Tipp: Der Definitionsbereich gibt an, welche Werte für x eingesetzt werden dürfen.

a) **Gebrochenrationale Funktionen**
I) $f(x)=\frac{3x^5-2x^3}{x-4}$ II) $f(x)=\frac{3x+5}{x^2-5x+6}$ III) $f(x)=\frac{4x^2+3}{x^2+1}$

b) **Logarithmusfunktionen**
I) $f(x)=\ln(2x+3)$ II) $f(x)=\ln(3-2x)$ III) $f(x)=\ln\left(x^2-9\right)$

c) **Vermischte Aufgaben**
I) $f(x)=\frac{4x^2-3}{e^{3x}-2}$ II) $f(x)=\frac{x^2}{x+k}$ III) $f(x)=\frac{2x+1}{2x-k}$
IV) $f(x)=\frac{4x+\ln(5x-3)}{x-4}$ V) $f(x)=\frac{1}{x(1-\ln x)}$

8.2 Definitionsbereich und Grenzwerte

Bestimmen Sie jeweils den Definitionsbereich und das Verhalten der Funktionswerte an den Grenzen des Definitionsbereichs:

a) $f(x)=4\ln(2-x)$ b) $f(x)=\frac{2x^2+1}{x-1}$ c) $f(x)=\frac{4x}{e^{\frac{1}{2}x}}$ d) $f(x)=\frac{x^2}{x-k}$, $k>0$

8.3 Stetigkeit

a) Geben Sie eine anschauliche Definition der Stetigkeit an. Wie muss sich das Schaubild einer stetigen Funktion zeichnen lassen?

b) Untersuchen Sie die beiden folgenden Funktionen jeweils auf Stetigkeit:

I) $f(x) = \begin{cases} \frac{1}{3}x & \text{für } x \leqslant 3 \\ 7 - 2x & \text{für } x > 3 \end{cases}$ II) $g(x) = \begin{cases} \frac{1}{4}x & \text{für } x \leqslant 1 \\ \frac{1}{4}x + 1 & \text{für } x > 1 \end{cases}$

wobei für $f(x)$ und $g(x)$ gilt: $x \in \mathbb{R}$.

8.4 Differenzierbarkeit

a) Geben Sie eine anschauliche Definition der Differenzierbarkeit an. Wie muss das Schaubild einer differenzierbaren Funktion aussehen? Was darf es nicht enthalten?

b) Kann es Funktionen geben, die differenzierbar, aber nicht stetig sind?

c) Lässt sich eine Funktion ableiten, die an einer Stelle einen «Knick» besitzt (Beispiel: die Betragsfunktion $f(x) = |x|$)?

8.5 Verständnis von gebrochenrationalen Funktionen

a) Was ist eine Definitionslücke einer Funktion?

b) Charakterisieren Sie eine Polstelle. Welche unterschiedlichen Arten von Polstellen gibt es?

c) Beschreiben Sie den Unterschied zwischen einer Polstelle und einer Definitionslücke.

d) Was ist eine «hebbare Lücke»?

e) Welche Fälle gibt es bei gebrochenrationalen Funktionen für das Verhalten der y-Werte, wenn x gegen Unendlich geht? Wie kommt es zu einer waagerechten Asymptote $y = 0$? Wie muss die Funktion aussehen, damit die Asymptote $y = 2$ ist? Was muss für eine Situation vorliegen, damit eine schräge Asymptote, z.B. $y = 2x - 1$, entsteht?

9 Integralrechnung

Tipps ab Seite 109, Lösungen ab Seite 202

Algorithmische Grundkenntnisse zur Integration
Stammfunktionen bei ganzrationalen, gebrochenrationalen und e-Funktionen, Flächen zwischen Kurven, Rotationskörper, Substitution, partielle Integration.

Die grundlegenden Integrationsregeln sollten Sie kennen und anwenden können.
Weitere Fragestellungen sind das Berechnen der Fläche zwischen zwei Kurven und die Betrachtung von ins Unendliche reichenden Flächen sowie die Berechnung von Rotationskörpern.

9.1 Stammfunktionen

Geben Sie eine Stammfunktion für alle folgenden Funktionen an, es gilt $a, t, k \in \mathbb{R}$:

9.1.1 Ganzrationale Funktionen

a) $f(x) = 2x^3 - \frac{4}{3}x^2 + 2$ b) $f(x) = ax^4 + 2ax^3 - x$ c) $f(x) = t^2x^3 - tx^2$

d) $f(x) = 4x^4 - 2tx^2 + tx$ e) $f(x) = -12(2x-3)^2$ f) $f(x) = 6(3x-1)^3$

g) $f(x) = 5(ax-4)^4; a \neq 0$

9.1.2 Exponentialfunktionen

a) $f(x) = 3e^x$ b) $f(x) = 4e^{-x}$ c) $f(x) = t \cdot e^{-tx}$

d) $f(x) = a \cdot e^{3x+2}$ e) $f(x) = 2\left(x^2 - 6e^{3x}\right)$ f) $f(x) = a\left(x^2 - 4e^{4x}\right)$

9.1.3 LK: Gebrochenrationale Funktionen

a) $f(x) = \frac{4}{(2x-3)^2}$ b) $f(x) = \frac{12}{(4x-2)^4}$ c) $f(x) = \frac{3}{x^2}$

d) $f(x) = -\frac{a}{x^3} + 2ax^3$ e) $f(x) = \frac{t^2}{x^4} - tx^2$

9.1.4 LK: Logarithmusfunktionen

a) $f(x) = \frac{6}{x-2}$ b) $f(x) = \frac{3}{2x}$ c) $f(x) = \frac{4}{2x-1}$

9.1.5 LK: Trigonometrische Funktionen

a) $f(x) = 3 \cdot \cos(2x+1)$ b) $f(x) = 4 \cdot \sin(-3x+2)$ c) $f(x) = \frac{2}{3} \cdot \cos(\pi x)$

d) $f(x) = t \cdot \cos(tx+t)$ e) $f(x) = a \cdot \sin\left(ax - a^2\right)$ f) $f(x) = k^2 \cdot \cos(kx)$

9.2 Flächeninhalt zwischen zwei Kurven

Berechnen Sie den Flächeninhalt zwischen den zwei Kurven:

a) $f(x) = -x+2$, $g(x) = x^2$

b) $f(x) = 4-x^2$, $g(x) = x^2-4$

c) $f(x) = x^2+1$, $g(x) = x+1$

d) $f(x) = e^x - \frac{1}{2}x^2$, $g(x) = e^x - x$

Tipp: Machen Sie sich eine Skizze der beiden Graphen.

9.3 Ins Unendliche reichende Flächen

a) Berechnen Sie die ins Unendliche reichende Fläche im 1. Quadranten zwischen der Kurve und den beiden Koordinatenachsen:

I) $f(x) = e^{-x}$ II) $f(x) = e^{-3x+1}$ III) $f(x) = 2e^{-4x-2}$

b) Gegeben sei die Funktion f durch $f(x) = e - e^x$ mit $x \in \mathbb{R}$, ihr Graph sei G.

I) Der Graph schließt mit der x- und der y-Achse eine Fläche ein. Berechnen Sie dessen Inhalt.

II) Bestimmen Sie die waagerechte Asymptote von G.

III) Die y-Achse, die waagerechte Asymptote und G schließen ein ins Unendliche reichendes Flächenstück ein. Berechnen Sie den Inhalt dieses Flächenstücks und prüfen Sie nach, ob dieses Flächenstück so groß ist wie das Flächenstück aus Aufgabe I.

9.4 Angewandte Integrale

a) Die Niederschlagsrate während eines Monsunregens kann modellhaft beschrieben werden durch die Funktion r mit $r(t) = 23 - 0{,}02 \cdot e^t$ (t in Tagen seit dem Einsetzen des Regens und $r(t)$ in Liter pro Quadratmeter und Tag gemessen).

I) Wann hört der Regen auf?

II) Welche Wassermenge geht insgesamt auf jeden Quadratmeter Fläche des betroffenen Gebiets nieder?

III) Geben Sie die mittlere Regenmenge pro Quadratmeter an, die während des Regens gefallen ist.

b) Der Zu- und Abfluss eines Wasserbeckens kann durch die Funktion f mit $f(t) = -0{,}5t+3$ (t in Stunden $f(t)$ in Liter pro Stunde) beschrieben werden. Am Anfang ist das Becken mit 10 Litern gefüllt.
Wieviel Wasser enthält das Becken nach 9 Stunden?

9.5 Rotationskörper

a) Der Graph der Funktion f mit $f(x) = \frac{1}{4}e^{2x}$ über dem Intervall $[0;1]$ rotiert um die x-Achse. Berechnen Sie das Volumen des Rotationskörpers.

b) Der Graph der Funktion f mit $f(x) = x^2 + 1$ über dem Intervall $[1;2]$ rotiert um die x-Achse. Berechnen Sie das Volumen des Rotationskörpers.

c) Der Graph der Funktion f mit $f(x) = \frac{2}{x}$ über dem Intervall $[1;2]$ rotiert um die x-Achse. Berechnen Sie das Volumen des Rotationskörpers.

d) Die Fläche zwischen dem Graph der Funktion f mit $f(x) = e^x$ und der Geraden $y = e$ sowie der y-Achse rotiert um die x-Achse. Berechnen Sie das Volumen des Rotationskörpers.

e) Erläutern Sie die Grundidee zur Berechnung des Volumens eines Rotationskörpers, der entsteht, wenn ein Kurvenstück über dem Intervall $[a;b]$ um die x-Achse rotiert.

9.6 LK: Integration durch Substitution

Berechnen Sie folgende Integrale duch Substitution:

a) $\int_0^1 3x^2 e^{x^3+2}\,dx$ b) $\int_0^2 x^2 e^{x^3+1}\,dx$ c) $\int_1^2 \frac{4x}{(8+2x^2)^2}\,dx$

d) $\int_0^1 \frac{x}{(1+x^2)^2}\,dx$ e) $\int_0^1 \frac{6x}{4+3x^2}\,dx$ f) $\int_0^1 \frac{e^x}{e^x+1}\,dx$

9.7 LK: Partielle Integration

Berechnen Sie folgende Integrale:

a) $\int_1^2 3x \cdot e^x dx$ b) $\int_0^{\pi} 2x \cdot \cos x\, dx$ c) $\int_1^e 3x \cdot \ln x\, dx$

10 Extremwertaufgaben/ Wachstums- und Zerfallsprozesse

Tipps ab Seite 112, Lösungen ab Seite 209

Anwendungen
Extremwertaufgaben, Wachstumsprozesse

Zum Kapitel der Anwendungen gehören nicht nur Anwendungsaufgaben im engeren Sinne, sondern auch verschiedene Aufgaben mit konkreten Bezügen. Das Aufstellen der Zielfunktion ist auch bei der Verwendung eines GTR oder eines CAS-Rechners nötig, während sich die Bestimmung der Extremstellen vereinfacht.

Tipp: Für alle Anwendungsaufgaben ist es sehr hilfreich, eine Skizze der Aufgabenstellung anzufertigen.

10.1 Extremwertaufgaben

a) Ein Draht der Länge 20 cm soll eine rechteckige Fläche mit maximalem Flächeninhalt umrahmen. Berechnen Sie die Länge der Rechteckseiten.

b) Ein rechteckiger Spielplatz soll eingezäunt werden. Dafür stehen 40 m Zaun zur Verfügung. Wie lang sind die Seitenlängen des Spielplatzes, wenn dieser möglichst groß sein soll und außerdem noch eine 2 m breite Einfahrt besitzt?

c) Ein Gedenkstein, der die Form eines Rechtecks mit einem aufgesetzten Halbkreis besitzt, soll errichtet werden. Für den Umfang gilt: U = 10 m. Die vordere Fläche des Gedenksteins soll maximal groß sein. Wie groß sind die Breite und die Gesamthöhe h des Gedenksteins?

d) Ein Sportplatz hat die Form eines Rechtecks mit rechts und links angesetzten Halbkreisen. Der Gesamtumfang beträgt 400 m. Welche Werte haben Breite und Höhe des Rechtecks, wenn

I) die Fläche des Rechtecks maximal sein soll?

II) die Fläche des gesamten Sportplatzes maximal sein soll?

e) Gegeben sei eine Funktion f mit $f(x) = 6 - \frac{1}{4}x^2$; $x \in \mathbb{R}$. Zwischen Kurve und x-Achse ist im 1. und 2. Quadranten ein Rechteck einzuschreiben

I) mit maximalem Umfang

II) mit maximaler Fläche

Berechnen Sie den maximalen Umfang bzw. die maximale Fläche.

f) Gegeben ist die Funktion f durch $f(x) = -(x+2)e^{-x}$; $x \in \mathbb{R}$. Ihr Graph sei G. Bestimmen Sie die Gleichung der Normalen im Punkt $W(0 \mid -2)$.

Die Normale schneidet G in einem weiteren Punkt Q. Berechnen Sie dessen Koordinaten. $P(u \mid v)$ mit $-2 < u < 0$ sei ein Punkt auf G. Der Ursprung O und die Punkte P und Q sind die Eckpunkte eines Dreiecks OPQ. Für welchen Wert von u wird die Fläche $A(u)$ maximal?

g) Gegeben sind die Funktion f durch $f(x) = (2x+3) \cdot e^{-x}$; $x \in \mathbb{R}$ und die Funktion g durch $g(x) = e^{-x}$; $x \in \mathbb{R}$. Ihre Graphen seien G_f bzw. G_g.
Die Gerade $x = u$ mit $u > -1$ schneidet G_f im Punkt P und G_g im Punkt Q.
Für welchen Wert von u wird die Länge der Strecke PQ maximal?
Berechnen Sie die maximale Länge der Strecke PQ.

10.2 Wachstums- und Zerfallsprozesse

a) Eine Population besteht heute aus 30 000 Individuen. Vor zwei Jahren waren es noch 90 000. Man geht davon aus, dass ihr Bestand exponentiell nach folgendem Gesetz abnimmt:
$B(t) = B_0 \cdot e^{k \cdot t}$; $k \in \mathbb{R}$
($B(t)$ = Bestand der Population, t = Zeit in Jahren.)
   I) Bestimmen Sie das Zerfallsgesetz für $t = 0$ vor zwei Jahren.
   II) Wie viele Individuen gibt es in 10 Jahren?
   III) Bestimmen Sie den Zeitpunkt t_E, an dem vom Anfangsbestand nur noch 10 % übrig sind.

b) Eine Materialprobe wird in einem Labor erhitzt. Die Erwärmung wird durch die Funktion T mit $T(t) = 80 - 60e^{-0,1 \cdot t}$ (t in Minuten, $T(t)$ in Grad Celsius) beschrieben.
   I) Bestimmen Sie die Gleichung der Asymptote des Graphen der Funktion. Welche Bedeutung hat diese Asymptote für das Experiment bzw. die Erwärmung?
   II) Zu welchem Zeitpunkt ist die Geschwindigkeit, mit der sich die Probe erwärmt, am größten?

c) In einer Stadt verbreitet sich ein Gerücht. Die Zahl der Personen, die davon gehört haben, nimmt im Laufe einer Woche um 20 % zu. Anfangs kennen 1000 Einwohner das Gerücht.
   I) Bestimmen Sie eine Funktionsgleichung, die die Ausbreitung des Gerüchts beschreibt (t in Tagen).
   II) Wieviele Menschen kennen das Gerücht nach 10 Tagen?
   III) Wie lange dauert es, bis alle Freiburger (200 000 Einwohner) das Gerücht kennen?

d) Im Jahre 1975 gab es auf der Erde ca. 4,033 Milliarden Menschen. Das jährliche Wachstum wird auf 2 % geschätzt.
   I) Wie viele Menschen gibt es voraussichtlich im Jahr 2030?
   II) In welchen Zeiträumen verdoppelt sich die Weltbevölkerung?

11 Weiterführende Aufgaben Analysis

11.1 Swimmingpool

Tipps ab Seite 115, Lösungen ab Seite 215

Ein quaderförmiger Swimmingpool mit 8 m Länge, 5 m Breite und 3 m Höhe wird mit Wasser gefüllt.
Zu Beginn beträgt die Wasserhöhe 0,1 m.
Der Zu- bzw. Abfluss des Wassers wird modellhaft beschrieben durch die Zulaufratenfunktion f mit

$$f(t) = t^3 - 13t^2 + 40t; \quad 0 \leqslant t \leqslant 9$$

($f(t)$ in m^3 pro Stunde, t in Stunden).

a) Geben Sie die Zeitpunkte an, zu denen Wasser weder zu- noch abläuft, berechnen Sie die Zeitpunkte maximalen Zu- bzw. Abflusses und skizzieren Sie den Graph G_f der Zulaufratenfunktion f.

b) Wie viel Wasser befindet sich nach 3 Stunden im Pool? Bestimmen Sie die Höhe des Wasserstands am Ende des gesamten Einfüllvorgangs.

c) Berechnen Sie die maximale Wassermenge im Pool und erläutern Sie, weshalb die Definitionsmenge von f beschränkt ist.

11.2 Bakterien

Tipps ab Seite 115, Lösungen ab Seite 216

Eine Bakterienkultur hat zu Beginn der Beobachtung 500 Bakterien. Jede Stunde nimmt die Anzahl der Bakterien um 30 % zu.

a) Bestimmen Sie das Wachstumsgesetz $\mathrm{B}(t)$. (Es ist $\mathrm{B}(t)$: Anzahl der Bakterien, t: Zeit in Stunden).
Wie viele Bakterien sind nach 6 Stunden in der Kultur vorhanden?

b) Nach welcher Zeit hat sich die Anzahl der Bakterien verdreifacht?

c) Durch die Zugabe eines neu entwickelten Antibiotikums nach 6 Stunden seit Beginn der Beobachtung verringert sich die Anzahl der Bakterien nach folgendem Gesetz:

$$\mathrm{B}(t) = 2414 \cdot e^{-0{,}8755(t-6)}\,; \; t \geqslant 6$$

Nach wie vielen Stunden seit Beginn der Beobachtung beträgt die Bakterienanzahl weniger als die Anzahl zu Beginn?

11.3 Sonnenblume

Tipps ab Seite 115, Lösungen ab Seite 217

a) Die Höhe einer Sonnenblume (in Metern) zur Zeit t (in Wochen seit Beginn der Beobachtung) soll zunächst modellhaft beschrieben werden durch eine Funktion h_1 mit

$$h_1(t) = 0,08 \cdot e^{k \cdot t};\ k \in \mathbb{R}$$

Bestimmen Sie die Wachstumskonstante k, wenn die Sonnenblume in den ersten 5 Wochen der Beobachtung 0,52 m gewachsen ist.
Wie hoch müsste demnach die Sonnenblume 8 Wochen nach Beginn der Beobachtung sein?

b) Zu welchem Zeitpunkt beträgt die Wachstumsgeschwindigkeit 3 cm pro Woche?

c) Die Sonnenblume ist nach 8 Wochen tatsächlich nur 1,20 m hoch. Die Höhe wird deshalb für $t \geqslant 5$ modellhaft beschrieben durch die Funktion h_2 mit
$h_2(t) = a - b \cdot e^{-0,5 \cdot t};\ a, b \in \mathbb{R}$.

Bestimmen Sie a und b aus den beobachteten Höhen nach 5 und 8 Wochen.
Welche Höhe wird langfristig erwartet?

d) Erklären Sie, wo die Nachteile von Modell h_1 gegenüber Modell h_2 liegen?

11.4 LK: Mineraldünger

Tipps ab Seite 116, Lösungen ab Seite 218

In einem landwirtschaftlichen Versuchsbetrieb wird auf gleich großen Versuchsflächen jeweils eine bestimmte Menge Mineraldünger ausgebracht. Nach der Ernte wird der Ertrag bestimmt. Man kommt zu folgenden Ergebnissen:

Mineraldünger in kg	0	10	20
Ertrag in kg	800	880	940

a) Der Zusammenhang zwischen Mineraldünger und Ertrag soll modellhaft durch die Funktion f mit $f(x) = \frac{ax+b}{x+c}$ (x: Menge an Mineraldünger in kg, $f(x)$: Ertrag in kg) beschrieben werden.

Bestimmen Sie die Parameter a, b und c so, dass die Funktion f die obigen Ergebnisse wiedergibt $\left(\text{Teilergebnis: } f(x) = \frac{1360x+48\,000}{x+60}\right)$.

b) Welcher Ertrag kann nach diesem Modell maximal erzielt werden? Interpretieren Sie Ihr Ergebnis.

Welche Menge an Mineraldünger muss eingesetzt werden, so dass der Ertrag auf das 1,5-fache im Vergleich zur ungedüngten Versuchsfläche gesteigert wird?
Berechnen Sie die prozentuale Abweichung des Modells vom realen Ertrag, wenn dieser bei einem Einsatz von 60 kg Mineraldünger 980 kg beträgt.

c) Da die Funktion f die tatsächlichen Werte nur anfangs gut wiedergibt, werden die obigen Versuchsergebnisse durch eine ganzrationale Funktion g zweiten Grades näherungsweise dargestellt.

Geben Sie eine Funktionsgleichung von g an und berechnen Sie damit, bei welcher Menge Mineraldünger der höchste Ertrag erzielt werden kann und geben Sie den maximalen Ertrag an.

d) 1 kg Mineraldünger kostet 2 Euro. 1 kg Ernteertrag erzielt einen Preis von 6 Euro.
Bei welcher Mineraldüngermenge ist der Gewinn am größten? (Benutzen Sie die in Aufgabenteil c) aufgestellte Ertragsfunktion.)

11.5 LK: Kegel

Tipps ab Seite 116, Lösungen ab Seite 220

Für jede Zahl $t > 0$ ist eine Funktionenschar $f_t(x)$ gegeben durch

$$f_t(x) = \ln\left(x^2 + t\right); \; x \in \mathbb{R}$$

a) Untersuchen Sie den Graphen von $f_t(x)$ auf Symmetrie, Nullstellen, Extrem- und Wendepunkte (auf die hinreichende Bedingung für Wendepunkte kann verzichtet werden).
Skizzieren Sie den Graphen zu $f_4(x)$ für $-3 \leqslant x \leqslant 3$ ($1\,\text{LE} \mathrel{\widehat{=}} 2\,\text{cm}$).
Für welche Werte von t liegen die Wendepunkte des Graphen von $f_t(x)$ unterhalb der x-Achse?

b) Für $0 < t < 0,5$ sind die Punkte $A_t\left(\sqrt{t} \mid \ln(2t)\right)$, $B_t\left(-\sqrt{t} \mid \ln(2t)\right)$ und $O(0 \mid 0)$ Eckpunkte eines Dreiecks, das um die y-Achse rotiert.
Für welchen Wert von t wird der Rauminhalt des entstehenden Kegels am größten ? Geben Sie den größtmöglichen Rauminhalt des Kegels an.

11.6 LK: Sonnenschein

Tipps ab Seite 117, Lösungen ab Seite 222

In Freiburg im Breisgau, der wärmsten Stadt in Deutschland, scheint die Sonne im März ca. 100 Stunden; zwei Monate später sind es ca. 200 Stunden.
Die Sonnenscheindauer eines Monats soll in Abhängigkeit von der Zeit t (t in Monaten, $t = 0$ im April) modellhaft durch eine Funktion S mit

$$\mathrm{S}(t) = a + b \cdot \sin\left(\frac{\pi}{6}t\right);\ a, b \in \mathbb{R}$$

($\mathrm{S}(t)$ in Stunden) beschrieben werden.

a) Bestimmen Sie die Koeffizienten a und b für die obigen Daten.
Welche Sonnenscheindauer ergibt sich aus dem Modell für den Monat Oktober?

b) Wie hoch ist die prozentuale Abweichung vom Modell zur Wirklichkeit, wenn im Oktober in Freiburg die Sonne tatsächlich 156 Stunden scheint?
Geben Sie den Wertebereich der Sonnenscheindauer an.

c) In welchem Zeitraum des Jahres scheint die Sonne mehr als 235 Stunden pro Monat?
In welchen Monaten ändert sich die Sonnenscheindauer am raschesten?

Lineare Algebra/ Analytische Geometrie

Grundkurs
Im Grundkurs gibt es drei Wahlpflichtgebiete:

- **W1:** Geraden und Ebene im Raum (Kapitel 12 bis 20)
- **W2:** Geometrische Abbildungen und Matrizen (Kapitel 12, 21 und 22)
- **W3:** Matrizen in praktischen Anwendungen (Kapitel 12, 21 und 23)

Leistungskurs
Auch im Leistungskurs gibt es drei Wahlpflichtgebiete:

- **W1:** Vektorielle analytische Geometrie (Kapitel 12 bis 20)
- **W2:** Vektoren und Matrizen (Kapitel 12, 21 und 22)
- **W3:** Vektorräume und lineare Abbildungen (Kapitel 12, 21 und 22)

Wenn nicht anders angegeben gilt für alle Parameter: $r, s, t, ... \in \mathbb{R}$

12 Rechnen mit Vektoren

Tipps ab Seite 118, Lösungen ab Seite 225

In diesem Kapitel geht es darum, dass Sie mit Vektoren sicher rechnen können und grundlegende Begriffe sicher beherrschen. Einige Anwendungsaufgaben runden das Kapitel ab.

12.1 Addition und Subtraktion von Vektoren

Gegeben sind die Vektoren $\vec{a} = \begin{pmatrix} -1 \\ 2 \\ 4 \end{pmatrix}$ und $\vec{b} = \begin{pmatrix} 3 \\ 1 \\ 2 \end{pmatrix}$. Berechnen Sie:

a) $\vec{a}+\vec{b}$ b) $\vec{a}-\vec{b}$ c) $2\cdot\vec{a}$ d) $-\vec{a}$ e) $2\vec{a}+3\vec{b}$

f) $\vec{a}\cdot\vec{b}$ g) $|\vec{a}|$ h) $|\vec{b}|$ i) $|\vec{a}+\vec{b}|$

12.2 Orthogonalität von Vektoren

Prüfen Sie, ob folgende Vektoren senkrecht (orthogonal) aufeinander stehen.

a) $\vec{a} = \begin{pmatrix} -1 \\ 0 \\ 1 \end{pmatrix}$, $\vec{b} = \begin{pmatrix} 2 \\ 2 \\ 0 \end{pmatrix}$ b) $\vec{r} = \begin{pmatrix} 5 \\ -1 \\ 3 \end{pmatrix}$, $\vec{n} = \begin{pmatrix} 2 \\ 1 \\ -3 \end{pmatrix}$

c) $\vec{z} = \begin{pmatrix} 2 \\ -2 \\ 4 \end{pmatrix}$, $\vec{w} = \begin{pmatrix} 1 \\ 3 \\ 1 \end{pmatrix}$

12.3 Auffinden von orthogonalen Vektoren

Geben Sie drei verschiedene Vektoren an, die zu $\vec{n} = \begin{pmatrix} 1 \\ 2 \\ -3 \end{pmatrix}$ orthogonal sind.

12.4 Orts- und Verbindungsvektoren

Gegeben sind die Punkte $A(2 \mid 3 \mid 2)$, $B(7 \mid 4 \mid 3)$ und $C(1 \mid 5 \mid -2)$.

a) Bestimmen Sie die Ortsvektoren $\vec{a}$, $\vec{b}$, und $\vec{c}$.

b) Bestimmen Sie die Verbindungsvektoren $\overrightarrow{AB}$, $\overrightarrow{AC}$ und $\overrightarrow{BC}$.

c) Ist jeder Verbindungsvektor ein Ortsvektor? Begründen Sie Ihre Antwort.

12.5 Verschiedene Aufgaben

Tipp: Fertigen Sie eine Skizze zu den jeweiligen Aufgabenstellungen an und stellen Sie Vektorketten auf.

a) Prüfen Sie, ob das Dreieck ABC gleichschenklig ist:

I) $A(3 \mid 7 \mid 2)$, $B(-1 \mid 5 \mid 1)$, $C(2 \mid 3 \mid 0)$

II) $A(-5 \mid 2 \mid -1)$, $B(0 \mid 5 \mid -3)$, $C(-1 \mid 6 \mid -3)$

b) Prüfen Sie, ob das Dreieck ABC rechtwinklig ist:

$A(5 \mid 1 \mid 0)$, $B(1 \mid 5 \mid 2)$, $C(-1 \mid 1 \mid 6)$

c) I) Bestimmen Sie den Mittelpunkt M von $A(4 \mid 1 \mid 3)$ und $B(-2 \mid 5 \mid -5)$.

II) Bestimmen Sie die Koordinaten des Punktes P so, dass $B(4 \mid 2 \mid 5)$ der Mittelpunkt von $A(3 \mid -1 \mid -4)$ und P ist.

d) Bestimmen Sie jeweils den Schwerpunkt des Dreiecks:

I) $A(4 \mid 1 \mid 2)$, $B(5 \mid 3 \mid 0)$, $C(0 \mid 2 \mid 1)$

II) $P(-3 \mid 2 \mid 4)$, $Q(5 \mid 1 \mid 2)$, $R(-5 \mid 3 \mid 6)$

e) Gegeben sind die Punkte A(4 | 2 | 3), B(1 | 8 | 5) und C(−2 | 1 | −3).

I) Bestimmen Sie den Punkt D so, dass das Viereck ABCD ein Parallelogramm ist.

II) Bestimmen Sie den Punkt D^* so, dass das Viereck ABD^*C ein Parallelogramm ist.

III) Bestimmen Sie den Punkt D' so, dass das Viereck $AD'BC$ ein Parallelogramm ist.

f) Von einem Spat (Körper mit jeweils 4 parallelen Kanten) sind die Punkte A(3 | 1 | 4), B(−2 | 1 | −3), C(5 | −2 | 3) und F(9 | 2 | 6) gegeben.

I) Bestimmen Sie die Koordinaten der übrigen Punkte des Spats.

II) Berechnen Sie die Länge der Raumdiagonalen AG.

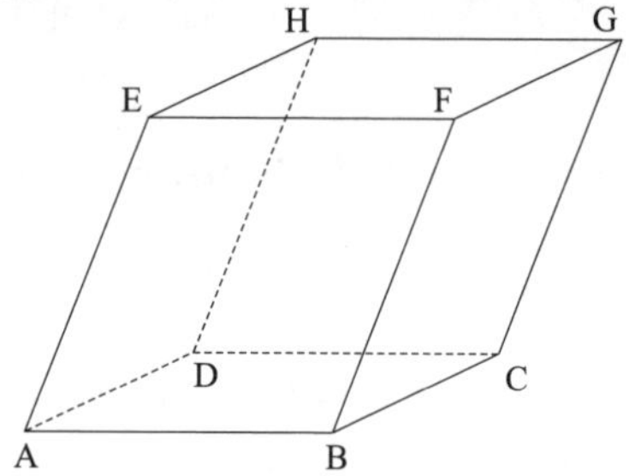

g) Ein schiefes Dreiecksprisma ist gegeben durch die Punkte A(4 | 1 | −3), B(5 | −2 | −1), C(−1 | 3 | −2) und D(7 | 4 | 2).
Bestimmen Sie die Koordinaten der Punkte E und F sowie die Länge der Kante EF.

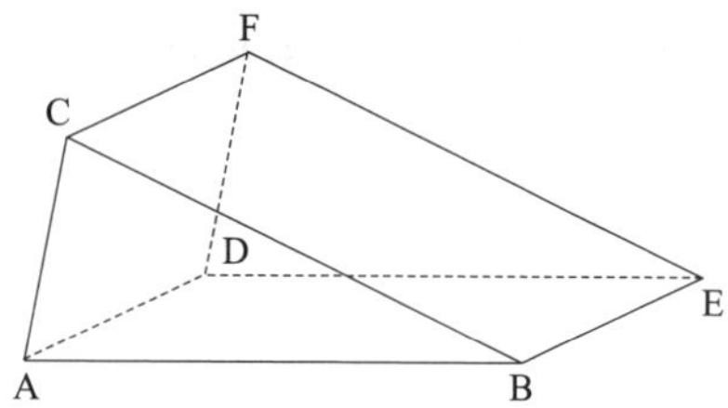

12.6 Lineare Abhängigkeit

Tipp: Zwei Vektoren prüft man auf lineare Abhängigkeit (und nicht auf lineare Unabhängigkeit), drei Vektoren auf lineare Unabhängigkeit.

a) Prüfen Sie, ob die beiden Vektoren linear abhängig (kollinear) oder unabhängig sind:

I) $\vec{a} = \begin{pmatrix} 2 \\ 1 \\ -3 \end{pmatrix}, \vec{b} = \begin{pmatrix} -4 \\ -2 \\ 6 \end{pmatrix}$ II) $\vec{a} = \begin{pmatrix} 2 \\ 0 \\ 3 \end{pmatrix}, \vec{b} = \begin{pmatrix} -2 \\ 1 \\ -3 \end{pmatrix}$

III) $\vec{a} = \begin{pmatrix} 6 \\ 3 \\ -9 \end{pmatrix}, \vec{b} = \begin{pmatrix} 2 \\ 1 \\ -3 \end{pmatrix}$ IV) $\vec{a} = \begin{pmatrix} 4 \\ -2 \\ 3 \end{pmatrix}, \vec{b} = \begin{pmatrix} 5 \\ 1 \\ 9 \end{pmatrix}$

b) **LK:** Prüfen Sie, ob die drei angegebenen Vektoren linear abhängig oder unabhängig sind:

I) $\vec{a} = \begin{pmatrix} 2 \\ 1 \\ -3 \end{pmatrix}, \quad \vec{b} = \begin{pmatrix} 4 \\ -2 \\ 1 \end{pmatrix}, \quad \vec{c} = \begin{pmatrix} 3 \\ 5 \\ 0 \end{pmatrix}$

II) $\vec{a} = \begin{pmatrix} 4 \\ 0 \\ -2 \end{pmatrix}, \quad \vec{b} = \begin{pmatrix} 1 \\ 3 \\ -1 \end{pmatrix}, \quad \vec{c} = \begin{pmatrix} 6 \\ 6 \\ -4 \end{pmatrix}$

III) $\vec{a} = \begin{pmatrix} -1 \\ 3 \\ -2 \end{pmatrix}, \quad \vec{b} = \begin{pmatrix} 5 \\ 2 \\ 1 \end{pmatrix}, \quad \vec{c} = \begin{pmatrix} 3 \\ -4 \\ -3 \end{pmatrix}$

12.7 LK: W 1 – Vektorprodukt

a) Bestimmen Sie folgende Vektorprodukte:

I) $\begin{pmatrix} 2 \\ -1 \\ 3 \end{pmatrix} \times \begin{pmatrix} 4 \\ 2 \\ -1 \end{pmatrix}$ II) $\begin{pmatrix} -1 \\ 2 \\ 0 \end{pmatrix} \times \begin{pmatrix} 3 \\ 0 \\ 1 \end{pmatrix}$

b) Berechnen Sie den Flächeninhalt des Parallelogramms ABCD, welches durch die Punkte $A(4 \mid 2 \mid -1)$, $B(6 \mid 3 \mid 1)$, $C(-1 \mid 0 \mid 3)$ und $D(-3 \mid -1 \mid 1)$ gegeben ist.

c) Berechnen Sie den Flächeninhalt des Dreiecks ABC mit $A(2 \mid 1 \mid \;\; 3)$, $B(0 \mid 4 \mid 1)$ und $C(-1 \mid 2 \mid 2)$.

d) Berechnen Sie das Volumen des Spats, der durch die Punkte $A(3 \mid 1 \mid 4)$, $B(-2 \mid 1 \mid -3)$, $C(5 \mid -2 \mid 3)$, $D(10 \mid -2 \mid 10)$, $E(14 \mid 2 \mid 13)$, $F(9 \mid 2 \mid 6)$, $G(16 \mid -1 \mid 12)$ und $H(21 \mid -1 \mid 19)$ gegeben ist.

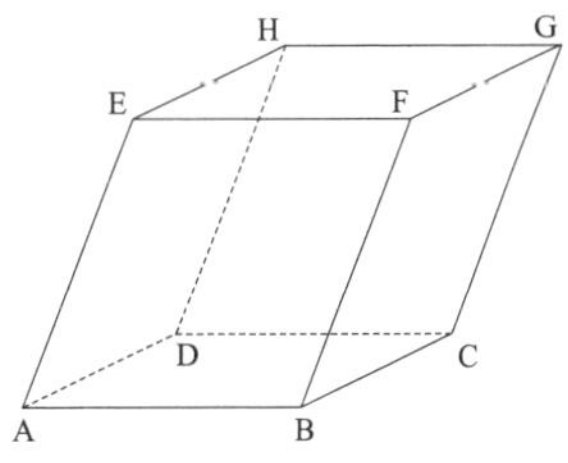

13 Geraden

Tipps ab Seite 120, Lösungen ab Seite 233

13.1 Aufstellen von Geradengleichungen

Stellen Sie jeweils die Gleichung der Gerade auf, die durch die beiden Punkte geht:

a) $A(1\,|\,0\,|\,2), B(3\,|\,1\,|\,3)$ b) $C(2\,|\,1\,|\,-4), D(4\,|\,0\,|\,1)$ c) $E(1\,|\,1\,|\,0), F(0\,|\,0\,|\,1)$

13.2 Punktprobe

Liegen die gegebenen Punkte A, B, C auf der Geraden $g:\ \vec{x} = \begin{pmatrix} 1 \\ 3 \\ -2 \end{pmatrix} + r \cdot \begin{pmatrix} 1 \\ 4 \\ 2 \end{pmatrix}$?

a) $A(2\,|\,7\,|\,0)$ b) $B(3\,|\,11\,|\,3)$ c) $C(-2\,|\,-9\,|\,-8)$

13.3 Projektion von Geraden

Projizieren Sie die Gerade g auf die entsprechende Koordinatenebene:

a) $g:\ \vec{x} = \begin{pmatrix} 3 \\ 1 \\ 2 \end{pmatrix} + r \cdot \begin{pmatrix} 4 \\ 6 \\ 2 \end{pmatrix}$, Projektionsebene: x_1x_2-Ebene

b) $h:\ \vec{x} = \begin{pmatrix} 1 \\ 3 \\ 4 \end{pmatrix} + t \cdot \begin{pmatrix} 2 \\ 4 \\ -1 \end{pmatrix}$, Projektionsebene: x_2x_3-Ebene

13.4 Parallele Geraden

Zeigen Sie, dass folgende Geraden jeweils parallel zueinander sind:

$g:\ \vec{x} = \begin{pmatrix} 2 \\ 1 \\ -3 \end{pmatrix} + r \cdot \begin{pmatrix} 2 \\ -1 \\ -3 \end{pmatrix}$; $h:\ \vec{x} = \begin{pmatrix} 4 \\ 0 \\ 7 \end{pmatrix} + s \cdot \begin{pmatrix} 4 \\ -2 \\ -6 \end{pmatrix}$;

$i:\ \vec{x} = \begin{pmatrix} 3 \\ -2 \\ 9 \end{pmatrix} + t \cdot \begin{pmatrix} -6 \\ 3 \\ 9 \end{pmatrix}$

13.5 Gegenseitige Lage von Geraden

Bestimmen Sie die gegenseitige Lage der beiden gegebenen Geraden:

a) $g_1:\ \vec{x} = \begin{pmatrix} 4 \\ 2 \\ 5 \end{pmatrix} + t \cdot \begin{pmatrix} 1 \\ 1 \\ 2 \end{pmatrix}$ $\qquad g_2:\ \vec{x} = \begin{pmatrix} 0 \\ 0 \\ 0 \end{pmatrix} + r \cdot \begin{pmatrix} 2 \\ 0 \\ 1 \end{pmatrix}$

b) $g_1:\ \vec{x} = \begin{pmatrix} 2 \\ 0 \\ 0 \end{pmatrix} + r \cdot \begin{pmatrix} 1 \\ 1 \\ 1 \end{pmatrix}$ $\qquad g_2:\ \vec{x} = \begin{pmatrix} 3 \\ 2 \\ 3 \end{pmatrix} + t \cdot \begin{pmatrix} 3 \\ 4 \\ 5 \end{pmatrix}$

c) $g:\ \vec{x} = \begin{pmatrix} 1 \\ -3 \\ 5 \end{pmatrix} + s \cdot \begin{pmatrix} 2 \\ 1 \\ -3 \end{pmatrix}$ $\qquad h:\ \vec{x} = \begin{pmatrix} 5 \\ 1 \\ -3 \end{pmatrix} + t \cdot \begin{pmatrix} 4 \\ -5 \\ -1 \end{pmatrix}$

d) $g:\ \vec{x} = \begin{pmatrix} 1 \\ 2 \\ 1 \end{pmatrix} + t \cdot \begin{pmatrix} 2 \\ 0 \\ 1 \end{pmatrix}$ $\qquad h:\ \vec{x} = \begin{pmatrix} 2 \\ 3 \\ 4 \end{pmatrix} + r \cdot \begin{pmatrix} 0 \\ 1 \\ -1 \end{pmatrix}$

e) $g:\ \vec{x} = \begin{pmatrix} 4 \\ 0 \\ 1 \end{pmatrix} + s \cdot \begin{pmatrix} 2 \\ -1 \\ 3 \end{pmatrix}$ $\qquad h:\ \vec{x} = \begin{pmatrix} 6 \\ -1 \\ 4 \end{pmatrix} + t \cdot \begin{pmatrix} -2 \\ 1 \\ -3 \end{pmatrix}$

f) $g:\ \vec{x} = \begin{pmatrix} 1 \\ 2 \\ 3 \end{pmatrix} + r \cdot \begin{pmatrix} 1 \\ -1 \\ 2 \end{pmatrix}$ $\qquad h:\ \vec{x} = \begin{pmatrix} -1 \\ 4 \\ -1 \end{pmatrix} + s \cdot \begin{pmatrix} -3 \\ 3 \\ -6 \end{pmatrix}$

g) $g:\ \vec{x} = \begin{pmatrix} 1 \\ 4 \\ -2 \end{pmatrix} + t \cdot \begin{pmatrix} -2 \\ -1 \\ 3 \end{pmatrix}$ $\qquad h:\ \vec{x} = \begin{pmatrix} -1 \\ 3 \\ -1 \end{pmatrix} + r \cdot \begin{pmatrix} 4 \\ 2 \\ -6 \end{pmatrix}$

h) $g:\ \vec{x} = \begin{pmatrix} 0 \\ 1 \\ 4 \end{pmatrix} + s \cdot \begin{pmatrix} 4 \\ 6 \\ -8 \end{pmatrix}$ $\qquad h:\ \vec{x} = \begin{pmatrix} 4 \\ 8 \\ -4 \end{pmatrix} + t \cdot \begin{pmatrix} 2 \\ 3 \\ -4 \end{pmatrix}$

13.6 Parallele Geraden mit Parameter

Für welchen Wert des Parameters $t \in \mathbb{R}$ sind die Geraden g_t und h bzw. g_t und h_t parallel?

a) $g_t: \vec{x} = \begin{pmatrix} 1 \\ 1 \\ 1 \end{pmatrix} + s \cdot \begin{pmatrix} 0 \\ 2 \\ 2t \end{pmatrix}$ $\quad h: \vec{x} = \begin{pmatrix} 4 \\ 1 \\ 7 \end{pmatrix} + r \cdot \begin{pmatrix} 0 \\ 4 \\ 4 \end{pmatrix}$

b) $g_t: \vec{x} = \begin{pmatrix} 2 \\ 1 \\ 3 \end{pmatrix} + s \cdot \begin{pmatrix} 0,5t \\ t \\ 4 \end{pmatrix}$ $\quad h: \vec{x} = \begin{pmatrix} 3 \\ 4 \\ 5 \end{pmatrix} + r \cdot \begin{pmatrix} 1 \\ 2 \\ -2 \end{pmatrix}$

c) $g_t: \vec{x} = \begin{pmatrix} 0 \\ 0 \\ 1 \end{pmatrix} + r \cdot \begin{pmatrix} t \\ 2t \\ -3 \end{pmatrix}$ $\quad h_t: \vec{x} = \begin{pmatrix} 0 \\ 1 \\ 0 \end{pmatrix} + s \cdot \begin{pmatrix} 3 \\ 6 \\ -t \end{pmatrix}$

13.7 Allgemeines Verständnis von Geraden

Gegeben seien die Geraden g und h durch $g: \vec{x} = \vec{a} + s \cdot \vec{r}$ und $h: \vec{x} = \vec{b} + t \cdot \vec{v}$.

a) Welche Beziehungen müssen zwischen den genannten Vektoren gelten, damit:

   I) g (echt) parallel zu h ist

   II) $g = h$

   III) g senkrecht auf h steht.

b) Wie bestimmt man den Winkel zwischen g und h, falls sich g und h schneiden?

c) Erläutern Sie eine Strategie, wie man die gegenseitige Lage zweier Geraden überprüfen kann.

14 Ebenen

Tipps ab Seite 121, Lösungen ab Seite 239

Tipp: Wenn man einen Vektor $\vec{n}$ sucht, der senkrecht auf zwei gegebenen Vektoren $\vec{a}$ und $\vec{b}$ steht, geschieht dies einfach und schnell mit dem **Vektorprodukt**:

$$\vec{n} = \left(\vec{a} \times \vec{b}\right) = \begin{pmatrix} a_2b_3 & - & a_3b_2 \\ a_3b_1 & - & a_1b_3 \\ a_1b_2 & - & a_2b_1 \end{pmatrix}$$

Die Merkhilfe dazu:

1. Beide Vektoren werden je zweimal untereinandergeschrieben, dann werden die erste und die letzte Zeile gestrichen.
2. Anschließend wird «über Kreuz» multipliziert. Dabei erhalten die abwärts gerichteten Pfeile ein positives und die aufwärts gerichteten Pfeile ein negatives Vorzeichen.
3. Die einzelnen Komponenten werden subtrahiert – fertig!

$$\begin{matrix} \cancel{a_1} & \cancel{b_1} \\ a_2 & b_2 \\ a_3 & b_3 \\ a_1 & b_1 \\ a_2 & b_2 \\ \cancel{a_3} & \cancel{b_3} \end{matrix} \Rightarrow$$

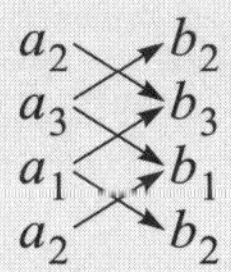

$$\Rightarrow \begin{pmatrix} a_2b_3 - a_3b_2 \\ a_3b_1 - a_1b_3 \\ a_1b_2 - a_2b_1 \end{pmatrix}$$

Anmerkung: Der Betrag des senkrecht stehenden Vektors entspricht genau der Flächenmaßzahl des Parallelogramms, das von den beiden Vektoren aufgespannt wird.

Beispiel: Sind $\vec{a} = \begin{pmatrix} 1 \\ 3 \\ 2 \end{pmatrix}$ und $\vec{b} = \begin{pmatrix} -1 \\ 4 \\ 0 \end{pmatrix}$, ergibt sich für den gesuchten Vektor:

$$\begin{matrix} \cancel{1} & \cancel{-1} \\ 3 & 4 \\ 2 & 0 \\ 1 & -1 \\ 3 & 4 \\ \cancel{2} & \cancel{0} \end{matrix} \Rightarrow$$

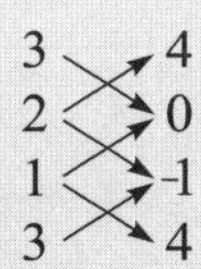

$$\Rightarrow \begin{pmatrix} 3 \cdot 0 - 2 \cdot 4 \\ 2 \cdot (-1) - 1 \cdot 0 \\ 1 \cdot 4 - 3 \cdot (-1) \end{pmatrix} = \begin{pmatrix} -8 \\ -2 \\ 7 \end{pmatrix}$$

14.1 Parameterform der Ebenengleichung

Im Folgenden sind jeweils drei Punkte bzw. eine Gerade und ein Punkt gegeben, die eine Ebene festlegen. Geben Sie zu diesen Ebenen jeweils eine Ebenengleichung in Parameterform an.

a) A(1 | 4 | 3), B(2 | 7 | −3), C(3 | 5 | 1)

b) P(3 | 1 | 2), Q(4 | 7 | 3), R(4 | 0 | −1)

c) A(1 | 3 | 6), $g\colon \vec{x} = \begin{pmatrix} -1 \\ 2 \\ 4 \end{pmatrix} + t \cdot \begin{pmatrix} 3 \\ 6 \\ -1 \end{pmatrix}$

d) B(0 | 1 | 2), $g\colon \vec{x} = \begin{pmatrix} 7 \\ 3 \\ 2 \end{pmatrix} + t \cdot \begin{pmatrix} 1 \\ 2 \\ 1 \end{pmatrix}$

14.2 Koordinatengleichung einer Ebene

Bestimmen Sie eine Koordinatengleichung der Ebene E. Es sind entweder drei Punkte, ein Punkt und eine Gerade oder zwei Geraden, die die Ebene aufspannen, gegeben.

a) A(2 | 2 | 2), B(4 | 1 | 3), C(8 | 4 | 5)

b) P(1 | 3 | 5), Q(2 | 7 | 3), R(5 | 1 | 3)

c) A(4 | 1 | 2), $g\colon \vec{x} = \begin{pmatrix} 3 \\ 5 \\ 7 \end{pmatrix} + t \cdot \begin{pmatrix} 1 \\ 1 \\ 1 \end{pmatrix}$

d) C(4 | 3 | 4), $g\colon \vec{x} = \begin{pmatrix} 7 \\ 2 \\ 3 \end{pmatrix} + t \cdot \begin{pmatrix} 1 \\ -3 \\ -3 \end{pmatrix}$

e) $g_1\colon \vec{x} = \begin{pmatrix} 1 \\ 2 \\ 3 \end{pmatrix} + t \cdot \begin{pmatrix} 1 \\ 3 \\ 4 \end{pmatrix}$ $\quad g_2\colon \vec{x} = \begin{pmatrix} 1 \\ 2 \\ 3 \end{pmatrix} + s \cdot \begin{pmatrix} 2 \\ -1 \\ 3 \end{pmatrix}$

f) $g_1\colon \vec{x} = \begin{pmatrix} 1 \\ 2 \\ 4 \end{pmatrix} + s \cdot \begin{pmatrix} 1 \\ 3 \\ 2 \end{pmatrix}$ $\quad g_2\colon \vec{x} = \begin{pmatrix} 3 \\ 3 \\ 7 \end{pmatrix} + t \cdot \begin{pmatrix} 2 \\ 1 \\ 3 \end{pmatrix}$

g) $g_1\colon \vec{x} = \begin{pmatrix} 3 \\ 1 \\ 6 \end{pmatrix} + s \cdot \begin{pmatrix} 2 \\ 1 \\ 4 \end{pmatrix}$ $\quad g_2\colon \vec{x} = \begin{pmatrix} -1 \\ -8 \\ 4 \end{pmatrix} + t \cdot \begin{pmatrix} 1 \\ 4 \\ -1 \end{pmatrix}$

h) $g_1\colon \vec{x} = \begin{pmatrix} 1 \\ 0 \\ 2 \end{pmatrix} + s \cdot \begin{pmatrix} 3 \\ 1 \\ 2 \end{pmatrix}$ $\quad g_2\colon \vec{x} = \begin{pmatrix} 4 \\ 1 \\ 1 \end{pmatrix} + t \cdot \begin{pmatrix} 6 \\ 2 \\ 4 \end{pmatrix}$

i) $g\colon \vec{x} = \begin{pmatrix} 0 \\ 1 \\ 0 \end{pmatrix} + s \cdot \begin{pmatrix} 2 \\ 1 \\ 2 \end{pmatrix}$ $\quad h\colon \vec{x} = \begin{pmatrix} 2 \\ 0 \\ 2 \end{pmatrix} + t \cdot \begin{pmatrix} -4 \\ -2 \\ -4 \end{pmatrix}$

j) Die Ebene E ist Spiegelebene zwischen A $(1 \mid 4 \mid 7)$ und A* $(3 \mid 2 \mid 3)$.

k) Die Ebene E enthält die Gerade $g : \vec{x} = \begin{pmatrix} 3 \\ 1 \\ 2 \end{pmatrix} + t \cdot \begin{pmatrix} 2 \\ 0 \\ -1 \end{pmatrix}$ und ist orthogonal zur Ebene F: $-x_1 + x_2 + 2x_3 + 2 = 0$.

l) Prüfen Sie, ob die vier Punkte A $(2 \mid 1 \mid 2)$, B $(4 \mid 3 \mid 4)$, C $(7 \mid 2 \mid 3)$ und D $(8 \mid -1 \mid 0)$ in einer Ebene liegen.

14.3 Ebenen im Koordinatensystem

Es sind verschiedene Ebenen angegeben. Zeichnen Sie diese mit Hilfe ihrer Spurgeraden in ein kartesisches Koordinatensystem ein:

Tipp: Bestimmen Sie zuerst die Spurpunkte. Das sind die Punkte, in denen die Ebene die Koordinatenachsen schneidet.

a) E: $3x_1 + 4x_2 + 3x_3 = 12$

b) E: $4x_1 - 8x_2 + 4x_3 = 16$

c) E: $3x_1 - 3x_2 - 3x_3 = 9$

d) E: $2x_1 + 4x_2 = 8$

e) E: $x_1 + 2x_3 = 4$

f) E: $3x_2 + x_3 = 3$

g) E: $x_2 = 3$

14.4 Bestimmen von Geraden und Ebenen in einem Quader

In der Abbildung ist ein Quader dargestellt, M und N seien die Mittelpunkte der beiden Kanten $\overline{BE}$ bzw. $\overline{CF}$.

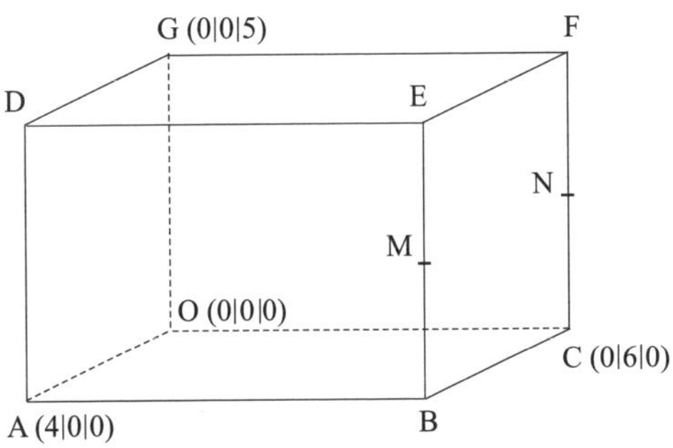

a) Bestimmen Sie die Koordinaten der übrigen Punkte.

b) Geben Sie eine Koordinatengleichung der Ebene durch B, E und F an.

c) Geben Sie eine Geradengleichung der Geraden durch A und N sowie G und M an.

d) Bestimmen Sie die Koordinatengleichung der Ebene durch A, O, E und F.

14.5 Bestimmen von Geraden und Ebenen in einer Pyramide

Gegeben ist die senkrechte Pyramide mit quadratischer Grundfläche wie in der nebenstehenden Abbildung dargestellt. Ihr Mittelpunkt ist O (0 | 0 | 0).

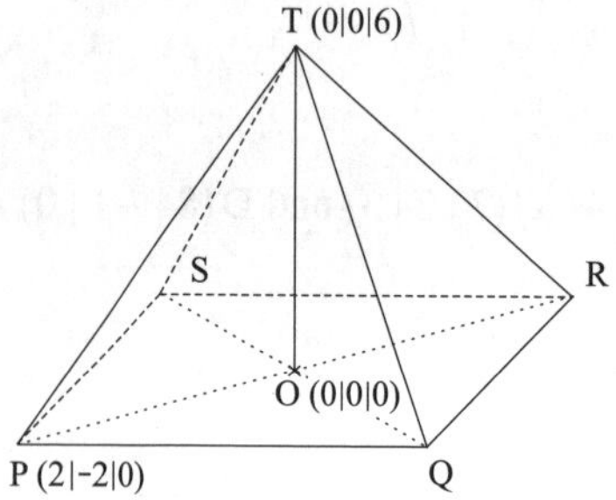

a) Geben Sie die Koordinaten der übrigen Punkte an.

b) Geben Sie eine Gleichung der Geraden durch die Kante PT an.

c) Bestimmen Sie eine Koordinatengleichung der Ebene E, in der die Seitenfläche QRT liegt.

15 Gegenseitige Lage von Geraden und Ebenen

Tipps ab Seite 123, Lösungen ab Seite 247

15.1 Gegenseitige Lage

Bestimmen Sie die gegenseitige Lage der Gerade und der Ebene:

a) $g: \vec{x} = \begin{pmatrix} 4 \\ 6 \\ 2 \end{pmatrix} + t \cdot \begin{pmatrix} 1 \\ 2 \\ 3 \end{pmatrix}$ $\qquad$ $E: \; 2x_1 + 4x_2 + 6x_3 + 12 = 0$

b) $g: \vec{x} = \begin{pmatrix} 3 \\ 2 \\ 2 \end{pmatrix} + s \cdot \begin{pmatrix} 2 \\ 5 \\ 7 \end{pmatrix}$ $\qquad$ $E: \; 2x_1 + x_2 - 3x_3 = 4$

c) $g: \vec{x} = \begin{pmatrix} 4 \\ 1 \\ 3 \end{pmatrix} + t \cdot \begin{pmatrix} 2 \\ -1 \\ 1 \end{pmatrix}$ $\qquad$ $E: \; \vec{x} = \begin{pmatrix} 1 \\ -2 \\ -2 \end{pmatrix} + r \cdot \begin{pmatrix} 3 \\ 6 \\ -3 \end{pmatrix} + s \cdot \begin{pmatrix} 8 \\ -4 \\ 4 \end{pmatrix}$

d) $g: \vec{x} = \begin{pmatrix} 3 \\ 4 \\ 7 \end{pmatrix} + t \cdot \begin{pmatrix} 1 \\ 0 \\ 1 \end{pmatrix}$ $\qquad$ $E: \; \vec{x} = \begin{pmatrix} 4 \\ 6 \\ 8 \end{pmatrix} + r \cdot \begin{pmatrix} 3 \\ 8 \\ 9 \end{pmatrix} + s \cdot \begin{pmatrix} 10 \\ 5 \\ 4 \end{pmatrix}$

e) $g: \vec{x} = \begin{pmatrix} 1 \\ -2 \\ 3 \end{pmatrix} + s \cdot \begin{pmatrix} 2 \\ 1 \\ 2 \end{pmatrix}$ $\qquad$ $E: \; x_1 - x_3 = 0$

f) $g: \vec{x} = \begin{pmatrix} 1 \\ 2 \\ 3 \end{pmatrix} + t \cdot \begin{pmatrix} 1 \\ 3 \\ 4 \end{pmatrix}$ $\qquad$ $E: \; 13x_1 + 5x_2 - 7x_3 - 2 = 0$

15.2 Gerade und Ebene parallel

Bestimmen Sie den Parameter $t \in \mathbb{R}$ so, dass $g_t \parallel E$ bzw. $g_t \parallel E_t$ ist:

a) $g_t: \vec{x} = \begin{pmatrix} 1 \\ 4 \\ -2 \end{pmatrix} + s \cdot \begin{pmatrix} 2 \\ 1 \\ t \end{pmatrix}$ $\qquad$ $E: \; x_1 + 2x_2 + 4x_3 = 2$

b) $g_t: \vec{x} = \begin{pmatrix} 2 \\ 1 \\ 2 \end{pmatrix} + s \cdot \begin{pmatrix} 1 \\ t \\ 2 \end{pmatrix}$ $\qquad$ $E_t: tx_1 + 2x_2 - x_3 = 7$

c) $g_t: \vec{x} = \begin{pmatrix} 1 \\ 0 \\ -1 \end{pmatrix} + s \cdot \begin{pmatrix} 1 \\ t \\ 2 \end{pmatrix}$ $\qquad$ $E_t: 2tx_1 + tx_2 - 1{,}5x_3 - 8 = 0$

15.3 Allgemeines Verständnis von Geraden und Ebenen

a) Gegeben seien die Gerade g und die Ebene E durch:

$g: \vec{x} = \vec{a} + t \cdot \vec{r};\quad t \in \mathbb{R} \qquad E: n_1x_1 + n_2x_2 + n_3x_3 = b$

Welche Beziehung muss zwischen den Vektoren gelten, damit

I) g (echt) parallel zu E liegt

II) g senkrecht auf E steht

III) g in E liegt

b) Wie kann man nachweisen, dass eine Gerade in einer Ebene enthalten ist?

15.4 Vermischte Aufgaben

a) Gegeben ist die Ebene $E: 2x_1 + x_2 - 2x_3 = 12$. Bestimmen Sie die Gleichung einer Geraden, welche parallel zu E ist und durch den Punkt $P(4 \mid 9 \mid 7)$ verläuft.

b) Die Ebene E hat die Gleichung $E: 4x_1 - 3x_2 + 5x_3 = 17$. Bestimmen Sie die Gleichung der Geraden, die orthogonal zu E ist und durch den Punkt $Q(4 \mid -1 \mid 3)$ verläuft.

c) Gegeben ist die Ebene $E: -2x_1 + x_2 + 2x_3 = 10$. Im Abstand von 3 LE verläuft eine Gerade g parallel zur Ebene E. Geben Sie eine mögliche Geradengleichung von g an.

16 Gegenseitige Lage zweier Ebenen

Tipps ab Seite 124, Lösungen ab Seite 251

16.1 Schnitt von zwei Ebenen

Bestimmen Sie eine Gleichung der Schnittgerade der beiden Ebenen, es gilt für alle Parameter: $r,\ s,\ t,\ u \in \mathbb{R}$

a) $E_1:\ x_1 - x_2 + 2x_3 = 7$
$E_2:\ 6x_1 + x_2 - x_3 + 7 = 0$

b) $E_1:\ x_1 + 5x_3 = 8$
$E_2:\ x_1 + x_2 + x_3 = 1$

c) $E_1:\ 4x_2 = 5$
$E_2:\ 6x_1 + 5x_3 = 0$

d) $E_1:\ \vec{x} = \begin{pmatrix} 5 \\ 6 \\ -4 \end{pmatrix} + r \cdot \begin{pmatrix} 0 \\ -4 \\ 7 \end{pmatrix} + s \cdot \begin{pmatrix} 2 \\ -3 \\ 4 \end{pmatrix}$, $E_2:\ 2x_1 - x_2 + x_3 = 0$

e) $E_1:\ \vec{x} = \begin{pmatrix} 2 \\ 2 \\ 2 \end{pmatrix} + r \cdot \begin{pmatrix} -1 \\ 2 \\ 1 \end{pmatrix} + s \cdot \begin{pmatrix} 1 \\ -1 \\ 2 \end{pmatrix}$, $E_2:\ x_1 + x_2 - 2x_3 = -4$

f) $E_1:\ \vec{x} = \begin{pmatrix} -1 \\ 1 \\ 6 \end{pmatrix} + r \cdot \begin{pmatrix} 5 \\ -3 \\ -2 \end{pmatrix} + s \cdot \begin{pmatrix} 2 \\ 2 \\ -1 \end{pmatrix}$, $E_2:\ \vec{x} = \begin{pmatrix} 4 \\ 5 \\ -3 \end{pmatrix} + t \cdot \begin{pmatrix} 0 \\ -2 \\ 1 \end{pmatrix} + u \cdot \begin{pmatrix} -3 \\ 1 \\ 3 \end{pmatrix}$

g) $E_1:\ \vec{x} = \begin{pmatrix} 4 \\ 5 \\ 7 \end{pmatrix} + r \cdot \begin{pmatrix} 1 \\ 1 \\ 2 \end{pmatrix} + s \cdot \begin{pmatrix} 2 \\ 3 \\ 6 \end{pmatrix}$, $E_2:\ \vec{x} = \begin{pmatrix} 3 \\ 2 \\ 11 \end{pmatrix} + t \cdot \begin{pmatrix} 1 \\ -1 \\ 2 \end{pmatrix} + u \cdot \begin{pmatrix} 2 \\ -5 \\ 8 \end{pmatrix}$

16.2 Parallele Ebenen

Zeigen Sie, dass die beiden Ebenen parallel sind, bzw. bestimmen Sie t so, dass die beiden Ebenen parallel sind:

a) $E:\ 4x_1 + 3x_2 - 2x_3 = -7$
$F:\ 8x_1 + 6x_2 - 4x_3 + 15 = 0$

b) $E:\ -x_1 + x_2 + 2x_3 = 0$
$F:\ 2x_1 - 2x_2 - 4x_3 = 5$

c) $E:\ 3x_1 + 6x_2 = 5$
$F:\ -x_1 - 2x_2 = 2$

d) $E_t:\ tx_1 - 2tx_2 - 4x_3 = 6$
$F:\ -2x_1 + 4x_2 - 4x_3 = 7$

e) $E_t:\ 2tx_1 + x_2 + 3x_3 = 8$
$F:\ 8x_1 - 2x_2 - 6x_3 = 7$

16.3 Verschiedene Aufgaben zur Lage zweier Ebenen

a) Zeigen Sie, dass die Ebene $\mathrm{E}: \ 4x_1 + x_2 - 2x_3 = -8$ identisch ist mit der Ebene $\mathrm{F}: \ -6x_1 - 1{,}5x_2 + 3x_3 = 12$.

b) Für welchen Wert von d ist $\mathrm{E}_d: \ 2x_1 + x_2 - 3x_3 = d$ identisch mit der Ebene $\mathrm{F}: \ -4x_1 - 2x_2 + 6x_3 = 9$?

c) Zeigen Sie, dass die Ebene $\mathrm{E}: \ 3x_1 + 4x_2 - 2x_3 = 7$ orthogonal zur Ebene $\mathrm{F}: \ 2x_1 + x_2 + 5x_3 = 9$ ist.

d) Für welchen Wert von t ist $\mathrm{E}: \ 2x_1 - x_2 + 3x_3 = 7$ orthogonal zur Ebene $\mathrm{E}_t: \ tx_1 - 2tx_2 - 4x_3 = 6$?

e) Gegeben sind die Ebenen $\mathrm{E}: \ ax_1 + bx_2 + cx_3 = d$ und $\mathrm{F}: \ ex_1 + fx_2 + gx_3 = h$; $a, ..., h \in \mathbb{R}$. Welche Beziehung muss zwischen den Ebenen bestehen, damit

I) E (echt) parallel zu F liegt

II) E senkrecht auf F steht

III) E und F identisch sind.

17 LK: Abstandsberechnungen

Tipps ab Seite 125, Lösungen ab Seite 256

Abstand

Abstand Punkt – Ebene ✓
Abstand Punkt – Gerade ✓
Abstand Gerade – Gerade ✓
Abstand Gerade – Ebene
Abstand Ebene – Ebene

Die verschiedenen Aufgaben der Abstandsberechnungen lassen sich in der Regel immer auf die Berechnung des Abstands eines Punktes von einer Ebene oder des Abstands eines Punktes von einem Punkt zurückführen.

17.1 Abstand Punkt – Ebene

Tipp: Abstandsberechnungen von Punkten zu Ebenen lassen sich mit der Hesseschen Normalenform der Ebenengleichung besonders gut ausführen.

Berechnen Sie den Abstand des Punktes von der Ebene:

a) $P(2\mid 4\mid -1),\ E:\ 2x_1 - x_2 + 2x_3 = 1$

b) $S(9\mid 4\mid -3),\ E:\ x_1 + 2x_2 + 2x_3 = -3$

c) $Q(8\mid 1\mid 1),\ E:\ x_1 - 4x_2 - 4x_3 = 0$

d) $R(6\mid 9\mid 4),\ E:\ \left(\vec{x} - \begin{pmatrix} 7 \\ 5 \\ 2 \end{pmatrix}\right) \cdot \begin{pmatrix} 2 \\ 2 \\ 1 \end{pmatrix} = 0$

17.2 Abstand Punkt – Gerade

Tipp: Stellen Sie eine Hilfsebene durch den Punkt auf; benutzen Sie dazu den Richtungsvektor der Geraden als Normalenvektor. Machen Sie sich eine Skizze.

Berechnen Sie den Abstand des Punktes von der Geraden:

a) $g:\ \vec{x} = \begin{pmatrix} 4 \\ 5 \\ 6 \end{pmatrix} + t \cdot \begin{pmatrix} -2 \\ 1 \\ 1 \end{pmatrix},\ T(6\mid -6\mid 9)$

b) $g:\ \vec{x} = \begin{pmatrix} -2 \\ -4 \\ 2 \end{pmatrix} + t \cdot \begin{pmatrix} 3 \\ 0 \\ -2 \end{pmatrix}$, $P(-1\,|\,2\,|\,-3)$

17.3 Abstand paralleler Geraden

Zeigen Sie, dass die beiden Geraden parallel sind, und berechnen Sie den Abstand der beiden Geraden:

a) $g:\ \vec{x} = \begin{pmatrix} 2 \\ 1 \\ 2 \end{pmatrix} + t \cdot \begin{pmatrix} 1 \\ 0 \\ 1 \end{pmatrix}$ $\qquad h:\ \vec{x} = \begin{pmatrix} 2 \\ 3 \\ 4 \end{pmatrix} + s \cdot \begin{pmatrix} 3 \\ 0 \\ 3 \end{pmatrix}$

b) $g:\ \vec{x} = \begin{pmatrix} 5 \\ -1 \\ 3 \end{pmatrix} + t \cdot \begin{pmatrix} 1 \\ 3 \\ 4 \end{pmatrix}$ $\qquad h:\ \vec{x} = \begin{pmatrix} 7 \\ -7 \\ 7 \end{pmatrix} + s \cdot \begin{pmatrix} -2 \\ -6 \\ -8 \end{pmatrix}$

17.4 Verschiedene Aufgaben

a) Bestimmen Sie denjenigen Punkt A auf $g:\ \vec{x} = \begin{pmatrix} 2 \\ 1 \\ 3 \end{pmatrix} + t \cdot \begin{pmatrix} 2 \\ 1 \\ 2 \end{pmatrix}$,

welcher von $P(5\,|\,1\,|\,0)$ und $Q(6\,|\,3\,|\,7)$ die gleiche Entfernung hat.

b) Bestimmen Sie denjenigen Punkt M auf $g:\ \vec{x} = \begin{pmatrix} -1 \\ 4 \\ 1 \end{pmatrix} + t \cdot \begin{pmatrix} 2 \\ -2 \\ 1 \end{pmatrix}$,

der von $A(2\,|\,-2\,|\,1)$ und $C(-1\,|\,4\,|\,-1)$ gleich weit entfernt ist.

c) Bestimmen Sie diejenigen Punkte auf $g:\ \vec{x} = \begin{pmatrix} 1 \\ 0 \\ 2 \end{pmatrix} + t \cdot \begin{pmatrix} 2 \\ 1 \\ 2 \end{pmatrix}$,

welche von $A(3\,|\,1\,|\,4)$ die Entfernung 3 LE haben.

d) Die Punkte $A(1\,|\,1\,|\,1)$, $B(3\,|\,3\,|\,1)$ und $C(0\,|\,4\,|\,5)$ sowie $S(6\,|\,-2\,|\,8)$ bilden eine Pyramide mit der Grundfläche ABC. Berechnen Sie die Höhe der Pyramide.

e) Von welcher Ebene $E_b:\ 2x_1 + x_2 - 2x_3 = b$ hat der Punkt $P(-1\,|\,2\,|\,-3)$ den Abstand 2 LE?

f) Welche Punkte der Geraden $g: \vec{x} = \begin{pmatrix} 1 \\ -3 \\ 5 \end{pmatrix} + s \cdot \begin{pmatrix} 2 \\ 1 \\ -3 \end{pmatrix}$ haben von der Ebene $\mathrm{E}: \; x_1 - 4x_2 + 8x_3 = 1$ den Abstand 13 LE?

g) Welche Punkte der Geraden $g: \vec{x} = \begin{pmatrix} 2 \\ -5 \\ -3 \end{pmatrix} + t \cdot \begin{pmatrix} 2 \\ 4 \\ 5 \end{pmatrix}$ haben von der Ebene $\mathrm{E}: \; 2x_1 + x_2 + 2x_3 - 11 = 0$ den Abstand 3 LE?

h) Berechnen Sie die Koordinaten der Punkte auf $g: \vec{x} = \begin{pmatrix} 0 \\ 4 \\ -2 \end{pmatrix} + t \cdot \begin{pmatrix} 2 \\ 2 \\ 1 \end{pmatrix}$, die von der Ebene $\mathrm{E}: \; x_1 + 2x_2 + 2x_3 = 12$ den Abstand 8 LE haben.

i) Zeigen Sie, dass $g: \vec{x} = \begin{pmatrix} 1 \\ 2 \\ 3 \end{pmatrix} + t \cdot \begin{pmatrix} 2 \\ -1 \\ 3 \end{pmatrix}$ parallel zu $\mathrm{E}: \; 4x_1 - x_2 - 3x_3 = 19$ ist und berechnen Sie den Abstand von g zu E.

j) Zeigen Sie, dass die Ebene $\mathrm{E}_1: \; 2x_1 - 3x_2 + x_3 = 4$ parallel ist zu $\mathrm{E}_2: \; -2x_1 + 3x_2 - x_3 = -7$ und berechnen Sie den Abstand von E_1 zu E_2.

18 Winkelberechnungen

Tipps ab Seite 126, Lösungen ab Seite 260

Winkel zwischen Vektoren, Geraden und Ebenen

18.1 Winkel zwischen Vektoren und Geraden

Tipp: Machen Sie eine Skizze. Überlegen Sie, welche Vektoren der Geraden den Winkel einschließen.

a) Berechnen Sie die Innenwinkel des Dreiecks ABC: A (6 | −1 | 1), B (4 | 3 | −3), C (0 | 5 | 1).

b) Berechnen Sie den Winkel zwischen den beiden Geraden:

I) $g: \vec{x} = \begin{pmatrix} 2 \\ 1 \\ -1 \end{pmatrix} + s \cdot \begin{pmatrix} -1 \\ 3 \\ 5 \end{pmatrix}$ $\qquad h: \vec{x} = \begin{pmatrix} 2 \\ 1 \\ -1 \end{pmatrix} + t \cdot \begin{pmatrix} 7 \\ -1 \\ 2 \end{pmatrix}$

II) $g: \vec{x} = \begin{pmatrix} 4 \\ 0 \\ 1 \end{pmatrix} + s \cdot \begin{pmatrix} 2 \\ -6 \\ 10 \end{pmatrix}$ $\qquad h: \vec{x} = \begin{pmatrix} 4 \\ 0 \\ 1 \end{pmatrix} + t \cdot \begin{pmatrix} 2 \\ 3 \\ 5 \end{pmatrix}$

18.2 Winkel zwischen Ebenen

Berechnen Sie den Winkel zwischen den Ebenen:

a) $E_1: x_1 - x_2 + 2x_3 = 7$
$E_2: 6x_1 + x_2 - x_3 + 7 = 0$

b) $E_1: 4x_2 = 5$
$E_2: 6x_1 + 5x_3 = 0$

18.3 Winkel zwischen Gerade und Ebene

Berechnen Sie jeweils den Winkel zwischen der Gerade und der Ebene:

a) $g: \vec{x} = \begin{pmatrix} 3 \\ 7 \\ -4 \end{pmatrix} + t \cdot \begin{pmatrix} 1 \\ 2 \\ -1 \end{pmatrix}$ $\qquad E: 3x_1 + 5x_2 - 2x_3 - 7 = 0$

b) $g: x_2$-Achse $\qquad E: 6x_1 + 10x_2 - 4x_3 = 14$

c) $g: \vec{x} = \begin{pmatrix} 4 \\ 6 \\ 2 \end{pmatrix} + t \cdot \begin{pmatrix} 1 \\ 2 \\ 3 \end{pmatrix}$ $\qquad E: x_1$-x_2-Ebene

19 Spiegelungen

Tipps ab Seite 127, Lösungen ab Seite 262

Spiegelungen Punkt an Punkt, an Ebene, an Gerade und allgemeine Spiegelungen.

19.1 Punkt an Punkt

Spiegeln Sie den Punkt $P(3\,|\,4\,|\,5)$ jeweils an den angegebenen Punkten:

a) $Q(2\,|\,1\,|\,2)$ b) $R(0\,|\,3\,|\,-2)$ c) $S(-3\,|\,1\,|\,4)$

19.2 Punkt an Ebene

Spiegeln Sie den Punkt an der Ebene:

a) $A(1\,|\,4\,|\,7)$
$E:\ x_1 - x_2 - 2x_3 + 11 = 0$

b) $S(-1\,|\,-4\,|\,-9)$
$E:\ 2x_1 - 2x_2 + x_3 = 6$

c) $P(2\,|\,3\,|\,4)$
$E:\ 4x_1 + x_2 - x_3 = 3$

Tipp: Legen Sie eine Skizze an. Oft lässt sich ein neues Problem auf ein schon bekanntes zurückführen, wie die Spiegelung eines Punktes an einer Ebene auf die Spiegelung eines Punktes an einem Punkt.

19.3 Punkt an Gerade

Spiegeln Sie den Punkt an der Geraden:

a) $P(2\,|\,3\,|\,4)$, $g:\ \vec{x} = \begin{pmatrix} 2 \\ 1 \\ 2 \end{pmatrix} + t \cdot \begin{pmatrix} 1 \\ 0 \\ 1 \end{pmatrix}$

b) $B(5\,|\,-2\,|\,1)$, $g:\ \vec{x} = \begin{pmatrix} -1 \\ 6 \\ 5 \end{pmatrix} + t \cdot \begin{pmatrix} 4 \\ -1 \\ -1 \end{pmatrix}$

19.4 LK: Allgemeine Spiegelungen

a) Geben Sie die wesentlichen Arbeitsschritte zur Spiegelung einer Geraden an einer Ebene an, falls gilt:
I) $g \parallel E$ II) g schneidet E.

b) Geben Sie die wesentlichen Arbeitsschritte zur Spiegelung einer Ebene an einer Ebene an (mit Fallunterscheidung).

20 LK: Kreis und Kugel

Tipps ab Seite 128, Lösungen ab Seite 264

> *Der Kreis in der x_1x_2-Ebene, Kugelgleichungen, Mittelpunkt und gegenseitige Lage mit Gerade und Ebene.*

20.1 Der Kreis in der x_1x_2-Ebene

a) Bestimmen Sie eine Gleichung des Kreises k mit Mittelpunkt M und Radius r:
   I) $M(5\,|\,7)$, $r=6$ II) $M(0\,|\,0)$, $r=4$ III) $M(-1\,|\,3)$, $r=2$

b) Geben Sie jeweils den Mittelpunkt und den Radius folgender Kreise k an:
   I) $k\colon\ (x_1+1)^2+(x_2+2)^2=16$ II) $k\colon\ x_1^2+(x_2-5)^2=9$ III) $k\colon\ x_1^2+x_2^2=8$

c) Prüfen Sie, ob die Punkte $P(7\,|\,7)$, $Q(6\,|\,2)$ und $R(9\,|\,6)$ innerhalb, außerhalb oder auf dem Kreis $k\colon\ (x_1-3)^2+(x_2-4)^2=25$ liegen.

20.2 Die Kugelgleichung

a) Bestimmen Sie jeweils eine Vektor- und eine Koordinatengleichung der Kugel K mit Mittelpunkt M und Radius r:
   I) $M(2\,|\,1\,|\,5)$, $r=3$ II) $M(-3\,|\,2\,|\,-4)$, $r=\sqrt{7}$ III) $M(0\,|\,0\,|\,1)$, $r=4$

b) Geben Sie jeweils den Mittelpunkt und den Radius folgender Kugeln an:
   I) $K_1\colon\ \left(\vec{x}-\begin{pmatrix}2\\3\\-2\end{pmatrix}\right)^2=8$ II) $K_2\colon\ (x_1-4)^2+(x_2-3)^2+(x_3+1)^2-22=0$
   III) $K_3\colon\ x_1^2+x_2^2+x_3^2=25$ IV) $K_4\colon\ x_1^2+x_2^2+x_3^2+8x_1-14x_2+4x_3+40=0$

c) Prüfen Sie, ob die Punkte $P(4\,|\,1\,|\,3)$ bzw. $Q(3\,|\,0\,|\,10)$ innerhalb, außerhalb oder auf der Kugel K mit Mittelpunkt $M(1\,|\,1\,|\,7)$ und Radius $r=5$ liegen.

20.3 Gegenseitige Lage von Kugel und Gerade

a) Berechnen Sie (falls möglich) die gemeisamen Punkte von Kugel und Gerade.
   I) $K_1\colon\ M_1(0\,|\,0\,|\,0)$, $r_1=3$ $g\colon\ \vec{x}=\begin{pmatrix}1\\2\\2\end{pmatrix}+t\cdot\begin{pmatrix}-1\\1\\4\end{pmatrix}$
   II) $K_2\colon\ (x_1-2)^2+(x_2-3)^2+(x_3-4)^2=4$ $g_{AB}\colon A(4\,|\,2\,|\,2)$, $B(4\,|\,4\,|\,6)$

III) $K_3\colon\ M_3(1\mid 0\mid 3),\ r_3=1 \qquad h\colon \vec{x}=\begin{pmatrix}1\\0\\5\end{pmatrix}+t\cdot\begin{pmatrix}1\\1\\1\end{pmatrix}$

b) Bestimmen Sie die gegenseitige Lage der Kugel K mit Mittelpunkt $M(0\mid 0\mid 2)$ und Radius $r=6$ und der Geraden $g\colon \vec{x}=\begin{pmatrix}18\\-16\\22\end{pmatrix}+t\cdot\begin{pmatrix}2\\1\\0\end{pmatrix}$.

20.4 Gegenseitige Lage von Kugel und Ebene

a) Berechnen Sie den Mittelpunkt M^* und den Radius r^* des Schnittkreises von Kugel und Ebene.

I) $E\colon\ 2x_1+3x_2+x_3-26=0 \qquad K\colon\ M(-1\mid 3\mid 5),\ r=5$

II) $E\colon\ 2x_1+2x_2+x_3=6 \quad K\colon\ (x_1-5)^2+(x_2-2)^2+(x_3-1)^2=49$

b) Bestimmen Sie die gegenseitige Lage von Kugel und Ebene.

I) $E\colon\ 5x_1+6x_2-3x_3=11 \qquad K\colon\ (x_1-3)^2+x_2^2+(x_3+1)^2=9$

II) $E\colon\ 2x_1+2x_2+x_3=3 \qquad K\colon\ M(0\mid 0\mid 0),\ r=1$

c) Wie lautet die Koordinatengleichung der Tangentialebene E_T an die Kugel K mit Mittelpunkt $M(2\mid 4\mid 1)$, welche die Kugel im Punkt $B(7\mid -3\mid 2)$ berührt?

20.5 Gegenseitige Lage zweier Kugeln

a) Gegeben sind die Kugeln $K_1\colon\ M_1(3\mid 1\mid 4),\ r_1=3$ und $K_2\colon\ M_2(5\mid\quad 2\mid 8),\ r_2=2$. Prüfen Sie, ob K_1 und K_2 gemeinsame Punkte haben.

b) Zeigen Sie, dass sich die Kugeln $K_1\colon\ (x_1+1)^2+x_2^2+(x_3-2)^2=36$ und $K_2\colon\ M_2(1\mid 2\mid 3),\ r_2=3$ berühren und berechnen Sie die Koordinaten des Berührpunkts B.

c) Gegeben sind die Kugeln $K_1\colon\ (x_1-3)^2+(x_2+6)^2+(x_3-7)^2=100$ und $K_2\colon\ M_2(-1\mid 2\mid -1),\ r_2=\sqrt{52}$.
Zeigen Sie, dass sich K_1 und K_2 schneiden und bestimmen Sie eine Gleichung der Ebene E, in welcher der Schnittkreis liegt.

21 Rechnen mit Matrizen

Tipps ab Seite 129, Lösungen ab Seite 271

In diesem Kapitel geht es um das grundlegende Rechnen mit Matrizen: die Addition, Multiplikation und das Bilden von inversen Matrizen.

21.1 Rechnen mit Matrizen

a) Gegeben sind $A = \begin{pmatrix} 2 & 1 \\ 3 & 2 \end{pmatrix}$, $B = \begin{pmatrix} 4 & 0 \\ 1 & 3 \end{pmatrix}$, $\vec{x} = \begin{pmatrix} 3 \\ 1 \end{pmatrix}$ und $\vec{y} = \begin{pmatrix} 4 \\ -1 \end{pmatrix}$.

Berechnen Sie:

I) $A + B$ II) $3 \cdot A$ III) $(-2) \cdot B$ IV) $\vec{x} \cdot \vec{y}$

V) $A \cdot \vec{x}$ VI) $B \cdot \vec{y}$ VII) $A \cdot B$ VIII) $B \cdot A$

b) Gegeben sind:

$A = \begin{pmatrix} 3 & 2 & -1 \\ 1 & 0 & 1 \\ 2 & 1 & 2 \end{pmatrix}$, $B = \begin{pmatrix} 4 & 1 & 0 \\ 2 & -1 & 1 \\ 3 & 0 & -2 \end{pmatrix}$, $\vec{x} = \begin{pmatrix} 1 \\ 4 \\ -2 \end{pmatrix}$ und $\vec{y} = \begin{pmatrix} 0 \\ -2 \\ 1 \end{pmatrix}$.

Berechnen Sie:

I) $\vec{x} \cdot \vec{y}$ II) $A \cdot \vec{x}$ III) $B \cdot \vec{y}$ IV) $A \cdot B$

V) $B \cdot A$

c) Berechnen Sie: I) $\begin{pmatrix} 2 & 4 \\ 9 & 0 \\ 3 & -1 \end{pmatrix} \cdot \begin{pmatrix} 1 \\ 3 \end{pmatrix}$ II) $\begin{pmatrix} 2 & 1 \\ 4 & 2 \\ 1 & 5 \end{pmatrix} \cdot \begin{pmatrix} 4 & 2 & 1 \\ 1 & 3 & 2 \end{pmatrix}$

21.2 Inverse Matrizen

a) Zeigen Sie, dass die Matrizen A und B zueinander invers sind.

I) $A = \begin{pmatrix} 1 & -3 \\ 1 & -4 \end{pmatrix}$, $B = \begin{pmatrix} 4 & -3 \\ 1 & -1 \end{pmatrix}$

II) $A = \begin{pmatrix} -1 & 2 & 0 \\ 0 & -1 & 1 \\ 1 & 1 & 1 \end{pmatrix}$, $B = \begin{pmatrix} -\frac{1}{2} & -\frac{1}{2} & \frac{1}{2} \\ \frac{1}{4} & -\frac{1}{4} & \frac{1}{4} \\ \frac{1}{4} & \frac{3}{4} & \frac{1}{4} \end{pmatrix}$

b) Bestimmen Sie die Matrix B so, dass sie zur Matrix $A = \begin{pmatrix} 3 & 1 \\ -2 & -1 \end{pmatrix}$ invers ist.

c) Bestimmen Sie die inverse Matrix A^{-1} von $A = \begin{pmatrix} 1 & 4 \\ 2 & 6 \end{pmatrix}$ mit Hilfe des Gauß-Verfahrens.

d) Bestimmen Sie die inverse Matrix A^{-1} von $A = \begin{pmatrix} 1 & 1 & 1 \\ 2 & 4 & 1 \\ 1 & 5 & 0 \end{pmatrix}$ mit Hilfe des Gauß-Verfahrens.

e) Bestimmen Sie die inverse Matrix A^{-1} von $A = \begin{pmatrix} 1 & 4 & -2 \\ 2 & 2 & -1 \\ -1 & -2 & 2 \end{pmatrix}$ mit Hilfe des Gauß-Verfahrens.

f) Zeigen Sie, dass die Matrix $A = \begin{pmatrix} 1 & -1 & 3 \\ 2 & 1 & 2 \\ 4 & -1 & 8 \end{pmatrix}$ keine Inverse besitzt.

22 Geometrische Abbildungen

Tipps ab Seite 132, Lösungen ab Seite 276

Geometrische Abbildungen und Matrizen
Im Mittelpunkt stehen die geometrischen Abbildungen, die mit Hilfe von Matrizen behandelt werden können.

22.1 Abbildungen

a) Gegeben ist die affine Abbildung $\alpha : \vec{x}' = \begin{pmatrix} 1 & 2 \\ 5 & -4 \end{pmatrix} \cdot \vec{x} + \begin{pmatrix} -4 \\ 7 \end{pmatrix}$.

Berechnen Sie die Koordinaten der Bilder der Punkte P(2 | 3), Q(−1 | 4) sowie der Geraden $g : \vec{x} = \begin{pmatrix} 4 \\ -3 \end{pmatrix} + t \cdot \begin{pmatrix} 1 \\ 2 \end{pmatrix}$.

b) Bestimmen Sie die Matrixdarstellung der affinen Abbildung α, welche O(0 | 0) auf O′(2 | 5), E_1 (1 | 0) auf E_1' (7 | 2) und E_2 (0 | 1) auf E_2' (−2 | 6) abbildet.

c) Die affine Abbildung α bildet A (2 | 3) auf A′(7 | −6), B (5 | 1) auf B′(11 | −2) und C(−2 | −3) auf C′(−7 | 6) ab.

Bestimmen Sie die Matrixdarstellung von α.

d) Die affine Abbildung α bildet A (3 | 0) auf A′(−1 | −2), B (0 | −3) auf B′(−7 | −5) und C(−2 | 0) auf C′(−1 | −2) ab.

Bestimmen Sie die Matrixdarstellung von α.

e) Bestimmen Sie jeweils die Matrixdarstellung folgender Abbildungen:

α: Verschiebung um $\begin{pmatrix} -1 \\ 3 \end{pmatrix}$

β: Drehung um O um 60°

γ: Zentrische Streckung von O aus mit Streckfaktor $k = -\frac{2}{5}$

δ: Spiegelung an der Geraden $g : \vec{x} = t \cdot \begin{pmatrix} 2 \\ 3 \end{pmatrix}$.

f) Prüfen Sie, ob es sich bei α bzw. β um eine Drehung oder um eine Spiegelung handelt.

$\alpha : \vec{x}' = \begin{pmatrix} \frac{12}{13} & \frac{5}{13} \\ \frac{5}{13} & -\frac{12}{13} \end{pmatrix} \cdot \vec{x}$ $\qquad$ $\beta : \vec{x}' = \begin{pmatrix} \frac{12}{13} & -\frac{5}{13} \\ \frac{5}{13} & \frac{12}{13} \end{pmatrix} \cdot \vec{x}$

22.2 Verkettete Abbildungen

a) Gegeben sind die Abbildungen $\alpha : \vec{x}' = \begin{pmatrix} 2 & 3 \\ 0 & 4 \end{pmatrix} \cdot \vec{x}$ und $\beta : \vec{x}' = \begin{pmatrix} 0 & -2 \\ -2 & 0 \end{pmatrix} \cdot \vec{x}$.

Bestimmen Sie die Matrixdarstellung folgender Verkettungen:

I) «erst α, dann β»: $\beta \circ \alpha$ (gelesen «β nach α») II) «erst β, dann α»: $\alpha \circ \beta$.

b) Bestimmen Sie jeweils die Matrixdarstellung folgender zusammengesetzter Abbildungen:

I) Zuerst um O (0 | 0) um 30° drehen, dann an der Geraden $g: \vec{x} = t \cdot \begin{pmatrix} 1 \\ 1 \end{pmatrix}$ spiegeln.

II) Zuerst von O (0 | 0) aus um den Faktor $k = 3$ strecken, dann an der x_2-Achse spiegeln.

22.3 Umkehrabbildungen

a) Bestimmen Sie die Umkehrabbildung der folgenden affinen Abbildungen:

I) $\alpha : \vec{x}' = \begin{pmatrix} 2 & 6 \\ 3 & 4 \end{pmatrix} \cdot \vec{x}$ II) $\alpha : \vec{x}' = \begin{pmatrix} 1 & -3 \\ 1 & -4 \end{pmatrix} \cdot \vec{x} + \begin{pmatrix} 3 \\ 5 \end{pmatrix}$

III) $\alpha : \vec{x}' = \begin{pmatrix} 2 & 3 \\ 3 & 5 \end{pmatrix} \cdot \vec{x} - \begin{pmatrix} 1 \\ 4 \end{pmatrix}$

b) Zeigen Sie, dass für die Abbildung α keine Umkehrabbildung existiert:

$\alpha : \vec{x} = \begin{pmatrix} -3 & 6 \\ -2 & 4 \end{pmatrix} \cdot \vec{x} + \begin{pmatrix} 2 \\ 3 \end{pmatrix}$

c) Geben Sie zu den folgenden Prozessen α jeweils die zugehörige Umkehrabbildung α^{-1} an:

I) Drehung um 45° um den Ursprung

II) Zentrische Streckung vom Ursprung aus mit Streckfaktor 2

22.4 LK: Eigenwerte und Eigenvektoren

a) Bestimmen Sie die Eigenwerte und die Eigenvektoren der folgenden Matrizen:

I) $A = \begin{pmatrix} 3 & 2 \\ 2 & 6 \end{pmatrix}$ II) $A = \begin{pmatrix} 2 & 3 \\ 4 & 13 \end{pmatrix}$

b) Zeigen Sie, das die Matrix $A = \begin{pmatrix} 1 & -2 \\ 3 & 4 \end{pmatrix}$ keine Eigenvektoren besitzt.

c) Gegeben sind der Eigenwert 2 mit den Eigenvektoren $\vec{v} = r \cdot \begin{pmatrix} 1 \\ 2 \end{pmatrix}$, $r \in \mathbb{R} \setminus \{0\}$ sowie der Eigenwert 4 mit den Eigenvektoren $\vec{v} = r \cdot \begin{pmatrix} 1 \\ 1 \end{pmatrix}$, $r \in \mathbb{R} \setminus \{0\}$.

Bestimmen Sie die Matrix, die diese Eigenwerte und Eigenvektoren besitzt.

23 Matrizen in praktischen Anwendungen

Tipps ab Seite 135, Lösungen ab Seite 283

Matrizen in praktischen Anwendungen
Im Mittelpunkt steht die Anwendung von Matrizen auf Situationen wie Materialverteilungen, Populationsentwicklungen usw.

23.1 Verflechtungsmatrizen

a) Eine Firma benötigt für die Produktion von zwei verschiedenen Küchengeräten K_1 und K_2 unterschiedliche Schrauben S_1, S_2 und S_3.
Der jeweilige Bedarf ist durch folgende Tabelle gegeben:

	K_1	K_2
S_1	5	3
S_2	7	8
S_3	9	1

I) Zeichnen Sie ein Diagramm des Produktionsprozesses.

II) Bestimmen Sie die Matrix des Produktionsprozesses.

III) Es sollen 1000 Geräte K_1 und 1500 Geräte K_2 hergestellt werden. Wieviele Schrauben werden dafür jeweils benötigt?

b) Eine Großschreinerei stellt drei verschiedene Modelle eines Schranks her. Für Modell A werden 4 Schubladen, 2 Türen und 8 Einlegeböden benötigt, für Modell B 6 Schubladen, 2 Türen und 12 Einlegeböden und für Modell C 6 Schubladen, 3 Türen und 14 Einlegeböden.

I) Stellen Sie die Abhängigkeiten in einer Tabelle und einem Diagramm dar.

II) Geben Sie die Verflechtungsmatrix an und berechnen Sie den Bedarf an Schubladen, Türen und Einlegeböden bei der Produktion von 10 Schränken des Modells A, 8 Schränken des Modells B und 5 Schränken des Modells C.

c) Eine Getreidemühle stellt aus vier Zutaten Z_1, Z_2, Z_3 und Z_4 drei Sorten Müsli M_1, M_2 und M_3 her. Der jeweilige Bedarf ist durch folgende Tabelle gegeben:

Müslisorte	Zutaten (in kg)			
(1 kg)	Z_1	Z_2	Z_3	Z_4
M_1	0,6	0,2	0,1	0,1
M_2	0,7	0,2	0,05	0,05
M_3	0,5	0,1	0,2	0,2

I) Bestimmen Sie die Matrix des Produktionsprozesses.

II) Welche Menge an Zutaten wird jeweils benötigt, wenn 200 kg Müsli M_1, 400 kg Müsli M_2 und 600 kg Müsli M_3 hergestellt werden?

23.2 Übergangsmatrizen

a) Eine Vogelart, die im Rahmen eines Forschungsprojekts beobachtet wird, lebt im Wald und auf einer Lichtung. Im Laufe des Tages wechseln manche der Vögel ihren Aufenthaltsort. Dabei wechseln 45 % aller Vögel aus dem Wald auf die Lichtung, und 40 % aller Vögel auf der Lichtung wechseln wieder zum Wald. Dieses Verhalten war an allen beobachteten Tagen gleich. Am Anfang der Beobachtung wurden 200 Vögel auf der Lichtung ausgesetzt.

I) Zeichnen Sie ein Zustandsdiagramm und stellen Sie eine Tabelle auf, die den Prozess beschreibt.

II) Bestimmen Sie die Übergangsmatrix und berechnen Sie, wieviele Vögel sich nach einem Tag im Wald bzw. auf der Lichtung aufhalten.

b) In einem Land gibt es drei verschiedene Schularten: Hauptschule, Realschule und Gymnasium. In einem Jahr wechseln 10 % der Hauptschüler an die Realschule und 2 % ans Gymnasium. 12 % der Realschüler wechseln an das Gymnasium und 7 % an die Hauptschule. 6 % der Gymasiasten wechseln an die Realschule und 1 % an die Hauptschule.

I) Stellen Sie die Schülerwechsel in einem Übergangsgraphen und in einer Tabelle dar.

II) Bestimmen Sie eine Übergangsmatrix des Prozesses.

III) Geben Sie die Verteilung der Schüler für das folgende Jahr an, wenn es 60 000 Gymnasiasten, 50 000 Realschüler und 40 000 Hauptschüler gibt.

c) Die Exemplare einer speziellen Pflanzenart leben maximal zwei Jahre, vermehren sich und sterben dann ab. Dabei überleben 80 % das erste Jahr und davon wiederum 40 % das zweite Jahr. Aus jeder überlebenden Pflanze entstehen nach dem 2. Jahr 5 Neupflanzen.

I) Zeichnen Sie ein Entwicklungsdiagramm und eine Tabelle, die die Entwicklung beschreibt. Bestimmen Sie die Übergangsmatrix der Entwicklung.

II) Am Anfang gibt es 10 Neupflanzen, 15 einjährige und 20 zweijährige Pflanzen. Wieviele Pflanzen gibt es nach einem Jahr?

23.3 Fixvektoren (stationäre Verteilung)

a) Gegeben ist die Übergangsmatrix A und der Zustandsvektor $\vec{v_0}$ (außer bei III). Berechnen Sie sowohl den «allgemeinen Fixvektor» $\vec{v}$, als auch den zu $\vec{v_0}$ gehörigen Fixvektor, falls $\vec{v_0}$ angegeben ist.

I) Es ist $A = \begin{pmatrix} 0,7 & 0,8 \\ 0,3 & 0,2 \end{pmatrix}$ und der Zustandsvektor $\vec{v_0} = \begin{pmatrix} 150 \\ 10 \end{pmatrix}$.

II) Es ist $A = \begin{pmatrix} 0,55 & 0,85 \\ 0,45 & 0,15 \end{pmatrix}$ und der Zustandsvektor $\vec{v_0} = \begin{pmatrix} 135 \\ 15 \end{pmatrix}$.

III) Es ist $A = \begin{pmatrix} 0,6 & 0,4 & 0,2 \\ 0,2 & 0,5 & 0,4 \\ 0,2 & 0,1 & 0,4 \end{pmatrix}$.

b) Gegeben ist die Übergangsmatrix A. Untersuchen Sie, ob es einen stabilen Zustand gibt:

I) $A = \begin{pmatrix} 0,7 & 0,6 \\ 0,2 & 0,4 \end{pmatrix}$ II) $A = \begin{pmatrix} 0,1 & 0,2 & 0,1 \\ 0 & 0,5 & 0,3 \\ 0 & 0,1 & 0,4 \end{pmatrix}$

23.4 Verkettete Prozesse

a) Eine Fabrik zur Lackherstellung mischt aus drei Grundstoffen G_1, G_2 und G_3 vier Zwischenprodukte Z_1, Z_2, Z_3 und Z_4 und stellt aus diesen die drei Lacksorten L_1, L_2 und L_3 her:

Lack (1 kg)	Bedarf (in kg)			
	Z_1	Z_2	Z_3	Z_4
L_1	0,4	0,3	0,3	
L_2		0,5	0,3	0,2
L_3			0,4	0,6

Zwischenprodukte (1 kg)	Bedarf (in kg)		
	G_1	G_2	G_3
Z_1	0,5	0,5	
Z_2	0,4	0,3	0,3
Z_3		0,6	0,4
Z_4		0,5	0,5

I) Zeichnen Sie ein Diagramm, das die Produktionsabhängigkeiten darstellt.

II) Bestimmen Sie die Matrizen für die einzelnen Prozesse sowie für den Gesamtprozess.

III) Welcher Bedarf an Grundstoffen ergibt sich bei der Herstellung von 100 kg L_1, 200 kg L_2 und 300 kg L_3?

b) Gegeben ist Aufgabenstellung a) aus Kapitel 23.2:

I) Berechnen Sie die Verteilung der Vögel nach 2 bzw. nach 5 Tagen.

II) Stellen Sie fest, ob es eine stabile (stationäre) Verteilung gibt und berechnen Sie diese.

c) Gegeben ist Aufgabenstellung b) aus Kapitel 23.2:

I) Geben Sie an, wieviele Schüler die einzelnen Schularten nach 4 Jahren besuchen.

II) Untersuchen Sie, ob es eine stabile (stationäre) Verteilung gibt und berechnen Sie diese.

d) Gegeben ist Aufgabenstellung c) aus Kapitel 23.2:

I) Berechnen Sie die Anzahl der Pflanzen nach 2 und 7 Jahren.

II) Zeigen Sie, dass es keine stabile (stationäre) Verteilung gibt.

III) Wie müssen Überlebensrate und Vermehrungsrate zusammenhängen, damit die Pflanze weder ausstirbt, noch sich grenzenlos vermehrt? Geben sie eine derartige Matrix an.

24 Weiterführende Aufgaben – Analytische Geometrie

24.1 Turm

Tipps ab Seite 139, Lösungen ab Seite 297

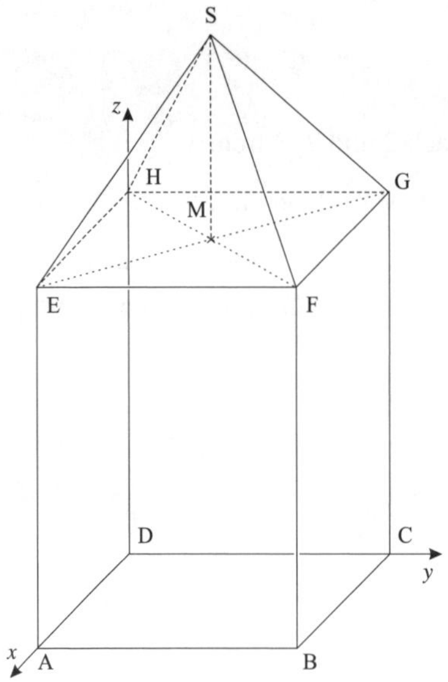

Ein Turm hat die Form einer senkrechten quadratischen Säule, der eine senkrechte Pyramide aufgesetzt ist (siehe Skizze). Die Gesamthöhe des Turms beträgt 24 m, die horizontalen Kanten sind 8 m, die vertikalen Kanten sind 18 m lang. Der Punkt D liegt im Ursprung eines kartesischen Koordinatensystems mit der Längeneinheit 1 m.

a) Geben Sie die Koordinaten aller Punkte an und berechnen Sie den Neigungswinkel des Daches (Winkel zwischen Pyramidengrundfläche und Seitenfläche) sowie die Größe der Dachfläche.

b) Im Punkt $P(18 \mid 4 \mid 0)$ steht ein 8 m hoher Fahnenmast.
Berechnen Sie die Länge des Schattens auf Boden und Turmwand, wenn das einfallende Sonnenlicht die Richtung $\begin{pmatrix} -10 \\ 1 \\ -2 \end{pmatrix}$ hat.

c) Ein Kind mit Augenhöhe 1 m läuft vom Punkt B aus in Richtung $\overrightarrow{DB}$ vom Turm weg.
In welcher Entfernung von der Turmkante BF kann das Kind die Turmspitze S erstmals sehen?

24.2 Kiste

Tipps ab Seite 140, Lösungen ab Seite 299

Eine quaderförmige Kiste ist in einem Koordinatensystem durch die Eckpunkte $A(0 \mid 0 \mid 0)$, $B(3 \mid 0 \mid 0)$, $D(0 \mid 5 \mid 0)$ und $F(3 \mid 0 \mid 4)$ festgelegt.
Die Fläche EFGH stellt den Deckel der geschlossenen Kiste dar.
Dieser ist drehbar um die Kante EH.
Weiterhin ist für jedes $t \in \mathbb{R}$ eine Ebene E_t gegeben durch die Gleichung
$E_t: \; tx_1 - x_3 = -4$

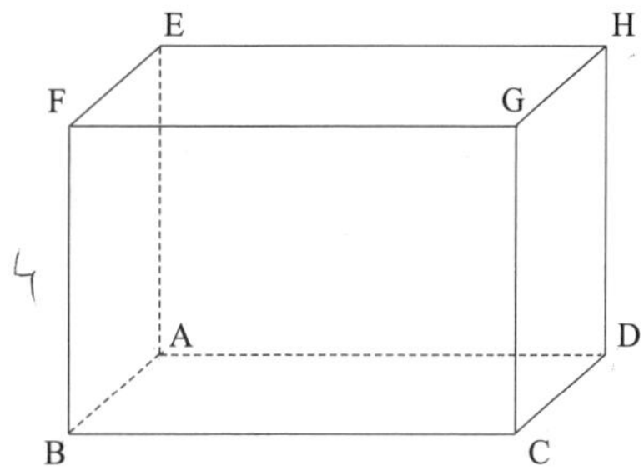

(Skizze nicht maßstabsgerecht)

a) Berechnen Sie den Abstand zwischen den Kanten AB und GH.
Zeigen Sie, dass die Gerade durch E und H in jeder Ebene E_t liegt.
In welcher Ebene E_t liegt der Deckel bei geschlossener Kiste?

b) Wenn der Deckel der geöffneten Kiste in E_2 liegt, wird er durch einen Stab orthogonal zum Deckel abgestützt. Dieser Stab ist in der Mitte der Kante EF befestigt und trifft im Punkt P auf den Deckel.
Berechnen Sie die Koordinaten von P.

c) Wie groß ist der Öffnungswinkel, wenn der Deckel in E_2 liegt?
In welcher Ebene E_t liegt der Deckel, wenn der Öffnungswinkel 60° beträgt?

d) **LK:** Eine punktförmige Lichtquelle in $L(0 \mid 2{,}5 \mid 20)$ beleuchtet die Kiste.
Wie weit kann man die Kiste höchstens öffnen, ohne dass Licht von L in die Kiste fällt?

e) **LK:** Eine Kugel K mit Radius $r = 3$ berührt die x_1x_2-Ebene und die Rückwand ADHE der Kiste im Punkt $T(0 \mid 3 \mid 3)$. Der Deckel der Kiste wird so weit geöffnet, dass er die Kugel berührt.
Bestimmen Sie die Koordinaten des Berührpunkts U.

24.3 Geradenschar

Tipps ab Seite 141, Lösungen ab Seite 304

a) Die Punkte $O(0\,|\,0\,|\,0)$, $A(8\,|\,0\,|\,0)$, $B(0\,|\,6\,|\,0)$ und $C_t\,(0\,|\,t\,|\,4)$ mit $t \in \mathbb{R}$ sind die Eckpunkte der Pyramide $OABC_t$.
Zeichnen Sie ein Schrägbild der Pyramide $OABC_0$.
Bestimmen Sie die Gleichung der Geraden g, auf der alle Punkte C_t liegen, und zeichnen Sie diese ebenfalls ein.
Bestimmen Sie eine Koordinatengleichung der Ebene E durch die Punkte A, B und C_0.

b) Für welche Werte von t ist das Dreieck ABC_t rechtwinklig?
Bestimmen Sie den Flächeninhalt des Dreiecks ABC_6.

c) Beschreiben Sie die Lage der Geradenschar h_t durch die Punkte A und C_t und geben Sie eine Gleichung von h_t an.
Welche Schargerade steht senkrecht auf h_{10}?
Geben Sie allgemein den Zusammenhang zwischen zwei Geraden der Schar an, wenn diese senkrecht aufeinander stehen.

d) Eine Firma benötigt für die Produktion von drei verschiedenen Farbtönen F_1, F_2 und F_3 die Grundfarben G_1, G_2 und G_3. Angegeben ist jeweils die benötigte Menge an Grundfarben pro Kilogramm des jeweiligen Farbtons.

Farbton	Bedarf (in kg)		
	G_1	G_2	G_3
F_1	0,8	0,1	0,1
F_2	0,7	0,1	0,2
F_3	0,6	0,1	0,3

Bestimmen Sie die Matrix des Produktionsprozesses.
Welcher Bedarf an Grundfarben ergibt sich bei der Herstellung von 200 kg F_1, 300 kg F_2 und 400 kg F_3?

Stochastik

Grundkurs
In der Stochastik gibt es für den Grundkurs drei Wahlpflichtgebiete, von denen eines verpflichtend zu behandeln ist:

- **W 1:** Simulation von Zufallsexperimenten (Kapitel 25 bis 29).
- **W 2:** Testen von Hypothesen (Kapitel 25, 26, 29 und 31).
- **W 3:** Schätzen von Wahrscheinlichkeiten (Kapitel 25, 26, 29 und 32).

Leistungskurs
Die Themen des Leistungskurses umfassen alle Kapitel.

25 Grundlegende Begriffe

Tipps ab Seite 142, Lösungen ab Seite 307

In diesem Kapitel geht es um grundlegende Definitionen und deren einfache Anwendungen. Sie sollten wissen, was man unter Ergebnismenge und Ereignis versteht, wie man absolute und relative Häufigkeiten bestimmen kann. Sie sollten auch den Zusammenhang zwischen relativer Häufigkeit und Wahrscheinlichkeit darstellen können und den Sonderfall der Laplace-Wahrscheinlichkeit sowie die zugehörige Formel kennen.

25.1 Zufallsexperimente und Ereignisse

a) Geben Sie jeweils eine sinnvolle Ergebnismenge Ω für die folgenden Zufallsexperimente an:

I) Eine Münze wird dreimal geworfen (benutzen Sie w für Wappen und z für Zahl).

II) Ein Würfel wird zu Beginn des Mensch-ärgere-dich-nicht-Spiels geworfen. Dabei kommt es nur darauf an, eine Sechs zu würfeln.

III) Für eine Meinungsumfrage unter Jugendlichen (14 bis 18 Jahre einschließlich) werden in einer Fußgängerzone Passanten zunächst nach ihrem Alter gefragt.

b) Ein Würfel wird einmal geworfen. Geben Sie folgende Ereignisse jeweils als Menge an:
A: Die Augenzahl ist gerade.
B: Die Augenzahl ist kleiner als 3.
C: Die Augenzahl ist eine Primzahl.
D: Die Augenzahl ist eine ganze Zahl. Wie nennt man dieses Ereignis?
E: Die Augenzahl ist durch 7 teilbar. Wie nennt man dieses Ereignis?

c) Eine Münze wird dreimal geworfen.

I) Beschreiben Sie die folgenden Ereignisse in Worten:
A = { www; zzz }   B = { www; wwz; wzw; zww }
C = { zzz; zzw; zwz; zww }

II) Geben Sie für A, B und C jeweils das Gegenereignis $\overline{A}$, $\overline{B}$ und $\overline{C}$ als Menge und in Worten an.

25.2 Absolute und relative Häufigkeit

Tipp: Zur Berechnung der relativen Häufigkeit teilt man die absolute Häufigkeit durch die Gesamtzahl der durchgeführten Experimente. Das Ergebnis kann als Bruch oder als Dezimalzahl angegeben werden.

a) Bestimmen Sie die absolute und die relative Häufigkeit, mit der jeweils die Ziffern 1, 2 und 3 in der folgenden Zeile vorkommen:
11321 31122 12221 33111

b) Bestimmen Sie die relative Häufigkeit, mit der die Noten 1 bis 6 bei einer Klassenarbeit mit folgendem Notenspiegel aufgetreten sind:

Note	1	2	3	4	5	6
Anzahl	3	5	10	8	3	1

c) Welche Werte kann die relative Häufigkeit eines Ergebnisses bei einem Zufallsexperiment annehmen?
Was ergibt sich, wenn man die relativen Häufigkeiten aller möglichen Ergebnisse addiert?

25.3 Wahrscheinlichkeit bei Laplace-Versuchen

Tipp: Ein Laplace-Versuch ist ein Zufallsversuch mit gleichwahrscheinlichen Ergebnissen.

a) Wie lässt sich die Wahrscheinlichkeit eines Ergebnisses durch eine empirische Untersuchung bestimmen?

b) In einer Urne befinden sich 20 Kugeln mit den Zahlen 1 bis 20. Es wird eine Kugel gezogen. Wie groß ist die Wahrscheinlichkeit der folgenden Ereignisse?
A: Die gezogene Zahl ist durch 4 teilbar.   B: Die gezogene Zahl ist größer als 13.
C: Die gezogene Zahl ist eine Quadratzahl.

c) Ein Würfel wird zweimal geworfen. Wie groß ist die Wahrscheinlichkeit der folgenden Ereignisse?
A: Es wird zweimal eine 6 geworfen. B: Die Summe der Augenzahlen ist 5.
C: Beide Augenzahlen sind gerade.

d) Anke, Britta, Christine und Doris wollen ein Tennis-Doppel spielen. Die Teams werden ausgelost, indem 4 Zettel mit den jeweiligen Namen gemischt werden und dann nacheinander 2 Zettel gezogen werden; diese beiden bilden ein Team. Wie groß ist die Wahrscheinlichkeit, dass Anke und Britta in einem Team spielen?

26 Berechnung von Wahrscheinlichkeiten

Tipps ab Seite 142, Lösungen ab Seite 309

In diesem Kapitel geht es darum, Wahrscheinlichkeiten, die bereits bekannt sind, so zu kombinieren, dass man die Wahrscheinlichkeiten weiterer Ereignisse daraus bestimmen kann. Dazu dienen u.a. die Vierfeldertafel, der Additionssatz und die Pfadregeln bei Baumdiagrammen.

26.1 Additionssatz, Vierfeldertafel

a) Ergänzen Sie die folgenden Vierfeldertafeln:

I)

	A	$\overline{A}$	
B	0,3		
$\overline{B}$		0,1	
	0,8		

II)

	A	$\overline{A}$	
B			
$\overline{B}$	$\frac{1}{4}$		$\frac{3}{8}$
		$\frac{5}{8}$	

b) In einer Schule begeistern sich 70 % der Schüler für Fußball, 60 % für Schwimmen, 10 % mögen keine der beiden Sportarten.

I) Stellen Sie eine Vierfeldertafel auf und bestimmen Sie daraus den Anteil der Schüler, die sich für beide Sportarten begeistern.

II) Prüfen Sie den Additionssatz an diesem Beispiel nach.

26.2 Baumdiagramme und Pfadregeln

a) In einer Urne befinden sich 2 grüne, 3 rote und 5 blaue Kugeln. Es werden nacheinander ohne Zurücklegen 2 Kugeln gezogen.

I) Stellen sie ein Baumdiagramm auf.

II) Bestimmen Sie die Wahrscheinlichkeiten der folgenden Ereignisse:
A: Es werden die beiden grünen Kugeln gezogen.
B: Es wird zuerst eine rote und dann eine blaue Kugel gezogen.
C: Es werden eine rote und eine grüne Kugel gezogen.
D: Es werden 2 gleichfarbige Kugeln gezogen.
E: Es wird keine blaue Kugel gezogen.

b) Ein ungewöhnlicher Würfel trägt auf einer Seite die Zahl 1, auf vier anderen Seiten die Zahl 2 und auf einer Seite die Zahl 3. Er wird zweimal nacheinander geworfen und das Ergebnis als zweistellige Zahl notiert.

I) Stellen Sie ein Baumdiagramm auf.

II) Bestimmen Sie die Wahrscheinlichkeiten der folgenden Ereignisse:

A: Das Ergebnis ist 12.
B: Das Ergebnis ist eine gerade Zahl.
C: Das Ergebnis ist kleiner als 20.
D: Die Quersumme des Ergebnisses ist 4.
E: Das Ergebnis ist eine Primzahl.

c) Ein Fertigungsteil durchläuft mehrmals dieselbe Kontrolle, da mit einer Wahrscheinlichkeit von 20 % ein Fehler übersehen wird.

I) Bestimmen Sie mit Hilfe eines Baumdiagramms die Wahrscheinlichkeit, dass ein vorhandener Fehler zweimal übersehen und beim 3. Mal erkannt wird.

II) Wie groß ist die Wahrscheinlichkeit, dass ein vorhandener Fehler spätestens beim 3. Mal erkannt wird?

d) Mit einem Glücksrad, das drei gleich große Sektoren mit den Zahlen 0, 1 und 2 besitzt, und einem Würfel wird folgendermaßen gespielt:
Zunächst wird das Glücksrad gedreht. Anschließend darf so oft gewürfelt werden, wie das Glücksrad anzeigt. Sobald man eine Sechs würfelt, hat man gewonnen.
Wie groß ist die Wahrscheinlichkeit, bei diesem Spiel zu gewinnen?

e) In einer Urne befinden sich 2 rote und 2 weiße Kugeln. Es werden so lange einzelne Kugeln ohne Zurücklegen herausgenommen, bis die beiden weißen Kugeln gezogen sind. Wie groß ist die Wahrscheinlichkeit, dass man dabei alle 4 Kugeln aus der Urne nehmen muss?

f) Berechnen Sie die Gewinnwahrscheinlichkeit bei folgendem Spiel: Ein Würfel wird so oft geworfen, bis die Summe der gewürfelten Augenzahlen 3 oder mehr beträgt.
Man gewinnt, wenn die Summe genau 3 beträgt.

26.3 LK: Unabhängigkeit von zwei Ereignissen

Tipp: Zwei Ereignisse A und B sind genau dann unabhängig, wenn der spezielle Multiplikationssatz gilt: $P(A \cap B) = P(A) \cdot P(B)$

a) Vervollständigen Sie die folgenden Vierfeldertafeln unter der Bedingung, dass A und B unabhängige Ereignisse sind.

I)

	A	$\overline{A}$	
B			0,4
$\overline{B}$			
	0,8		

II)

	A	$\overline{A}$	
B	$\frac{3}{5}$		
$\overline{B}$			
		$\frac{1}{10}$	

III)

	A	$\overline{A}$	
B	$\frac{1}{20}$		
$\overline{B}$			
	$\frac{1}{5}$		

b) Ein Fragebogen enthält die Zeilen

männlich ☐ weiblich ☐

Raucher ☐ Nichtraucher ☐

Von 200 befragten Personen waren 90 männlich (m), 80 waren Raucher (R). Es gab 36 männliche Raucher. Ist auf Grund der Umfrage zu schließen, dass Geschlecht und Rauchverhalten der befragten Personen unabhängig voneinander sind?

26.4 LK: Bedingte Wahrscheinlichkeit

Tipp: Die bedingte Wahrscheinlichkeit $P_B(A)$ ist die Wahrscheinlichkeit, dass das Ereignis A eintritt, unter der Bedingung, dass B eingetreten ist (bzw. auch eintritt): $P_B(A) = \frac{P(A \cap B)}{P(B)}$. Außerdem gilt: $P(\overline{A}) = 1 - P(A)$

a) In einem Stadtteil sind 30 % der Einwohner über 70 Jahre alt, davon sind 40 % Männer. Unter den jüngeren Einwohnern (bis 70 Jahre) beträgt der Anteil der Männer 50 %. Wieviel Prozent der Männer sind höchstens 70 Jahre alt?

b) Eine Frauenzeitschrift machte eine Umfrage unter 250 Frauen. 65 Frauen waren über 40 Jahre alt. Insgesamt gaben 100 Frauen an, die Zeitschrift zu lesen. Unter den Leserinnen waren 32 Frauen über 40 Jahre alt.
Wie groß war der Anteil der Leserinnen unter den über 40-jährigen?
Wie groß war der Anteil der Leserinnen unter den jüngeren Befragten (bis 40 Jahre)?
Welche Tendenz über das Alter der Leserinnen lässt sich erkennen?

c) In einer Stadt sind 20 % der Bevölkerung an Aids erkrankt. Von einem Aids-Test weiß man, dass er nicht ganz sicher ist. Es können zwei Fehler auftreten:
1. Bei 96 % der Erkrankten fällt der Test positiv aus, beim Rest wird die Krankheit nicht erkannt.
2. Bei 94 % der Gesunden fällt der Test negativ aus, beim Rest wird fälschlicherweise ein Aidsverdacht ausgesprochen.

I) Wie groß ist die Wahrscheinlichkeit, dass eine Person, bei der der Test positiv ausfällt, wirklich an Aids erkrankt ist?
Wie groß ist die Wahrscheinlichkeit, dass eine Person, bei der der Test negativ ausfällt, wirklich gesund ist?

II) Beantworten Sie die Fragen aus Aufgabe I), wenn der Anteil der Aidskranken in der Bevölkerung auf 50 % steigt.
Beschreiben Sie die Veränderung.

27 Kombinatorische Zählprobleme

Tipps ab Seite 144, Lösungen ab Seite 315

Bei mehrstufigen Zufallsversuchen werden die Baumdiagramme häufig sehr umfangreich. Hier haben sich kombinatorische Methoden bewährt (Laplace-Bedingung beachten!).
Die Formel für geordnete Stichproben mit und ohne Zurücklegen (man spricht auch von Variationen mit und ohne Wiederholung) und für ungeordnete Stichproben (Kombinationen) sollten Sie auswendig können.

27.1 Geordnete Stichproben mit Zurücklegen

Tipp: Bei geordneten Stichproben mit Zurücklegen gilt für die Anzahl der möglichen Ausfälle n^k.

a) Ein Kilometerzähler zeigt 4 Ziffern an. Wie groß ist die Wahrscheinlichkeit für folgende Ereignisse?
A: Alle Ziffern sind ungerade.
B: Es kommen nur die Ziffern 0 und 1 vor.
C: Die Zahl ist eine «Spiegelzahl», d.h. die erste und die letzte sowie die zweite und die dritte Ziffer sind gleich.

b) Zum Auffädeln einer Kette stehen rote, blaue und grüne Perlen zur Verfügung. Es werden 6 Perlen aufgefädelt.
Wie groß ist die Wahrscheinlichkeit für folgende Ereignisse, wenn die Farben zufällig gewählt werden?
A: Es kommt keine rote Perle vor.
B: Die ersten 3 Perlen sind grün.
C: Es kommen immer abwechselnd nur rote und grüne Perlen vor.

c) Aus schwarzen und weißen Mühlesteinen werden Türme gebaut, indem immer 8 Steine übereinander gestapelt werden. Wie groß ist die Wahrscheinlichkeit für folgende Ereignisse, wenn die Farbe jedesmal zufällig gewählt wird?
A: Alle Steine haben dieselbe Farbe.
B: Nur ein Stein ist weiß.
C: Der erste und der letzte Stein haben dieselbe Farbe.

d) In einer Urne sind 5 nummerierte Kugeln (von 1 bis 5). Man zieht dreimal nacheinander eine Kugel, notiert die Ziffer und legt sie zurück in die Urne. Die Ergebnisse sind dreistellige Zahlen.

Wie groß ist die Wahrscheinlichkeit folgender Ereignisse?
A: Die Zahl ist durch 5 teilbar.
B: Es kommen nur die Ziffern 1 und 5 vor.
C: Es kommt keine 1 vor.

e) Aus den Buchstaben des Wortes TIGER werden nacheinander mit Zurücklegen 4 Buchstaben gezogen und der Reihe nach notiert.
Wie groß ist die Wahrscheinlichkeit folgender Ereignisse?
A: Man erhält das Wort TEIG.
B: Man erhält das Wort TEER.
C: Man erhält eine Buchstabenkombination, die mit T beginnt.
D: Man erhält eine Buchstabenkombination die mit einem doppelten T endet.
E: T kommt genau dreimal vor.
F: Ein Buchstabe kommt dreimal, ein anderer einmal vor.

f) Aus den Buchstaben HANNA werden nacheinander mit Zurücklegen 3 Buchstaben gezogen und notiert.
Wie groß ist die Wahrscheinlichkeit folgender Ereignisse?
A: Es entsteht das Wort NAH.
B: Es entsteht das Wort AHA.
C: Man zieht dreimal H.
D: Man zieht dreimal N.
E: Man zieht kein H.

27.2 Geordnete Stichproben ohne Zurücklegen

Tipp: Bei geordneten Stichproben ohne Zurücklegen gilt für die Anzahl der möglichen Ausfälle $\frac{n!}{(n-k)!}$.

a) In einer Urne sind 6 rote und 4 weiße Kugeln. Es werden nacheinander 5 Kugeln ohne Zurücklegen gezogen.
Wie groß ist die Wahrscheinlichkeit der folgenden Ereignisse?
A: Man zieht nur rote Kugeln.
B: Man zieht zuerst alle weißen, dann eine rote Kugel.
C: Die erste Kugel ist weiß.
D: Man zieht abwechselnd weiße und rote Kugeln.

b) Auf einer Geburtstagsfeier werden unter 10 Mädchen ein 1., ein 2. und ein 3. Preis verlost.
Wie groß ist die Wahrscheinlichkeit der folgenden Ereignisse?
A: Anja gewinnt den 1., Inge den 2. und Karin den 3. Preis.
B: Anja, Inge und Karin gewinnen je einen Preis.
C: Anja gewinnt keinen Preis.
D: Keines der drei Mädchen Anja, Inge und Karin gewinnt einen Preis.

c) Für eine Varietee-Veranstaltung stehen 5 Nummern zur Verfügung, darunter eine Jonglier-Nummer. Die Reihenfolge des Programms wird ausgelost.
Wie groß ist die Wahrscheinlichkeit folgender Ereignisse?
A: Die Jongliernummer steht an der 3. Stelle im Programm.
B: Die Jongliernummer steht nicht am Schluss.

d) Bei dem Spiel «Reise nach Jerusalem» scheidet in jeder Runde eine Person aus. Es nehmen 8 Personen teil. Bestimmen Sie die Wahrscheinlichkeit der folgenden Ereignisse:
A: Hans bleibt als letzter übrig.
B: Klaus und Peter bestreiten die letzte Runde.

e) Die Buchstaben des Wortes ANANAS werden geschüttelt und neu angeordnet.
Wie groß ist die Wahrscheinlichkeit der folgenden Ereignisse?
A: Es entsteht wieder das Wort ANANAS.
B: Die Buchstabenkombination beginnt mit AAA.
C: Es entsteht ein Wort mit dreifachem A direkt hintereinander.

27.3 Ungeordnete Stichproben ohne Zurücklegen

Tipp: Bei ungeordneten Stichproben ohne Zurücklegen gilt für die Anzahl der möglichen Ausfälle: $\binom{n}{k} = \frac{n!}{(n-k)!k!}$.

a) Beschreiben Sie, wie das Pascalsche Dreieck aufgebaut ist. Wie findet man $\binom{n}{k}$?

b) In einer Urne befinden sich 25 nummerierte Kugeln (Zahlen 1 bis 25). Es werden gleichzeitig 4 Kugeln aus der Urne gezogen.
Wie groß ist die Wahrscheinlichkeit für folgende Ereignisse?
A: Alle Zahlen sind durch 5 teilbar.
B: Alle Zahlen sind gerade.
C: Die Summe der vier Zahlen ist kleiner als 12.
D: Das Produkt der vier Zahlen ist 12.

c) In einer Urne sind 7 weiße, 5 schwarze und 3 rote Kugeln. Es werden 3 Kugeln gleichzeitig gezogen.
Wie groß ist die Wahrscheinlichkeit der folgenden Ereignisse?
A: Alle Kugeln sind weiß.
B: Alle Kugeln haben dieselbe Farbe.
C: Eine Kugel ist weiß, zwei sind schwarz.
D: Es ist keine rote Kugel dabei.
E: Von jeder Farbe ist eine Kugel dabei.
F: Es ist mindestens eine weiße Kugel dabei.

d) In einer Packung sind 10 Glühbirnen, davon sind zwei defekt.
Wie groß ist die Wahrscheinlichkeit für folgende Ereignisse, wenn drei Glühbirnen «blind»

herausgegriffen werden?
A: Alle 3 Glühbirnen sind in Ordnung.
B: Genau eine Glühbirne ist defekt.
C: Genau 2 Glühbirnen sind defekt.

e) Wie groß ist die Wahrscheinlichkeit, beim Lotto 6 aus 49 mit einem Tipp genau 4 Richtige zu treffen?

f) Vier Paare wollen einen Ausflug machen. Es steht nur ein Auto mit 4 Plätzen zur Verfügung, die anderen müssen auf den Bus warten. Es wird ausgelost, wer mit dem Auto fahren darf.

   I) Wie groß ist die Wahrscheinlichkeit, dass 2 Frauen und 2 Männer mit dem Auto fahren dürfen?

   II) Wie groß ist die Wahrscheinlichkeit, dass die 4 Frauen mit dem Auto fahren?

   III) Beim nächsten Mal haben die 4 Paare zwei Autos mit je 4 Plätzen zur Verfügung. Die Verteilung auf die Wagen wird wieder ausgelost.
   Wie groß ist die Wahrscheinlichkeit, dass die vier Frauen in einem Auto fahren?

27.4 Vermischte Aufgaben

In der Stochastik gibt es für viele Aufgaben mehrere verschiedene Lösungswege. Die folgenden Aufgaben lassen sich u.a. mit Hilfe der in den vorangegangenen Abschnitten geübten Gedankengänge lösen.

a) 4 Freunde gehen ins Kino, sie haben in einer Reihe 4 nummerierte Plätze nebeneinander und verteilen die Karten zufällig.
Wie groß ist die Wahrscheinlichkeit der folgenden Ereignisse?
A: Horst sitzt zwischen 2 Freunden.
B: Horst und Peter sitzen außen.
C: Horst und Peter sitzen nebeneinander.

b) Für eine Prüfung werden 10 mögliche Themen vereinbart, 3 davon werden in der Prüfung abgefragt. Ein Prüfling lernt nur 6 der 10 Themen.
Wie groß ist die Wahrscheinlichkeit, dass keines (eines, zwei, alle drei) der Prüfungsthemen von ihm vorbereitet wurden?

c) Bei einem Multiple-Choice-Test gibt es 10 Fragen mit je drei möglichen Antworten, von denen jeweils genau eine richtig ist. Jemand kreuzt nach dem Zufallsprinzip bei jeder Frage eine Antwort an.
Wie groß ist die Wahrscheinlichkeit der folgenden Ereignisse?
A: Alle Antworten sind falsch.

B: Die ersten 5 sind richtig, die letzten 5 sind falsch angekreuzt.

C: Genau die Hälfte der Antworten sind richtig.

D: 4 Antworten sind richtig, 6 sind falsch.

d) In einer Ebene sind 6 Punkte markiert, von denen nie mehr als 2 auf einer Geraden und nie mehr als 3 auf einem Kreis liegen.

I) Wie viele Verbindungsgeraden lassen sich durch die 6 Punkte ziehen?

II) Wie viele Kreise lassen sich ziehen, die jeweils durch 3 der 6 Punkte gehen?

e) Wie groß ist die Wahrscheinlichkeit, dass unter 8 Personen mindestens 2 Personen im selben Monat Geburtstag haben? Nehmen Sie näherungsweise an, dass alle Monate gleich lang sind.

28 Wahrscheinlichkeitsverteilung von Zufallsgrößen

Tipps ab Seite 146, Lösungen ab Seite 321

In diesem Kapitel geht es um den Erwartungswert von Zufallsgrößen, der häufig für die Gewinnerwartungen von Spielen oder für die Beurteilung, ob ein Spiel fair ist, herangezogen wird. Varianz und Standardabweichung sind Maße für die Streuung einer Zufallsvariablen. Die Schwierigkeit bei Aufgaben zu diesem Thema liegt meist in der Aufstellung der Tabelle für die Wahrscheinlichkeitsverteilung; die Berechnung von E(X), V(X) *und* σ(X) *sind dann einfach auszuführen.*

28.1 Erwartungswert

a) Aus einer Urne mit 2 weißen und 8 roten Kugeln werden nacheinander ohne Zurücklegen so lange einzelne Kugeln entnommen, bis die erste rote Kugel auftritt.
Wie oft muss man durchschnittlich ziehen?

b) Es wird folgendes Spiel vereinbart: Zwei Würfel werden gleichzeitig geworfen und ihre Augensumme betrachtet. Beträgt sie 2, werden 4 Euro ausgezahlt, beträgt sie 3 oder 4, wird 1 Euro ausgezahlt, in allen anderen Fällen erfolgt keine Auszahlung. Wie viel Geld wird durchschnittlich ausgezahlt?

c) In einer Schachtel sind sechs 50-Cent-Münzen, drei 1-Euro-Münzen und eine 2-Euro-Münze.

I) Es wird blindlings eine Münze entnommen. Mit wieviel Geld kann man durchschnittlich rechnen?

II) Es werden blindlings zwei Münzen entnommen. Wieviel Geld erhält man jetzt im Durchschnitt?

d) In einer Urne sind 6 schwarze und 4 weiße Kugeln. Es werden 3 Kugeln auf einmal entnommen. Für jede schwarze Kugel erhält man einen Punkt, für jede weiße zwei Punkte.
Wieviele Punkte erhält man durchschnittlich?

28.2 Varianz und Standardabweichung

a) I) In einer Urne sind 10 Kugeln: 1 weiße, 1 rote und 8 schwarze. Es wird eine Kugel gezogen. Bei «weiß» erhält man 4 Euro, bei «rot» 8 Euro und bei «schwarz» nichts. Bestimmen Sie den Erwartungswert, die Varianz und die Standardabweichung für den Gewinn.

II) In einer anderen Urne sind ebenfalls 10 Kugeln: 4 weiße, 4 rote und 2 schwarze. Es wird eine Kugel gezogen. Diesmal erhält man bei «weiß» 1 Euro, bei «rot» 2 Euro und bei «schwarz» wieder nichts.
Bestimmen Sie ebenfalls den Erwartungswert, die Varianz und die Standardabweichung für den Gewinn.

III) Vergleichen Sie die beiden Spiele in Bezug auf Erwartungswert und Standardabweichung und geben Sie eine anschauliche Erklärung. Welches Spiel würden Sie aus welchen Gründen bevorzugen?

b) In einer Klasse mit 30 Schülern wurden zwei Klassenarbeiten mit folgenden Ergebnissen geschrieben:

I)

Note	1	2	3	4	5	6
Anzahl	3	7	11	6	2	1

II)

Note	1	2	3	4	5	6
Anzahl	5	8	5	8	2	2

Bestimmen Sie jeweils den Notendurchschnitt und die Standardabweichung.

29 Binomialverteilung

Tipps ab Seite 146, Lösungen ab Seite 325

In diesem Kapitel geht es um eine häufig vorkommende Wahrscheinlichkeitsverteilung, die Binomialverteilung, die die Berechnungen wesentlich vereinfacht. Das zugrunde liegende Zufallsexperiment muss eine Bernoullikette sein. Es wird erwartet, dass Sie eine Bernoullikette und ihre wesentlichen Parameter erkennen und darauf die grundlegenden Formeln und Tabellen anwenden können.
Wenn nichts anderes angegeben ist, wird die Trefferwahrscheinlichkeit im Folgenden mit p*, die Länge der Bernoullikette mit* n *bezeichnet.* X *bezeichnet die Zufallsgröße «Anzahl der Treffer».*
$P(X = k)$ *ist die Wahrscheinlichkeit, dass genau* k *Treffer eintreten.*

29.1 Bernoulliketten

a) Erklären Sie die Begriffe Bernoulli-Experiment, Trefferwahrscheinlichkeit, Bernoullikette und Länge einer Bernoullikette.

b) Bei welchen der folgenden Zufallsexperimente handelt es sich um Bernoulliketten? Geben Sie, wenn möglich, die Trefferwahrscheinlichkeit p und die Länge n der Bernoullikette an.

I) Ein Würfel wird dreimal geworfen und die Anzahl der Sechsen notiert.

II) Ein Würfel wird dreimal geworfen und die Augensumme notiert.

III) Aus einer Urne mit 3 weißen und 7 roten Kugeln wird so lange ohne Zurücklegen eine Kugel gezogen, bis die erste rote Kugel erscheint.

IV) Aus einer Urne mit 3 weißen und 7 roten Kugeln wird 4-mal mit Zurücklegen jeweils eine Kugel gezogen.

V) Bei einem Glücksrad erscheint in 50 % der Fälle eine «1», in jeweils 25 % der Fälle eine «2» bzw. «3». Das Rad wird viermal gedreht und die Ziffern notiert.

VI) Das Glücksrad aus Aufgabe V) wird achtmal gedreht. Jedes Mal, wenn die «3» erscheint, erhält man 10 Cent.

VII) Das Glücksrad aus Aufgabe V) wird so oft gedreht, bis die «3» erscheint, höchstens jedoch fünfmal.

29.2 Binomialverteilung mit Gebrauch der Formel (Taschenrechner)

Tipp: $\lg(a^n) = n \cdot \lg(a) \quad P(X > k) = 1 - P(X \leqslant k)$

a) Eine Münze wird fünfmal geworfen. Wie groß ist die Wahrscheinlichkeit folgender Ereignisse?

A: Es tritt zweimal Zahl auf.

B: Es tritt nur Wappen auf.

C: Es tritt höchstens einmal Zahl auf.

D: Es tritt mindestens einmal Zahl auf.

b) Ein Glücksrad hat 3 gleich große Sektoren mit den Symbolen Kreis, Kreuz und Stern. Es wird viermal gedreht. Wie groß ist die Wahrscheinlichkeit folgender Ereignisse?

A: Es tritt dreimal Stern auf.

B: Es tritt mindestens dreimal Stern auf.

C: Es tritt höchtens einmal Stern auf.

c) Von einer großen Ladung Apfelsinen sind 20 % verdorben. Es werden 5 Stück entnommen. Wie groß ist die Wahrscheinlichkeit für folgende Ereignisse?

A: Eine Apfelsine ist verdorben.

B: Alle Apfelsinen sind in Ordnung.

C: Mindestens 2 Apfelsinen sind verdorben.

d) Die Wahrscheinlichkeit für die Geburt eines Mädchens beträgt 0,49, für die Geburt eines Jungen 0,51. Wie groß ist die Wahrscheinlichkeit, dass in einer Familie mit 4 Kindern

A: genau 2 Mädchen sind?

B: höchstens 3 Mädchen sind?

e) Wie oft muss man eine Münze werfen, um mit einer Wahrscheinlichkeit von 99 % (oder mehr) mindestens einmal «Wappen» zu erhalten?

f) Wie oft muss man würfeln, um mit einer Wahrscheinlichkeit von 90 % (oder mehr) mindestens eine «Sechs» zu bekommen?

29.3 Binomialverteilung mit Gebrauch der Tabelle

Tipp:
$$P(X < k) = P(X \leqslant k-1)$$
$$P(X > k) = 1 - P(X \leqslant k)$$
$$P(X = k) = P(X \leqslant k) - P(X \leqslant k-1)$$

Für die Aufgaben in diesem Kapitel wird die Tabelle auf Seite 343 benötigt. Sie gibt für verschiedene Werte von n, p und k die Wahrscheinlichkeiten für $P(X \leqslant k)$ an.

a) Bestimmen Sie für $n = 20$ und $p = \frac{1}{3}$ die folgenden Wahrscheinlichkeiten:

$P(X \leqslant 5)$ $\quad P(4 \leqslant X \leqslant 10)$ $\quad P(X \geqslant 3)$

$P(X > 6)$ $\quad P(X < 10)$

b) Bestimmen Sie für $n = 100$ und $p = 0,4$ die folgenden Wahrscheinlichkeiten:

$P(X \leqslant 40)$ $\quad P(X = 40)$ $\quad P(X < 30)$

$P(X \geqslant 50)$ $\quad P(X > 45)$ $\quad P(35 \leqslant X \leqslant 45)$

c) Ein Würfel wird 50-mal geworfen. Wie groß ist die Wahrscheinlichkeit für folgende Ereignisse?

A: Man wirft höchstens 10 «Sechsen».

B: Man wirft mindestens 10 «Sechsen».

C: Man wirft genau 10 «Sechsen».

D: Die Anzahl der «Sechsen» liegt zwischen 5 und 11 einschließlich.

E: Man wirft mehr als 3 und weniger als 14 «Sechsen».

F: Die Augenzahl ist in weniger als 20 Fällen gerade.

G: Die Augenzahl ist in mehr als 25 Fällen gerade.

H: Es treten mehr als 20 und weniger als 30 gerade Augenzahlen auf.

d) Bestimmen Sie für $n = 50$ und $p = 0,7$ folgende Wahrscheinlichkeiten:

$P(X \leqslant 40)$ $P(X > 36)$ $P(32 \leqslant X \leqslant 38)$

$P(X = 35)$ $P(X < 30)$

e) Jemand kauft 20 Blumenzwiebeln einer Sorte, bei der erfahrungsgemäß 90 % der Zwiebeln keimen. Wie groß ist die Wahrscheinlichkeit, dass von den 20 Zwiebeln

A: mindestens 16 keimen?

B: mindestens 18 keimen?

C: alle keimen?

f) Eine Volleyballmannschaft hat in der letzten Saison von 21 Spielen 7 gewonnen. Wie groß ist die Wahrscheinlichkeit, dass sie in der nächsten Saison von 20 Spielen

A: genau 7 gewinnt?

B: mehr als 7 gewinnt?

C: mehr als die Hälfte gewinnt?

29.4 Erwartungswert und Standardabweichung

a) Ein Händler behauptet, dass höchstens 4 % der von ihm gelieferten Glühbirnen defekt sind. Wie viele defekte Glühbirnen kann man bei einer Entnahme von 150 Glühbirnen durchschnittlich erwarten?
Bestimmen Sie die zugehörige Standardabweichung.

b) Die Zufallsgröße X sei binomialverteilt. Bestimmen Sie jeweils den Erwartungswert und die Standardabweichung von X.

I) $n = 80,\ p = 0,3$
II) $n = 50,\ p = 0,4$
III) $n = 20,\ p = 0,6$

c) Von einer großen Ladung Tomaten sind 20 % verdorben. Wie viele verdorbene Tomaten kann man bei einer Entnahme von 30 kg erwarten? Bestimmen Sie die zugehörige Standardabweichung.

d) Bei der Herstellung von Spielzeugautos gibt es durchschnittlich bei 8 % der Autos Mängel. An einem Tag werden 2300 Autos hergestellt. Mit wie vielen mängelbehafteten Autos ist zu rechnen? Wie groß ist die zugehörige Standardabweichung?

30 LK: Normalverteilung

Tipps ab Seite 147, Lösungen ab Seite 329

In diesem Kapitel geht es darum, bei normalverteilten Zufallsgrößen mit gegebenem Erwartungswert und bekannter Standardabweichung Wahrscheinlichkeiten für Ereignisse zu berechnen oder Hypothesen zu testen.

Für die Aufgaben in diesem Kapitel wird die Tabelle auf Seite 345 benötigt.

30.1 Berechnung von Wahrscheinlichkeiten

a) Der Intelligenzquotient IQ ist näherungsweise normalverteilt mit dem Erwartungswert $\mu = 100$ und der Standardabweichung $\sigma = 15$.
Berechnen Sie folgende Wahrscheinlichkeiten:

I) Der IQ liegt zwischen 85 und 115.

II) Der IQ ist kleiner als 90.

III) Der IQ ist größer als 120.

b) In einer Bäckerei läßt sich das Gewicht von Brezeln durch eine Normalverteilung mit dem Erwartungswert $\mu = 58\,\text{g}$ und der Standardabweichung $\sigma = 2\,\text{g}$ beschreiben.
Berechnen Sie folgende Wahrscheinlichkeiten:

I) Eine Brezel wiegt weniger als 54 g.

II) Eine Brezel wiegt zwischen 55 g und 61 g.

III) Eine Brezel wiegt mehr als 60 g.

c) Das Gewicht einer Birnensorte ist aufgrund der EU-Verordnung normalverteilt mit dem Erwartungswert $\mu = 150\,\text{g}$ und der Standardabweichung $\sigma = 5\,\text{g}$.
Eine Packung (Leergewicht 50 g) enthält 6 Birnen.
Berechnen Sie folgende Wahrscheinlichkeiten:

I) Das Gesamtgewicht liegt zwischen 930 g und 960 g.

II) Das Gesamtgewicht beträgt weniger als 925 g.

III) Das Gesamtgewicht beträgt mehr als 980 g.

30.2 Erwartungswert und Standardabweichung

a) Bei Klassenarbeiten sind die Noten normalverteilt mit dem Erwartungswert $\mu = 3,5$ und der Standardabweichung $\sigma = 1,3$. Der Durchschnitt einer Mathematikarbeit betrug bei 34 Klassenarbeiten $\overline{\mathrm{x}} = 3,9$.
Testen Sie die Hypothese, dass der Erwartungswert von Klassenarbeiten eingehalten wird.

b) In einer Fruchtsaftfabrik wird Apfelsaft mit einer Sollmenge von 1000 ml bei einer Standardabweichung von $\sigma = 10\,\mathrm{ml}$ in Flaschen gefüllt. Bei einer Kontrolle von 20 Flaschen betrug die mittlere Füllmenge 992 ml.
Muss man die Hypothese, dass der Erwartungswert $\mu = 1000\,\mathrm{ml}$ eingehalten wird, verwerfen und die Befüllungsanlage neu einstellen?

c) Die erwartete Leuchtdauer von Glühlampen beträgt 500 Stunden bei einer Standardabweichung von $\sigma = 20$ Stunden.
Bei einem Test mit 100 Lampen betrug die mittlere Leuchtdauer 495 Stunden.
Muss man die Hypothese, dass der Erwartungswert $\mu = 500$ Stunden eingehalten wird, verwerfen und auf der Verpackung eine andere Leuchtdauer angeben?

d) Das Gewicht von Feuerbohnen ist normalverteilt mit dem Erwartungswert $\mu = 0,4\,\mathrm{g}$ und der Standardabweichung $\sigma = 0,1\,\mathrm{g}$.
Eine Packung Feuerbohnen wiegt 250 g.
Testen Sie die Hypothese: «Die Packung enthält 620 Feuerbohnen».

e) Wie viele Menschen benötigt man für eine Menschenkette der Länge 1 km, wenn die Spannweite der Arme normalverteilt ist mit dem Erwartungswert $\mu = 1,6\,\mathrm{m}$ und der Standardabweichung $\sigma = 0,4\,\mathrm{m}$?

f) Das Gewicht einer Schraubensorte bei der Produktion von Schrauben ist normalverteilt mit einer Standardabweichung von $\sigma = 0,3\,\mathrm{g}$.
Bei einer Stichprobe wiegen 30 Schrauben 162 g.
Welches Gewicht kann man mit einer Wahrscheinlichkeit von 95 % für eine Schraube erwarten?

31 Hypothesentests

Tipps ab Seite 148, Lösungen ab Seite 332

Bei den Tests in diesem Kapitel wird geprüft, ob ein Ereignis mit einer vorgegebenen Wahrscheinlichkeit auftritt oder nicht. Es werden nur Tests behandelt, die auf der Binomialverteilung basieren; die Aufgaben sind im Allgemeinen unter Anwendung der Tabelle zu lösen. A *bezeichnet im Folgenden den Annahmebereich,* $\overline{\text{A}}$ *den Ablehnungsbereich eines Tests. Die Irrtumswahrscheinlichkeit (auch Signifikanzniveau genannt) wird mit* α *bezeichnet.*

31.1 Grundbegriffe, Fehler 1. und 2. Art

a) Ein Würfel soll getestet werden. Man nimmt an, dass die Wahrscheinlichkeit für eine «Sechs» wie üblich $\frac{1}{6}$ beträgt. Um die Annahme zu testen, wird er 60-mal geworfen. Kommt dabei mindestens 8-mal und höchstens 12-mal eine «Sechs» vor, geht man davon aus, dass der Würfel in Ordnung ist.
Wie lautet bei diesem Test die Nullhypothese?
Schreiben Sie den Annahmebereich A und den Ablehnungsbereich $\overline{\text{A}}$ als Menge auf.
Obwohl der Würfel in Ordnung ist (er wurde vorher genau untersucht), fällt bei obigem Test nur 7-mal eine Sechs. Welche Art von Fehler begeht man in diesem Fall?
Erläutern Sie den Begriff Irrtumswahrscheinlichkeit am vorliegenden Test.

b) Ein Händler garantiert, dass höchstens 5 % der gelieferten Äpfel nicht einwandfrei sind. Ein Käufer will die Aussage überprüfen, indem er eine Stichprobe von 50 Äpfeln entnimmt.
Wie lautet die Nullhypothese (Aussage des Händlers) in diesem Fall formal?
Geben Sie einen möglichen Annahme- und Ablehnungsbereich an.
Handelt es sich um einen rechts-, links- oder zweiseitigen Test?
Wie verändert sich die Wahrscheinlichkeit für einen Fehler 1. Art bzw. 2. Art, wenn Sie den Annahmebereich vergrößern?

31.2 Einseitiger Test

Bei einseitigen Tests besteht der Ablehnungsbereich nur aus besonders großen Werten (rechtsseitiger Test) oder besonders kleinen Werten (linksseitiger Test).

a) I) Für H_0: $p \leqslant 0{,}4$ und $n = 100$ wird $\overline{\text{A}} = \{50, ..., 100\}$ festgelegt. Wie groß ist α?
Wie groß wird α,wenn man zu $\overline{\text{A}}$ noch die Zahl 49 hinzunimmt?

II) Für H_0: $p \geqslant 0{,}8$ und $n = 100$ wird als Annahmebereich A = $\{75, ..., 100\}$ gewählt.
Bestimmen Sie α.

b) I) Bestimmen Sie für H_0: $p \leqslant 0{,}1$ und $n = 100$ den Ablehnungsbereich für
$\alpha = 5\%$, $\alpha = 2\,\%$ und $\alpha = 1\,\%$.

II) Bestimmen Sie für H_0: $p \geqslant 0,3$ und $n = 50$ den Ablehnungsbereich für $\alpha = 5\,\%$, $\alpha = 2\,\%$ und $\alpha = 1\,\%$.

c) Ein Chiphersteller garantiert, dass der Anteil an Ausschuss höchstens 4 % beträgt. Ein Käufer findet unter 100 Chips 9 defekte Chips. Kann man hieraus mit einer Irrtumswahrscheinlichkeit von 5 % schließen, dass der Anteil an Ausschuss größer als 4 % ist?

d) Eine Partei hat bei der letzten Wahl 30 % der abgegebenen Stimmen erhalten. Um zu überprüfen, ob sie bei der nächsten Wahl mit mindestens 30 % der Stimmen rechnen kann, werden 100 Personen befragt. Es geben nur 25 Personen an, die Partei wählen zu wollen. Kann man mit einer Irrtumswahrscheinlichkeit von 5 % darauf schließen, dass der Stimmenanteil unter 30 % gesunken ist?

e) Ein Großhändler garantiert einem Kunden, dass höchstens 4 % der gelieferten Glühbirnen defekt sind. Der Kunde nimmt eine Stichprobe von 50 Birnen. Er schickt die Lieferung zurück, wenn mehr als 4 Birnen defekt sind.
Wie groß ist die Wahrscheinlichkeit, dass er die Lieferung irrtümlich ablehnt?
Wie muss man den Ablehnungsbereich wählen, wenn die Irrtumswahrscheinlichkeit 2 % betragen soll?

31.3 LK: Zweiseitiger Test

Bei einem zweiseitigen Test besteht der Ablehnungsbereich aus einem oberen und einem unteren Teil. Sie werden so bestimmt, dass die Irrtumswahrscheinlichkeit für jeden einzelnen Teil höchstens $\frac{\alpha}{2}$ beträgt.

a) I) Für H_0: $p = \frac{1}{2}$ und $n = 20$ wird $A = \{8, ..., 12\}$ festgelegt. Wie groß ist α?
II) Für H_0: $p = \frac{1}{6}$ und $n = 50$ wird $A = \{4, ..., 13\}$ festgelegt. Wie groß ist α?

b) Bestimmen Sie für H_0: $p = \frac{1}{3}$ und $n = 100$ den Annahme- und Ablehnungsbereich für $\alpha = 5\,\%$, $\alpha = 2\,\%$ und $\alpha = 1\,\%$.

c) Eine Münze wird 50-mal geworfen, dabei tritt 30-mal «Zahl» auf. Kann man mit einer Irrtumswahrscheinlichkeit von 5 % darauf schließen, dass die Münze nicht ideal ist?

d) An einem Glücksspielautomaten gewinnt man angeblich in 20 % der Spiele.
Wie muss man bei einer Überprüfung von 100 Spielen den Annahme- und Ablehnungsbereich wählen, um bei einer Beanstandung eine Irrtumswahrscheinlichkeit von 2 % zu haben?

e) Der Bekanntheitsgrad einer Popgruppe unter Jugendlichen lag bisher bei 60 %. Nun soll durch Befragen von 100 Jugendlichen festgestellt werden, ob er gleich geblieben ist. Man geht davon aus, dass er immer noch 60 % beträgt, wenn mehr als 52 und weniger als 68 die Gruppe kennen.

I) Wie groß ist die Wahrscheinlichkeit, dass man fälschlicherweise von einer Veränderung ausgeht?
II) Wie muss $\overline{A}$ gewählt werden, damit die Irrtumswahrscheinlichkeit 5 % beträgt?

32 Schätzen von Wahrscheinlichkeiten

Tipps ab Seite 149, Lösungen ab Seite 336

In diesem Kapitel geht um das Schätzen von Wahrscheinlichkeiten. In vielen Situationen ist es nicht möglich, die Wahrscheinlichkeit p *für ein Ereignis durch Überlegen zu bestimmen; man kennt nur das Ergebnis einer Stichprobe und versucht damit die Wahrscheinlichkeit anzunähern. Um die Güte dieser Schätzung bewerten zu können, bestimmt man sogenannte Konfidenzintervalle (Vertrauensintervalle). Der gesuchte Wert von* p *liegt dann mit hoher Wahrscheinlichkeit (meist 95 %) in diesem Intervall.*

32.1 Annäherung der Binomialverteilung durch die Gaußverteilung

a) Eine Firma stellt Mikrochips her. Der Anteil der fehlerhaften Chips beträgt 20 %. Wie groß ist die Wahrscheinlichkeit, dass von 100 Chips mindestens 75 in Ordnung sind?

I) Berechnen Sie die Wahrscheinlichkeit mit Hilfe der Binomialverteilung.

II) Zeigen Sie, dass für das vorliegende Problem die Laplace-Bedingung erfüllt ist und berechnen Sie die Wahrscheinlichkeit mit Hilfe der Gaußverteilung näherungsweise.

b) An einer Ortseinfahrt wird eine Geschwindigkeitsmessung durchgeführt. Aus langjähriger Erfahrung weiß man, dass die Wahrscheinlichkeit dafür, dass die Autos korrekt fahren, 90 % beträgt. Es wird bei 100 Autos eine Geschwindigkeitsmessung durchgeführt. Berechnen Sie die Wahrscheinlichkeit dafür, dass mindestens 88 Autos korrekt fahren, mit Hilfe der Binomialverteilung und näherungsweise mit der Gaußverteilung. Vergleichen Sie die Werte und erläutern Sie die Güte der Näherung.

32.2 Schätzen

a) Bei einer Wahlumfrage mit Stichprobengröße $n = 500$ geben 270 der Befragten an, für Kandidat A stimmen zu wollen

I) Bestimmen Sie die relative Häufigkeit als Näherungswert für die unbekannte tatsächliche Wahrscheinlichkeit.

II) Bestimmen Sie das 95 %-Konfidenzintervall dafür, dass Kandidat A die Wahl gewinnt.

III) Kann man mit 95 %-iger Sicherheit davon ausgehen, dass Kandidat A die Wahl gewinnen wird?

b) Bei einer Meinungsumfrage einer Firma zum Kauf eines Mobiltelefons haben von 200 Befragten 46 angegeben, ein Gerät dieser Firma zu besitzen.

I) Berechnen Sie das 95 % Konfidenzintervall.

II) Wie ändert sich das Konfidenzintervall, wenn die Stichprobengröße auf 500 bzw. auf 1000 Befragte erhöht wird (die relative Häufigkeit bleibe gleich).

III) Erläutern Sie diese Änderung des Konfidenzintervalls im Sachzusammenhang.

c) Ein Radiosender möchte wissen, wieviele Hörer eine bestimmte Sendung gehört haben. Er lässt 300 Hörer befragen, von denen 17 % angeben, die fragliche Sendung gehört zu haben. Im Sendegebiet gibt es insgesamt 1,3 Mio. Zuhörer. Wieviele Hörer hat die Sendung mit 95 %-iger Wahrscheinlichkeit minimal bzw. maximal?

d) Um die Gesamtanzahl der Fische in einem Teich zu schätzen werden 300 Karpfen gefangen, markiert und wieder ausgesetzt. Zwei Tage später werden 200 Fische gefangen, unter denen sich 64 markierte befinden. Wie groß ist die gesamte Karpfenpopulation, wenn man eine Aussage auf einem Sicherheitsniveau von 95 % treffen will?

e) Eine Flugline hat täglich 2000 Sitzplätze in ihren Flugzeugen zu vergeben. Erfahrungsgemäß nehmen 90 % der Fluggäste mit Ticket ihren gebuchten Sitzplatz tatsächlich in Anspruch.

I) Wie viele Überbuchungen kann die Fluglinie machen, wenn sie ihren Kunden die Plätze mit einer Sicherheit von 95 % garantiert?

II) Bewerten Sie die Genauigkeit der Berechnung.

III) Um die Kundenzufriedenheit zu erhöhen, will die Fluglinie die Sicherheit auf 99 % erhöhen. Wie viele Plätze dürfen dann noch zusätzlich vergeben werden?

33 Weiterführende Aufgaben Stochastik

33.1 Glücksspiel

Tipps ab Seite 150, Lösungen ab Seite 340

Eine Urne enthalte 6 rote und eine blaue Kugel.
Für ein Glücksspiel wird folgende Regel vereinbart:
Es wird jeweils genau eine Kugel gezogen. Ist die gezogene Kugel blau, so wird sie in die Urne zurückgelegt, ist sie dagegen rot, wird sie beiseite gelegt und in der Urne durch eine blaue ersetzt.

a) Das Glücksspiel wird dreimal durchgeführt und jeweils die Farbe der gezogenen Kugeln festgestellt.
Berechnen Sie die Wahrscheinlichkeit folgender Ereignisse:
A: Nur die zweite Kugel ist rot.
B: Genau eine der gezogenen Kugeln ist blau.
C: Höchstens zwei der gezogenen Kugeln sind rot.
D: Die zweite Kugel ist blau.
E: Mindestens eine der Kugeln ist blau.

b) Auf einem Jahrmarkt wird das Glücksspiel an einem Stand angeboten.
Ein Spieler darf dreimal ziehen. Er erhält
bei drei blauen Kugeln 50 Euro,
bei zwei blauen Kugeln 10 Euro,
bei einer blauen Kugel 2 Euro.
Wie hoch muss der Einsatz des Spielers sein, damit dieses Glücksspiel dem Standbesitzer langfristig pro Spiel einen Gewinn von 0,58 Euro bringt?

c) Ein Glücksspieler behauptet, dass man mindestens zwei Ziehungen durchführen muss, um mit einer Wahrscheinlichkeit von 99 % mindestens eine rote Kugel zu ziehen. Hat er recht? Wie oft müsste man ziehen, wenn in der Urne statt 6 nur 4 rote Kugeln liegen?

33.2 Handys

Tipps ab Seite 151, Lösungen ab Seite 341

Die Firma Noko stellt Handys in Massenproduktion her.
Jedes Handy ist mit einer Wahrscheinlichkeit von 10 % fehlerhaft.

a) Mit welchem mathematischen Modell lässt sich das Ziehen einer Stichprobe von 100 Handys beschreiben?

Berechnen Sie die Wahrscheinlichkeit für folgende Ereignisse:

A: Weniger als 5 Handys sind fehlerhaft.

B: Genau 3 Handys sind fehlerhaft.

C: Mindestens 90 Handys funktionieren.

b) Bestimmen Sie das kleinstmögliche Intervall mit Mittelpunkt 10, in dem bei insgesamt 100 Handys die Anzahl der fehlerhaften Handys mit einer Wahrscheinlichkeit von mindestens 95 % liegt.

Wie viele Handys müssen der Produktion mindestens entnommen werden, damit mit einer Wahrscheinlichkeit von mehr als 99 % wenigstens ein fehlerhaftes dabei ist.

c) Zur Aussonderung fehlerhafter Handys gibt es eine Qualitätskontrolle, welche folgendes leistet:

Unter allen geprüften Handys beträgt der Anteil der Handys, die einwandfrei sind und dennoch ausgesondert werden, 4 %.

Insgesamt werden 93 % aller Handys nicht ausgesondert.

Bestimmen Sie die Wahrscheinlichkeit dafür, dass ein Handy fehlerhaft ist und ausgesondert wird.

Welcher Anteil der fehlerhaften Handys wird demnach ausgesondert?

d) Die Firma Noko garantiert nun, dass bei einer Lieferung höchstens 4 % der Handys fehlerhaft sind.

Der Großhändler macht eine Stichprobe mit 100 Handys und findet 7 fehlerhafte.

Kann er hieraus mit einer Irrtumswahrscheinlichkeit von 5 % schließen, dass die Firma Noko eine falsche Angabe gemacht hat?

Tipps

Analysis

1 Von der Gleichung zur Kurve

1.1 Ganzrationale Funktionen

Den Schnittpunkt mit der y-Achse erhalten Sie durch Einsetzen von $x = 0$ in $f(x)$, die Schnittpunkte mit der x-Achse erhalten Sie durch Lösen der Gleichung $f(x) = 0$.

Zuerst wird gespiegelt und gestreckt, anschließend verschoben (Reihenfolge beachten!).

a) - c) Die Graphen sind Geraden. Hat eine Gerade die Gleichung $y = mx + b$, so ist b der y-Achsenabschnitt und m die Steigung der Geraden.

d) - i) Die Graphen sind Variationen der Graphen der beiden Grundfunktionen $f(x) = x^2$ (Parabel) oder $g(x) = x^3$ (kubische Parabel).

Ist $f(x) = a(x-b)^2 + c$ bzw. $g(x) = a(x-b)^3 + c$, so gibt es folgende Verwandlungen:
a: Streckfaktor in y-Richtung; $a < 0$: zusätzlich Spiegelung an der x-Achse.
$b > 0$ bzw. $b < 0$: Verschiebung nach rechts bzw. links.
$c > 0$ bzw. $c < 0$: Verschiebung nach oben bzw. unten.

1.2 Exponentialfunktionen

Zur Bestimmung der Asymptoten betrachten Sie $f(x)$ für $x \longrightarrow \pm\infty$.
Die Graphen sind Variationen der Grundfunktionen $f(x) = e^x$ bzw. $g(x) = e^{-x}$.
Ist $f(x) = a \cdot e^{x-b} + c$ bzw. $g(x) = a \cdot e^{-(x-b)} + c$, so gibt es folgende Verwandlungen:
a: Streckfaktor in y-Richtung; $a < 0$: zusätzlich Spiegelung an der x-Achse.
$b > 0$ bzw. $b < 0$: Verschiebung nach rechts bzw. links.
$c > 0$ bzw. $c < 0$: Verschiebung nach oben bzw. unten.

1.3 Gebrochenrationale Funktionen

Die Asymptoten der Graphen der Funktionen erhalten Sie, indem Sie den Nenner gleich Null setzen und $f(x)$ für $x \longrightarrow \pm\infty$ betrachten.
Die Graphen sind Variationen der Graphen der Grundfunktionen $f(x) = \frac{1}{x}$ bzw. $g(x) = \frac{1}{x^2}$.
Falls vor dem Bruch ein Minuszeichen steht, müssen Sie zuerst an der x-Achse spiegeln und anschließend in x- bzw. y-Richtung verschieben.

Ist $f(x) = \frac{a}{x-b} + c$ bzw. $g(x) = \frac{a}{(x-b)^2} + c$, so gibt es folgende Verwandlungen:
a: Streckfaktor in y-Richtung; $a < 0$: zusätzlich Spiegelung an der x-Achse.
$b > 0$ bzw. $b < 0$: Verschiebung nach rechts bzw. links.

$c > 0$ bzw. $c < 0$: Verschiebung nach oben bzw. unten.
Asymptoten: $x = b$ senkrechte Asymptote (Pol) und $y = c$ waagrechte Asymptote.

1.4 Logarithmusfunktionen

Zur Bestimmung des Definitionsbereichs müssen Sie beachten, dass das Argument der Logarithmusfunktion (der Ausdruck in der Klammer) stets positiv sein muss.
Ist $f(x) = a \cdot \ln(x - b) + c$, so gibt es folgende Verwandlungen:
a: Streckfaktor in y-Richtung; $a < 0$: zusätzlich Spiegelung an der x-Achse.
$b > 0$ bzw. $b < 0$: Verschiebung nach rechts bzw. links.
$c > 0$ bzw. $c < 0$: Verschiebung nach oben bzw. unten.

1.5 Trigonometrische Funktionen

Die Graphen sind Variationen der Grundfunktionen $f(x) = \sin x$ bzw. $g(x) = \cos x$.
Ist $f(x) = a \cdot \sin(b \cdot (x - c)) + d$ bzw. $g(x) = a \cdot \cos(b \cdot (x - c)) + d$, so gibt es folgende Verwandlungen:
a: Streckfaktor in y-Richtung; $a < 0$: zusätzlich Spiegelung an der x-Achse.
b: Streckfaktor in x-Richtung.
$c > 0$ bzw. $c < 0$: Verschiebung nach rechts bzw. links.
$d > 0$ bzw. $d < 0$: Verschiebung nach oben bzw. unten.
Periode: $p = \frac{2\pi}{b}$.

2 Aufstellen von Funktionen mit Randbedingungen

2.1 Ganzrationale Funktionen

Für alle ganzrationalen Funktionen gilt:

- Parabel 2. Grades: $f(x) = ax^2 + bx + c$
- Zur y-Achse symmetrische Parabel 2. Grades: $f(x) = ax^2 + b$
- Parabel 3. Grades: $f(x) = ax^3 + bx^2 + cx + d$
- Zum Ursprung punktsymmetrische Parabel 3. Grades: $f(x) = ax^3 + bx$

Zum Aufstellen der Funktionen:

1. Bilden Sie die 1. und 2. Ableitung des jeweiligen Ansatzes (dies ist nicht nötig, falls es keine Angaben über die Steigung oder über die Extrempunkte gibt).
2. Verwenden Sie die Bedingungen der Kurvendiskussion:
   - Schnittpunkt mit der x-Achse: $f(x) = 0$

- Schnittpunkt mit der y-Achse: $x = 0$
- Extrempunkt: $f'(x) = 0$
- Wendepunkt: $f''(x) = 0$

3. Sie brauchen so viele Gleichungen wie Unbekannte! Stellen Sie die Gleichungen auf und lösen Sie sie nach den Parametern (a, b, c, ...) auf.

2.2 Exponentialfunktionen

a) - e) Stellen Sie zwei Gleichungen mit zwei Unbekannten auf, dazu müssen Sie eventuell noch ableiten.

2.3 Gebrochenrationale Funktionen

- Stellen Sie möglichst einfache Bruchterme auf.
- Eine gebrochenrationale Funktion, deren Graph eine waagerechte/ schiefe Asymptote besitzt, hat folgenden Ansatz:
  «$f(x)$ = Asymptotengleichung + Bruchterm»
- Eine gebrochenrationale Funktion, deren Graph eine Näherungskurve besitzt, hat folgenden Ansatz:
  «$f(x)$ = Näherungskurvengleichung + Bruchterm»
- Polstelle: Der Nenner des Bruchterms muss gleich Null sein.
- Hat der Bruchterm die Form $\frac{1}{(x-p)^n}$, so gilt:

  n ist ungerade $\Rightarrow$ Pol mit Vorzeichenwechsel
  n ist gerade $\Rightarrow$ Pol ohne Vorzeichenwechsel

3 Von der Kurve zur Gleichung

3.1 Ganzrationale Funktionen

Allgemeine Tipps für ganzrationale Funktionen:

Es handelt sich bei allen Graphen um verschobene Funktionen 2. bis 4. Grades. Es gibt verschiedene Lösungswege:

1. Ansatz als allgemeine Funktion (ähnlich wie das Aufstellen von Funktionen mit Randbedingungen), z.B. $f(x) = ax^2 + bx + c$. Aus der Zeichnung werden drei Punkte bestimmt und drei Gleichungen aufgestellt, die man anschließend nach a, b und c auflöst. Dieser Weg ist etwas langwierig, führt aber immer zum Ziel.

2. Ansatz mit Hilfe der Linearfaktoren. Dieser Ansatz funktioniert nur dann, wenn die Funktion eindeutig ablesbare Nullstellen besitzt (z.B. bei den Aufgaben e), f), g) und h)). Der Hintergrund ist, dass sich eine Polynomfunktion (ein Funktionsterm der Gestalt $f(x) = a_n x^n + a_{n-1}x^{n-1} + ... + a_2 x^2 + a_1 x + a_0$) auch als Produkt von Linearfaktoren schreiben lässt, z.B. $f(x) = x^2 - x - 2 = (x-2)\cdot(x+1)$. Die Nullstellen dieser Funktion sind $x_1 = 2$ und $x_2 = -1$.

   Da der Graph noch gestreckt oder gestaucht sein kann, muss im Ansatz noch ein zusätzlicher Faktor a vorhanden sein (z.B. $f(x) = a\cdot(x-2)\cdot(x+1)$, der mit Hilfe eines abgelesenen Punktes bestimmt werden kann.

3. Ansatz als verschobene Normalparabel: Wenn man eine Normalparabel $f(x) = x^2$ nach oben oder unten verschieben will, so addiert man eine Konstante c. Will man sie nach rechts oder links verschieben, so setzt man für eine Verschiebung nach rechts um eine Längeneinheit den Ausdruck $(x-1)$ statt x ein. Bei einer Verschiebung um 2 LE nach links entsprechend $(x+2)$ statt x.

Tipps für die Aufgaben:

a) $f(x) = x^2$, nach oben verschoben

b) $f(x) = x^3$, nach unten verschoben

c) $f(x) = x^2$, nach links verschoben

d) $f(x) = x^2$, nach links und unten verschoben

e) $f(x) = -x^2$, nach rechts und oben verschoben

f) - h) Ansatz mit Hilfe der Nullstellen (Linearfaktorzerlegung)

3.2 Gebrochenrationale Funktionen

Die einfachsten gebrochenrationalen Funktionen sind:

$f(x) = \frac{1}{x}$ (Pol mit VZW) bzw. $f(x) = \frac{1}{x^2}$ (Pol ohne VZW)

a) - b) Grundfunktionen

c) - d) Nach rechts/ links verschobene Grundfunktionen

e) - f) Nach rechts/ links *und* oben/ unten verschobene Grundfunktionen

4 Differenzieren

4.1 Ganzrationale Funktionen

a) - c) Verwenden Sie die Potenzregel $(a\cdot x^n)' = a\cdot n\cdot x^{n-1}$; beachten Sie, dass teilweise Parameter vorhanden sind.

d) - f) Wenden Sie die Kettenregel an (äußere Ableitung mal innere Ableitung).

g) - h) Wenden Sie zuerst die Produktregel an: $(u\cdot v)' = u'v + uv'$, dann die Kettenregel.

4.2 Exponentialfunktionen

a) - d) Zuerst die Produktregel anwenden: $(u \cdot v)' = u'v + uv'$, dann die Kettenregel.

e) - h) Kettenregel anwenden, teilweise mehrfach.

4.3 Gebrochenrationale Funktionen

a) - h) Alle Funktionen lassen sich mit der Quotientenregel $\left(\frac{u}{v}\right)' = \frac{u'v-uv'}{v^2}$ und der Kettenregel ableiten.

4.4 Logarithmusfunktionen

a) - d) Anwenden der Kettenregel.

e) - h) Zuerst die Produktregel anwenden, dann die Kettenregel.

i) Anwenden der Kettenregel.

4.5 Gebrochene Exponentialfunktionen

a) - g) Zum Ableiten der Funktion die Quotientenregel anwenden, für den Zähler bzw. Nenner die Kettenregel.

4.6 Gebrochene ln-Funktionen

a) Verwenden Sie die Quotientenregel.

b) Erst die Quotientenregel anwenden, dann die Kettenregel.

c) Erst die Quotientenregel anwenden, dann die Produkt- und Kettenregel.

d) Erst die Kettenregel anwenden, dann die Quotientenregel.

e) Erst die Quotientenregel anwenden, dann die Kettenregel.

f) Erst die Quotientenregel anwenden, dann die Kettenregel.

4.7 Trigonometrische Funktionen

a) - d) Zuerst die Produktregel anwenden, dann die Kettenregel.

e) - h) Kettenregel anwenden, teilweise mehrfach.

5 Gleichungslehre

5.1 Gleichungen

- Klammern Sie x aus, falls möglich.
- Gleichungen 3. Grades lassen sich häufig entweder durch Ausklammern oder durch Polynomdivision lösen.

- Schwierige Ausdrücke in Gleichungen wie e^{4x} oder x^4 lassen sich durch eine Substitution wie z.B. $e^{2x} = z \Rightarrow e^{4x} = \left(e^{2x}\right)^2 = z^2$ bzw. $x^2 = z \Rightarrow x^4 = \left(x^2\right)^2 = z^2$ vereinfachen.

a) - c) pq- bzw. abc-Formel verwenden (Zahlen unter der Wurzel als Bruch schreiben).

d) - k) Setzen Sie jeden einzelnen Faktor gleich Null und überlegen Sie, ob Lösungen existieren.

l) - m) Substitution $e^x = v$ bzw. $e^{2x} = v$, dann Lösen der quadratischen Gleichung mit der pq- oder abc-Formel, Rücksubstitution und x berechnen (Zahlen unter der Wurzel als Bruch schreiben).

n) Klammern Sie x^3 aus.

o) Ausklammern von x^2, dann die quadratische Gleichung mit der pq- oder abc-Formel lösen.

p) - q) Biquadratische Gleichungen: Substitution $x^2 = v$, die Gleichung lösen und rücksubstituieren (Zahlen unter der Wurzel als Bruch schreiben).

r) - t) x ausklammern und damit die erste Lösung bestimmen, wiederholtes Ausklammern oder Lösen der Gleichung mit der pq- oder abc-Formel.

u) - w) Vereinfachen Sie die Gleichungen so, dass Sie beide Seiten «e-hoch» nehmen können.

5.2 Lineare Gleichungssysteme

a) - f) Anwenden des Gaußschen Eliminierungsverfahrens: Zuerst werden zwei Gleichungen so addiert, dass eine Unbekannte wegfällt (eventuell muss man dazu vorher eine Gleichung mit einem Faktor wie -1 oder -2 multiplizieren).
Im nächsten Schritt löst man die beiden Gleichungen, die nur noch zwei Unbekannte enthalten, nach einer Unbekannten auf.
Die übrigen Variablen können nun schrittweise bestimmt werden.

5.3 Polynomdivision

a) - e) Die erste Lösung der untersuchten Gleichung muss durch «systematisches Probieren» bestimmt werden. Meist ist dies eine relativ einfache Lösung, z.B. $x_1 = 1$. Anschließend wird die Gleichung durch den Term «x minus bekannte Lösung» geteilt (Polynomdivision). Die Lösungen der dann vorliegenden quadratischen Gleichung können mit der pq- oder abc-Formel bestimmt werden. Liegt nach der ersten Polynomdivision immer noch eine Gleichung mindestens 3. Grades vor, muss eine erneute Polynomdivision durchgeführt werden.

5.4 Trigonometrische Gleichungen

Skizzieren Sie den Verlauf von $\sin x$ bzw. $\cos x$. Achten Sie auf das Lösungsintervall.

a) - h) Substituieren Sie den Term in der Klammer durch z, lösen Sie die Gleichung und resubstituieren Sie wieder.

i) - l) Setzen Sie jeden Faktor gleich Null.

6 Eigenschaften von Kurven

6.1 Graph der Ableitungsfunktion, Aussagen bewerten

6.1.1 f_1 bis f_4

f_1 Bestimmen Sie die Steigung für einige wichtige Punkte, es bietet sich auf jeden Fall der Extrempunkt an. Überlegen Sie, wie die Steigung nahe des Koordinatenursprungs ist.

f_2 Bestimmen Sie die Steigung für einige wichtige Punkte; es bieten sich der Hoch- und der Wendepunkt an.

f_3 Bestimmen Sie die Steigung für einige Stellen, z.B. für $x = 0$ und für $x = 1$. Überlegen Sie, welche spezielle Kurve einen derartigen Verlauf zeigt.

f_4 Bestimmen Sie die Steigung für einige Stellen, z.B. $x = -1$ und $x = 0$. Bestimmen Sie den Wendepunkt und dessen Steigung.

6.1.2 f_5 bis f_8

f_5 Bestimmen Sie die Steigung für den Schnittpunkt mit der x-Achse, den Hochpunkt und den Wendepunkt.

f_6 Bestimmen Sie die Steigungen der Extrempunkte und der Wendepunkte.

f_7 Bestimmen Sie die Steigungen in den beiden Wendepunkten und im Extrempunkt.

f_8 Der Graph besitzt keine Extrempunkte. Bestimmen Sie daher die Steigung in einigen geeigneten Punkten, z.B. für $x = -1$und für $x = 0$ und für $x = 3$. Betrachten Sie die Steigung in der Umgebung von $x = 1$.

6.2 Aussagen über die Funktion bei gegebener Ableitungsfunktion treffen

Allgemeine Tipps:

Es sind Aussagen über eine Stammfunktion f der gezeichneten Kurve von f' zu bewerten. Dabei gilt für alle Stammfunktionen f:

- $f'(x) = 0$ und VZW von + nach − $\Rightarrow$ Der Graph von f hat einen Hochpunkt.
- $f'(x) = 0$ und VZW von − nach + $\Rightarrow$ Der Graph von f hat einen Tiefpunkt.
- $f'(x)$ hat einen Extrempunkt $\Rightarrow$ Der Graph von f hat einen Wendepunkt.

Aufgabe I

a) Überlegen Sie, was es für die Ableitung einer Funktion bedeutet, wenn der Graph der Funktion einen Extrempunkt besitzt.

b) Was bedeutet es für eine Kurve, wenn sie in einem Punkt eine waagerechte Tangente besitzt? Welche Steigung hat die Kurve in einem derartigen Punkt?

c) Was bedeutet es für die Ableitungskurve, wenn der Graph der Funktion f einen Wendepunkt besitzt? Finden Sie solche Punkte in der Kurve von f'?

d) Kann man die Aussage treffen, dass alle Funktionswerte für $x > -1$ größer als Null sind? Überlegen Sie, ob es genau eine Funktion gibt.

Aufgabe II

a) Überlegen Sie, was es für die Ableitung einer Funktion bedeutet, wenn der Graph der Funktion einen Extrempunkt besitzt.

b) Welchen Wert nimmt die Ableitung einer Funktion an einem Extremwert an? Was muss zusätzlich noch gelten, damit es sich um einen Hochpunkt handelt (wie sehen die Vorzeichenwechsel der Steigung aus)?

c) Überlegen Sie, welchen Grad das Polynom der gezeichneten Ableitungskurve besitzt.

d) Überlegen Sie, was man tun muss, um Informationen über die Steigung einer Kurve in einem Punkt zu bekommen. Welche Funktion gibt «Auskunft» über die Steigungswerte der Kurve in jedem Punkt?

Aufgabe III

a) Skizzieren Sie den Graphen einer Funktion zur gegebenen Ableitungsfunktion; benutzen Sie dazu die Extremwerte und die Nullstelle der angegebenen Ableitungsfunktion. Hat der Graph von f bei $x = 0$ einen Hoch- oder Tiefpunkt (Vorzeichenwechsel beachten)?

b) Überlegen Sie, wie genau Sie die Funktion bestimmen können.

c) Prüfen Sie, welche Bedingungen die Kurve der angegebenen Ableitungsfunktion erfüllen muss, damit die Funktion f an der Stelle $x = 0$ einen Tiefpunkt hat. Beachten Sie den Vorzeichenwechsel.

d) Überlegen Sie, was es für den Graphen der Ableitung bedeutet, wenn eine Kurve einen oder mehrere Extrempunkte besitzt.

6.3 Interpretation von Graphen

Aufgabe I

a) Besondere Punkte im Graph sind die Punkte, an denen sich die Steigung stark ändert.

b) Überlegen Sie, ob die y-Werte des Graphen die verkauften Artikel *pro Tag* oder *insgesamt* angeben.

c) Lesen Sie die Verkaufszahlen des 40. und des 60. Tages an der Zeichnung ab und berechnen Sie den Durchschnitt.

d) Die Verkaufsrate entspricht der Steigung der Kurve am 50. Tag. Legen Sie eine Gerade durch die Kurve, die die Steigung des 50. Tages besitzt, und bestimmen Sie die Steigung dieser Geraden.

e) Schätzen Sie ab, wie sich die Kurve weiterentwickeln wird. Wie ist die Steigung der Kurve?

Aufgabe II

a) Besondere Punkte im Graph sind die Punkte, an denen sich die Steigung stark ändert.

b) Überlegen Sie, welche Aussagen die Kurve trifft. Was bedeutet die unter a) angesprochene Steigungsänderung?

c) Überlegen Sie, was man tun muss, um die Funktionswerte der einzelnen Tage zu addieren. Was kann man tun, wenn man die Funktion nicht genau kennt? Wie könnte eine Näherungsfunktion aussehen?

d) Die Besucherzahlen scheinen sich auf einen gewissen Wert «einzupendeln». Wie groß ist dieser Wert?

Aufgabe III

a) Finden Sie die Stellen, an denen die Besucherzahl der Homepage am größten war.

b) Es gibt lokale und globale Extremstellen. Wo findet sich im Graph welche Art der Extremstellen?

c) Überlegen Sie, welche Funktionen Sie kennen, die keinerlei Extremstellen besitzen (mit anderen Worten: Die Funktion wächst immer weiter bzw. fällt immer weiter).

7 Kurvendiskussion

7.1 Elemente der Kurvendiskussion

a) Die Bedingungen für ein Minimum sind: $f'(x) = 0$ und Vorzeichenwechsel von f' von $-$ nach $+$ bzw. $f''(x) > 0$. Prüfen Sie, ob diese auf den Punkt zutreffen. Benutzen Sie zum Ableiten die Produktregel.

b) Die Bedingung für einen Sattelpunkt ist $f'(x_0) = 0$ und kein Vorzeichenwechsel von f' an der Stelle x_0.

c) Überlegen Sie, welche Terme für $x \longrightarrow +\infty$ gegen Null gehen und welche übrigbleiben.

d) Die Bedingungen für ein Minimum sind $f'(x) = 0$ und Vorzeichenwechsel von f' von $-$ nach $+$. Prüfen Sie, ob diese auf den Punkt zutreffen.

e) Punkte mit waagerechter Tangente haben die Steigung Null, also wird die 1. Ableitung Null gesetzt. Für die Gleichung der Geraden durch die beiden Punkte ist zuerst die Steigung zu berechnen: $m = \frac{y_2 - y_1}{x_2 - x_1}$.

f) Wendepunkte bestimmen Sie mit Hilfe von $f''(x)$ und $f'''(x)$.

g) Überlegen Sie, an welcher Stelle x die 1. Ableitung Null ist und ob die 1. Ableitung das Vorzeichen von $-$ nach $+$ wechselt.

7.2 Funktionenscharen / Funktionen mit Parameter

a) - d) I) Setzen Sie für t Werte wie ± 1; ± 2 bzw. 0 ein und skizzieren Sie die Kurven.
II) Setzen Sie die entsprechenden Punkte in die Funktionsgleichung ein und stellen Sie nach t um.

e) - f) Bestimmen Sie zuerst die Schnittstelle x_s. Für die Ableitungen im Schnittpunkt muss gelten: $f'(x_s) \cdot g'(x_s) = -1$. Setzen Sie die Ableitungen ein, setzen Sie dann den Ausdruck für x_s ein und lösen Sie nach t auf.

g) Berechnen Sie die Nullstelle des Graphen der Funktion f_t in Abhängigkeit von t und lesen Sie die Nullstellen der abgebildeten Graphen ab. Setzen Sie diese Terme gleich. Alternativ können Sie auch die Schnittpunkte der Graphen mit der y-Achse ablesen und den Schnittpunkt des Graphen von f_t mit der y-Achse in Abhängigkeit von t berechnen.

h) Bestimmen Sie mit Hilfe der Produkt- und Kettenregel die 1. und 2. Ableitung von f_t. Setzen Sie die 1. Ableitung gleich Null und berechnen Sie die Extremstelle von $f_t(x)$. Prüfen Sie mit Hilfe der 2. Ableitung, ob es sich tatsächlich um eine Extremstelle handelt. Schließlich setzen Sie $x = 2$ mit der berechneten Extremstelle gleich und lösen die Gleichung nach t auf.

7.3 Tangenten und Normalen

Geradengleichungen kann man mit der Punkt-Steigungsform $y - y_1 = m \cdot (x - x_1)$ aufstellen.

a) Bestimmen Sie die Tangentensteigung mit Hilfe der 1. Ableitung. Benutzen Sie dann die Steigung und den Punkt, um die Geradengleichung aufzustellen. Für die Normalensteigung m_n gilt: $m_n = -\frac{1}{m_t}$ mit m_t = Steigung der Tangente.

b) Bestimmen Sie zuerst den Wendepunkt und dann die Steigung der Tangente bzw. der Normalen und stellen Sie die Geradengleichungen auf.

c) I) Da die Tangentensteigung schon bekannt ist, muss in dieser Aufgabe der Punkt P bestimmt werden, in dem der Graph von f die Steigung $m = -2$ besitzt. Also wird die erste Ableitung gleich -2 gesetzt und x_P bestimmt. Mit den Koordinaten des Punktes und der Steigung wird anschließend die Tangentengleichung aufgestellt.

II) Man verfährt ähnlich wie bei I), nur muss die Steigung der Tangente erst aus der Steigung der angegebenen Geraden ermittelt werden. Für die Steigung zweier aufeinander senkrecht stehender Geraden m_1 und m_2 gilt: $m_2 = -\frac{1}{m_1}$.

III) Man verfährt ähnlich wie bei I), die Steigung paralleler Geraden ist gleich: $m_t = m_g = 4$.

d) I) Die Tangentensteigung wird mit Hilfe der 1. Ableitung bestimmt. Die Geradensteigung von $A(x_1 \mid y_1)$ und $B(x_2 \mid y_2)$ wird mit der Formel $m = \frac{y_2 - y_1}{x_2 - x_1}$ bestimmt. Wegen der Parallelität ist die Tangentensteigung genauso groß wie die Geradensteigung.

II) Wegen der Parallelität ist die Normalensteigung genauso groß wie die Geradensteigung. Da die Normale senkrecht auf der Tangente steht, gilt: $m_n = -\frac{1}{m_t}$.

III) Da die Normale orthogonal zur Geraden und auch zur Tangente ist , ist die Tangentensteigung genauso groß wie die Geradensteigung.

e) Für I) und II) gilt: Wenn von einem Punkt P, der nicht auf einer Kurve liegt, eine Tangente an eine Kurve gelegt werden soll, kann man folgendermaßen vorgehen:

1. Der Berührpunkt hat die Koordinaten $B(u \mid f(u))$.
2. Mit Hilfe der 1. Ableitung und B bestimmt man die Tangentengleichung in Abhängigkeit von u.
3. Da P auf der Tangente liegt, kann man diesen einsetzen und man erhält eine Gleichung, welche nach u aufgelöst wird.
4. In Punkt B bzw. in die Tangentengleichung wird u eingesetzt.

7.4 Berührpunkte zweier Kurven

Damit sich zwei Graphen in einem Punkt B $(x_B \mid y_B)$ berühren, müssen zwei Bedingungen erfüllt sein:

1. B ist ein gemeinsamer Punkt beider Kurven: $f(x_B) = g(x_B)$.
2. Im Punkt B haben die Graphen eine gemeinsame Tangente, also die gleiche Tangentensteigung $f'(x_B) = g'(x_B)$.

7.5 Symmetrie

a) Die Bedingung für y-Achsensymmetrie ist $f(-x) = f(x)$.

b) Die Bedingung für Ursprungssymmetrie ist $f(-x) = -f(x)$.

c) Die Bedingung für y-Achsensymmetrie ist $f(-x) = f(x)$.

d) Die Bedingung für Punktsymmetrie zum Ursprung ist $f(-x) = -f(x)$.

7.6 Monotonie

Bestimmen Sie jeweils mit Hilfe der Quotientenregel die 1. Ableitung von f und überlegen Sie, für welche Werte von x der Zähler bzw. der Nenner größer oder kleiner als Null ist.
Ist $f'(x) > 0$, so ist f streng monoton zunehmend, ist $f'(x) < 0$, so ist f streng monoton abnehmend.

8 Allgemeines Verständnis von Funktionen

8.1 Definitionsbereich

a) **Gebrochenrationale Funktionen**

Bei gebrochenrationalen Funktionen darf der Nenner nicht Null sein, da man nicht durch Null teilen darf. Man bestimmt also die Nullstellen des Nenners und erhält somit die Werte, die nicht für x eingesetzt werden dürfen.

b) **Logarithmusfunktionen**

Bei Logarithmusfunktionen muss das Argument (der Term, auf den der ln angewendet wird) immer größer als Null sein. Es ist also auch hier eine Ungleichung zu lösen.

c) **Vermischte Aufgaben**

Es sind jeweils Kombinationen von a) und b) zu berücksichtigen.

8.2 Definitionsbereich und Grenzwerte

Zur Bestimmung des Definitionsbereichs überlegen Sie, welche Werte für x nicht in die Funktion eingesetzt werden dürfen. Das Verhalten der Funktion an den Grenzen des Definitionsbereichs wird untersucht, indem man Grenzwerte (lim) bildet. Bei Funktionen mit Definitionslücken müssen Sie sich dieser Definitionslücke von beiden Seiten nähern.

8.3 Stetigkeit

a) Überlegen Sie, wie man eine «nicht-stetige» Funktion zeichnen würde.

b) Untersuchen Sie die beiden Funktionen in ihrem «kritischen» Punkt.

8.4 Differenzierbarkeit

a) Differenzieren heißt ableiten. Der Wert der Ableitung gibt die Steigung in einem Punkt an. Überlegen Sie, wie das Schaubild einer Funktion aussehen müsste, die in einem Punkt *nicht* differenzierbar ist.

b) Überlegen Sie, welche Eigenschaft die Voraussetzung für die andere ist: Ist Stetigkeit die Voraussetzung für Differenzierbarkeit oder muss eine Funktion differenzierbar sein und ist damit auch stetig?

c) Zeichnen Sie die Betragsfunktion. Überlegen Sie, welche Steigung die Funktion in jedem ihrer Punkte hat. Wie müsste die Tangente im Koordinatenursprung liegen?

8.5 Verständnis von gebrochenrationalen Funktionen

a) Betrachten Sie das Zähler- und das Nennerpolynom der Funktion. Was passiert, wenn der Nenner eine Nullstelle in x_0 besitzt? Was passiert, wenn sowohl der Zähler als auch der Nenner eine Nullstelle in x_0 besitzen?

b) Betrachten Sie das Verhalten der y-Werte in der Umgebung der Polstelle.

c) Überlegen Sie, welcher der beiden Begriffe der übergeordnete Begriff ist.

d) Wie könnte man eine Funktion ergänzen, die an einer Stelle eine Definitionslücke hat?

e) Betrachten Sie den Grad des Zähler- und des Nennerpolynoms. Führen Sie unter Umständen eine Polynomdivision durch, indem Sie den Zähler durch den Nenner teilen. Betrachten Sie dann die Funktion für $x \to \pm\infty$.

9 Integralrechnung

9.1 Stammfunktionen

9.1.1 Ganzrationale Funktionen

a) - d) Benutzen Sie die Integrationsregel für Potenzfunktionen: Besitzt f die Form $f(x) = a \cdot x^n$, dann ist $\mathrm{F}(x) = a \cdot \frac{1}{n+1} x^{n+1} + c$ falls $n \neq -1$ eine Stammfunktion.

e) - g) Für verkettete (verschachtelte) Funktionen mit innerem *linearem* Audruck gilt die Integrationsregel für lineare Substitution:
«Äußere Stammfunktion geteilt durch innere Ableitung»

9.1.2 Exponentialfunktionen

a) - d) Für verkettete (verschachtelte) Funktionen mit innerem *linearem* Audruck gilt die Integrationsregel für lineare Substitution:
«Äußere Stammfunktion geteilt durch innere Ableitung»
Bei e-Funktion mit $f(x) = a \cdot e^{k \cdot x+b}$ ist $e^{(...)}$ die äußere Funktion und $k \cdot x + b$ die innere Funktion. Der Parameter a verändert sich nicht beim Integrieren.

e) - f) Lösen Sie zunächst die Klammer auf und verwenden Sie die Regeln für die Potenzfunktionen (da in der Klammer *kein* linearer Ausdruck steht).

9.1.3 Gebrochenrationale Funktionen

a) - b) Verwenden Sie die Integrationsregel für lineare Substitution:
«Äußere Stammfunktion geteilt durch innere Ableitung»

c) - e) Schreiben Sie den Bruch als Potenz mit negativem Exponenten und verwenden Sie die Integrationsregel für Potenzfunktionen.

9.1.4 Logarithmusfunktionen

a) - c) Für verkettete (verschachtelte) Funktionen mit innerem *linearem* Audruck gilt die Integrationsregel für lineare Substitution:
«Äußere Stammfunktion geteilt durch innere Ableitung»
Bei gebrochenrationalen Funktionen mit $f(x) = a \cdot \frac{1}{bx+c}$, bei denen der Ausdruck im Nenner den Exponent 1 hat, ist $\frac{1}{(...)}$ die äußere Funktion und $bx + c$ die innere Funktion. Eine Stammfunktion der äußeren Funktion ist $\ln|(...)|$. Der Parameter a verändert sich nicht beim Integrieren.

9.1.5 Trigonometrische Funktionen

a) - f) Beachten Sie, dass $\sin x$ eine Stammfunktion von $\cos x$ und $-\cos x$ eine Stammfunktion von $\sin x$ ist.
Auch bei diesen Aufgaben gilt die Regel für verkettete Funktionen mit innerem *linearem* Ausdruck:
«Äußere Stammfunktion geteilt durch innere Ableitung»
Ist $f(x) = a \cdot \sin(bx + c)$, so ist $\sin(...)$ die äußere Funktion und $bx + c$ die innere Funktion. Der Parameter a verändert sich nicht beim Integrieren.

9.2 Flächeninhalt zwischen zwei Kurven

a) - d) Bestimmen Sie jeweils die Integrationsgrenzen durch Gleichsetzen der Funktionsterme. Prüfen Sie, welche Kurve die obere Kurve ist. Wenden Sie den Hauptsatz der Differential- und Integralrechnung an: $\int_a^b f(x)dx = \mathrm{F}(b) - \mathrm{F}(a)$.

9.3 Ins Unendliche reichende Flächen

a) Die Fläche wird anfänglich durch die vertikale Gerade $x = z$ mit $z > 0$ begrenzt. Setzen Sie z als obere Grenze ein und bestimmen Sie $\mathrm{A}(z)$. Lassen Sie dann $z \longrightarrow \infty$ gehen.

b) I) Bestimmen Sie die Grenzen des Integrals und integrieren Sie die Funktion.

II) Betrachten Sie das Verhalten der Funktion für $x \longrightarrow -\infty$. Welcher Term fällt weg?

III) Die Fläche zwischen zwei Kurven wird berechnet, indem man die Funktionsgleichung der unteren Kurve von der der oberen Kurve abzieht und dann integriert. Für die ins Unendliche reichende Fläche setzt man als untere Grenze z ein und bildet dann den Grenzwert $\lim\limits_{z \to -\infty} \mathrm{A}(z)$.

9.4 Angewandte Integrale

a) I) Der Regen hört auf, wenn die Niederschlagsrate gleich Null ist; bestimmen Sie die Nullstelle der Funktion.

II) Die gesamte Wassermenge können Sie bestimmen, indem Sie die Niederschlagsrate vom Beginn des Regens bis zum Ende integrieren.

III) Die mittlere Regenmenge erhalten Sie, indem Sie die Gesamtmenge durch die Anzahl der Tage teilen.

b) Die gegebene Funktion f beschreibt die Änderungsrate. Um zu berechnen, wieviel Wasser das Becken nach 9 Stunden enthält, müssen Sie zuerst eine Stammfunktion F von f bestimmen. Die Integrationskonstante c bestimmen Sie mit Hilfe des Anfangswerts. Anschließend müssen Sie $t = 9$ in die Integralfunktion einsetzen.

9.5 Rotationskörper

Rotiert der Graph einer Funktion f über dem Intervall $[a;b]$ um die x-Achse, so verwenden Sie die Formel:

$\mathrm{V}_{rot} = \pi \cdot \int_a^b (f(x))^2\,dx$. Beachten Sie, dass Sie unter Umständen die Binomischen Formeln verwenden müssen, um den Ausdruck in der Klammer auszurechnen.

Rotiert eine Fläche um die x-Achse, so müssen Sie zuerst die Integrationsgrenzen bestimmen (Schnittstellen) und anschließend für jede Kurve das Volumenintegral berechnen. Zum Schluss bilden Sie die Differenz der Volumenintegrale.

9.6 Integration durch Substitution

Bei der Integration durch Substitution gibt es zwei mögliche Formeln:

1. Ist eine Verkettung und deren innere Ableitung gegeben (evtl. muss man zuerst umformen), so verwendet man: $\int_a^b f(g(x)) \cdot g'(x)\,dx = \int_{g(a)}^{g(b)} f(z)\,dz$
2. Steht die Ableitung einer Funktion im Zähler und die Funktion im Nenner, so verwendet man:
$\int_a^b \frac{g'(x)}{g(x)} dx = \Big[\ln|g(x)|\Big]_a^b$ (logarithmische Integration).

Außerdem müssen die Integrationsgrenzen geändert werden, dazu bildet man $g(a)$ und $g(b)$.

a) Substitution: $g(x) = x^3 + 2$; $f(z) = e^z$
b) Formen Sie das Integral zuerst geeignet um; Substitution: $g(x) = x^3 + 1$; $f(z) = e^z$
c) Substitution: $g(x) = 8 + 2x^2$; $f(z) = \frac{1}{z^2}$
d) Formen Sie das Integral zuerst geeignet um; Substitution: $g(x) = 1 + x^2$; $f(z) = \frac{1}{z^2}$
e) Verwenden Sie die logarithmische Integration
f) Verwenden Sie die logarithmische Integration

9.7 Partielle Integration

Wenn Sie ein Produkt zweier Funktionen integrieren, so verwenden Sie die Formel zur partiellen Integration:

$$\int_a^b u(x) \cdot v'(x)dx = \Big[u(x) \cdot v(x)\Big]_a^b - \int_a^b u'(x) \cdot v(x)dx$$

Wählen Sie dabei $u(x)$ und $v'(x)$ so, dass $u'(x) \cdot v(x)$ «einfacher» als $u(x) \cdot v'(x)$ zu integrieren wird.

a) Setzen Sie $u(x) = 3x$ und $v'(x) = e^x$
b) Setzen Sie $u(x) = 2x$ und $v'(x) = \cos x$
c) Setzen Sie $u(x) = \ln x$ und $v'(x) = 3x$

10 Extremwertaufgaben / Wachstums- und Zerfallsprozesse

10.1 Extremwertaufgaben

Allgemein können Sie beim Lösen von Extremwertaufgaben nach folgendem Schema vorgehen:

1. Skizzieren Sie die Problemstellung.
2. Schreiben Sie die Größe auf, die minimiert oder maximiert werden soll. Das kann z.B. $A = r \cdot h$ für eine Fläche in Abhängigkeit von r und h sein. In diesem Ausdruck dürfen verschiedene Variablen vorkommen.

3. Formulieren Sie die Nebenbedingungen. Im Beispiel von oben könnte dies z.B. $r+h=100$ sein, wenn in der Aufgabe formuliert ist, dass r und h zusammen 100 ergeben müssen.

4. Lösen Sie die Nebenbedingung nach einer Variablen auf, z.B. $r=100-h$, und setzen Sie diese in den Ausdruck bei 2. ein. Dadurch ergibt sich, von welcher Variablen die sogenannte «Zielfunktion» abhängig ist. Löst man die Nebenbedingung nach r auf und setzt sie in die Gleichung unter 2. ein, ergibt sich im Beispiel: $\mathrm{A}(h)=(100-h)\cdot h$.

5. Nun können die Extremstellen der Zielfunktion der Fläche in Abhängigkeit von h durch Ableiten und Nullsetzen der Ableitung untersucht werden. Handelt es sich um ein lokales Minimum, muss man noch die Randwerte überpüfen, d.h. man setzt den kleinst- und größtmöglichen x-Wert der Definitionsmenge in die Zielfunktion ein und vergleicht mit den Werten der Extremstelle. (Dies ist allerdings nicht nötig, wenn die 2. Ableitung keine Variablen mehr enthält, also inbesondere bei allen quadratsichen Funktionen.)

Zu den Aufgaben:

a) Die gesuchte Größe ist die Fläche. Legen Sie die Nebenbedingung fest (Länge des Drahtes), lösen Sie nach einer Variablen auf und stellen Sie so die Zielfunktion auf. Diese wird nun abgeleitet und zur Extremwertbestimmung gleich Null gesetzt.

b) Die gesuchte Größe ist die Fläche. Die Nebenbedingung ist ähnlich wie in Aufgabe a), nur dass von der Gesamtlänge der 4 Seiten des Spielplatzes noch 2 m abgezogen werden müssen. Anschließend wird die Zielfunktion aufgestellt und das Maximum bestimmt.

c) Die gesuchte Größe ist die Fläche. Für die Seiten des Rechtecks ist es hilfreich, wenn man die senkrechte Seite als y wählt und die waagerechte Seite als $2x$. Dann ist der Radius $r=x$. Die Nebenbedingung ist der festgelegte Umfang (Kreisfläche: $\mathrm{A_K}=\pi\cdot r^2$, Kreisumfang: $\mathrm{U_K}=2\cdot\pi\cdot r$). Lösen Sie die Nebenbedingung nach einer Variablen auf, setzen Sie diese in die Zielfunktion für die Fläche ein und bestimmen Sie das Maximum.

d) Die gesuchte Größe ist die Fläche. Zum Aufstellen der Nebenbedingung hilft die Überlegung, dass die beiden Halbkreise zusammen einen ganzen Kreis ergeben (Kreisfläche: $\mathrm{A_K}=\pi\cdot r^2$, Kreisumfang: $\mathrm{U_K}=2\cdot\pi\cdot r$). Stellen Sie die Zielfunktion für die Fläche auf, setzen Sie die Nebenbedingung ein und bestimmen Sie das Maximum. Bei I) bezieht sich die Zielfunktion nur auf das Rechteck, bei II) auf den gesamten Sportplatz!

e) I) Die gesuchte Größe ist der Umfang des Rechtecks. Die Grundseite des Rechtecks wird als $2x$ gewählt. Nebenbedingung: Für die Höhe h gilt $h=f(x)$. Stellen Sie die Zielfunktion für den Umfang auf, setzen Sie die Nebenbedingung ein und bestimmen Sie das Maximum.

II) Die gesuchte Größe ist die Fläche des Rechtecks. Die Grundseite des Rechtecks wird als $2x$ gewählt. Nebenbedingung: Für die Höhe h gilt $h = f(x)$. Stellen Sie die Zielfunktion für die Fläche auf, setzen Sie die Nebenbedingung ein und bestimmen Sie das Maximum.

f) Die gesuchte Größe ist der Flächeninhalt des Dreiecks OPQ. Nach dem Ableiten stellt man die Gleichung der Normalen auf. Für die Normalensteigung gilt $m_n = -\frac{1}{m_t}$ (wobei m_t die Tangentensteigung ist). Diese wird mit der Kurve G geschnitten, um den Schnittpunkt Q zu bestimmen. Anschließend wird eine Flächenfunktion aufgestellt, wobei die Strecke $\overline{OQ}$ die Grundseite des Dreiecks bildet und $|\ f(u)\ |$ die Höhe. Die Flächenfunktion wird abgeleitet und der Extremwert bestimmt.

g) Skizzieren Sie die Graphen der beiden Funktionen.
Bestimmen Sie die Koordinaten der Punkte P und Q und überlegen Sie sich, wie Sie die Länge von PQ in Abhängigkeit von u bestimmen können. Stellen Sie hierzu eine Funktionsgleichung (Zielfunktion) auf. Zur Berechnung des Maximums verwenden Sie die 1. und 2. Ableitung (Produkt- und Kettenregel).
Die maximale Länge erhalten Sie, indem Sie das berechnete u in die Zielfunktion einsetzen.

10.2 Wachstums- und Zerfallsprozesse

a) I) Bestimmen Sie zuerst den Startwert B_0. Anschließend setzt man diesen und den Funktionswert für $t = 2$ in die Funktion ein und bestimmt so k.

II) Überlegen Sie, wie t gewählt werden muss, wenn der Bestand in 10 Jahren ab heute gesucht ist. Setzen Sie diesen Wert in die Funktionsgleichung ein.

III) Für den Zeitpunkt, an dem von der Ausgangspopulation nur noch 10 % übrig sind, ist die Populationsgröße $\frac{1}{10} \cdot B_0$. Diesen Wert setzt man in die Funktion ein und löst dann nach t_E auf.

b) I) Bestimmen Sie die Gleichung der Asymptote, indem Sie das Verhalten der Funktion für $t \to \infty$ betrachten. Welcher Term fällt weg?

II) Die Kurve gibt die jeweilige Temperatur der Probe an. Wie muss die Steigung der Kurve aussehen, wenn sich die Temperatur schnell ändert?

c) I) Da es sich um natürliches exponentielles Wachstum handelt, verwenden Sie den Ansatz: $G(t) = a \cdot e^{k \cdot t}$. Beachten Sie, dass t in Tagen gerechnet wird. Mit Hilfe der gegebenen Daten können Sie durch Aufstellen von zwei Gleichungen die beiden Unbekannten a und k bestimmen.

II) Setzen Sie $t = 10$ in $G(t)$ ein.

III) Setzen Sie $G(t) = 200\,000$ und lösen Sie die Gleichung nach t auf.

d) I) Stellen Sie mit Hilfe der gegebenen Daten eine Funktionsgleichung für das Wachstum der Bevölkerung auf.
Verwenden Sie den Ansatz $B(t) = a \cdot e^{k \cdot t}$, da es sich um natürliches exponentielles Wachstum handelt. Setzen Sie $t = 0$ im Jahre 1975. Stellen Sie zwei Gleichungen mit zwei Unbekannten auf und lösen Sie diese.
Überlegen Sie, welchen Wert t im Jahre 2030 hat.

II) Sie können die Verdoppelungszeit berechnen, indem Sie die Bevölkerung im Jahre 1975 verdoppeln und mit $B(t)$ gleichsetzen. Lösen Sie die Gleichung nach t auf.

11 Weiterführende Aufgaben Analysis

11.1 Swimmingpool

a) Wenn Wasser weder zu- noch abläuft, müssen Sie die Zulaufrate Null setzen.
Die Zeitpunkte maximalen Zu- bzw. Abflusses erhalten Sie durch Berechnung der Hoch- bzw. Tiefpunkte des Graphen der Zulaufratenfunktion und Betrachtung der Werte am jeweiligen Intervallrand.

b) Den Wasserstand nach 3 Stunden erhalten Sie, indem Sie eine Funktion $w(t)$ aufstellen, die die Wassermenge zum Zeitpunkt t angibt. Diese erhalten Sie als Stammfunktion von f unter Berücksichtigung der Anfangsbedingung (Wassermenge zu Beginn). Alternativ können Sie auch die Wassermenge, die zu Beginn im Pool ist, bestimmen und die zugeflossene Wassermenge durch Integration berechnen und dazu addieren. Die Höhe des Wasserstands am Ende des gesamten Vorgangs erhalten Sie, indem Sie die vorhandene Wassermenge durch die Grundfläche des Pools teilen.

c) Die maximale Wassermenge kann sich jeweils nur am Ende einer Zuflussphase im Pool befinden. Überlegen Sie, wie sich die Wassermenge über das angegebene Zeitintervall hinaus entwickeln würde.

11.2 Bakterien

a) Verwenden Sie den Ansatz $B(t) = a \cdot e^{kt}$ und bestimmen Sie a und k mit Hilfe der gegebenen Daten; berechnen Sie hierzu zuerst die Bakterienanzahl nach einer Stunde.
Die Bakterienanzahl nach 6 Stunden erhalten Sie durch Einsetzen von $t = 6$ in $B(t)$.

b) Berechnen Sie die dreifache Anzahl wie zu Beginn und setzen Sie diese mit $B(t)$ gleich; lösen Sie die Gleichung nach t auf.

c) Setzen Sie das «neue» $B(t)$ mit 500 gleich und lösen Sie die Gleichung nach t auf.

11.3 Sonnenblume

a) Bestimmen Sie die Höhe zu Beginn der Beobachtung und nach 5 Wochen und stellen Sie mit $h_1(t)$ eine Gleichung auf, um k zu berechnen.
Die Höhe nach 8 Wochen erhalten Sie durch Einsetzen von $t = 8$ in $h_1(t)$.

b) Die Wachstumsgeschwindigkeit wird durch die erste Ableitung beschrieben. Wenn diese 3 cm pro Woche betragen soll, muss die erste Ableitung also den Wert 3 annehmen.

c) Stellen Sie aus den gegebenen Daten zwei Gleichungen auf und bestimmen Sie a und b sowie den Grenzwert für $t \to \infty$.

d) Überlegen Sie, weshalb das eine Modell die Realität besser beschreibt, indem Sie vergleichen, wie die Modelle das Wachstum über einen längeren Zeitraum beschreiben.

11.4 Mineraldünger

a) Stellen Sie mit Hilfe der gegebenen Daten drei Gleichungen mit drei Unbekannten auf und lösen Sie das Gleichungssystem.

b) Skizzieren Sie das Schaubild von f und überlegen Sie, ob f monoton ist (Nachweis mit f'). Wo liegt dann das «Maximum»?
Berechnen Sie den 1,5-fachen Ertrag und setzen sie ihn mit $f(x)$ gleich.
Berechnen Sie die Differenz zwischen $f(60)$ und 980, sowie den Prozentsatz bezüglich 980.

c) Eine ganzrationale Funktion 2. Grades hat den Ansatz: $g(x) = rx^2 + sx + t$. (Die Parameter a, b und c wurden schon für die Funktion f verwendet.) Stellen Sie drei Gleichungen auf und lösen Sie das Gleichungssystem.
Das Maximum von $g(x)$ erhalten Sie mit Hilfe der 1. und 2. Ableitung von $g(x)$.

d) Überlegen Sie sich, wie sich der Gewinn zusammensetzt, stellen Sie eine Gewinnfunktion $G(x)$ auf und bestimmen Sie das Maximum von $G(x)$ mit Hilfe der 1. und 2. Ableitung von $G(x)$.

11.5 Kegel

a) Zur Untersuchung des Graphen von $f_t(x)$ auf Symmetrie setzen Sie $(-x)$ in $f_t(x)$ ein; gilt $f_t(-x) = f_t(x)$, ist der Graph achsensymmetrisch zur y-Achse. Für Nullstellen muss gelten: $f_t(x) = 0$. Zur Bestimmung der Extrem- und Wendestellen der zu $f_t(x)$ gehörigen Kurvenschar benötigen Sie die ersten beiden Ableitungen des Funktionsterms. Für Extremstellen müssen zwei Bedingungen erfüllt sein: Die notwendige Bedingung ist $f_t'(x) = 0$, die zusätzliche hinreichende Bedingung lautet $f_t''(x) \neq 0$. Ist $f_t''(x) < 0$, so liegt ein Hochpunkt vor; im Fall $f_t''(x) > 0$ handelt es sich um einen Tiefpunkt.
Für Wendestellen muss $f_t''(x) = 0$ als notwendige Bedingung gelten; auf die hinreichende Bedingung $f_t'''(x) \neq 0$ kann verzichtet werden, somit benötigen Sie keine dritte Ableitung. Überlegen Sie, welches Vorzeichen der y-Wert der Wendepunkte haben muss, damit diese unterhalb der x-Achse liegen.

b) Skizzieren Sie das Dreieck z.B. für $t = \frac{1}{4}$. Das Volumen eines Kegels erhält man mit der Formel: $V = \frac{1}{3} \cdot \pi \cdot r^2 \cdot h$. Überlegen Sie, wie groß der Radius r und die Höhe h des Kegels sind; beachten Sie, dass die Punkte A_t und B_t unterhalb der x-Achse liegen. Bestimmen Sie das Maximum des Volumens mit Hilfe der 1. und 2. Ableitung der Volumenfunktion. Beachten Sie die Randwerte des zulässigen Intervalls.

11.6 Sonnenschein

a) Stellen Sie mit den gegebenen Daten zwei Gleichungen auf und beachten Sie, dass $t = 0$ dem Monat April entspricht; im März ist $t = -1$, im Mai ist $t = 1$.
Überlegen Sie, welches t zum Monat Oktober gehört und berechnen Sie den zugehörigen Funktionswert.

b) Bestimmen Sie die Differenz von tatsächlicher und berechneter Sonnenscheindauer und teilen Sie das Ergebnis durch die tatsächliche Anzahl der Sonnenscheinstunden.
Den Wertebereich von S erhalten Sie durch Bestimmung der Minima und Maxima von $S(t)$.
Beachten Sie, dass $-1 \leqslant \sin x \leqslant 1$ gilt.

c) Stellen Sie eine Ungleichung auf und lösen Sie diese durch Substitution; beachten Sie, dass $\sin x = \sin(\pi - x)$; $0 \leqslant x \leqslant \pi$ gilt. Überlegen Sie, welcher Zeitraum dazugehört.
Die Änderung der Sonnenscheindauer ist $S'(t)$. Bestimmen Sie die Extremwerte von $S'(t)$ mit Hilfe der 1. und 2. Ableitung von $S'(t)$, also mit $S''(t)$ und $S'''(t)$.

Lineare Algebra/ Geometrie

12 Rechnen mit Vektoren

12.1 Addition und Subtraktion von Vektoren

Für das Rechnen mit Vektoren gelten folgende Gesetze:

Addition: $\begin{pmatrix} a_1 \\ a_2 \\ a_3 \end{pmatrix} + \begin{pmatrix} b_1 \\ b_2 \\ b_3 \end{pmatrix} = \begin{pmatrix} a_1+b_1 \\ a_2+b_2 \\ a_3+b_3 \end{pmatrix}$, Subtraktion: $\begin{pmatrix} a_1 \\ a_2 \\ a_3 \end{pmatrix} - \begin{pmatrix} b_1 \\ b_2 \\ b_3 \end{pmatrix} = \begin{pmatrix} a_1-b_1 \\ a_2-b_2 \\ a_3-b_3 \end{pmatrix}$

Skalare Multiplikation: $s \cdot \begin{pmatrix} a_1 \\ a_2 \\ a_3 \end{pmatrix} = \begin{pmatrix} s \cdot a_1 \\ s \cdot a_2 \\ s \cdot a_3 \end{pmatrix}$ (Zahl · Vektor = Vektor) für $s \in \mathbb{R}$.

Skalarprodukt: $\begin{pmatrix} a_1 \\ a_2 \\ a_3 \end{pmatrix} \cdot \begin{pmatrix} b_1 \\ b_2 \\ b_3 \end{pmatrix} = a_1 \cdot b_1 + a_2 \cdot b_2 + a_3 \cdot b_3$ (Vektor · Vektor = Zahl),

Betrag bzw. Länge: $\left| \begin{pmatrix} a_1 \\ a_2 \\ a_3 \end{pmatrix} \right| = \sqrt{a_1^2 + a_2^2 + a_3^2}.$

12.2 Orthogonalität von Vektoren

Zwei Vektoren stehen genau dann senkrecht aufeinander, wenn das Skalarprodukt gleich Null ist. Ist das Skalarprodukt ungleich Null, dann sind die beiden Vektoren nicht orthogonal.

12.3 Auffinden von orthogonalen Vektoren

Es sind Vektoren zu suchen, deren Skalarprodukt mit $\vec{n}$ Null ergibt.

12.4 Orts- und Verbindungsvektoren

Ortsvektoren setzen am Ursprung $O(0 \mid 0 \mid 0)$ an. Verbindungsvektoren zwischen zwei Punkten erhält man mit Hilfe der Ortsvektoren.

12.5 Verschiedene Aufgaben

a) Stellen Sie jeweils drei Verbindungsvektoren zwischen je zwei Punkten auf und berechnen Sie deren Länge.

b) Die Orthogonalität lässt sich mit dem Skalarprodukt überprüfen.

c) Tragen Sie in Ihre Skizze jeweils die gegebenen und gesuchten Punkte sowie den Ursprung O ein. Bestimmen Sie mit Hilfe einer Vektorkette den Ortsvektor des gesuchten Punktes. Geben Sie die Koordinaten des gesuchten Punktes an.

d) Den Schwerpunkt S eines Dreiecks ABC erhalten Sie mit der Formel $\vec{s} = \frac{1}{3} \cdot \left(\vec{a} + \vec{b} + \vec{c}\right)$.

e) Tragen Sie in Ihre Skizze die gegebenen und gesuchten Punkte sowie den Ursprung O ein. Achten Sie dabei auf die Reihenfolge der Punkte (*gegen* den Uhrzeigersinn). Bestimmen Sie jeweils mit Hilfe einer Vektorkette den Ortsvektor des gesuchten Punktes. Geben Sie die Koordinaten des gesuchten Punktes an.

f) Da je vier Kanten parallel sind, gilt:
$\overrightarrow{BF} = \overrightarrow{CG} = \overrightarrow{DH} = \overrightarrow{AE}$, $\overrightarrow{BC} = \overrightarrow{AD} = \overrightarrow{FG} = \overrightarrow{EH}$ und $\overrightarrow{AB} = \overrightarrow{EF} = \overrightarrow{DC} = \overrightarrow{HG}$.
Bestimmen Sie mit Hilfe einer Vektorkette den Ortsvektor des gesuchten Punktes. Geben Sie die Koordinaten des gesuchten Punktes an.

g) Tragen Sie in ihre Skizze die gegebenen und gesuchten Punkte sowie den Ursprung O ein. Bestimmen Sie mit Hilfe einer Vektorkette den Ortsvektor des gesuchten Punktes. Geben Sie die Koordinaten des gesuchten Punktes an. Die Länge einer Kante ist die Länge des Verbindungsvektors der beiden Eckpunkte.

12.6 Lineare Abhängigkeit

a) Wenn zwei Vektoren linear abhängig sind, dann ist der eine Vektor ein Vielfaches des anderen, d.h. sie müssen eine Zahl k finden, so dass gilt: $k \cdot \vec{a} = \vec{b}$; $k \in \mathbb{R}$.

b) Wenn drei Vektoren linear unabhängig sind, so hat der Nullvektor $\vec{0}$ eine eindeutige Darstellung als Linearkombination der drei Vektoren: Wählen Sie als Ansatz $r \cdot \vec{a} + s \cdot \vec{b} + t \cdot \vec{c} = \vec{0}$ und berechnen r, s und t aus dem entstandenen Gleichungssystem. Ist die einzige Lösung $r = s = t = 0$, so sind $\vec{a}$, $\vec{b}$ und $\vec{c}$ linear unabhängig.

12.7 Vektorprodukt

a) Siehe den allgemeinen Tipp zum Vektorprodukt auf Seite 47

b) Stellen Sie die Verbindungsvektoren $\overrightarrow{AB}$ und $\overrightarrow{AD}$ auf und verwenden Sie für den Flächeninhalts A des Parallelogramms die Formel:
$A = \left|\overrightarrow{AB} \times \overrightarrow{AD}\right|$.

c) Stellen Sie die Verbindungsvektoren $\overrightarrow{AB}$ und $\overrightarrow{AC}$ auf und verwenden Sie für den Flächeninhalt A des Dreiecks die Formel:
$A = \frac{1}{2} \cdot \left|\overrightarrow{AB} \times \overrightarrow{AC}\right|$.

d) Stellen Sie die Verbindungsvektoren $\overrightarrow{AB}$, $\overrightarrow{AD}$ und $\overrightarrow{AE}$ auf und verwenden Sie für das Volumen V des Spats die Formel:
$V = \left|\overrightarrow{AB} \cdot \left(\overrightarrow{AD} \times \overrightarrow{AE}\right)\right|$.

13 Geraden

13.1 Aufstellen von Geradengleichungen

Verwenden Sie den Ortsvektor des einen Punktes als Stützvektor. Bilden Sie den Richtungsvektor, indem Sie den Verbindungsvektor zwischen den beiden Punkten aufstellen.

13.2 Punktprobe

Setzen Sie den Ortsvektor des Punktes in die Geradengleichung ein und prüfen Sie, ob sich für alle drei Komponenten der gleiche Parameter ergibt.

13.3 Projektion von Geraden

Die Projektionsgerade muss in der jeweiligen Ebene liegen. Also muss die Komponente der Geraden, die nicht in dieser Ebene liegt, gleich Null sein. Überlegen Sie dazu, welche Gleichung die jeweilige Koordinatenebene hat.

13.4 Parallele Geraden

Überlegen Sie, wie die Richtungsvektoren der drei Geraden zueinander liegen müssen, damit die Geraden parallel sind. Die Geraden sollen echt parallel sein und nicht identisch. Wie kann man dies mit Hilfe der Eigenschaften der Stützvektoren ausschließen?

13.5 Gegenseitige Lage von Geraden

Für die gegenseitige Lage von zwei Geraden gibt es vier Möglichkeiten: Die Geraden können sich schneiden, parallel, identisch oder windschief sein.

Zur Bestimmung der gegenseitigen Lage prüft man zuerst die Richtungsvektoren auf lineare Abhängigkeit bzw. Unabhängigkeit:

1. Sind die Richtungsvektoren ein Vielfaches voneinander (linear abhängig), können die Geraden parallel oder identisch sein.
   Sie sind identisch, wenn ein Punkt der einen Geraden auf der anderen Geraden liegt (positive Punktprobe), sonst sind sie parallel (negative Punktprobe).

2. Sind die Richtungsvektoren kein Vielfaches voneinander (linear unabhängig), können die Geraden sich schneiden oder windschief sein.
   Durch Gleichsetzen erhält man den Schnittpunkt oder einen Widerspruch, welcher angibt, dass die Geraden windschief sind.

13.6 Parallele Geraden mit Parameter

Damit die Geraden parallel sind, müssen die Richtungsvektoren $\vec{r}$ und $\vec{v}$ linear abhängig sein. Der Parameter t muss also so bestimmt werden, dass $\vec{r}_t = s \cdot \vec{v}$ mit $s,\ t \in \mathbb{R}$ gilt. Dazu prüft man, ob der eine Vektor ein Vielfaches des anderen ist.

13.7 Allgemeines Verständnis von Geraden

Legen Sie eine Skizze an, um zu veranschaulichen, welche Beziehung für die Stütz- und Richtungsvektoren gelten muss. Überlegen Sie, welche Beziehung die Richtungsvektoren haben.

14 Ebenen

14.1 Parameterform der Ebenengleichung

a) - b) Nehmen Sie einen der Punkte als «Stützpunkt». Die Verbindungsvektoren zwischen den Punkten ergeben die Spannvektoren.

c) - d) Der Stützvektor der Geraden dient als Stützvektor der Ebene, der Richtungsvektor bildet den ersten Spannvektor. Den zweiten Spannvektor erhalten Sie, indem Sie den Verbindungsvektor zwischen dem Stützpunkt und dem angegebenen Punkt bilden.

14.2 Koordinatengleichung einer Ebene

Um eine Ebenengleichung aufzustellen, braucht man in der Regel entweder einen Punkt, der in der Ebene liegt, und zwei Spannvektoren oder einen Punkt A, der in der Ebene liegt, und einen Normalenvektor $\vec{n}$, welche man dann in die Punkt-Normalenform $(\vec{x} - \vec{a}) \cdot \vec{n} = 0$ einsetzt.

Ein Normalenvektor $\vec{n}$ berrechnen Sie am einfachsten mit Hilfe des Vektorprodukts aus den beiden Spannvektoren, siehe Seite 47.

Zur Koordinatengleichung kommt man durch Ausmultiplizieren der Punkt-Normalenform.

a) - b) Wählen Sie einen der 3 Punkte als «Stützpunkt» und bestimmen Sie die Spannvektoren als Verbindungsvektoren zwischen dem ersten Punkt und den beiden anderen Punkten. Anschließend bestimmt man einen Normalenvektor wie oben beschrieben und rechnet über die Punkt-Normalenform die Koordinatenform aus.

c) - d) Als Stützvektor bietet sich der Stützvektor der Geraden an. Als 1. Spannvektor benutzt man den Richtungsvektor der Geraden, als 2. Spannvektor nimmt man den Verbindungsvektor zwischen dem Punkt außerhalb der Geraden und dem «Stützpunkt» der Geraden.

e) - g) Bestimmen Sie zuerst den Stützvektor der Ebene. Bestimmen Sie dazu den Schnittpunkt der beiden Geraden. Der Ortsvektor des Schnittpunktes dient als Stützvektor, die beiden Richtungsvektoren der Geraden werden als Spannvektoren der Ebene genommen. (wichtig: Wenn man s und t mit Hilfe von zwei Gleichungen bestimmt hat, muss man s und t in der 3. Gleichung überprüfen).

h) - i) Wenn das Gleichungssystem zu einem Widerspruch wie z.B. $3 = 0$ führt, besitzt es keine Lösung. Die Geraden schneiden sich dann nicht. Untersuchen Sie die beiden Richtungsvektoren. Sind diese linear abhängig, dann sind die Geraden parallel.

j) Um die Ebenengleichung aufzustellen, brauchen Sie einen Punkt der Ebene und einen Normalenvektor. Die Spiegelebene befindet sich genau in der Mitte zwischen A und A^*. Anhand einer Skizze kann man sich gut klarmachen, wie der Normalenvektor aussehen muss.

k) Wenn die Ebene E die Gerade g enthält, dann sind der Normalenvektor von E und der Richtungsvektor von g orthogonal. Damit ist das Skalarprodukt dieser beiden gleich Null. Gleiches gilt für den Normalenvektor von E und den Normalenvektor der bekannten Ebene F. Wenn man die beiden Skalarprodukte ausrechnet, erhält man zwei Gleichungen mit den 3 Unbekannten n_1, n_2 und n_3. Eine Unbekannte wird gesetzt, die anderen ausgerechnet. Auf diese Weise erhält man $\vec{n}$. Zum Schluss setzt man noch $\vec{n}$ und den «Stützpunkt» der Geraden in die Punkt-Normalenform ein und rechnet diese aus.

l) Drei der gegebenen Punkte benutzt man, um eine Ebene aufzustellen. Mit dem letzten macht man eine Punktprobe.

14.3 Ebenen im Koordinatensystem

Zuerst bestimmt man die Spurpunkte, dies sind die Schnittpunkte der Ebene mit den Koordinatenachsen. Überlegen Sie, welchen Wert die x_2- und die x_3-Koordinate für einen Schnittpunkt der Ebene mit der x_1-Achse besitzen. Man setzt ein und formt nach x_1 um. Ebenso verfährt man für die anderen Spurpunkte.

14.4 Bestimmen von Geraden und Ebenen in einem Quader

a) Der Punkt O des Quaders liegt im Ursprung des Koordinatensystems. Bestimmen Sie die übrigen Punkte, indem Sie die Ortsvektoren addieren.

b) Die Gleichung kann wie im vorherigen Kapitel rechnerisch bestimmt werden, oder durch Überlegung und Ablesen an der Zeichnung.

c) Um eine Geradengleichung aufzustellen, braucht man einen Stützvektor und einen Richtungsvektor.

d) Wählen Sie drei der angegebenen Punkte und stellen Sie die Ebenengleichung wie im vorangegangenen Kapitel auf.

14.5 Bestimmen von Geraden und Ebenen in einer Pyramide

a) Der Punkt P ist bekannt. Bestimmen Sie die Koordinaten der restlichen Punkte durch Symmetrieüberlegungen: Für den Punkt Q sind die x_1- und die x_3-Koordinate die gleichen wie für P, doch ist die x_2-Koordinate anders. Aus der Lage des Grundflächenmittelpunktes im Koordinatenursprung ergibt sich die x_2-Koordinate von Q.

b) Um eine Geradengleichung aufzustellen, brauchen Sie einen Stützvektor und einen Richtungsvektor.

c) Benutzen Sie die drei angegebenen Punkte und stellen Sie die Ebenengleichung wie im vorangegangenen Kapitel auf.

15 Gegenseitige Lage von Geraden und Ebenen

15.1 Gegenseitige Lage

Eine Gerade und eine Ebene können auf drei verschiedene Arten zueinander liegen: g schneidet E, g ist parallel zu E oder g liegt in E.

Liegt die Ebene in Koordinatenform vor, wird die Gerade als «allgemeiner Punkt» geschrieben und in die Ebenengleichung eingesetzt. Anschließend wird der Parameter der Geraden bestimmt und in den allgemeinen Punkt eingesetzt, um den Schnittpunkt zu bestimmen. Liegt die Ebene in der Parameterform vor, werden Ebenengleichung und Geradengleichung gleichgesetzt und das Gleichungssystem mit 3 Unbekannten gelöst.

Beim Lösen des Gleichungssystems bzw. der Gleichung können drei Fälle auftreten:

1. Es gibt eine eindeutige Lösung: Die Gerade schneidet die Ebene.
2. Es tritt ein Widerspruch auf (wie z.B. $3 = 0$): Die Gerade ist parallel zur Ebene.
3. Das Gleichungssystem bzw. die Gleichung hat unendlich viele Lösungen (beim Lösen ergibt sich z.B. $3 = 3$ oder $0 = 0$): Die Gerade liegt in der Ebene.

15.2 Gerade und Ebene parallel

Überlegen Sie, wie der Richtungsvektor der Geraden g und der Normalenvektor der Ebene E zueinander stehen müssen, damit die g parallel zu E liegt. Nehmen Sie das Skalarprodukt zu Hilfe. Wie kann man anschließend prüfen, ob g und E echt parallel sind oder ob g in E liegt?

15.3 Allgemeines Verständnis von Geraden und Ebenen

Veranschaulichen Sie sich die Beziehungen am besten mit Hilfe einer Skizze.

15.4 Vermischte Aufgaben

a) Wenn g parallel zu E ist, gilt: $\overrightarrow{r_g} \cdot \vec{n} = 0$. Für den Richtungsvektor $\overrightarrow{r_g}$ der Geraden gibt es unendlich viele Möglichkeiten.

b) Da g senkrecht auf E steht, gilt: $\overrightarrow{r_g} = k \cdot \vec{n}$; $k \in \mathbb{R}$, d.h. der Richtungsvektor $\overrightarrow{r_g}$ ist linear abhängig zum Normalenvektor zu wählen.

c) Bestimmen Sie einen Punkt und einen Normalenvektor der Ebene mit Länge 1 LE. Mit diesen legen Sie einen weiteren Punkt außerhalb der Ebene mit Abstand 3 LE fest. Der Richtungsvektor $\overrightarrow{r_g}$ der Geraden muss so gewählt werden, dass $\overrightarrow{r_g} \cdot \vec{n} = 0$. Hierfür gibt es unendlich viele Möglichkeiten.

16 Gegenseitige Lage zweier Ebenen

Zwei Ebenen können auf drei verschiedene Arten zueinander liegen: Die beiden Ebenen schneiden sich, sie liegen parallel zueinander oder sie sind identisch.

Auch hier gibt es verschiedene Lösungswege, abhängig davon, welche Art von Ebenengleichung vorliegt. Da der Weg über die Koordinatengleichung oft am einfachsten zu rechnen ist, werden viele Aufgaben auf diese Weise gelöst. Gerade beim Schnitt von zwei Ebenen kann es sich lohnen, eine Gleichung in die Koordinatenform umzuformen.

Die beiden Ebenengleichungen in Koordinatenform bilden ein lineares Gleichungssystem mit zwei Gleichungen und drei Variablen.

Beim Lösen des Gleichungssystems bzw. der Gleichung können drei Fälle auftreten:

1. Es gibt eine Lösung, wenn man eine Variable als t einsetzt und nach den anderen Variablen auflöst: Die Ebenen schneiden sich in einer Schnittgeraden.

2. Es tritt ein Widerspruch auf (wie z.B. $3 = 0$): Die beiden Ebenen sind parallel.

3. Die eine Gleichung ist ein Vielfaches der anderen Gleichung: Die beiden Ebenen sind identisch.

16.1 Schnitt von zwei Ebenen

a) - c) Bestimmen Sie jeweils die Schnittgerade. Bei Aufgabe c) lässt sich x_2 direkt ablesen.

d) - e) Schreiben Sie E_1 in drei Gleichungen für x_1, x_2 und x_3 um, setzen Sie diese in die Koordinatenebene E_2 ein und lösen Sie nach einem Parameter auf. Dieser wird dann wieder in E_1 eingesetzt, die Vektoren zusammengefasst und so die Gleichung der Schnittgeraden bestimmt.

f) - g) Gleichsetzen der beiden Ebenen führt zu einem Gleichungssystem mit 4 Unbekannten und 3 Gleichungen. Bringen Sie dieses mit Hilfe des Gauß-Verfahrens auf Stufenform. Sie erhalten einen Ausdruck wie z.B. $t = 2 - u$. Setzen Sie diesen Ausdruck für t in die Ebenengleichung ein und fassen Sie die Vektoren zusammen um die Gleichung der Schnittgeraden zu erhalten.

16.2 Parallele Ebenen

Beim Bestimmen von t muss man überlegen, wie die beiden Normalenvektoren zueinander stehen müssen, damit die Ebenen parallel sind.

16.3 Verschiedene Aufgaben zur Lage zweier Ebenen

Überlegen Sie anhand einer Skizze, wie die beiden Normalenvektoren zueinander stehen müssen, wenn die Ebenen senkrecht aufeinander stehen. Nehmen Sie das Skalarprodukt zu Hilfe.

17 Abstandsberechnungen

17.1 Abstand Punkt – Ebene

Bei einer Abstandsberechnung zwischen einem Punkt und einer Ebene rechnet man immer die Länge eines Lots von einem Punkt auf die Ebene aus. Man benutzt in der Regel die Hessesche Normalenform der Ebenengleichung (HNF), in die der Punkt eingesetzt wird. Für den Punkt $\mathrm{P}(p_1 \mid p_2 \mid p_3)$ und die Ebene
E: $n_1x_1 + n_2x_2 + n_3x_3 = b$ mit dem Normalenvektor $\vec{n}$ gilt

$$d = \frac{|n_1p_1 + n_2p_2 + n_3p_3 - b|}{\sqrt{n_1^2 + n_2^2 + n_3^2}},$$

wobei d der Abstand des Punktes P zur Ebene E ist.

17.2 Abstand Punkt – Gerade

Den Abstand eines Punktes P von einer Geraden g bestimmt man in drei Schritten:

1. Zuerst stellt man eine Hilfsebene $\mathrm{E_H}$ auf. Diese Hilfsebene enthält den Punkt P und ist orthogonal zu g, d.h. der Richtungsvektor von g dient als Normalenvektor der Ebene.

2. Die Hilfsebene wird mit g geschnitten, dies ergibt den Schnittpunkt L.

3. Der Verbindungsvektor $\overrightarrow{\mathrm{LP}}$ wird aufgestellt, sein Betrag (= seine Länge) ist der gesuchte Abstand.

17.3 Abstand paralleler Geraden

Zuerst muss bewiesen werden, dass die beiden Geraden echt parallel sind. Dies geschieht mit Hilfe der Richtungsvektoren und einer Punktprobe. Anschließend berechnet man den Abstand eines Punktes der Geraden h zur Geraden g wie in den vorangehenden Aufgaben.

17.4 Verschiedene Aufgaben

a) - b) Schreiben Sie die Gerade als «allgemeinen Punkt» A. Wenn dieser von P und Q gleich weit entfernt sein soll, muss gelten: $|\overrightarrow{PA}| = |\overrightarrow{QA}|$. Man setzt ein, löst nach t auf und setzt in die Geradengleichung ein.

c) Auch bei dieser Aufgabe wird die Gerade als «allgemeiner Punkt» geschrieben. Es gilt: $|\overrightarrow{AP}| = 3$. Setzen Sie ein und lösen Sie nach t auf.

d) Stellen Sie zuerst die Gleichung der Ebene durch ABC auf und berechnen Sie den Abstand des Punktes S mit Hilfe der Abstandsformel.

e) Setzen Sie in die Abstandsformel den Punkt, die Ebene und den Abstand ein. Anschließend wird nach b aufgelöst. Dabei muss eine Fallunterscheidung gemacht werden, wenn man die Betragsgleichung lösen will. Es ergeben sich zwei Werte für b.

f) - h) Schreiben Sie die Gerade als «allgemeinen Punkt». Anschließend wird dieser, der Abstand und die Ebene in die Abstandsformel eingesetzt und nach dem Parameter s der Geraden aufgelöst. Dabei muss eine Fallunterscheidung gemacht werden. Die Lösungen s_1 und s_2 werden zum Schluss in die Geradengleichung eingesetzt.

i) Zuerst ist zu zeigen, dass die Gerade parallel zur Ebene ist. Dazu benötigt man das Skalarprodukt. Anschließend setzt man einen Punkt der Geraden und die Ebene in die Abstandsformel ein und berechnet den Abstand.

j) Zuerst ist zu zeigen, dass die beiden Ebenen parallel sind. Anschließend bestimmt man einen Punkt in einer der Ebenen und setzt diesen und die andere Ebene in die Abstandsformel ein und berechnet den Abstand.

18 Winkelberechnungen

18.1 Winkel zwischen Vektoren und Geraden

a) Überlegen Sie, zwischen welchen Vektoren man den Winkel berechnet (Orts- oder Verbindungsvektoren). Wenn zwei Kosinuswerte gleich sind, was gilt dann für die entsprechenden Winkel? Machen Sie sich eine Skizze.

b) Auf welche Vektoren kommt es bei der Winkelberechnung zwischen zwei Geraden an?

18.2 Winkel zwischen Ebenen

Überlegen Sie, mit Hilfe welcher Vektoren man den Winkel zwischen den beiden Ebenen bestimmen könnte.

18.3 Winkel zwischen Gerade und Ebene

Welche Vektoren der Geraden und der Ebene kommen für die Winkelbestimmung in Betracht? Machen Sie eine Skizze. Wird in diesem Fall der Kosinus oder der Sinus des Winkels berechnet?

19 Spiegelungen

19.1 Punkt an Punkt

Machen Sie eine Skizze. Überlegen Sie, welche Vektoren man aneinanderhängen muss, um von P zum Spiegelpunkt P^* zu gelangen, wenn z.B. Q in der Mitte liegen soll.

19.2 Punkt an Ebene

Machen Sie eine Skizze. Der Punkt A wird an dem Punkt der Ebene, der A am nächsten ist, gespiegelt. Um diesen Punkt zu bestimmen, braucht man eine Hilfsgerade durch A, die senkrecht auf der Ebene steht.

19.3 Punkt an Gerade

Machen Sie auch hier eine Skizze. Der Punkt P wird an dem Punkt der Gerade gespiegelt, der den kleinsten Abstand zu P besitzt. Um diesen zu bestimmen, braucht man eine Hilfsebene. Diese geht durch P und steht senkrecht zur Geraden.

19.4 Allgemeine Spiegelungen

a) Machen Sie eine Skizze. Um die neue Gerade aufzustellen, braucht man einen Stützvektor und einen Richtungsvektor.

   I) Überlegen Sie, wie der Richtungsvektor aussieht, wenn die neue Gerade parallel zur alten Geraden sein soll. Wie erhält man den neuen «Stützpunkt»?

   II) Die Gerade schneidet die Ebene E. Den Schnittpunkt von g mit E haben Gerade und Spiegelgerade gemeinsam. Nun braucht man noch einen 2. Punkt, um den Richtungsvektor aufzustellen. Dazu muss man einen Punkt der Geraden an der Ebene spiegeln. Welcher Punkt bietet sich dazu an?

b) Machen Sie eine Skizze. Es gibt zwei verschiedene Fälle: Entweder beide Ebenen sind parallel, dann muss man nur einen Punkt von E_1 an E_2 spiegeln. Sind die Ebenen nicht parallel, so wird zuerst die Schnittgerade bestimmt. Überlegen Sie, wann die Normalenvektoren die gleichen bleiben und wann nicht.

20 Kreis und Kugel

20.1 Der Kreis in der x_1x_2-Ebene

a) Verwenden Sie die allgemeine Gleichung eines Kreises $k\colon\ (x_1-m_1)^2+(x_2-m_2)^2=r^2$, wobei $M\,(m_1\mid m_2)$ der Mittelpunkt und r der Radius des Kreises ist.

b) Schreiben Sie die gegebene Kreisgleichung in die obige Form um und lesen Sie den Mittelpunkt sowie den Radius ab.

c) Bestimmen Sie Mittelpunkt und Radius des Kreises, berechnen Sie jeweils den Abstand der gegebenen Punkte zum Mittelpunkt und vergleichen Sie diesen Abstand mit dem Radius.

20.2 Die Kugelgleichung

Ein Punkt $X\,(x_1\mid x_2\mid x_3)$ liegt auf einer Kugel K mit Mittelpunkt $M\,(m_1\mid m_2\mid m_3)$ und Radius r, wenn gilt:

$|\overrightarrow{MX}|=r$. Dies führt zur Vektorgleichung $K\colon\ \left(\vec{x}-\begin{pmatrix}m_1\\m_2\\m_3\end{pmatrix}\right)^2=r^2$ bzw. zur Koordinatengleichung $K\colon\ (x_1-m_1)^2+(x_2-m_2)^2+(x_3-m_3)^2=r^2$.

a) Setzen Sie den gegebenen Mittelpunkt sowie den Radius in die Vektorgleichung bzw. Koordinatengleichung ein und beachten Sie beim Auflösen die binomischen Formeln .

b) Formen Sie die gegebenen Kugelgleichungen so um, dass Sie aus der Vektor- oder Koordinatengleichung den Mittelpunkt sowie den Radius ablesen können. Beachten Sie dabei die Vorzeichen sowie die binomischen Formeln.

c) Berechnen Sie jeweils den Abstand der gegebenen Punkte zum Mittelpunkt und vergleichen Sie diese Abstände mit dem Radius.

20.3 Gegenseitige Lage von Kugel und Gerade

a) Schreiben Sie die Gerade als «allgemeinen Punkt», setzen Sie diesen in die Koordinatengleichung der Kugel ein, beachten Sie binomische Formeln und lösen Sie die quadratische Gleichung. Gibt es zwei Lösungen, so berechnen Sie die zugehörigen Koordinaten der Schnittpunkte durch Einsetzen in den «allgemeinen Punkt»; die Gerade ist eine Sekante. Gibt es eine Lösung, so berechnen Sie die Koordinaten des Berührpunkts durch Einsetzen in den «allgemeinen Punkt»; die Gerade ist eine Tangente. Hat die quadratische Gleichung keine reelle Lösung, gibt es keine gemeinsamen Punkte; die Gerade ist eine Passante.

b) Um die gegenseitige Lage von Kugel und Gerade zu bestimmen, versuchen Sie die gemeinsamen Punkte von K und g entsprechend Aufgabe a) zu berechnen.

20.4 Gegenseitige Lage von Kugel und Ebene

a) Machen Sie eine Skizze.
Um den Mittelpunkt M^* des Schnittkreises zu berechnen, stellen Sie eine Lotgerade mit dem Mittelpunkt der Kugel und dem Normalenvektor der Ebene auf und schneiden diese mit der Ebene.
Den Radius r^* erhalten Sie mit Hilfe des Satzes des Pythagoras im rechtwinkligen Dreieck. Hierzu benötigen Sie den Radius der Kugel und den Abstand von M zu E.

b) Um die gegenseitige Lage von Kugel und Ebene zu bestimmen, berechnen Sie den Abstand d des Mittelpunkts M der Kugel zur Ebene E (mit HNF). Hierbei können drei Fälle auftreten:
1. $d < r \Rightarrow$ E schneidet K in einem Schnittkreis
2. $d = r \Rightarrow$ E berührt K in einem Punkt
3. $d > r \Rightarrow$ E und K haben keine gemeinsamen Punkte.

c) Skizzieren Sie die Problemstellung.
Um die Koordinatengleichung der Tangentialebene E_T aufzustellen, benötigen Sie den gegebenen Punkt B und einen Normalenvektor für die Punkt-Normalenform. Beachten Sie, dass die Tangentialebene orthogonal zum Vektor $\overrightarrow{MB}$ liegt.

20.5 Gegenseitige Lage zweier Kugeln

a) Um zu prüfen, ob K_1 und K_2 gemeinsame Punkte haben, vergleichen Sie den Abstand der beiden Mittelpunkte mit den Radien r_1 und r_2.

b) Um zu zeigen, dass sich K_1 und K_2 berühren, vergleichen Sie den Abstand der beiden Mittelpunkte mit den Radien r_1 und r_2. Skizzieren Sie die Problemstellung.
Um die Koordinaten des Berührpunkts B zu bestimmen, stellen Sie eine geeignete Vektorkette auf.

c) Um die Gleichung der Ebene des Schnittkreises zu bestimmen, benötigen Sie die jeweiligen Koordinatengleichungen der Kugeln. Beachten Sie die binomischen Formeln. Anschließend subtrahieren Sie die Gleichungen der beiden Kugeln voneinander.

21 Rechnen mit Matrizen

21.1 Rechnen mit Matrizen

Folgende Eigenschaften gelten für das Rechnen mit Matrizen:

1. Matrizen werden als $n \times m$ (gelesen «n kreuz m») Matrizen bezeichnet, wobei n die Anzahl der Zeilen und m die Anzahl der Spalten ist (Merkhilfe: ZVS = <u>Z</u>eile <u>v</u>or <u>S</u>palte).

2. Die Zahlen, die in der Matrix stehen, heißen Elemente oder Einträge, sie werden grundsätzlich durch zwei Indices gekennzeichnet. Dabei gibt der erste Index die jeweilige Zeile und der zweite die jeweilige Spalte an. Manchmal werden 2×2 Matrizen auch als $\begin{pmatrix} a_1 & b_1 \\ a_2 & b_2 \end{pmatrix}$ dargestellt. Bei dieser Darstellung kann man leichter den Überblick behalten, da nur ein Index vorhanden ist.
3. Vektoren haben eine Spalte und können daher als 2×1 bzw. 3×1 Matrizen behandelt werden.
4. Matrizen werden mit Großbuchstaben gekennzeichnet, die Einträge mit Kleinbuchstaben.

Addition/Subtraktion

Die Summe/Differenz von zwei Matrizen wird berechnet, indem man jeweils die Elemente der beiden Matrizen mit gleichen Indices addiert/subtrahiert. Beispiel:

$$\begin{pmatrix} a_{11} & a_{12} \\ a_{21} & a_{22} \end{pmatrix} + \begin{pmatrix} b_{11} & b_{12} \\ b_{21} & b_{22} \end{pmatrix} = \begin{pmatrix} a_{11}+b_{11} & a_{12}+b_{12} \\ a_{21}+b_{21} & a_{22}+b_{22} \end{pmatrix}$$

Es können also nur Matrizen mit gleicher Zeilen- und Spaltenanzahl miteinander addiert bzw. voneinander subtrahiert werden.

Skalare Multiplikation

Eine Matrix wird mit einem Skalar (einer Zahl) multipliziert, indem jedes Elemente der Matrix mit dem Skalar multipliziert wird. Beispiel:

$$s \cdot \begin{pmatrix} a_{11} & a_{12} \\ a_{21} & a_{22} \end{pmatrix} = \begin{pmatrix} s \cdot a_{11} & s \cdot a_{12} \\ s \cdot a_{21} & s \cdot a_{22} \end{pmatrix}$$

Matrizenmultiplikation

Folgende Eigenschaften sind zu beachten:

1. Bei der Multiplikation von Matrizen kommt es auf die Reihenfolge an: In der Regel gilt $A \cdot B \neq B \cdot A$ (d. h. die Matrizenmultiplikation ist nicht kommutativ).
2. Das Produkt $A \cdot B$ kann nur berechnet werden, wenn die <u>Spalten</u>anzahl von A gleich der <u>Zeilen</u>anzahl von B ist.
3. Die Ergebnismatrix hat die <u>Zeilen</u>anzahl der ersten Matrix und die <u>Spalten</u>anzahl der zweiten Matrix. Siehe auch das Beispiel der Multiplikation einer Matrix mit einem Vektor auf der nächsten Seite.

Die eigentliche Multiplikation

Um das jeweilige Element der Ergebnismatrix zu berechnen, werden die Zeilen der ersten Matrix jeweils skalar mit den Spalten der zweiten Matrix multipliziert. Zur Berechnung empfiehlt sich das sogenannte Falksche Schema; dazu wird die zweite Matrix oberhalb der Ergebnismatrix plaziert, dies erleichtert das Rechnen.

Beispiel:

$$A = \begin{pmatrix} a_{11} & a_{12} \\ a_{21} & a_{22} \end{pmatrix} = \begin{pmatrix} 1 & 2 \\ 3 & 4 \end{pmatrix},\ B = \begin{pmatrix} b_{11} & b_{12} \\ b_{21} & b_{22} \end{pmatrix} = \begin{pmatrix} 5 & 6 \\ 7 & 8 \end{pmatrix},\ C = \begin{pmatrix} c_{11} & c_{12} \\ c_{21} & c_{22} \end{pmatrix}$$

gesucht ist das Produkt $A \cdot B = C$

Falksches Schema:

$$\begin{array}{cc} & \begin{pmatrix} b_{11} & b_{12} \\ b_{21} & b_{22} \end{pmatrix} \\ \begin{pmatrix} a_{11} & a_{12} \\ a_{21} & a_{22} \end{pmatrix} & \begin{pmatrix} c_{11} & c_{12} \\ c_{21} & c_{22} \end{pmatrix} \end{array} \quad \text{mit} \quad \begin{array}{l} c_{11} = a_{11} \cdot b_{11} + a_{12} \cdot b_{21} \\ c_{12} = a_{11} \cdot b_{12} + a_{12} \cdot b_{22} \\ c_{21} = a_{21} \cdot b_{11} + a_{22} \cdot b_{21} \\ c_{22} = a_{21} \cdot b_{12} + a_{22} \cdot b_{22} \end{array}$$

beziehungsweise:

$$\begin{array}{cc} & \begin{pmatrix} 5 & 6 \\ 7 & 8 \end{pmatrix} \\ \begin{pmatrix} 1 & 2 \\ 3 & 4 \end{pmatrix} & \begin{pmatrix} c_{11} & c_{12} \\ c_{21} & c_{22} \end{pmatrix} \end{array} \quad \text{mit} \quad \begin{array}{l} c_{11} = 1 \cdot 5 + 2 \cdot 7 = 19 \\ c_{12} = 1 \cdot 6 + 2 \cdot 8 = 22 \\ c_{21} = 3 \cdot 5 + 4 \cdot 7 = 43 \\ c_{22} = 3 \cdot 6 + 4 \cdot 8 = 50 \end{array}$$

Also ist: $\begin{pmatrix} 1 & 2 \\ 3 & 4 \end{pmatrix} \cdot \begin{pmatrix} 5 & 6 \\ 7 & 8 \end{pmatrix} = \begin{pmatrix} 19 & 22 \\ 43 & 50 \end{pmatrix}$

Multiplikation einer Matrix mit einem Vektor

Ein Vektor wird als 2×1 bzw. 3×1-Matrix aufgefasst; entsprechend gelten die gleichen Regeln wie bei der Multiplikation von Matrizen. Das Ergebnis der Multiplikation einer Matrix mit einem Vektor ist ein Vektor.

Beispiel:

Matrix A ist eine 2×2 Matrix, $\vec{x}$ ist eine 2×1 Matrix, das Ergebnis ist also eine 2×1 Matrix:

$$A \cdot \vec{x} = \begin{pmatrix} a_{11} & a_{12} \\ a_{21} & a_{22} \end{pmatrix} \cdot \begin{pmatrix} x_1 \\ x_2 \end{pmatrix} = \begin{pmatrix} a_{11} \cdot x_1 + a_{12} \cdot x_2 \\ a_{21} \cdot x_1 + a_{22} \cdot x_2 \end{pmatrix}$$

beziehungsweise mit $A = \begin{pmatrix} 1 & 2 \\ 3 & 4 \end{pmatrix}$ und $\vec{x} = \begin{pmatrix} 5 \\ 6 \end{pmatrix}$:

$$A \cdot \vec{x} = \begin{pmatrix} 1 & 2 \\ 3 & 4 \end{pmatrix} \cdot \begin{pmatrix} 5 \\ 6 \end{pmatrix} = \begin{pmatrix} 1 \cdot 5 + 2 \cdot 6 \\ 3 \cdot 5 + 4 \cdot 6 \end{pmatrix} = \begin{pmatrix} 17 \\ 39 \end{pmatrix}$$

21.2 Inverse Matrizen

Es gibt verschiedene Möglichkeiten, eine inverse Matrix zu bestimmen: Das Gauß-Verfahren lässt sich dabei auf alle Matrizen anwenden. Für 2×2-Matrizen kann auch folgende Formel verwendet werden:

Ist $A = \begin{pmatrix} a_1 & b_1 \\ a_2 & b_2 \end{pmatrix}$, so gilt für die inverse Matrix: $A^{-1} = \frac{1}{\det(A)} \cdot \begin{pmatrix} b_2 & -b_1 \\ -a_2 & a_1 \end{pmatrix}$.

Dabei ist det(A) die Determinante von A: $\det(A) = \begin{vmatrix} a_1 & b_1 \\ a_2 & b_2 \end{vmatrix} = a_1b_2 - a_2b_1$.

Merkhilfe für die Bestimmung der inversen Matrix einer 2×2 Matrix:

- Die Elemente auf der Hauptdiagonale werden vertauscht
- Die restlichen Elemente werden mit -1 multipliziert
- Die so erhaltene Matrix wird mit $\frac{1}{\det A}$ multipliziert

Bestimmung der inversen Matrix mit Hilfe des Gauß-Verfahrens

Um die Inverse einer Matrix zu bestimmen, schreibt man die Einheitsmatrix neben die Matrix und formt dann beide Matrizen mit Hilfe von sogenannten elementaren Umformungen so lange gleichzeitig um, bis links die Einheitsmatrix steht. Dann steht rechts die Inverse der Ausgangsmatrix. Die elementaren Umformungen sind:

1. Addieren des Vielfachen einer Zeile zu einer anderen Zeile
2. Vertauschen zweier Zeilen
3. Multiplizieren einer Zeile mit einem Wert ungleich Null

Die Vorgehensweise entspricht weitgehend der Lösung eines Linearen Gleichungssystems mit Hilfe des Gauß-Verfahrens.

Ergibt sich bei der Umformung eine Leerzeile, so ist die Matrix nicht invertierbar, es gibt keine Inverse.

a) Zueinander invers bedeutet $A \cdot B = E$ und $B \cdot A = E$. Multiplizieren Sie die beiden Matrizen. Genau dann, wenn die beiden Matrizen zueinander invers sind, ist das Ergebnis die Einheitsmatrix $E = \begin{pmatrix} 1 & 0 \\ 0 & 1 \end{pmatrix}$.

b) Verwenden Sie entweder die oben angegebene Formel oder das Gauß-Verfahren.

c) -e) Verwenden Sie das Gauß-Verfahren.

f) Tritt beim Umformen der Matrix mit dem Gaußverfahren eine Nullzeile auf, oder ist die Determinante der Matrix gleich 0, dann ist die Matrix nicht invertierbar.

22 Geometrische Abbildungen

22.1 Abbildungen

Eine affine Abbildung ist eine geradentreue und umkehrbare Abbildung; das Bild einer Geraden ist also wieder eine Gerade. Außerdem ist sie parallelen- und teilverhältnistreu; das bedeutet, dass parallele Geraden parallele Bildgeraden besitzen und sich die Teilverhältnisse von Punkten auf der Geraden durch die affine Abbildung nicht ändern.

Die Matrixdarstellung einer affinen Abbildung α hat die Gestalt:

$$\alpha : \begin{pmatrix} x_1{}' \\ x_2{}' \end{pmatrix} = \begin{pmatrix} a_1 & b_1 \\ a_2 & b_2 \end{pmatrix} \cdot \begin{pmatrix} x_1 \\ x_2 \end{pmatrix} + \begin{pmatrix} c_1 \\ c_2 \end{pmatrix}$$

Dabei bewirkt die Multiplikation mit der Matrix eine Spiegelung bzw. Drehstreckung und die Addition des Vektors $\vec{c}$ eine Verschiebung. Die Koordinatendarstellung der Abbildung als Gleichungssystem hat folgende Gestalt:

$$\begin{array}{rcccccc} x_1{}' & = & a_1x_1 & + & b_1x_2 & + & c_1 \\ x_2{}' & = & a_2x_1 & + & b_2x_2 & + & c_2 \end{array}$$

a) Sie erhalten das Bild eines Punktes, indem Sie den Ortsvektor dieses Punktes in die Abbildungsgleichung einsetzen und die Matrizenmultiplikation durchführen. Sie erhalten das Bild einer Geraden, indem Sie die Gerade als «parameterisierten» Ortsvektor schreiben und in die Abbildungsgleichung einsetzen. Nach dem Ausrechnen wird das Ergebnis wieder als Gerade geschrieben.

b) Bestimmen Sie die Verbindungsvektoren von O zu O′, von O′ zu E_1' und von O′ zu E_2'.

c) Verwenden Sie die oben beschriebene Koordinatendarstellung und setzen Sie alle Punkte und Bildpunkte ein. Lösen Sie die entstehenden Gleichungssysteme nach a_1 und b_1 bzw. nach a_2 und b_2 auf.

d) Gehen Sie vor wie bei Aufgabe c).

e) Eine Verschiebung um einen Vektor $\vec{v}$ hat die Darstellung $\alpha : \vec{x}\,' = \vec{x} + \vec{v}$.

Eine Drehung um den Ursprung um einen Winkel α hat die Darstellung

$$\beta : \vec{x}\,' = \begin{pmatrix} \cos\alpha & -\sin\alpha \\ \sin\alpha & \cos\alpha \end{pmatrix} \cdot \vec{x}$$

Eine zentrische Streckung vom Ursprung aus mit Streckfaktor $k \neq 0$ hat die Darstellung

$$\gamma : \vec{x}\,' = \begin{pmatrix} k & 0 \\ 0 & k \end{pmatrix} \cdot \vec{x}$$

Eine Spiegelung an einer Ursprungsgeraden, die mit der x_1-Achse einen Winkel α einschließt, hat die Darstellung

$$\delta : \vec{x}\,' = \begin{pmatrix} \cos(2\alpha) & \sin(2\alpha) \\ \sin(2\alpha) & -\cos(2\alpha) \end{pmatrix} \cdot \vec{x}$$

Den Steigungswinkel bei einer Spiegelung an einer Ursprungsgeraden erhalten Sie mit Hilfe des Tangens-Verhältnisses.

f) Prüfen Sie die Struktur der Matrix (gleiche Zahlen bzw. Vorzeichen) und berechnen Sie den Drehwinkel bzw. den Winkel zwischen der x_1-Achse und der Spiegelachse jeweils auf zwei Arten zur Kontrolle. Hierzu verwenden Sie die Umkehrfunktionen der sin- und cos-Funktion.

22.2 Verkettete Abbildungen

a) Bei Verkettungen von zwei Abbildungen α und β mit den Matrizen A und B müssen Sie darauf achten, in welcher Reihenfolge Sie die Matrizen multiplizieren: So bedeutet beispielsweise «Erst α, dann β», also $\beta \circ \alpha$, für die Verkettungsmatrix M: $\mathrm{M} = \mathrm{B} \cdot \mathrm{A}$.

b) Bestimmen Sie zuerst die Matrizen für die einzelnen Abbildungen und anschließend die Verkettungsmatrix als Matrizenprodukt (Reihenfolge beachten).

22.3 Umkehrabbildungen

Die Umkehrabbildung oder inverse Abbildung α^{-1} ist die Umkehrung der Abbildung α. Ordnet α dem Punkt P den Punkt P′ zu, so wird durch α^{-1} dem Punkt P′ der Punkt P zugeordnet. Für die Abbildung $\alpha : \vec{x}' = \mathrm{A}\vec{x} + \vec{c}$ ist die zugehörige Umkehrabbildung

$$\alpha^{-1} : \vec{x}' = \mathrm{A}^{-1}\vec{x} - \mathrm{A}^{-1}\vec{c}$$

Dabei ist A^{-1} die inverse Matrix von A. Sie kann entweder mit dem Gaußverfahren oder der Formel wie auf Seite 131 bestimmt werden.

a) Bestimmen Sie zuerst die inverse Matrix A^{-1} der Abbildungsmatrix A. Setzen Sie diese dann in die Formel für die Umkehrabbildung ein.

b) Eine Abbildung besitzt keine Umkehrabbildung, wenn ihre Abbildungsmatrix keine Inverse besitzt.

c) Bestimmen Sie zuerst die Abbildungsmatrix der Abbildungsprozesse α. Ermitteln Sie die dazugehörige inverse Matrix α^{-1}. Anschließend setzen Sie diese in die Formel für die Umkehrabbildung ein.

22.4 Eigenwerte und Eigenvektoren

Wenn es zu einer Matrix A eine reelle Zahl λ und einen Vektor $\vec{v}$ mit $\vec{v} \neq 0$ gibt, so dass gilt: $\mathrm{A} \cdot \vec{v} = \lambda \cdot \vec{v}$, wird λ als Eigenwert von A und $\vec{v}$ als Eigenvektor von A zum Eigenwert λ bezeichnet. Für die zur Matrix gehörige Abbildung bedeutet das, dass sie den Eigenvektor entweder streckt, staucht, am Ursprung spiegelt oder bei $\lambda = 1$ unverändert lässt.

Bestimmung von Eigenwerten und Eigenvektoren

Die Gleichung $\mathrm{A} \cdot \vec{v} = \lambda \cdot \vec{v}$ wird zu $\mathrm{A} \cdot \vec{v} = \lambda \cdot \mathrm{E} \cdot \vec{v}$ bzw. zu $(\mathrm{A} - \lambda \cdot \mathrm{E}) \cdot \vec{v} = 0$ umgeformt (wobei E die Einheitsmatrix ist).

Mit Hilfe des charakteristischen Polynoms $\det(\mathrm{A} - \lambda\mathrm{E})$ werden die Eigenwerte berechnet. Sie ergeben sich als die Nullstellen dieses Polynoms, also ist die Gleichung $\det(\mathrm{A} - \lambda\mathrm{E}) = 0$ zu lösen.

$$\text{Für } \mathrm{A} = \begin{pmatrix} a_1 & b_1 \\ a_2 & b_2 \end{pmatrix} \text{ gilt: } \begin{vmatrix} a_1 - \lambda & b_1 \\ a_2 & b_2 - \lambda \end{vmatrix} = 0 \Leftrightarrow (a_1 - \lambda) \cdot (b_2 - \lambda) - a_2 \cdot b_1 = 0$$

Multipliziert man die Klammer aus, ergibt sich eine quadratische Gleichung in λ. Die Lösungen dieser Gleichung sind die Eigenwerte der Matrix A. Da es sich um eine quadratische Gleichung handelt, gibt es keine, eine oder zwei Lösungen, d.h. bei einer 2×2- Matrix erhält man keinen, einen oder zwei Eigenwerte.

Um die möglichen Eigenvektoren $\vec{v}$ zu bestimmen, schreibt man die Gleichung $(\mathrm{A} - \lambda\mathrm{E}) \cdot \vec{v} = 0$ um zu

$$\begin{pmatrix} a_1 - \lambda & b_1 \\ a_2 & b_2 - \lambda \end{pmatrix} \cdot \begin{pmatrix} v_1 \\ v_2 \end{pmatrix} = 0 \text{ bzw. } \begin{array}{rcrcl} (a_1 - \lambda)v_1 & + & b_1 v_2 & = & 0 \\ a_2 v_1 & + & (b_2 - \lambda)v_2 & = & 0 \end{array}$$

In diese Gleichung setzt man nun die vorher bestimmten Eigenwerte λ ein und bestimmt die Lösungen der Gleichungen. Diese Lösungen sind die Eigenvektoren. Dabei ergibt sich immer eine Lösungsmenge mit Parameter, wie z.B. $r \cdot \begin{pmatrix} 1 \\ 2 \end{pmatrix}$, $r \in \mathbb{R} \setminus \{0\}$. Es gibt also nicht nur einen einzigen Eigenvektor, sondern Vielfache dieses Vektors sind ebenfalls Eigenvektoren zum gleichen Eigenwert. Verschiedene Eigenwerte haben verschiedene, d.h. linear unabhängige Eigenvektoren.

a) Bestimmen Sie zuerst die Eigenwerte und dann die Eigenvektoren wie oben angegeben.

b) Wenn das charakteristische Polynom keine Nullstelle besitzt, gibt es keine Eigenwerte und keine Eigenvektoren.

c) Setzen Sie die Eigenwerte und die Eigenvektoren in das Gleichungssystem ein, das zur Bestimmung der Eigenvektoren benutzt wurde und bestimmen Sie damit a_1, a_2, b_1 und b_2.

23 Matrizen in praktischen Anwendungen

23.1 Verflechtungsmatrizen

Bei Produktionsprozessen kommt es im Wesentlichen darauf an, die Menge an Rohstoffen, den «Input», zu berechnen. Dieser ist nötig, um eine gewisse Menge an Endprodukten, den «Output», zu produzieren. Die Matrizen, die diese Prozesse beschreiben, nennt man «Verflechtungsmatrizen» (manchmal auch «Bedarfsmatrizen» genannt). In den Spalten einer solchen Verflechtungsmatrix stehen in der Regel die Mengenbedarfswerte der Endprodukte, in den Zeilen stehen die jeweiligen Rohstoffmengen. Die gewünschten Produktionsmengen der einzelnen Endprodukte bilden den sogenannten Outputvektor. Die Reihenfolge, in der die einzelnen Stoffe im Outputvektor enthalten sind, muss dabei die gleiche sein wie die Reihenfolge in den Spalten der Tabelle bzw. der Matrix.

Multipliziert man die Verflechtungsmatrix mit den Outputvektoren, ergibt sich der Inputvektor, der die Menge der jeweils benötigten Rohstoffe angibt.

Um die Abhängigkeiten bei der Produktion graphisch darzustellen, kann man auch einen sogenannten Gozintographen zeichnen. Dieser gibt die Verflechtung der einzelnen Rohstoffe mit den Endprodukten an. Über jedem Pfeil steht dabei der jeweilige Materialbedarf.

a) I) Zeichnen Sie ein Diagramm bzw. einen Gozintographen wie oben angegeben, bei dem jedem Produkt die entsprechenden Rohstoffe zugeordnet werden.

II) Die Verflechtungsmatrix lässt sich direkt an der Tabelle ablesen, wenn die Endprodukte in den Spalten stehen.

III) Multiplizieren Sie die Verflechtungsmatrix mit dem Outputvektor $\begin{pmatrix} 1000 \\ 1500 \end{pmatrix}$ um den Inputvektor zu bestimmen.

b) I) Legen Sie die Tabelle so an, dass die Inputwerte (Schubladen, Türen und Einlegeböden) in den Zeilen stehen und die jeweils benötigten Mengen (Outputwerte) für die verschiedenen Modelle in den Spalten.

II) Stellen Sie das zugehörige Gleichungssystem auf; eventuell können Sie die Matrix auch gleich an der Tabelle ablesen. Um den Inputvektor, d.h. die Menge an benötigten Schubladen etc. zu berechnen, multiplizieren Sie die Verflechtungsmatrix mit dem Outputvektor. Dieser ergibt sich aus den Produktionsmengen der Aufgabenstellung.

c) I) Stellen Sie das dazugehörige Gleichungssystem auf. Wenn Sie die Tabelle so umschreiben, dass die Endprodukte (Outputvektoren) in den Spalten stehen, können Sie die Matrix evenutell direkt ablesen.

II) Um den Inputvektor, d.h. die Menge an benötigten Zutaten zu berechnen, multiplizieren Sie die Verflechtungsmatrix mit dem Outputvektor. Dieser ergibt sich aus den Produktionsmengen der Aufgabenstellung.

23.2 Übergangsmatrizen

Im Unterschied zu Verflechtungsmatrizen gibt es bei Übergangsmatrizen keine Input- und Outputvektoren, sondern sogenannte «Zustandsvektoren» des Systems. Diese beschreiben den Zustand zu einem gewissen Zeitpunkt, z. B. wie viele Vögel sich nach einem Tag im Wald und auf der Lichtung befinden, oder wie viele Schüler auf die verschiedenen Schulen gehen. Durch Anwenden der Matrix auf den Zustandsvektor (d. h. Multiplikation mit dem Zustandsvektor) geht das System von einem Zustand in den nächsten über. Übergangsmatrizen sind stets quadratisch, sie haben also immer genauso viele Zeilen wie Spalten.

Die Tabelle, die den Übergang beschreibt, wird von links nach rechts ausgefüllt. In jeder Spalte stehen alle Übergangswahrscheinlichkeiten, die <u>von</u> dem entsprechenden Element ausgehen. In jeder Zeile stehen entsprechend die Übergangswahrscheinlichkeiten <u>zu</u> dem entsprechenden Element. Auf der Hauptdiagonalen stehen daher die Wahrscheinlichkeiten dafür, dass sich ein Element nicht ändert. Der Übergang findet also von «Spalten zu Zeilen» statt.

Die Reihenfolge der Einträge im Zustandsvektor muss dabei gleich sein wie bei den Einträgen in der Tabelle bzw. Matrix.

a) I) Das Diagramm besteht aus 2 Elementen, zwischen denen die Übergänge stattfinden. Achten Sie beim Erstellen der Tabelle darauf, dass die Übergänge «von Spalten zu Zeilen» stattfinden. Überlegen Sie am Anfang, wie viele Vögel im Wald bzw. auf der Lichtung bleiben.

II) Die Übergangsmatrix können Sie direkt an der Tabelle ablesen. Die Einträge im Zustandsvektor müssen die gleiche Reihenfolge besitzen wie die Spalten bzw. Zeilen der Tabelle. Um zu berechnen, wie viele Vögel sich nach einem Tag im Wald bzw. auf der Lichtung befinden, multiplizieren Sie die Übergangsmatrix mit dem Zustandsvektor.

b) I) Der Übergangsgraph besteht aus drei Elementen, zwischen denen Übergänge stattfinden. Achten Sie beim Erstellen der Tabelle darauf, dass die Übergänge «von Spalten zu Zeilen» stattfinden. Überlegen Sie zuerst, wieviel Prozent der Schüler auf ihrer eigenen Schule bleiben.

II) Die Übergangsmatrix können Sie direkt an der Tabelle ablesen.

III) Die Einträge im Zustandsvektor müssen die gleiche Reihenfolge besitzen wie die Spalten bzw. Zeilen der Tabelle. Um die Verteilung der Schüler nach einem Jahr zu berechnen, multiplizieren Sie die Übergangsmatrix mit dem Zustandsvektor.

c) I) Die Besonderheit eines Entwicklungsgraphen ist, dass die Übergänge immer nur von einem Zustand in den nächsten stattfinden. Achten Sie beim Erstellen der Tabelle darauf, dass die Übergänge «von Spalten zu Zeilen» stattfinden. Bei der Tabelle gibt es viele Einträge die «Null» sind. Die Übergangsmatrix können Sie dann direkt ablesen.

II) Die Einträge im Zustandsvektor müssen die gleiche Reihenfolge besitzen wie die Spalten bzw. Zeilen in der Tabelle. Um die Anzahl der Pflanzen nach einem Jahr zu berechnen, multiplizieren Sie die Übergangsmatrix mit dem Zustandsvektor.

23.3 Fixvektoren

Ein Fixvektor beschreibt einen stabilen Zustand, d.h. einen Zustand, der auch nach mehrfacher Anwendung der Übergangsmatrix unverändert bleibt. Das System hat dann einen «Gleichgewichtszustand» erreicht, der sich nicht mehr ändert. Er wird auch als «stationärer Zustand» bezeichnet.
In der Matrixdarstellung bedeutet das: Wenn es zu einer Übergangsmatrix A einen Vektor $\vec{v}$ gibt, so dass $A \cdot \vec{v} = \vec{v}$ gilt und dieser Vektor $\vec{v}$ nicht der Nullvektor $\vec{0}$ ist, wird dieser Vektor als Fixvektor bezeichnet. Der Fixvektor wird berechnet, indem man die Gleichung $A \cdot \vec{v} = \vec{v}$ als Gleichungssystem schreibt und löst. Dabei muss eine Gleichung ein Vielfaches von einer anderen sein, die Lösungsmenge enthält also immer einen Parameter. Diese Lösungsmenge ist der sogenannte «allgemeine Fixvektor».

Oft ist eine prozentuale Verteilung gesucht. Diese erhält man, indem man das Gleichungssystem um eine Gleichung wie $v_1 + v_2 = 1$ bzw. $v_1 + v_2 + +v_3 = 1$ ergänzt, da ja alle Anteile zusammen 1 (d. h. 100 %) ergeben müssen (Ist eine konkrete Verteilung und keine Anteile gesucht, setzt man statt 1 die Gesamtanzahl der Elemente ein).
Alternativ kann man die jeweiligen Komponenten des allgemeinen Fixvektors auch durch die Summe aller Komponenten teilen. Multipliziert man diesen Vektor mit der Gesamtanzahl der

Elemente des Systems, erhält man den Fixvektor, der zu dem konkreten Zustandsvektor gehört. Wenn es keinen stabilen Zustand gibt, erhält man für das Gleichungssystem nur die sogenannte triviale Lösung des Gleichungssystems, die aus lauter Nullen besteht (der Nullvektor). Daraus folgt, dass es keinen Fixvektor gibt.

a) Schreiben Sie die Gleichung $A \cdot \vec{v} = \vec{v}$ als Gleichungssystem und lösen Sie dieses, indem Sie den Gauß-Algorithmus anwenden und vorgehen, wie es bei der Lösung von Gleichungssystemen üblich ist. Vorher bringen Sie noch v_1 und v_2 auf die linke Seite des Gleichungssystems. Die Gleichungen sollten ein Vielfaches voneinander sein, also kann eine Gleichung gestrichen werden. Ergänzen Sie dann das Gleichungssystem um die Bedingung $v_1 + v_2 = 1$. Sie erhalten so einen Fixvektor, der die Anteile ausdrückt. Multipliziert man diesen mit der Gesamtsumme, erhält man den zu $\overrightarrow{v_0}$ gehörigen Fixvektor (man kann auch direkt die Beziehung $v_1 + v_2 = 160$ bzw. $v_1 + v_2 = 150$ einsetzen; auf diesem Weg erhält man den konkreten Fixvektor direkt).

b) Schreiben Sie die Gleichung $A \cdot \vec{v} = \vec{v}$ als Gleichungssystem; falls Sie nur die triviale Lösung erhalten, gibt es keinen stabilen Zustand.

23.4 Verkettete Prozesse

Verkettete Prozesse entstehen, wenn z. B. ein Produktionsprozess aus mehreren Stufen aufgebaut ist oder man bei Übergangsmatrizen den Zustand des Systems nach mehreren Zeiteinheiten bestimmen möchte. In jedem Fall werden Matrizen mehrfach hintereinander angewendet, d. h. miteinander multipliziert. Dabei gibt es zwei unterschiedliche Fälle, je nachdem, ob es sich um eine Verflechtungsmatrix oder um eine Übergangsmatrix handelt.

1. Verflechtungsmatrizen: In der Regel handelt es sich um verschiedene Matrizen. Hierbei ist die Reihenfolge wichtig: Ist A die Matrix der ersten Prozessstufe, B die Matrix der zweiten Prozessstufe und C die Matrix für den Gesamtprozess, so gilt $C = B \cdot A$, da bei der Matrizenmultiplikation «von rechts nach links» gearbeitet wird (es wird erst A und dann B auf den jeweiligen Vektor angewendet).
2. Übergangsmatrizen: Hier handelt es sich um eine Matrix, die mehrfach mit einem Zustandsvektor multipliziert wird. Will man z.B. den Zustandsvektor $\overrightarrow{v_2}$ berechnen, kann man entweder $A \cdot \overrightarrow{v_1} = \overrightarrow{v_2}$ bestimmen oder direkt $A^2 \cdot \overrightarrow{v_0} = \overrightarrow{v_2}$. Es ist $A^2 = A \cdot A$, $A^3 = A \cdot A \cdot A$, etc.

Bei Übergangsprozessen ist oft ein «stabiler Zustand» gesucht, d. h. ein Zustandsvektor, der sich nicht mehr ändert, wenn er weitere Male mit der Matrix multipliziert wird. Dieser Vektor wird als Fixvektor bezeichnet. Er wird berechnet wie in Kapitel 23.3 beschrieben.

a) I) Achten Sie beim Zeichnen des Diagramms darauf, wie viele Grund- und Zwischenprodukte es gibt.

II) Legen Sie für jede Stufe des Prozesses Variablen für die Input- und Outputvektoren fest, stellen Sie Gleichungen auf und bestimmen Sie die entsprechenden Matrizen. Die Matrix für den Gesamtprozess erhalten Sie durch Matrizenmultiplikation (beachten Sie die Reihenfolge!).

III) Den Inputvektor erhalten Sie durch Multiplikation der Matrix des Gesamtprozesses mit dem Outputvektor.

b) I) Bestimmen Sie die Verteilung nach 2 bzw. nach 5 Tagen, indem Sie $A^2 \cdot \overrightarrow{v_0}$ bzw. $A^5 \cdot \overrightarrow{v_0}$ berechnen.

II) Den stabilen Zustand erhalten Sie, indem Sie den Fixvektor berechnen.

c) I) Bestimmen Sie die Verteilung nach 4 Jahren, indem Sie $A^4 \cdot \overrightarrow{v_0}$ berechnen.

II) Den stabilen Zustand erhalten Sie, indem Sie den Fixvektor berechnen.

d) I) Bestimmen Sie die Anzahl nach 2 bzw. nach 7 Jahren, indem Sie $A^2 \cdot \overrightarrow{v_0}$ bzw. $A^7 \cdot \overrightarrow{v_0}$ berechnen.

II) Wenn es außer dem Nullvektor keinen Fixvektor gibt, existiert keine stabile Verteilung.

III) Wenn die Anzahl der Pflanzen im Gleichgewicht bleiben soll, müssen immer so viele neue Pflanzen dazukommen, wie im Laufe der beiden Jahre absterben. Berechnen Sie z.B., wie viele Pflanzen von 100 Pflanzen nach 2 Jahren noch vorhanden sind und wie viele neue Pflanzen aus jeder alten Pflanze entstehen müssen.

24 Weiterführende Aufgaben – Analytische Geometrie

24.1 Turm

a) Aus der Skizze können Sie sehen, dass die horizontalen Kanten AB, DC, EF und HG parallel zur x-Achse und die horizontalen Kanten DA, CB, HE und GF parallel zur x-Achse liegen.
Als vertikale Kanten bleiben AE, BF, CG und DH übrig.
Die Spitze S liegt 6 m über dem Mittelpunkt des Quadrates EFGH.
Für die Berechnungen des Neigungswinkels können Sie entweder den Winkel zwischen zwei Ebenen berechnen oder einfacher die Pyramide in der Spitze parallel zur yz-Ebene durchschneiden und mit einer geeigneten Skizze den Winkel trigonometrisch berechnen.
Für die Berechnung der Dachfläche sind die Dreiecksflächen zu berechnen, die Dreieckshöhe ist aber nicht die Pyramidenhöhe, sondern ergibt sich mit Hilfe des Satzes des Pythagoras.

b) Bestimmen Sie zuerst die Koordinaten der Spitze des Mastes und überlegen Sie, wo der Schatten der Spitze auf der Wand liegt. Um die Schattenlänge zu erhalten, müssen Sie noch überlegen, in welchem Punkt der Schatten vom Boden auf die Wand übergeht.

c) Überlegen Sie, wie man den Standort des Kindes erhalten könnte: Entweder Sie schneiden eine Gerade mit einer Ebene oder Sie schneiden zwei Geraden miteinander. Zum Schluss die Entfernung zur Kante nicht vergessen!

24.2 Kiste

a) Bestimmen Sie zunächst die Koordinaten der übrigen Eckpunkte der Kiste.
Den Abstand zwischen den Kanten AB und GH erhalten Sie, indem Sie zum Beispiel die Entfernung der Punkte A und H berechnen.
Stellen Sie die Gleichung der Geraden g durch E und H auf und setzen Sie diese in die Ebenengleichung E_t ein. Bei einer wahren Aussage liegt die Gerade in E_t.
Setzen Sie die Koordinaten von F in E_t ein und lösen Sie die Gleichung nach t auf, um diejenige Ebene E_t zu bestimmen, in welcher der Deckel bei geschlossener Kiste liegt.

b) Setzen Sie $t = 2$ in E_t ein und fertigen Sie eine Skizze an.
Bestimmen Sie die Koordinaten des Mittelpunkts M_{EF} der Kante EF.
Stellen Sie eine Lotgerade l durch M_{EF} orthogonal zu E_2 auf (der Richtungsvektor von l ist der Normalenvektor von E_2).
Sie erhalten die Koordinaten von P, indem Sie l mit E_2 schneiden.

c) Um den Öffnungswinkel α_1 zu bestimmen, setzen Sie einen Normalenvektor $\overrightarrow{n_2}$ von E_2 und einen Normalenvektor $\overrightarrow{n_1}$ der Ebene EFGH, die parallel zur x_1x_2-Ebene ist, in folgende Formel ein: $\cos\alpha_1 = \dfrac{|\overrightarrow{n_1} \cdot \overrightarrow{n_2}|}{|\overrightarrow{n_1}| \cdot |\overrightarrow{n_2}|}$

Um diejenige Ebene E_t zu bestimmen, in welcher der Deckel bei einem Öffnungswinkel von $60°$ liegt, setzen Sie einen Normalenvektor $\overrightarrow{n_t}$ von E_t, einen Normalenvektor $\overrightarrow{n_1}$ der Ebene EFGH und $\alpha_2 = 60°$ in die Formel $\cos\alpha_2 = \dfrac{|\overrightarrow{n_1} \cdot \overrightarrow{n_t}|}{|\overrightarrow{n_1}| \cdot |\overrightarrow{n_t}|}$ ein und lösen die Gleichung nach t auf; beachten Sie, für welche Werte von t der Winkel kleiner als $90°$ ist.

d) Skizzieren Sie die Problemstellung (Querschnitt durch die Ebene $x_2 = 2{,}5$) und überlegen Sie, wo der gesuchte Winkel α liegt.
Stellen Sie die Gleichung der Geraden h durch L und den Mittelpunkt M_{FG} der Kante FG auf und bestimmen Sie die Koordinaten eines allgemeinen Punktes Q auf h.
Bestimmen Sie die Koordinaten des Mittelpunkts M_{EH} der Kante EH.
Da sich die Lichtquelle in L direkt senkrecht über M_{EH} befindet, kann der Deckel soweit geöffnet werden, bis das Licht auf die Kante FG fällt. Berechnen Sie also Q so, dass die Strecke QM_{EH} die Länge 3 hat.
Damit ergibt sich der maximale Öffnungswinkel als Winkel α zwischen den Vektoren $\overrightarrow{M_{EH}Q}$ und $\overrightarrow{M_{EH}M_{FG}}$.
Alternativ können Sie den Winkel α auch bestimmen, indem Sie mit trigonometrischen Verhältnissen in rechtwinkligen und gleichschenkligen Dreiecken rechnen.

e) Skizzieren Sie die Problemstellung. Überlegen Sie, welche Koordinaten der Mittelpunkt M der Kugel K hat. Bestimmen Sie den Abstand d von M zur Ebene E_t mit Hilfe der Hesseschen Normalenform. Überlegen Sie, für welchen Wert von d der Deckel die Kugel berührt und stellen Sie eine Gleichung auf, die Sie durch Quadrieren nach t auflösen; geben Sie die Gleichung der zugehörigen Ebene an. Den gesuchten Berührpunkt U erhalten Sie, indem Sie eine Lotgerade l durch M orthogonal zu dieser Ebene, in welcher der Deckel liegt, aufstellen und mit dieser Ebene schneiden.

24.3 Geradenschar

a) C_0 bedeutet, dass $t = 0$ in C_t eingesetzt wird.
Um die Gleichung der Geraden zu erhalten, setzen Sie zwei verschiedene Zahlen für t in C_t ein und stellen mit diesen beiden Punkten die Geradengleichung auf.
Überlegen Sie anhand des Richtungsvektors, wie diese verläuft.
Die Koordinatengleichung erhalten Sie durch Einsetzen der drei gegebenen Punkte in die allgemeine Koordinatengleichung einer Ebene ($E: ax_1 + bx_2 + cx_3 - d = 0$) und Lösen des Gleichungssystems.
Alternativ können Sie mit Hilfe der drei Punkte die Koordinatengleichung durch Bestimmung des Normalenvektors und der Normalenform aufstellen.

b) Um zu ermitteln, für welche t das Dreieck ABC_t rechtwinklig ist, betrachten Sie die Skalarprodukte von je zwei Verbindungsvektoren.
Überlegen Sie, welcher Art das Dreieck ABC_6 ist.

c) Überlegen Sie, wie die einzelnen Geraden der Geradenschar verlaufen und was sie in ihrer Gesamtheit bilden.
Für zwei senkrecht stehende Geraden benötigen Sie das Skalarprodukt der beiden Rich tungsvektoren.
Für den allgemeinen Zusammenhang verwenden Sie h_{t_1} und h_{t_2}.

d) Überlegen Sie, welches die Eingangswerte sind, legen Sie Variablen fest und stellen Sie Gleichungen für die Ausgangswerte auf. Anschließend schreiben Sie das Gleichungssystem zu einer Matrix um und berechnen die gesuchten Ausgangswerte durch Multiplikation der Matrix mit den Eingangswerten.

Stochastik

25 Grundlegende Begriffe

25.1 Zufallsexperimente und Ereignisse

a) Um eine möglichst einfache Ergebnismenge zu erhalten, können verschiedene mögliche Ausfälle des Experiments zu einem Ergebnis zusammengefasst werden.

b) Beachten Sie, dass es auch ein unmögliches und ein sicheres Ereignis gibt.

c) Prüfen Sie, ob z.B. die Anzahl oder die Reihenfolge der vorkommenden «w» und «z» eine Rolle spielen.
Das Gegenereignis eines Ereignisses A besteht aus allen möglichen Ausfällen, die nicht in A vorkommen.

25.2 Absolute und relative Häufigkeit

Überlegen Sie zunächst, wie oft das «Experiment» durchgeführt wurde; anschließend lesen Sie die absoluten Häufigkeiten ab und bestimmen die relativen Häufigkeiten als Bruch.

25.3 Wahrscheinlichkeit bei Laplace-Versuchen

a) Überlegen Sie, wie sich die relative Häufigkeit eines Ergebnisses verändert, wenn man ein Experiment immer öfter wiederholt.

b) und c) Zur Berechnung einer Laplace-Wahrscheinlichkeit wird die Anzahl der für ein Ereignis günstigen Ausfälle duch die Anzahl aller möglichen Ergebnisse des Zufallsversuchs geteilt.

d) Es gibt mehrere Lösungswege. Eine Möglichkeit besteht darin, alle möglichen Ziehungen zu notieren und zu schauen, welche dazu führen, dass Anke und Britta ein Team bilden.

26 Berechnung von Wahrscheinlichkeiten

26.1 Addidtionssatz, Vierfeldertafel

a) Ergänzen Sie zunächst die Zeile oder Spalte, in der schon zwei Zahlen stehen. Beachten Sie, dass sich «rechts unten» 1 ergeben muss.

b) Überlegen Sie, welche der angegebenen Zahlen bei der Vierfeldertafel innen und welche außen stehen.

26.2 Baumdiagramme und Pfadregeln

a) Beachten Sie beim Baumdiagramm, wieviele Kugeln nach dem ersten Ziehen noch in der Urne sind. Benutzen Sie für II) die Pfadregeln; überlegen Sie zuerst, welche Pfade zu dem jeweiligen Ereignis gehören.

b) Nach der Erstellung des Baumdiagrammes schreiben Sie die Ereignisse zunächst als Mengen auf und benutzen Sie dann die Pfadregeln.

c) I) Die Pfade in diesem Baumdiagramm sind unterschiedlich lang, da die Kontrolle abgebrochen wird, wenn ein Fehler erkannt ist.

II) Sie können die Wahrscheinlichkeit aller möglichen Pfade addieren oder mit dem Gegenereignis arbeiten.

d) Auch dieses Baumdiagramm hat unterschiedlich lange Pfade. Sie können es außerdem wesentlich vereinfachen, wenn Sie beim Würfel nur zwischen 6 und $\overline{6}$ («nicht 6») unterscheiden; beachten Sie dabei die verschiedenen Wahrscheinlichkeiten.

e) Auch dieser Baum hat unterschiedlich lange Pfade. Wie groß ist die Wahrscheinlichkeit für «weiß», wenn keine roten Kugeln mehr in der Urne sind? Markieren Sie alle «Gewinnpfade» im Baumdiagramm.

f) Fassen Sie auf jeder Stufe die Augenzahlen, die zu einer Summer größer als 3 führen, zusammen, um den Baum nicht zu kompliziert zu gestalten.

26.3 Unabhängigkeit von zwei Ereignissen

a) Wenn A und B unabhängig sind, so sind auch A und $\overline{B}$, $\overline{A}$ und B bzw. $\overline{A}$ und $\overline{B}$ voneinander unabhängig und es gilt jeweils der spezielle Multiplikationssatz.

b) $P(R)$, $P(m)$ und $P(m \cap R)$ entsprechen den jeweiligen relativen Häufigkeiten. Prüfen Sie nach, ob dafür der spezielle Multiplikationssatz gilt.

26.4 Bedingte Wahrscheinlichkeit

Bei Fragen nach der bedingten Wahrscheinlichkeit sind Vierfeldertafeln und Baumdiagramme hilfreich, wenn Sie folgendes beachten:

	A	$\overline{A}$	
B	$P(A \cap B)$	$P(\overline{A} \cap B)$	$P(B)$
$\overline{B}$	$P(A \cap \overline{B})$	$P(\overline{A} \cap \overline{B})$	$P(\overline{B})$
	$P(A)$	$P(\overline{A})$	1

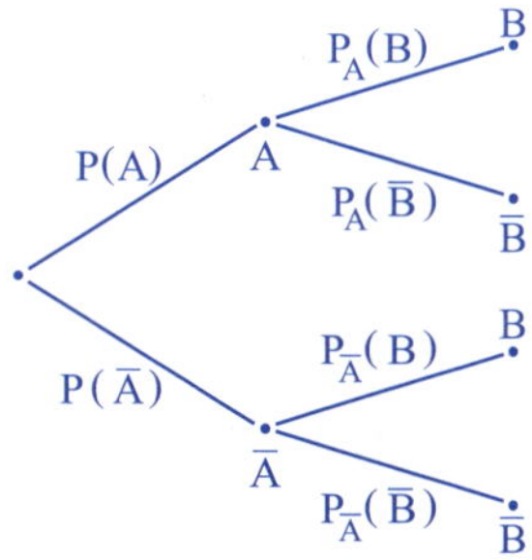

$P(A \cap B) = P(A) \cdot P_A(B) = P(B) \cdot P_B(A)$.
Damit kann man auch bei anspruchsvollen Aufgabenstellungen die Orientierung behalten.

a) Notieren Sie zunächst formal, welche Wahrscheinlichkeiten den verschiedenen %-Angaben entsprechen.
Stellen Sie eine Vierfeldertafel auf (a: über 70 Jahre, j: bis 70 Jahre, m: männlich, w: weiblich).
Bedenken Sie dabei: $P(a \cap m) = P(a) \cdot P_a(m)$ und $P(j \cap m) = P(j) \cdot P_j(m)$.
Mit Hilfe der Vierfeldertafel und der Formel lässt sich dann $P_m(j)$, der Anteil der jüngeren unter den Männern, berechnen.

b) Erstellen Sie eine Vierfeldertafel und verwenden Sie: a: über 40 Jahre, j: bis 40 Jahre, L: Leserin.
Schreiben Sie zunächst alle Wahrscheinlichkeiten, die sich aus den Angaben errechnen lassen, als relative Häufigkeiten formal auf. Bestimmen Sie mit Hilfe der Vierfeldertafel $P_a(L)$ und $P_j(L)$.

c) Verwenden Sie: k: krank, g $(= \overline{k})$: gesund, «+»: positiv getestet, «−»: negativ getestet.
Aus der Aufgabenstellung lassen sich $P(k)$, $P_k(+)$ und $P_g(-)$ ablesen.
Bestimmen Sie $P(g)$, $P(k \cap +)$, $P(g \cap -)$ und benutzen Sie eine Vierfeldertafel, um $P_+(k)$ und $P_-(g)$ zu bestimmen.

27 Kombinatorische Zählprobleme

27.1 Geordnete Stichproben mit Zurücklegen

a) - e) Bestimmen Sie zuerst mit Hilfe der Formel die Anzahl aller möglichen Ausfälle, dann für jedes einzelne Ereignis die Anzahl der günstigen Ausfälle und berechnen Sie die entsprechende Laplace-Wahrscheinlichkeit.

f) Es sind 5 Buchstaben, aus denen gezogen wird, von denen je 2 doppelt vorkommen, was zu verschiedenen Wahrscheinlichkeiten z.B. für H und A führt.

27.2 Geordnete Stichproben ohne Zurücklegen

Benutzen Sie wieder die Formel für Laplace-Wahrscheinlichkeiten. Zur Berechnung der Anzahl der günstigen Möglichkeiten gehen Sie Schritt für Schritt die einzelnen Stufen durch und multiplizieren Sie die gefundenen Anzahlen.

a) zu D: Beachten Sie die Fälle «zuerst rot» und «zuerst weiß» getrennt.

b) zu B: Beachten Sie die verschiedenen Reihenfolgen.

c) zu B: Benutzen Sie das Gegenereignis.

d) zu B: Betrachten Sie nur die ersten 6 Runden.

e) zu C: Überlegen Sie, wo die 3 «A» stehen können und verwenden Sie die Wahrscheinlichkeit von Ereignis B.

27.3 Ungeordnete Stichproben ohne Zurücklegen

a) Schreiben Sie die ersten 5 Zeilen des Pascalschen Dreiecks auf.

Für b) - f) gilt: Bestimmen Sie zuerst die Anzahl aller möglichen Ausfälle und anschließend für das jeweilige Ereignis die Anzahl der günstigen Ausfälle.

b) zu A: Bestimmen Sie die durch 5 teilbaren Zahlen und die Anzahl der Möglichkeiten, davon 4 auszuwählen.
zu B: Bestimmen Sie die geraden Zahlen und die Anzahl der Möglichkeiten, davon 4 auszuwählen.
zu C und D: Probieren Sie einfach aus, welche Ergebnisse günstig sind.

c) zu A: Bestimmen Sie die Anzahl der Möglichkeiten, von 7 weißen Kugeln 3 auszuwählen.
zu B: Teilen Sie das Ereignis für die verschiedenen Farben auf und addieren Sie die Wahrscheinlichkeiten.
zu C: Man kann sich die Urne aufgeteilt denken in 3 Teile mit jeweils nur weißen, schwarzen und roten Kugeln, aus denen die entsprechende Anzahl von Kugeln genommen wird. Die Anzahl der günstigen Möglichkeiten erhält man dann als Produkt.
zu D: Fassen Sie schwarze und weiße Kugeln zusammen.
zu E: siehe Ereignis C.
zu F: Benutzen Sie das Gegenereignis.

d) Sie können die Glühbirnen wie Kugeln in einer Urne behandeln. Siehe auch c) zu C.

e) Teilen Sie die 49 Kugeln in die 6 gezogenen und die 43 nicht gezogenen auf.

f) zu I und II siehe Aufgabe c) zu C.
zu III: Sie können die Besetzung des ersten Autos auslosen, die übrigen fahren mit dem anderen Auto. Welche Ergebnisse sind bezüglich der Fragestellung günstig?

27.4 Vermischte Aufgaben

a) Man kann die Verteilung der 4 Freunde auf die 4 Plätze als geordnete Stichprobe ohne Wiederholung auffassen.

b) Es handelt sich um eine ungeordnete Stichprobe ohne Zurücklegen.

c) Zu A und B: Es handelt sich um eine geordnete Stichprobe mit Zurücklegen.
Zu C und D: Überlegen Sie, auf wie viele Arten Sie die 5 bzw. die 4 richtigen Antworten auf die 10 Fragen verteilen können.

d) Zu I: Durch zwei beliebige Punkte lässt sich immer eine Verbindungsgerade ziehen.
Zu II: Jedes Dreieck hat einen Umkreis.

e) Rechnen Sie mit dem Gegenereignis.

28 Wahrscheinlichkeitsverteilung von Zufallsgrößen

28.1 Erwartungswert

a) - c) Bestimmen Sie zunächst z.B. mit Hilfe eines Baumdiagrammes die Wahrscheinlichkeiten für die möglichen Ergebnisse. Legen Sie eine Tabelle für die Anzahl der Züge und ihre jeweilige Wahrscheinlichkeit an und bestimmen Sie dann den Erwartungswert.

d) Berechnen Sie die Wahrscheinlichkeiten der einzelnen Ergebnisse als ungeordnete Stichprobe und stellen Sie dann eine Tabelle für die Punktzahlen und ihre Wahrscheinlichkeiten auf.

28.2 Varianz und Standardabweichung

a) Legen Sie eine Tabelle wie in 23.1 für E(X) an und ergänzen Sie diese durch die Spalten $(x_i - E(X))^2$und $(x_i - E(X))^2 \cdot P(x_i)$, um die Berechnung der Varianz übersichtlich zu gestalten.

b) Zur Berechnung von $E(X)$ (Durchschnitt) und $\sigma(X)$ (Standardabweichung) können Sie in der Tabelle (siehe Aufgabe a)) statt der Wahrscheinlichkeiten $P(x_i)$ die angegebenen absoluten Häufigkeiten $H(x_i)$ verwenden und erst am Schluss durch die Gesamtzahl der Schüler teilen.

29 Binomialverteilung

29.1 Bernoulliketten

a) Bei einem Bernoulli-Experiment gibt es nur 2 Möglichkeiten, vergleichbar mit Shakespeares «Sein oder nicht Sein».

b) Prüfen Sie nach, ob auf jeder Stufe nur 2 Ausfälle von Bedeutung sind, legen sie gegebenenfalls einen Ausfall als «Treffer» fest und prüfen Sie, ob die Trefferwahrscheinlichkeit auf allen Stufen dieselbe ist.

29.2 Binomialverteilung mit Gebrauch der Formel (Taschenrechner)

a) - d) Notieren Sie zunächst, welcher Ausfall des Bernoulli-Experiments als Treffer gelten soll und bestimmen Sie die Trefferwahrscheinlichkeit p sowie die Kettenlänge n. Überlegen Sie, welche Trefferanzahlen zum fraglichen Ereignis gehören und berechnen Sie deren Wahrscheinlichkeiten mit der Formel $P(X = k) = \binom{n}{k} \cdot p^k \cdot (1 - p)^{n-k}$. Prüfen sie, ob gegebenenfalls die Wahrscheinlichkeit des Gegenereignisses einfacher zu berechnen ist.

e) - f) Für das Gegenereignis lässt sich eine Formel angeben. Damit lässt sich die Kettenlänge n durch Probieren (mit dem Taschenrechner) oder durch das Auflösen der zugehörigen Exponentialgleichung bzw. Exponentialungleichung bestimmen.

29.3 Binomialverteilung mit Gebrauch der Tabelle

a) - b) Überlegen Sie, wie Sie $P(X \geqslant k)$ und $P(k_1 \leqslant X \leqslant k_2)$ mit Hilfe von Ausdrücken der Form $P(X \leqslant k)$ berechnen können, die Sie dann aus der Tabelle ablesen.

c) Legen Sie fest, was als «Treffer» zählt und bestimmen Sie zuerst jeweils n und p. Schreiben Sie dann die Wahrscheinlichkeit für das jeweilige Ereignis so auf, dass Sie es mit Hilfe der Tabelle bestimmen können (vgl. Aufgabe a) und b)).

d) Beachten Sie, dass bei $p > 0,5$ in der Tabelle «von unten» abgelesen und die Differenz zu 1 gebildet werden muss, um $P(X \leqslant k)$ zu erhalten.
Beispiel: Bei $n = 100$ und $p = 0,8$ ist $P(X \leqslant 80) = 1 - 0,4602 = 0,5398$.

e) Das Ablesen in der Tabelle fällt leichter, wenn man «Treffer» so wählt, dass p nicht größer als $0,5$ ist.

f) Überlegen Sie, was Sie sinnvoll als Trefferwahrscheinlichkeit einsetzen können und gehen Sie vor wie bei Aufgabe c).

29.4 Erwartungswert und Standardabweichung

Um den Erwartungswert μ und die Standardabweichung σ einer binomialverteilten Zufallsgröße X mit den Parametern n und p zu berechnen, verwenden Sie folgende Formeln:
Erwartungswert: $E(X) = \mu = n \cdot p$
Zugehörige Standardabweichung: $\sigma = \sqrt{n \cdot p \cdot (1-p)}$

30 Normalverteilung

30.1 Berechnung von Wahrscheinlichkeiten

Ist ein Merkmal X normalverteilt mit Erwartungswert μ und Standardabweichung σ, so berechnen Sie die die Wahrscheinlichkeiten folgendermaßen:

$$P(a < X < b) = P(a \leqslant X \leqslant b) = \Phi\left(\frac{b-\mu}{\sigma}\right) - \Phi\left(\frac{a-\mu}{\sigma}\right)$$

$$P(X < b) = P(X \leqslant b) = \Phi\left(\frac{b-\mu}{\sigma}\right)$$

$$P(X > b) = 1 - P(X \leqslant b) = 1 - \Phi\left(\frac{b-\mu}{\sigma}\right)$$

Die Werte für Φ finden Sie in der Tabelle «Normalverteilung».
Für eine Summe von n Werten mit Erwartungswert μ und Standardabweichung σ gilt: $\mu^* = n \cdot \mu$ und $\sigma^* = \sqrt{n} \cdot \sigma$.
Beachten Sie bei Aufgabe c), dass das Gewicht der Verpackung gleich bleibt; rechnen Sie daher mit dem «Nettogewicht»:
Nettogewicht = Gesamtgewicht − Leergewicht

30.2 Erwartungswert und Standardabweichung

a) - c) Berechnen Sie die Standardabweichung σ^* mit der Formel $\sigma^* = \frac{\sigma}{\sqrt{n}}$ und prüfen Sie, ob der angegebene Mittelwert $\overline{x}$ im $2\sigma^*$-Intervall $[\mu - 2\sigma^*; \mu + 2\sigma^*]$ liegt.

d) Verwenden Sie das Gesamtgewicht als Testgröße. Berechnen Sie den Erwartungswert des Gesamtgewichts mit der Formel $\mu^* = \mathrm{n} \cdot \mu$ und die Standardabweichung $\sigma^* = \sqrt{\mathrm{n}} \cdot \sigma$ und prüfen Sie, ob das angegebene Gesamtgewicht im $2\sigma^*$-Intervall $[\mu^* - 2\sigma^*\,;\,\mu^* + 2\sigma^*]$ liegt.

e) Berechnen Sie den Erwartungswert der Länge mit der Formel $\mu^* = \mathrm{n} \cdot \mu$ und die Standardabweichung $\sigma^* = \sqrt{\mathrm{n}} \cdot \sigma$ und bestimmen Sie das $2\sigma^*$-Intervall $[\mu^* - 2\sigma^*\,;\,\mu^* + 2\sigma^*]$ in Abhängigkeit von n.
Da die angegebene Länge (1000 m) innerhalb dieses Intervalls liegen muss, stellen Sie mit Hilfe der Intervallgrenzen zwei Gleichungen auf und lösen diese mit Substitution $z = \sqrt{\mathrm{n}}$.
Bestimmen Sie das «Konfidenzintervall» (Konfidenzintervall).

f) Berechnen Sie mit den gegebenen Daten den Mittelwert $\overline{\mathrm{x}}$ für das Gewicht einer Schraube sowie die Standardabweichung mit der Formel $\sigma^* = \frac{\sigma}{\sqrt{\mathrm{n}}}$. Anschließend bestimmen Sie das $2\sigma^*$-Intervall $[\overline{\mathrm{x}} - 2\sigma^*\,;\,\overline{\mathrm{x}} + 2\sigma^*]$, innerhalb dessen der Erwartungswert für das Gewicht einer Schraube liegt.

31 Hypothesentests

31.1 Grundbegriffe, Fehler 1. und 2. Art

a) - b) Die Nullhypothese hat stets die Form $\mathrm{H_0}$: p = ... oder $\mathrm{H_0}$: p $\leqslant$ ... oder $\mathrm{H_0}$: p $\geqslant$ ... .
Ein Fehler 1. Art bedeutet: Eine Hypothese wird (fälschlicherweise) abgelehnt, obwohl sie zutrifft.
Ein Fehler 2. Art bedeutet: Eine Hypothese wird (fälschlicherweise) angenommen, obwohl sie nicht zutrifft.

31.2 Einseitiger Test

a) Bei einseitigen Tests geht man bei der Benutzung der Tabelle vom «schlimmsten» Fall aus, benutzt also den größten bzw. kleinsten Wert für p, der noch der Hypothese entspricht.
Die Irrtumswahrscheinlichkeit α entspricht der Wahrscheinlichkeit $P(\overline{\mathrm{A}})$ für diesen Wert p. Sie kann mit Hilfe der Tabelle bestimmt werden.

b) Prüfen Sie zuerst, ob ein links- oder rechtsseitiger Test vorliegt.
Aus der Tabelle können Sie k ablesen, so dass α den entsprechenden Wert oder einen leicht darunter liegenden Wert annimmt.

c) Stellen Sie zunächst die Nullhypothese auf und bestimmen sie dann A und $\overline{\mathrm{A}}$ für die vorgegebene Irrtumswahrscheinlichkeit. Zum Schluss prüfen Sie, in welchen Bereich die konkret durchgeführte Stichprobe fällt.

d) Siehe Aufgabe c).

e) Notieren Sie zuerst formal alles, was im Text vorgegeben ist und gehen Sie dann wie bei Aufgabe a) und b) vor.

31.3 Zweiseitiger Test

a) Notieren Sie $\overline{A}$ als Menge und ermitteln Sie zunächst die Irrtumswahrscheinlichkeit für jeden der beiden Teile mit Hilfe der Tabelle.

b) Gehen Sie für jeden der beiden Teile von $\overline{A}$ so vor wie bei Aufgabe 25.2 b). Beachten Sie dabei, dass die Wahrscheinlichkeit für jeden Teil $\frac{\alpha}{2}$ nicht überschreiten darf.

c) Bestimmen Sie zunächst $\overline{A}$ für $\alpha = 5\,\%$ und prüfen Sie dann, ob die aufgetretene Anzahl in $\overline{A}$ liegt.

d) Notieren Sie H_0, n und α und gehen Sie dann wie bei Aufgabe b) vor.

e) Notieren Sie formal die Aussagen des Testes und gehen Sie dann wie bei Aufgabe a) und b) vor. Beachten Sie beim Ablesen, dass $p > 0{,}5$ ist.

32 Schätzen von Wahrscheinlichkeiten

32.1 Annäherung der Binomialverteilung durch die Gaußverteilung

a) I) Benutzen Sie die Regel für binomialverteilte Zufallsgrößen:

$$P(k_1 \leqslant X \leqslant k_2) = P(X \leqslant k_2) - P(X \leqslant k_1).$$

II) Die Laplace-Bedingung für die Stichprobengröße n und die Wahrscheinlichkeit p lautet: $n \cdot p \cdot (1 - p) > 9$

Um die Wahrscheinlichkeit näherungsweise zu berechnen, verwenden Sie die Näherungsformel von de Moivre-Laplace:

Für eine binomialverteilte Zufallsvariable X mit Erwartungswert $\mu = n \cdot p$ und Standardabweichung $\sigma = \sqrt{n \cdot p \cdot (1 - p)}$ gilt, falls die Laplace-Bedingung erfüllt ist:

$$P(k_1 \leqslant X \leqslant k_2) \approx \Phi\left(\frac{k_2 - \mu + 0{,}5}{\sigma}\right) - \Phi\left(\frac{k_1 - \mu + 0{,}5}{\sigma}\right)$$

b) Gehen Sie vor wie bei Aufgabenteil a). Überlegen Sie zusätzlich, was es bedeutet, wenn die Laplace-Bedingung nur knapp erfüllt ist.

32.2 Schätzen

a) I) Die relative Häufigkeit bestimmen Sie, indem Sie die Anzahl der Befragten durch die Stichprobengröße teilen.

II) Das Konfidenzintervall wird mit Hilfe der Näherungsformel für 95 %-Konfidenzintervalle berechnet:

$$I = \left[h - 1{,}96 \cdot \sqrt{\frac{h(1-h)}{n}};\ h + 1{,}96 \cdot \sqrt{\frac{h(1-h)}{n}}\right]$$

Dabei ist h die relative Häufigkeit und n die Stichprobengröße. Das Sicherheitsniveau, mit dem die Aussage getroffen wird, beträgt in diesem Fall 95 %.

III) Kontrollieren Sie, ob sich das gesamte Konfidenzintervall oberhalb von 50 % befindet.

b) I) Benutzen Sie die Formel für das 95 %-Konfidenzintervall.

II) Setzen Sie die verschiedenen Werte für die Stichprobengröße ein und berechnen Sie das Konfidenzintervall.

III) Überlegen Sie, ob ein eher ein großes oder ein kleines Konfidenzintervall eine genaue Aussage ermöglicht.

c) Berechnen Sie zuerst das Konfidenzintervall. Bestimmen Sie dann mit Hilfe der relativen Häufigkeiten die absoluten Häufigkeiten.

d) Berechnen Sie zuerst das Konfidenzintervall. Anschließend können Sie mit Hilfe der relativen Häufigkeiten die Gesamtzahl N der Fische berechnen. Für diese gilt $N \cdot h = 300$, wobei h die relative Häufigkeit ist.

e) I) Berechnen Sie das Konfidenzintervall für 95 %-ige Sicherheit, wobei nur die rechte Grenze relevant ist. Anschließend berechnen Sie die absoluten Häufigkeiten. Die Differenz zwischen 2000 und der oberen Grenze des Konfidenzintervalls kann zusätzlich als Überbuchung vergeben werden.

II) Überlegen Sie, ob die zusätzlich zu vergebenden Plätze alle in Anspruch genommen werden.

III) Um das Konfidenzintervall für eine Sicherheit von 99 % zu berechnen, ändern Sie den Faktor $1{,}96$ in der Formel auf $2{,}58$. Dies ist der Faktor, der zu einem Sicherheitsniveau von 99 % gehört. Ansonsten gehen Sie vor wie bei Aufgabenteil I).

33 Weiterführende Aufgaben Stochastik

33.1 Glücksspiel

a) Zeichnen Sie ein Baumdiagramm für die einzelnen Ziehungen. Beachten Sie dabei, dass sich die Wahrscheinlichkeiten ändern, wenn eine rote Kugel gezogen wurde.
Ermitteln Sie mit Hilfe der Pfadregeln (Produkt- und Summenregel) die jeweiligen Wahrscheinlichkeiten. Manchmal rechnet es sich leichter mit dem Gegenereignis.

b) Ermitteln Sie mit Hilfe des Baumdiagramms und der Pfadregeln die Wahrscheinlichkeiten für die einzelnen Ereignisse.
Legen Sie den Einsatz des Spielers mit x Euro fest und überlegen Sie sich den Reingewinn des Standbesitzers bei den jeweiligen Ereignissen.
Bestimmen Sie den Erwartungswert in Abhängigkeit von x und setzen Sie diesen mit $0{,}58$ gleich.

c) Berechnen Sie die Wahrscheinlichkeit bei zwei Ziehungen mit Hilfe des Baumdiagrammes und der Pfadregeln unter Berücksichtigung des Gegenereignisses.
Wenn in der Urne nur noch 4 rote Kugeln sind, müssen Sie beachten, dass sich auch die

Wahrscheinlichkeit für die Ziehung einer blauen Kugel ändert.
Bestimmen Sie eine Formel für die Wahrscheinlichkeit des Ereignisses bei n Ziehungen, stellen Sie eine Gleichung auf und lösen Sie diese mit Hilfe des Logarithmus.

33.2 Handys

a) Überlegen Sie, wie viele Ausfälle es bei der Ziehung eines Handys gibt, wie oft dasselbe Experiment gemacht wird und welche Wahrscheinlichkeiten auftreten.
Legen Sie X für die Anzahl der fehlerhaften Handys fest. Mit Hilfe einer Tabelle können Sie die Wahrscheinlichkeiten $\mathrm{P}(\mathrm{X} \leqslant k)$ für $n = 100$ und $p = 0,1$ bestimmen.

b) Bestimmen Sie verschiedene Intervalle mit Mittelpunkt 10 und berechnen Sie die entsprechenden Wahrscheinlichkeiten. Sobald 0,95 erreicht ist, haben Sie das kleinstmögliche Intervall.
Anschließend nehmen Sie an, dass n Handys entnommen werden. Rechnen Sie mit dem Gegenereignis.

c) Verwenden Sie F für «fehlerhaft» und A für «ausgesondert». Beachten Sie, dass es sich um unabhängige Ereignisse handelt. Bestimmen Sie aus den gegebenen Daten die entsprechenden Wahrscheinlichkeiten, auch für die Schnittmengen.
Anschließend tragen Sie diese in eine Vierfeldertafel ein und lesen hieraus die gesuchte Wahrscheinlichkeit ab.

d) Stellen Sie zunächst die Nullhypothese auf und bestimmen Sie dann den Annahmebereich A^* und den Ablehnungsbereich $\overline{\mathrm{A}^*}$ für die vorgegebene Irrtumswahrscheinlichkeit. Zum Schluss prüfen Sie, in welchen Bereich die konkret durchgeführte Stichprobe fällt.

Lösungen

1 Von der Gleichung zur Kurve

1.1 Ganzrationale Funktionen

a) $f(x) = \frac{1}{2}x + 1$
Schnittpunkt mit der y-Achse: $f(0) = \frac{1}{2} \cdot 0 + 1 = 1 \Rightarrow S(0 \mid 1)$
Schnittpunkt mit der x-Achse: $f(x) = 0$ bzw. $\frac{1}{2}x + 1 = 0$ führt zu $x = -2 \Rightarrow N(-2 \mid 0)$
Es handelt sich um eine Gerade mit y-Achsenabschnitt $b = 1$ und Steigung $m = \frac{1}{2}$.

b) $f(x) = -\frac{3}{4}x$
Schnittpunkt mit der y-Achse: $f(0) = -\frac{3}{4} \cdot 0 = 0 \Rightarrow S(0 \mid 0)$
Schnittpunkt mit der x-Achse: $f(x) = 0$ bzw. $-\frac{3}{4}x = 0$ führt zu $x = 0 \Rightarrow N(0 \mid 0)$
Es handelt sich um eine Ursprungsgerade (Gerade durch den Koordinatenursprung) mit y-Achsenabschnitt $b = 0$ und Steigung $m = -\frac{3}{4}$.

c) $f(x) = -x + 1$
Schnittpunkt mit der y-Achse: $f(0) = -1 \cdot 0 + 1 = 1 \Rightarrow S(0 \mid 1)$
Schnittpunkt mit der x-Achse: $f(x) = 0$ bzw. $-x + 1 = 0$ führt zu $x = 1 \Rightarrow N(1 \mid 0)$
Es handelt sich um eine Gerade mit y-Achsenabschnitt $b = 1$ und Steigung $m = -1$.

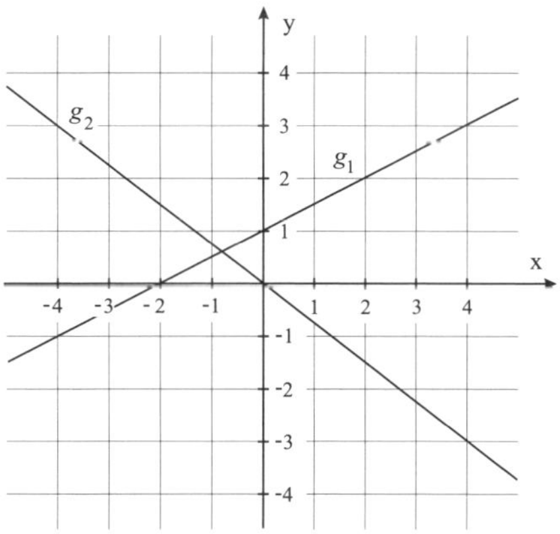

a) g_1: $f(x) = \frac{1}{2}x + 1$, b) g_2: $f(x) = -\frac{3}{4}x$

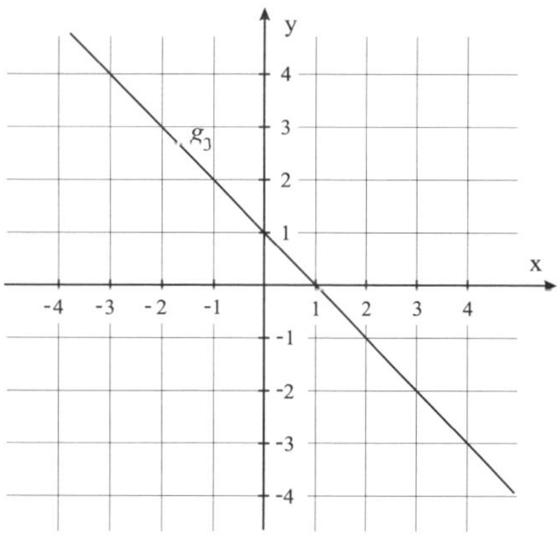

c) g_3: $f(x) = -x + 1$

d) $f(x) = (x-1)^2 - 4$
Schnittpunkt mit der y-Achse: $f(0) = (0-1)^2 - 4 = -3 \Rightarrow S(0 \mid -3)$
Schnittpunkt mit der x-Achse: $f(x) = 0$ bzw. $(x-1)^2 - 4 = 0$ führt zu $x_1 = 3$, $x_2 = -1 \Rightarrow N_1(3 \mid 0), N_2(-1 \mid 0)$. Es handelt sich um eine Normalparabel, die um eine LE nach rechts und 4 LE nach unten verschoben wurde, d.h. eine nach oben geöffnete Normalparabel mit Scheitel bei $(1 \mid -4)$.

e) $f(x) = -x^2 + 4$
Schnittpunkt mit der y-Achse: $f(0) = -0^2 + 4 = 4 \Rightarrow S(0 \mid 4)$
Schnittpunkt mit der x-Achse: $f(x) = 0$ bzw. $-x^2 + 4 = 0$ führt zu $x_1 = 2\,, x_2 = -2$
$\Rightarrow N_1(2 \mid 0)\,, N_2(-2 \mid 0)$.
Es handelt sich um eine Normalparabel, die an der x-Achse gespiegelt und dann um vier LE nach oben verschoben wurde, d.h. eine nach unten geöffnete Normalparabel mit Scheitel $(0 \mid 4)$.

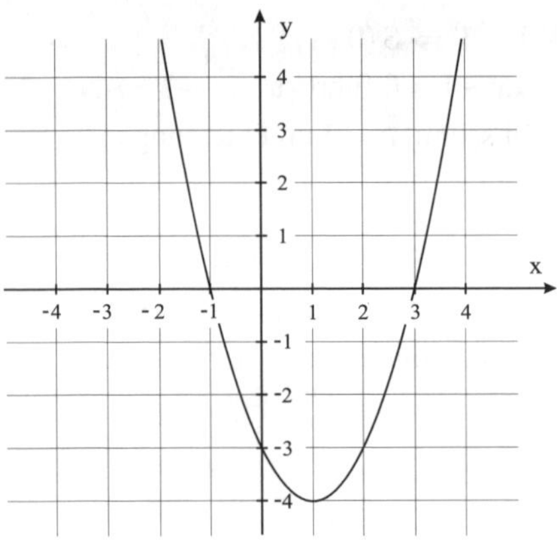

d) $f(x) = (x-1)^2 - 4$

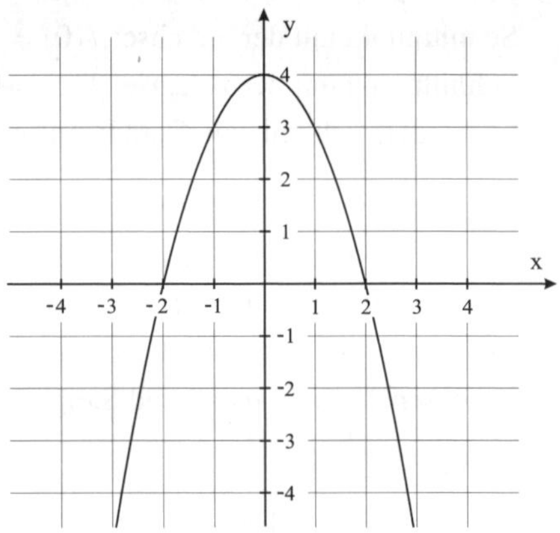

e) $f(x) = -x^2 + 4$

f) $f(x) = -(x+1)^2 + 1$
Schnittpunkt mit der y-Achse: $f(0) = -(0+1)^2 + 1 = 0 \Rightarrow S(0 \mid 0)$
Schnittpunkt mit der x-Achse: $f(x) = 0$ bzw. $f(x) = -(x+1)^2 + 1 = 0$ führt zu $x_1 = 0$, $x_2 = -2 \Rightarrow N_1(0 \mid 0)\,, N_2(-2 \mid 0)$.
Es handelt sich um eine Normalparabel, die an der x-Achse gespiegelt und anschließend um eine LE nach links und eine LE nach oben verschoben wurde, d.h. eine nach unten geöffnete Normalparabel mit Scheitel $(-1 \mid 1)$.

g) $f(x) = (x-1)^3 + 1$
Schnittpunkt mit der y-Achse: $f(0) = (0-1)^3 + 1 = 0 \Rightarrow S(0 \mid 0)$
Schnittpunkt mit der x-Achse: $f(x) = 0$ bzw. $f(x) = (x-1)^3 + 1 = 0$ führt zu $x = 0 \Rightarrow N(0 \mid 0)$.
Es handelt sich um eine kubische Parabel, die um eine LE nach rechts und eine LE nach oben verschoben wurde.

h) $f(x) = -(x+1)^3$
Schnittpunkt mit der y-Achse: $f(0) = -(0+1)^3 = -1 \Rightarrow S(0 \mid -1)$
Schnittpunkt mit der x-Achse: $f(x) = 0$ bzw. $f(x) = -(x+1)^3 = 0$ führt zu $x = -1$
$\Rightarrow N(-1 \mid 0)$.
Es handelt sich um eine kubische Parabel, die an der x-Achse gespiegelt und anschließend um eine LE nach links verschoben wurde.

i) $f(x) = 2x^3 - 2$
Schnittpunkt mit der y-Achse: $f(0) = 2 \cdot 0^3 - 2 = -2 \Rightarrow \mathrm{S}\,(0 \mid -2)$.
Schnittpunkt mit der x-Achse: $f(x) = 0$ bzw. $f(x) = 2x^3 - 2 = 0$ führt zu $x = 1$
$\Rightarrow \mathrm{N}\,(1 \mid 0)$. Es handelt sich um eine kubische Parabel, die mit Faktor 2 in y-Richtung gestreckt und um zwei LE nach unten verschoben wurde.

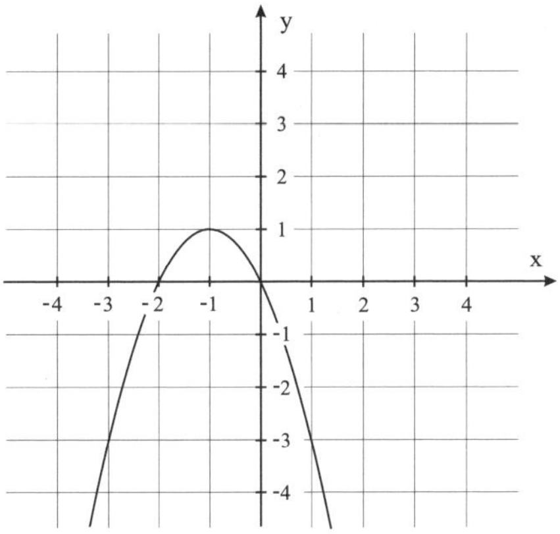

f) $f(x) = -(x+1)^2 + 1$

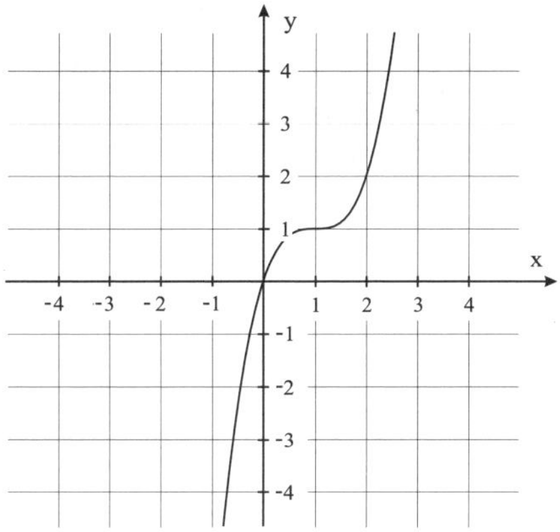

g) $f(x) = (x-1)^3 + 1$

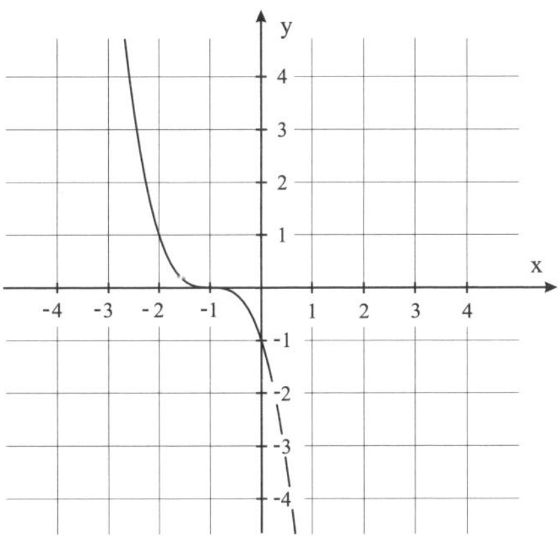

h) $f(x) = -(x+1)^3$

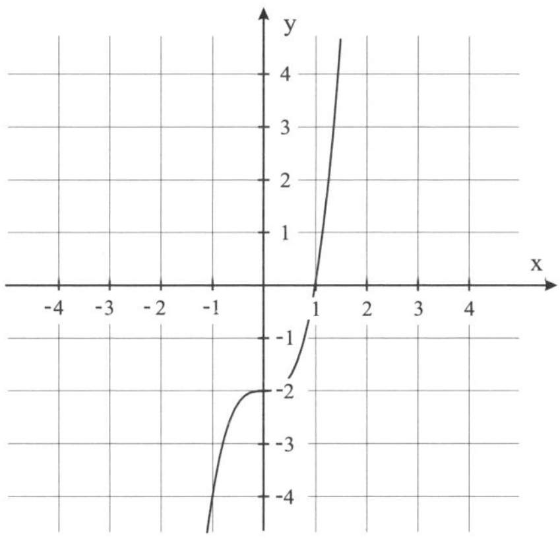

i) $f(x) = 2x^3 - 2$

1.2 Exponentialfunktionen

a) $f(x) = e^{x-1} + 1$
Asymptote: $x \to -\infty$ führt zu $y = 1$ (waagerechte Asymptote).
Der Graph der Funktion $g(x) = e^x$ wurde um eine LE nach rechts und eine LE nach oben verschoben.

b) $f(x) = -e^{x-1} + 1$
Asymptote: $x \to -\infty$ führt zu $y = 1$ (waagerechte Asymptote).
Der Graph der Funktion $g(x) = e^x$ wurde an der x-Achse gespiegelt und anschließend um eine LE nach rechts und eine LE nach oben verschoben.

c) $f(x) = e^{-(x-1)} + 2$
Asymptote: $x \to \infty$ führt zu $y = 2$ (waagerechte Asymptote).
Der Graph der Funktion $g(x) = e^{-x}$ wurde um eine LE nach rechts und zwei LE nach oben verschoben.

d) $f(x) = -e^{-x+1} + 1 = -e^{-(x-1)} + 1$
Asymptote: $x \to \infty$ führt zu $y = 1$ (waagerechte Asymptote).
Der Graph der Funktion $g(x) = e^{-x}$ wurde an der x-Achse gespiegelt und anschließend um eine LE nach rechts und eine LE nach oben verschoben.

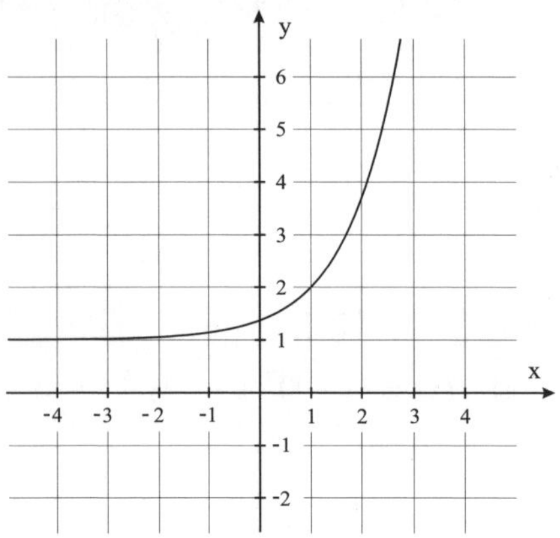

a) $f(x) = e^{x-1} + 1$

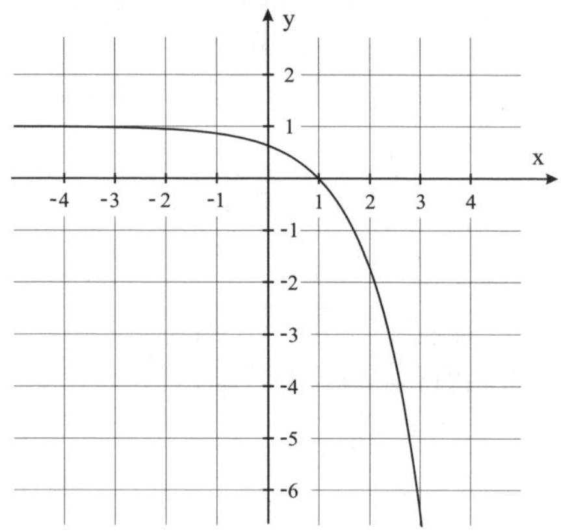

b) $f(x) = -e^{x-1} + 1$

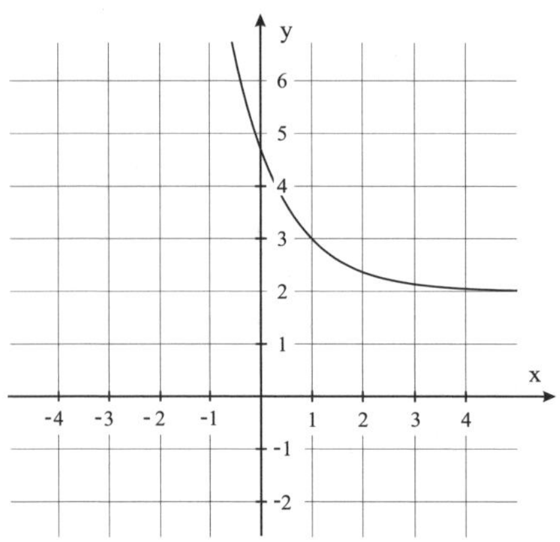

c) $f(x) = e^{-(x-1)} + 2$

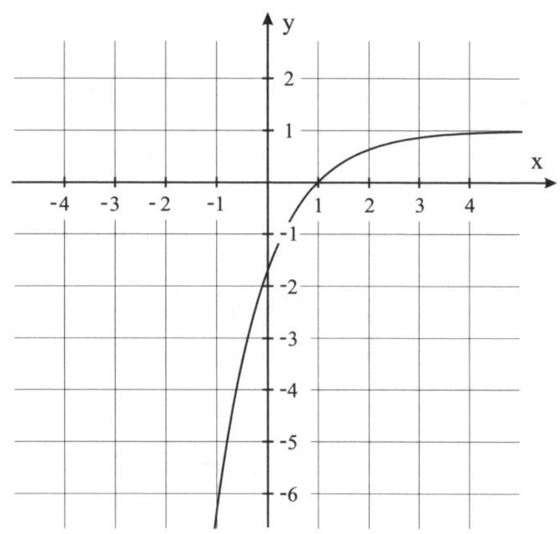

d) $f(x) = -e^{-x+1} + 1$

1.3 Gebrochenrationale Funktionen

a) $f(x) = \frac{1}{x+1} + 2$
Asymptoten: $x + 1 = 0$ führt zu $x = -1$, senkrechte Asymptote (Pol); $x \to \pm\infty$ führt zu $y = 2$ (waagerechte Asymptote), da der Bruchterm gegen Null geht.
Der Graph von $g(x) = \frac{1}{x}$ wurde um eine LE nach links und zwei LE nach oben verschoben.

b) $f(x) = -\frac{1}{x-1}$
Asymptoten: $x - 1 = 0$ führt zu $x = 1$, senkrechte Asymptote (Pol); $x \to \pm\infty$ führt zu $y = 0$ (waagerechte Asymptote), da der Bruchterm gegen Null geht.
Der Graph der Funktion $g(x) = \frac{1}{x}$ wurde an der x-Achse gespiegelt und anschließend um eine LE nach rechts verschoben.

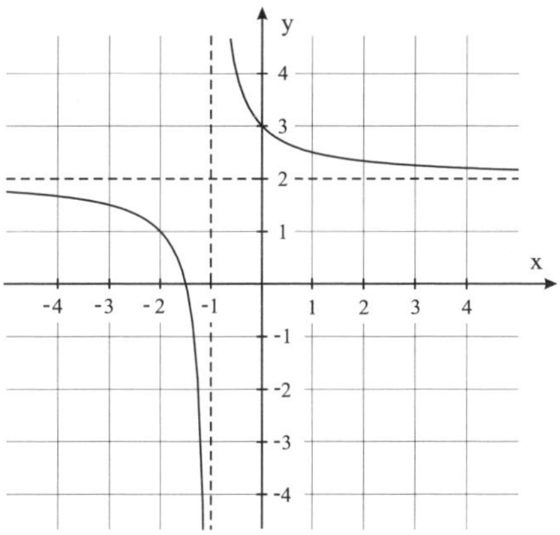

a) $f(x) = \frac{1}{x+1} + 2$

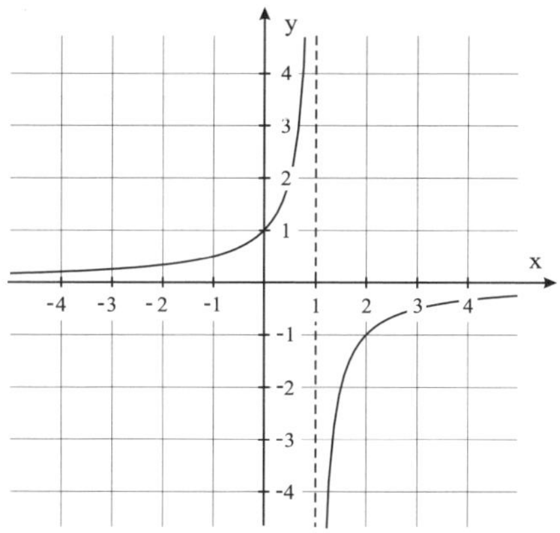

b) $f(x) = -\frac{1}{x-1}$

c) $f(x) = -\frac{1}{x-1} - 2$
Asymptoten: $x - 1 = 0$ führt zu $x = 1$, senkrechte Asymptote (Pol); $x \to \pm\infty$ führt zu $y = -2$ (waagerechte Asymptote), da der Bruchterm gegen Null geht.
Der Graph der Funktion $g(x) = \frac{1}{x}$ wurde an der x-Achse gespiegelt und anschließend um eine LE nach rechts und zwei LE nach unten verschoben.

d) $f(x) = \frac{1}{(x+1)^2} - 1$
Asymptoten: $x + 1 = 0$ führt zu $x = -1$, senkrechte Asymptote (Pol); $x \to \pm\infty$ führt zu $y = -1$ (waagerechte Asymptote), da der Bruchterm gegen Null geht.
Der Graph der Funktion $g(x) = \frac{1}{x^2}$ wurde um eine LE nach links und eine LE nach unten verschoben.

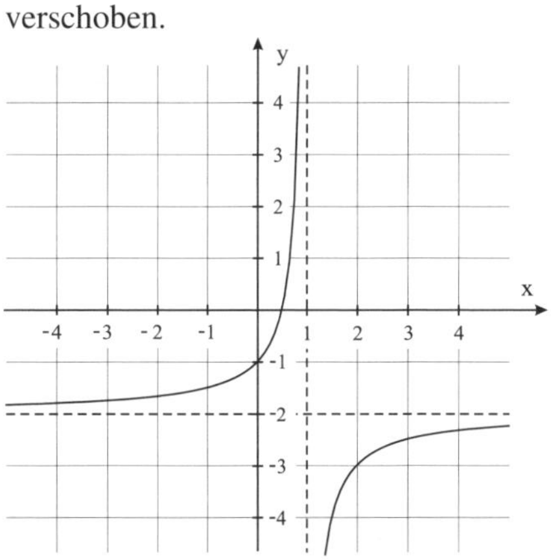

c) $f(x) = -\frac{1}{x-1} - 2$

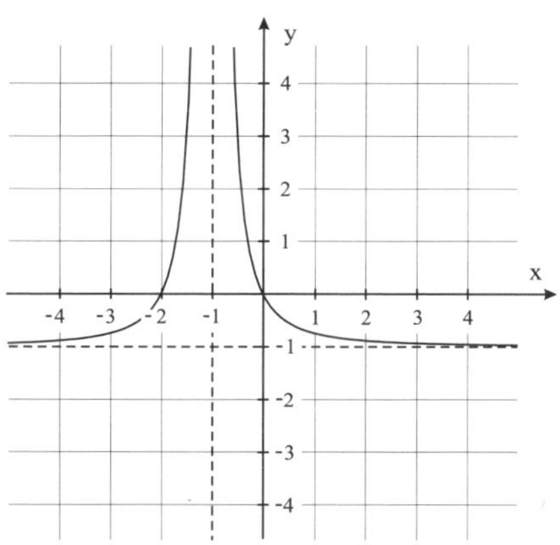

d) $f(x) = \frac{1}{(x+1)^2} - 1$

e) $f(x) = -\frac{1}{(x+1)^2}$
Asymptoten: $x+1=0$ führt zu $x=-1$, senkrechte Asymptote (Pol); $x \to \pm\infty$ führt zu $y=0$ (waagerechte Asymptote), da der Bruchterm gegen Null geht.
Der Graph der Funktion $g(x) = \frac{1}{x^2}$ wurde an der x-Achse gespiegelt und anschließend um eine LE nach links verschoben.

f) $f(x) = -\frac{1}{(x-1)^2} + 2$
Asymptoten: $x-1=0$ führt zu $x=1$, senkrechte Asymptote (Pol); $x \to \pm\infty$ führt zu $y=2$ (waagerechte Asymptote), da der Bruchterm gegen Null geht.
Der Graph der Funktion $g(x) = \frac{1}{x^2}$ wurde an der x-Achse gespiegelt und anschließend um eine LE nach rechts und zwei LE nach oben verschoben.

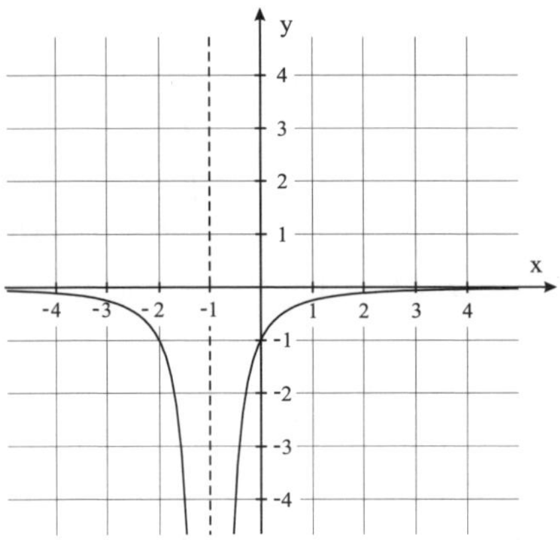

e) $f(x) = -\frac{1}{(x+1)^2}$

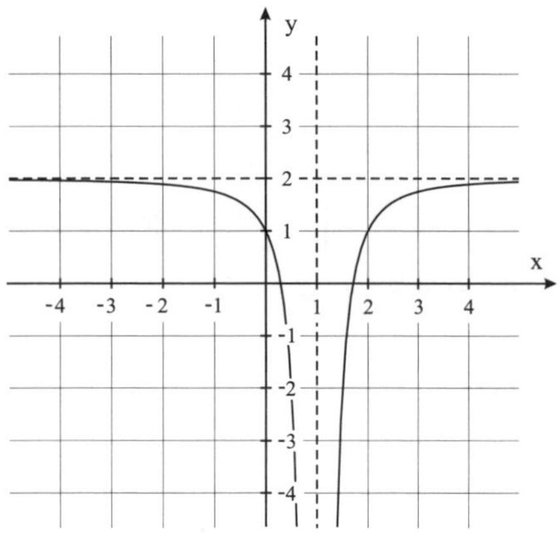

f) $f(x) = -\frac{1}{(x-1)^2} + 2$

1.4 Logarithmusfunktionen

a) $f(x) = \ln x + 2$
Definitionsbereich: $x > 0$, senkrechte Asymptote: $x = 0$.
Der Graph der Funktion $g(x) = \ln x$ wurde um zwei LE nach oben verschoben.

b) $f(x) = \ln(x+2)$
Definitionsbereich: $x+2 > 0$ führt zu $x > -2$, senkrechte Asymptote: $x = -2$.
Der Graph der Funktion $g(x) = \ln x$ wurde um zwei LE nach links verschoben.

c) $f(x) = -\ln x - 1$
Definitionsbereich: $x > 0$, senkrechte Asymptote: $x = 0$.
Der Graph der Funktion $g(x) = \ln x$ wurde an der x-Achse gespiegelt und anschließend um eine LE nach unten verschoben.

d) $f(x) = -\ln(x-1) + 1$
Definitionsbereich: $x-1 > 0$ führt zu $x > 1$, senkrechte Asymptote: $x = 1$
Der Graph der Funktion $g(x) = \ln x$ wurde an der x-Achse gespiegelt und anschließend um eine LE nach rechts und eine LE nach oben verschoben.

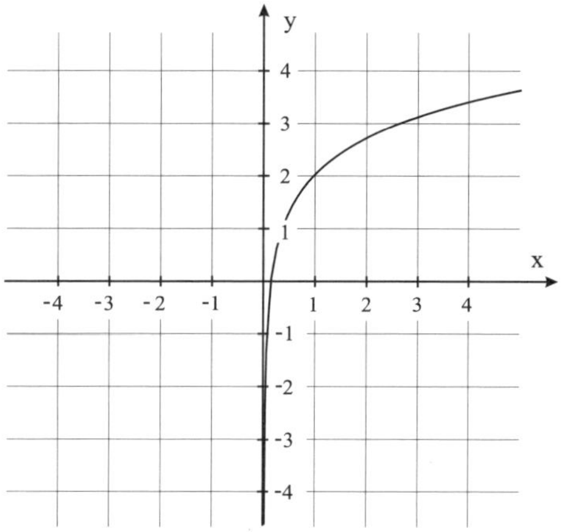

a) $f(x) = \ln x + 2$

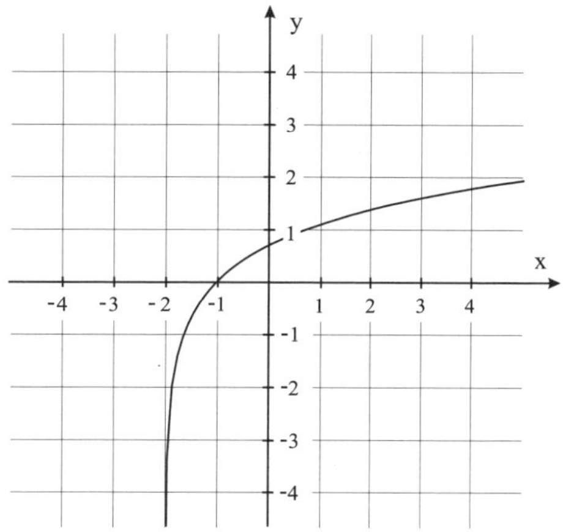

b) $f(x) = \ln(x+2)$

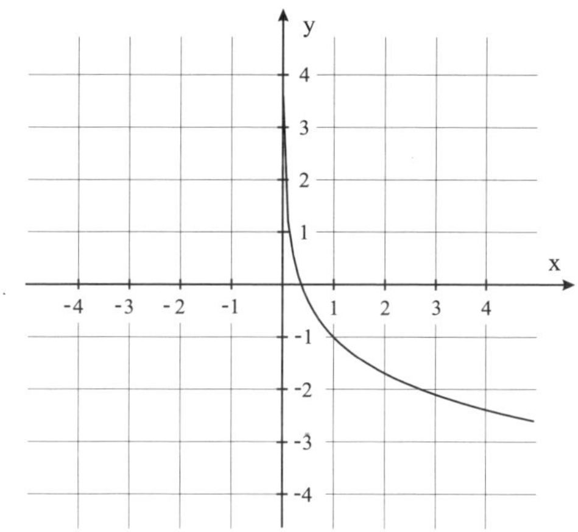

c) $f(x) = -\ln x - 1$

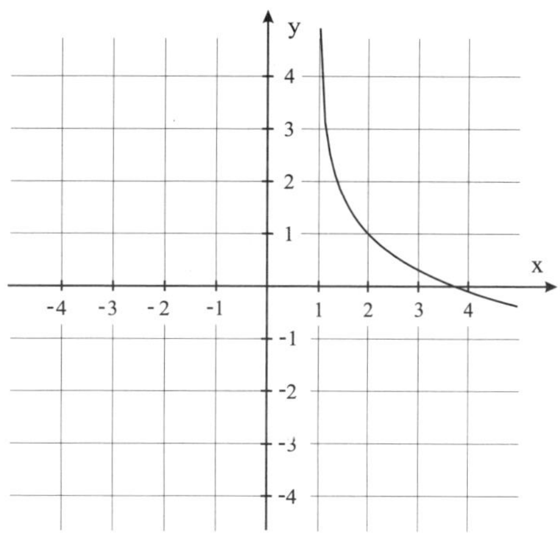

d) $f(x) = -\ln(x-1) + 1$

1.5 Trigonometrische Funktionen

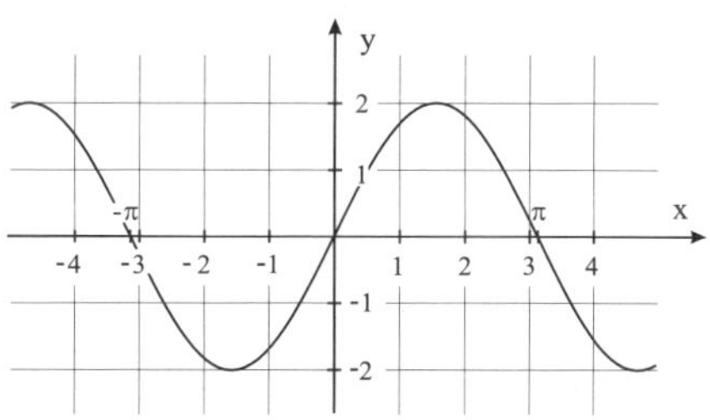

a) $f(x) = 2\sin x$

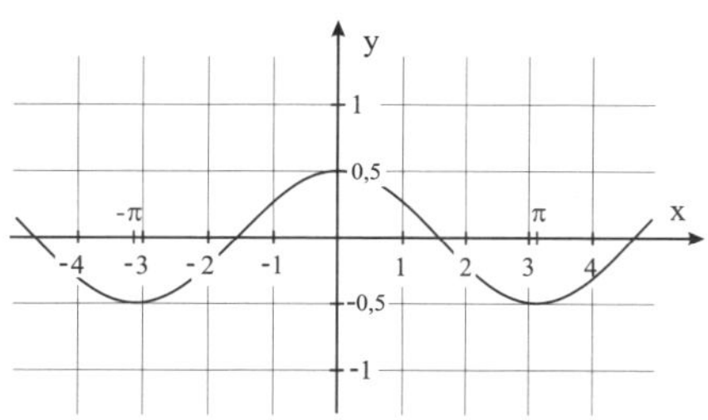

b) $f(x) = \frac{1}{2}\cos x$

a) $f(x) = 2\sin x$
Periode: $p = \frac{2\pi}{1} = 2\pi$.
Der Graph der Funktion $g(x) = \sin x$ wurde mit Faktor 2 in y-Richtung gestreckt.

b) $f(x) = \frac{1}{2}\cos x$
Periode: $p = \frac{2\pi}{1} = 2\pi$.
Der Graph von $g(x) = \cos x$ wurde mit Faktor $\frac{1}{2}$ in y-Richtung gestaucht (bzw. gestreckt).

c) $f(x) = \sin(2x)$
Periode: $p = \frac{2\pi}{2} = \pi$.
Der Graph der Funktion $g(x) = \sin x$ wurde mit Faktor 2 in x-Richtung gestaucht.

d) $f(x) = -\sin(2x) + 1$
Periode: $p = \frac{2\pi}{2} = \pi$.
Der Graph der Funktion $g(x) = \sin x$ wurde an der x-Achse gespiegelt, mit Faktor 2 in x-Richtung gestaucht und um eine LE nach oben verschoben.

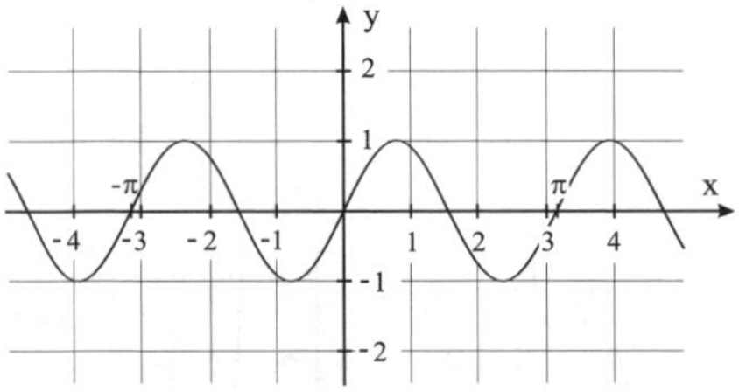

c) $f(x) = \sin(2x)$

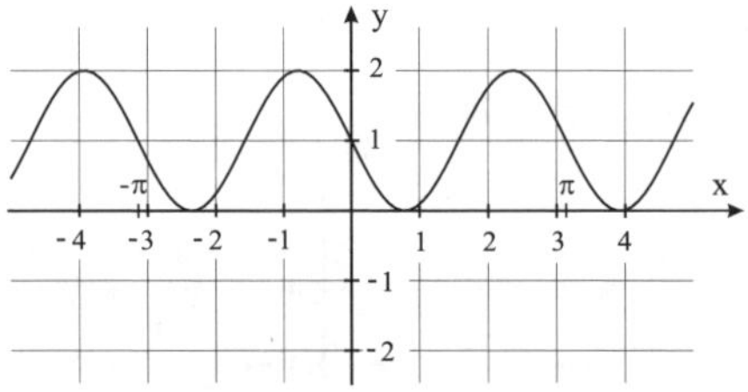

d) $f(x) = -\sin(2x) + 1$

e) $f(x) = \sin(x+1)$
Periode: $p = \frac{2\pi}{1} = 2\pi$.
Der Graph der Funktion $g(x) = \sin x$ wurde um eine LE nach links verschoben.

f) $f(x) = \frac{1}{2}\sin(2x) + \frac{3}{2}$
Periode: $p = \frac{2\pi}{2} = \pi$.
Der Graph der Funktion $g(x) = \sin x$ wurde in x-Richtung mit Faktor 2 und in y-Richtung mit Faktor $\frac{1}{2}$ gestaucht, anschließend wurde es um $\frac{3}{2}$ LE nach oben verschoben.

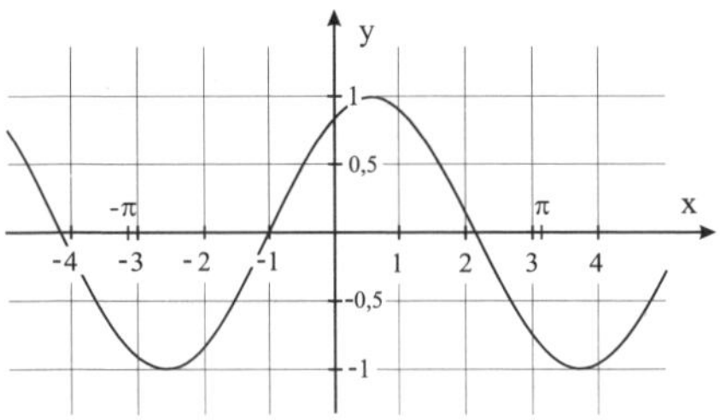

e) $f(x) = \sin(x+1)$

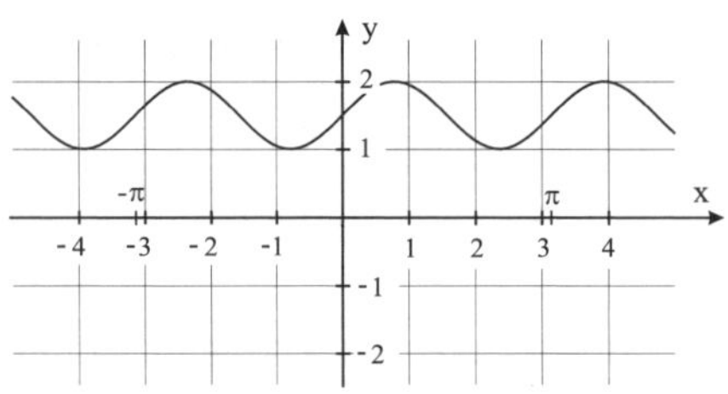

f) $f(x) = \frac{1}{2}\sin(2x) + \frac{3}{2}$

2 Aufstellen von Funktionen mit Randbedingungen

2.1 Ganzrationale Funktionen

a) Ansatz: $f(x) = ax^2 + bx + c$. Die drei Bedingungen ergeben:

$$\begin{array}{lclclclcr} f(0)=4 & \Rightarrow & a\cdot 0^2 & + & b\cdot 0 & + & c & = & 4 \\ f(1)=0 & \Rightarrow & a\cdot 1^2 & + & b\cdot 1 & + & c & = & 0 \\ f(2)=18 & \Rightarrow & a\cdot 2^2 & + & b\cdot 2 & + & c & = & 18 \end{array}$$

Daraus ergibt sich das folgende Gleichungssystem:

$$\begin{array}{lccccccr} \text{I} & & & & & c & = & 4 \\ \text{II} & a & + & b & + & c & = & 0 \\ \text{III} & 4a & + & 2b & + & c & = & 18 \end{array}$$

Einsetzen von c und Auflösen von II und III führt auf $a = 11$ und $b = -15$. Damit ergibt sich für die Funktionsgleichung: $f(x) = 11x^2 - 15x + 4$.

b) Ansatz: $f(x) = ax^2 + bx + c$ und $f'(x) = 2ax + b$. Die drei Bedingungen ergeben:

$$\begin{array}{lclclclcr} f(0)=2 & \Rightarrow & a\cdot 0^2 & + & b\cdot 0 & + & c & = & 2 \\ f(1)=3 & \Rightarrow & a\cdot 1^2 & + & b\cdot 1 & + & c & = & 3 \\ f'(1)=0 & \Rightarrow & 2a\cdot 1 & + & b & & & = & 0 \end{array}$$

Daraus ergibt sich das folgende Gleichungssystem:

$$\begin{array}{lccccccr} \text{I} & & & & & c & = & 2 \\ \text{II} & a & + & b & + & c & = & 3 \\ \text{III} & 2a & + & b & & & = & 0 \end{array}$$

Einsetzen von c und Auflösen von II und III führt auf $a = -1$ und $b = 2$. Damit ergibt sich für die Funktionsgleichung: $f(x) = -x^2 + 2x + 2$. Da es sich um eine nach unten geöffnete Parabel handelt, muss M$(1 \mid 3)$ ein Hochpunkt sein.

c) Ansatz: $f(x) = ax^2 + b$ und $f'(x) = 2ax$. Die zwei Bedingungen ergeben:

$$\begin{array}{lclclcr} f(1)=6 & \Rightarrow & a\cdot 1^2 & + & b & = & 6 \\ f'(1)=2 & \Rightarrow & 2a\cdot 1 & & & = & 2 \end{array}$$

Daraus ergibt sich das folgende Gleichungssystem:

$$\begin{array}{cccccr} a & + & b & = & 6 \\ 2a & & & = & 2 \end{array}$$

Auflösen führt auf $a = 1$ und $b = 5$. Damit ergibt sich für die Funktionsgleichung: $f(x) = x^2 + 5$.

d) Ansatz: $f(x) = ax^2 + b$. Die zwei Bedingungen ergeben:

$$\begin{array}{lcrcrcr} f(\sqrt{3}) = 0 & \Rightarrow & a\cdot\left(\sqrt{3}\right)^2 & + & b & = & 0 \\ f(0) = -3 & \Rightarrow & a\cdot 0 & + & b & = & -3 \end{array}$$

Daraus ergibt sich das folgende Gleichungssystem:

$$\begin{array}{rcrcr} 3a & + & b & = & 0 \\ & & b & = & -3 \end{array}$$

Auflösen führt auf $b = -3$ und $a = 1$. Damit ergibt sich für die Funktionsgleichung: $f(x) = x^2 - 3$.

e) Ansatz: $f(x) = ax^3 + bx^2 + cx + d$, $f'(x) = 3ax^2 + 2bx + c$, $f''(x) = 6ax + 2b$. Die vier Bedingungen ergeben:

$$\begin{array}{lcrcrcrcrcr} f(0) = 0 & \Rightarrow & a\cdot 0^3 & + & b\cdot 0^2 & + & c\cdot 0 & + & d & = & 0 \\ f''(0) = 0 & \Rightarrow & 6a\cdot 0 & + & 2b & & & & & = & 0 \\ f(2) = 2 & \Rightarrow & a\cdot 2^3 & + & b\cdot 2^2 & + & c\cdot 2 & + & d & = & 2 \\ f'(2) = 0 & \Rightarrow & 3a\cdot 2^2 & + & 2b\cdot 2 & + & c & & & = & 0 \end{array}$$

Daraus ergibt sich das folgende Gleichungssystem:

$$\begin{array}{rcrcrcrcr} & & & & & & d & = & 0 \\ & & 2b & & & & & = & 0 \\ 8a & + & 4b & + & 2c & + & d & = & 2 \\ 12a & + & 4b & + & c & & & = & 0 \end{array}$$

Es ergeben sich $d = 0$, $b = 0$. Einsetzen in die beiden unteren Gleichungen und Auflösen nach a und c ergibt: $a = -\frac{1}{8}$ und $c = \frac{3}{2} = 1,5$. Damit ergibt sich für die Funktionsgleichung: $f(x) = -\frac{1}{8}x^3 + 1,5x$.

f) Ansatz: $f(x) = ax^3 + bx^2 + cx + d$, $f'(x) = 3ax^2 + 2bx + c$, $f''(x) = 6ax + 2b$. Die vier Bedingungen ergeben:

$$\begin{array}{lcrcrcrcrcr} f(0) = 1 & \Rightarrow & a\cdot 0^3 & + & b\cdot 0^2 & + & c\cdot 0 & + & d & = & 1 \\ f'(0) = -1 & \Rightarrow & 3a\cdot 0^2 & + & 2b\cdot 0 & + & c & & & = & -1 \\ f(-1) = 4 & \Rightarrow & a\cdot(-1)^3 & + & b\cdot(-1)^2 & + & c\cdot(-1) & + & d & = & 4 \\ f''(-1) = 0 & \Rightarrow & 6a\cdot(-1) & + & 2b & + & & & & = & 0 \end{array}$$

Daraus ergibt sich das folgende Gleichungssystem:

$$\begin{array}{rcrcrcrcr} & & & & & & d & = & 1 \\ & & & & c & & & = & -1 \\ -a & + & b & - & c & + & d & = & 4 \\ -6a & + & 2b & & & & & = & 0 \end{array}$$

Es ergeben sich $a = 1$, $b = 3$, $c = -1$, $d = 1$. Damit ergibt sich für die Funktionsgleichung: $f(x) = x^3 + 3x^2 - x + 1$.

g) Ansatz: $f(x) = ax^4 + bx^2$, $f'(x) = 4ax^3 + 2bx$, $f''(x) = 12ax^2 + 2b$. Die zwei Bedingungen ergeben:

$$\begin{array}{llrcrcr} f(1) = -2{,}5 & \Rightarrow & a \cdot 1^4 & + & b \cdot 1^2 & = & -2{,}5 \\ f''(1) = 0 & \Rightarrow & 12a \cdot 1^2 & + & 2b & = & 0 \end{array}$$

Daraus ergibt sich das folgende Gleichungssystem:

$$\begin{array}{rcrcr} a & + & b & = & -2{,}5 \\ 12a & + & 2b & = & 0 \end{array}$$

Auflösen führt auf $a = \frac{1}{2}$ und $b = -3$. Damit ergibt sich für die Funktionsgleichung: $f(x) = \frac{1}{2}x^4 - 3x^2$.

2.2 Exponentialfunktionen

Der allgemeine Ansatz der e-Funktionen ist $f(x) = a \cdot e^{kx}$. Ihre Ableitung ist $f'(x) = k \cdot a \cdot e^{kx}$.

a) Zuerst wird a bestimmt: $f(0) = 2 \Rightarrow a \cdot e^{k \cdot 0} = 2 \Rightarrow a = 2$. Anschließend setzt man dies in die zweite Gleichung ein und bestimmt k: $f(4) = 2e^{12} \Rightarrow 2 \cdot e^{k \cdot 4} = 2 \cdot e^{12}$. Teilen durch 2 ergibt:$e^{k \cdot 4} = e^{12}$. Logarithmieren mit ln führt zu $k \cdot 4 = 12 \Rightarrow k = 3$. Damit ist $f(x) = 2 \cdot e^{3x}$.

b) Zuerst wird a bestimmt: $f(0) = 3 \Rightarrow a \cdot e^{k \cdot 0} = 3 \Rightarrow a = 3$. Anschließend setzt man dies in die zweite Gleichung ein und bestimmt k: $f(2) = 3e^8 \Rightarrow 3 \cdot e^{k \cdot 2} = 3 \cdot e^8$. Teilen durch 3 ergibt $e^{k \cdot 2} = e^8$. Logarithmieren mit ln führt zu $k \cdot 2 = 8 \Rightarrow k = 4$. Damit ist $f(x) = 3 \cdot e^{4x}$.

c) Zuerst wird wie in den vorangegangenen Aufgaben a bestimmt: $f(0) = 3 \Rightarrow a \cdot e^{k \cdot 0} = 3 \Rightarrow a = 3$. Dies setzt man in die zweite Aussage der Ableitung ein, um k zu bestimmen: $f'(0) = 6 \Rightarrow k \cdot 3 \cdot e^{k \cdot 0} = 6 \Rightarrow k \cdot 3 = 6 \Rightarrow k = 2$. Damit ist $f(x) = 3 \cdot e^{2x}$.

d) Zuerst wird wie in den vorangegangenen Aufgaben a bestimmt: $f(0) = 2 \Rightarrow a \cdot e^{k \cdot 0} = 2 \Rightarrow a = 2$. Dies setzt man in die zweite Aussage über die Ableitung ein, um k zu bestimmen: $f'(0) = 4 \Rightarrow k \cdot 2 \cdot e^{k \cdot 0} = 4 \Rightarrow k \cdot 2 = 4 \Rightarrow k = 2$. Damit ist $f(x) = 2 \cdot e^{2x}$.

e) Zuerst wird wie in den vorangegangenen Aufgaben a bestimmt: $f(0) = 5 \Rightarrow a \cdot e^{k \cdot 0} = 5 \Rightarrow a = 5$. Dies setzt man in die zweite Aussage ein, um k zu bestimmen: $f'(0) = 10 \Rightarrow k \cdot 5 \cdot e^{k \cdot 0} = 10 \Rightarrow k \cdot 5 = 10 \Rightarrow k = 2$. Damit ist $f(x) = 5 \cdot e^{2x}$.

2.3 Gebrochenrationale Funktionen

Die Funktionsgleichung einer gebrochenrationalen Funktion mit waagerechter/ schiefer Asymptote oder Näherungskurve hat folgende mögliche Form:

$f(x) = g(x) + \frac{h(x)}{(x-p_1)^m \cdot (x-p_2)^n}$, wobei der Grad von h kleiner als $m + n$ sein muss. Bei einfachen Funktionen ist $h(x) = c$.

$g(x)$: Gleichung der waagerechten / schiefen Asymptote oder Näherungskurve.

p_1, p_2: Polstellen

m, n: gerade Zahlen bei Pol ohne VZW; ungerade Zahlen bei Pol mit VZW

c: wird mit Hilfe eines gegebenen Punktes bestimmt, indem man diesen in den Ansatz einsetzt.

a) Ansatz: $f(x) = 4 + \frac{c}{(x-1)^1}$. Mit $f(2) = 6$ ergibt sich $4 + \frac{c}{(2-1)^1} = 6 \Rightarrow c = 2$, mögliche Lösung: $f(x) = 4 + \frac{2}{(x-1)}$.

b) Ansatz: $f(x) = x + 1 + \frac{c}{(x-2)^2}$. Mit $f(3) = 2$ ergibt sich $3 + 1 + \frac{c}{(3-2)^2} = 2 \Rightarrow c = -2$, mögliche Lösung: $f(x) = x + 1 - \frac{2}{(x-2)^2}$.

c) Ansatz: $f(x) = 2x - 3 + \frac{c}{(x-1)^1 \cdot (x+1)^1}$. Mit $f(2) = 3$ ergibt sich $2 \cdot 2 - 3 + \frac{c}{(2-1)^1 \cdot (2+1)^1} = 3 \Rightarrow c = 6$, mögliche Lösung: $f(x) = 2x - 3 + \frac{6}{(x-1)(x+1)}$.

d) Ansatz: $f(x) = 3x - 2 + \frac{c}{(x-1)^1 \cdot (x-2)^2}$. Mit $f(0) = 1$ ergibt sich $3 \cdot 0 - 2 + \frac{c}{(0-1)^1 \cdot (0-2)^2} = 1 \Rightarrow c = -12$, mögliche Lösung: $f(x) = 3x - 2 - \frac{12}{(x-1)(x-2)^2}$.

3 Von der Kurve zur Gleichung

3.1 Ganzrationale Funktionen

Zu jeder Aufgabe gibt es verschiedene Lösungswege, diese sind bei den Tipps zu dieser Aufgabe ausführlich beschrieben.

a) 1. Ansatz als allgemeine symmetrische Parabel 2. Grades: $f(x) = ax^2 + b$. Aus der Zeichnung liest man ab: $f(0) = 1$ und $f(1) = 2$. Einsetzen in die allgemeine Funktion ergibt folgende Gleichungen:

$$\begin{array}{rcrcl} & & b & = & 1 \\ a & + & b & = & 2 \end{array}$$

Auflösen der beiden Gleichungen führt zu $a = 1$ und $b = 1 \Rightarrow f(x) = x^2 + 1$.

2. Linearfaktoransatz ist nicht möglich, da keine Nullstellen existieren.

3. Ansatz als verschobene Normalparabel: Es handelt sich um eine Normalparabel, die um 1 LE nach oben verschoben wurde. Daher wird $f(x) = x^2$ zu $f(x) = x^2 + 1$.

b) 1. Ansatz als symmetrische Parabel 3. Grades $f(x) = ax^3 + b$. Aus der Zeichnung liest man ab: $f(0) = -3$, $f(1) = -2$. Einsetzen in die allgemeine Funktion ergibt folgende Gleichungen:

$$\begin{array}{rcrcl} & & b & = & -3 \\ a & + & b & = & -2 \end{array}$$

Auflösen der beiden Gleichungen führt auf $b = -3$ und $a = 1 \Rightarrow f(x) = x^3 - 3$.

2. Ansatz mit Linearfaktoren lässt sich nicht durchführen, da die Nullstelle nicht genau ablesbar ist.

3. Ansatz als verschobene Parabel 3. Grades: Es handelt sich um eine Parabel, die um 3 LE nach unten verschoben wurde. Daher wird $f(x) = x^3$ zu $f(x) = x^3 - 3$.

c) 1. Ansatz als allgemeine Parabel 2. Grades $f(x) = ax^2 + bx + c$. Aus der Zeichnung liest man ab: $f(-2) = 0$, $f(-1) = 1$, $f(0) = 4$. Einsetzen in die allgemeine Funktion ergibt folgende Gleichungen:

$$\begin{array}{rcrcrcl} 4a & - & 2b & + & c & = & 0 \\ a & - & b & + & c & = & 1 \\ & & & & c & = & 4 \end{array}$$

Einsetzen von c und Auflösen der beiden oberen Gleichungen führt auf $a = 1$ und $b = 4$, damit ist $f(x) = x^2 + 4x + 4$.

2. Ansatz mit Linearfaktoren: Der Graph hat nur eine Nullstelle für $x = -2 \Rightarrow (x+2) \cdot (x+2) = 0 \Rightarrow x^2 + 4x + 4 = 0$. Die Funktion könnte aber noch einen Faktor besitzen, der sie in y-Richtung stauchen oder strecken würde. Daher setzt man zur Kontrolle noch einen Wert (nicht die Nullstelle!) ein und liest an der Zeichnung ab, ob die Werte stimmen. Es bieten sich an: $x = -1$ oder $x = 0$. Vergleich mit der Zeichnung ergibt eine Übereinstimmung, damit ist $f(x) = x^2 + 4x + 4$.

3. Ansatz als verschobene Normalparabel: Es handelt sich um eine um 2 LE nach links verschobene Normalparabel, daher wird $f(x) = x^2$ zu $f(x) = (x+2)^2$. Auch hier zur Kontrolle einsetzen: $f(0) = 4$, es herrscht Übereinstimmung; Ausmultiplizieren führt zu $f(x) = x^2 + 4x + 4$.

d) 1. Ansatz als allgemeine Funktion 2. Grades $f(x) = ax^2 + bx + c$. Aus der Zeichnung liest man ab: $f(-1) = -2$, $f(0) = -1$, $f(1) = 2$. Einsetzen in die allgemeine Funktion ergibt folgende Gleichungen:

$$\begin{array}{ccccccc} a & - & b & + & c & = & -2 \\ & & & & c & = & -1 \\ a & + & b & + & c & = & 2 \end{array}$$

Einsetzen von c und Auflösen der oberen und unteren Gleichung führt zu $a = 1$ und $b = 2$, damit ist $f(x) = x^2 + 2x - 1$.

2. Ansatz mit Linearfaktoren ist nicht möglich, da sich die Nullstellen nicht genau bestimmen lassen.

3. Ansatz als verschobene Normalparabel: Es handelt sich um eine Normalparabel, die um 1 LE nach links und um 2 LE nach unten verschoben ist:
$f(x) = x^2$ wird zu $f(x) = (x+1)^2 - 2$. Kontrolle für $x = 0$: $f(0) = -1$, d.h. Übereinstimmung. Ausmultiplizieren führt zu $f(x) = x^2 + 2x - 1$.

e) 1. Ansatz als allgemeine Funktion 2. Grades $f(x) = ax^2 + bx + c$. Aus der Zeichnung liest man ab: $f(0) = -3$, $f(1) = 0$, $f(2) = 1$. Einsetzen in die allgemeine Funktion ergibt folgende Gleichungen:

$$\begin{array}{ccccccc} a & + & b & + & c & = & 0 \\ 4a & + & 2b & + & c & = & 1 \\ & & & & c & = & -3 \end{array}$$

Einsetzen von c und Auflösen der beiden oberen Gleichungen führt zu $a = -1$ und $b = 4$, damit ist $f(x) = -x^2 + 4x - 3$.

2. Ansatz mit Linearfaktoren: Der Graph hat Nullstellen für $x = 1$ und $x = 3$, außerdem ist es eine nach unten geöffnete Parabel, daher muss ein Faktor -1 vor die Gleichung gesetzt werden $\Rightarrow -1 \cdot (x-1) \cdot (x-3) = 0 \Rightarrow -x^2 + 4x - 3 = 0$. Kontrolle für $x = 2$: $f(2) = 1$, damit ist $f(x) = -x^2 + 4x - 3$.

3. Ansatz als verschobene Normalparabel: Es handelt sich um eine nach unten geöffnete Normalparabel, die um 2 LE nach rechts und um 1 LE nach oben verschoben ist: $f(x) = -x^2$ wird zu $f(x) = -(x-2)^2 + 1$. Auch hier Kontrolle für $x = 2$: $f(2) = 1$, es herrscht Übereinstimmung. Ausmultiplizieren führt zu $f(x) = -x^2 + 4x - 3$.

f)
1. Der Ansatz als allgemeine Funktion 3. Grades $f(x) = ax^3 + bx^2 + cx + d$ ist zwar möglich, aber etwas langwierig: Aus der Zeichnung liest man ab: $f(-1) = 0$, $f(0) = 3$, $f(1) = 0$ und $f(3) = 0$. Einsetzen in die allgemeine Funktion ergibt folgende Gleichungen:

$$\begin{array}{rcrcrcrcl} -a & + & b & - & c & + & d & = & 0 \\ & & & & & & d & = & 3 \\ a & + & b & + & c & + & d & = & 0 \\ 27a & + & 9b & + & 3c & + & d & = & 0 \end{array}$$

Einsetzen von d und Auflösen der oberen Gleichungen führt zu $a = 1$, $b = -3$ und $c = -1$, damit ist $f(x) = x^3 - 3x^2 - x + 3$.

2. Ansatz mit Linearfaktoren: Der Graph hat Nullstellen für $x = -1$, $x = 1$ und $x = 3$ und geht durch den Punkt $P(2 \mid -3)$.
Also ist $f(x) = a \cdot (x+1) \cdot (x-1) \cdot (x-3)$ und es gilt:
$f(2) = -3 \Rightarrow -3 = a \cdot (2+1) \cdot (2-1) \cdot (2-3) \Rightarrow a = 1$.
Damit ist die Lösung $f(x) = x^3 - 3x^2 - x + 3$.

g)
1. Der Ansatz als allgemeine Funktion 3. Grades $f(x) = ax^3 + bx^2 + cx + d$ ist möglich, aber etwas langwierig: Aus der Zeichnung liest man ab: $f(-4) = 0$, $f(-2) = 0$, $f(-1) = 3$ und $f(0) = 0$. Einsetzen in die allgemeine Funktion ergibt folgende Gleichungen:

$$\begin{array}{rcrcrcrcl} -64a & + & 16b & - & 4c & + & d & = & 0 \\ -8a & + & 4b & - & 2c & + & d & = & 0 \\ -a & + & b & - & c & + & d & = & 3 \\ & & & & & & d & = & 0 \end{array}$$

Einsetzen von d und Auflösen der oberen Gleichungen führt zu $a = -1$, $b = -6$ und $c = -8$, damit ist $f(x) = -x^3 - 6x^2 - 8x$.

2. Ansatz mit Linearfaktoren: Der Graph hat Nullstellen für $x = -4$, $x = -2$ und $x = 0$ und geht durch den Punkt $P(-1 \mid 3)$.
Also ist $f(x) = a \cdot (x+4) \cdot (x+2) \cdot (x-0)$ und es gilt:
$f(-1) = 3 \Rightarrow 3 = a \cdot (-1+4) \cdot (-1+2) \cdot (-1) \Rightarrow a = -1$.
Damit ist die Lösung $f(x) = -x^3 - 6x^2 - 8x$.

h)
1. Der Ansatz als allgemeine Funktion 4. Grades $f(x) = ax^4 + bx^3 + cx^2 + dx + e$ ist möglich, aber langwierig: Aus der Zeichnung liest man ab: $f(-4) = 0$, $f(-2) = 0$, $f(0) = 8$, $f(2) = 0$ und $f(4) = 0$. Einsetzen in die allg. Funktion und schrittweises Auflösen mit dem Gauß-Verfahren führt zu: $a = \frac{1}{8}$, $b = 0$, $c = -2{,}5$, $d = 0$ und $e = 8$, damit ist $f(x) = \frac{1}{8}x^4 - 2{,}5x^2 + 8$.

2. Ansatz mit Linearfaktoren: Der Graph hat Nullstellen für $x=-4$, $x=-2$, $x=2$ und $x=4$ und geht durch den Punkt P$(0 \mid 8)$.
   Also ist $f(x)=a\cdot(x+4)\cdot(x-4)\cdot(x+2)\cdot(x-2)$ und es gilt:
   $f(0)=8 \Rightarrow 8=a\cdot 4\cdot(-4)\cdot 2\cdot(-2) \Rightarrow a=\frac{1}{8}$.
   Damit ist die Lösung $f(x)=\frac{1}{8}\left(x^2-16\right)\left(x^2-4\right)=\frac{1}{8}x^4-2{,}5x^2+8$.

3.2 Gebrochenrationale Funktionen

Zur Überprüfung der Funktionsterme sollte man zum Schluss (mindestens) einen der angegebenen Punkte in die Funktion einsetzen (Punktprobe)

a) Grundfunktion $f(x)=\frac{1}{x}$ mit Polstelle $x=0$ mit VZW und waagerechter Asymptote $y=0$.

b) Grundfunktion $f(x)=\frac{1}{x^2}$ mit Polstelle $x=0$ ohne VZW und waagerechter Asymptote $y=0$.

c) Der Graph der Grundfunktion $y=\frac{1}{x}$ ist um 2 LE nach rechts verschoben, also steht im Nenner $x-2$. Die Punktprobe mit P$(3 \mid 1)$ bestätigt die Funktionsgleichung $f(x)=\frac{1}{x-2}$.

d) Der Graph der Grundfunktion $y=\frac{1}{x^2}$ ist um 1 LE nach links verschoben, also steht im Nenner $(x+1)^2$. Die Punktprobe mit P$(-2 \mid 1)$ bestätigt die Funktionsgleichung $f(x)=\frac{1}{(x+1)^2}$.

e) Der Graph der Grundfunktion $y=\frac{1}{x^2}$ ist um 1 LE nach rechts und um 1 LE nach oben verschoben. Die Punktprobe mit P$(2 \mid 2)$ bestätigt die Funktionsgleichung $f(x)=\frac{1}{(x-1)^2}+1$.

f) Der Graph der Grundfunktion $y=\frac{1}{x}$ ist um 1 LE nach links und um 1 LE nach unten verschoben. Die Punktprobe mit P$(0 \mid 0)$ bestätigt die Funktionsgleichung $f(x)=\frac{1}{x+1}-1$.

4 Differenzieren

Bemerkung: Klammern und das Multiplikationszeichen werden bei den Lösungen dazu verwendet, die Ausdrücke übersichtlich zu machen (z.B. um bei der Quotientenregel zu zeigen, wo sich u' und v befinden).

4.1 Ganzrationale Funktionen

a) $f'(x) = 5 \cdot 4x^4 - 3 \cdot 2x^2 = 20x^4 - 6x^2$

b) $f'(x) = 2a \cdot 3x^2 - 6a^2 \cdot 2x = 6ax^2 - 12a^2x$

c) $f'(x) = t^2 \cdot 4x^3 - 3t^3 \cdot 2x + 0 = 4t^2x^3 - 6t^3x$

d) $f'(x) = 3 \cdot (4x+1)^2 \cdot 4 = 12 \cdot (4x+1)^2$

e) $f'(x) = 4 \cdot \left(2x^2 + a\right)^3 \cdot 2 \cdot 2x = 16x \cdot \left(2x^2 + a\right)^3$

f) $f'(x) = 3 \cdot \left(2ax^3 + 3\right)^2 \cdot 2a \cdot 3x^2 = 18ax^2 \cdot \left(2ax^3 + 3\right)^2$

g) $f'(x) = 1 \cdot (x-k)^2 + (x-1) \cdot 2 \cdot (x-k) \cdot 1 = (x-k)^2 + 2 \cdot (x-1) \cdot (x-k)$

h) $f'(x) = 2a \cdot (x-a)^2 + 2ax \cdot 2 \cdot (x-a) \cdot 1 = 2a \cdot (x-a)^2 + 4ax \cdot (x-a)$

4.2 Exponentialfunktionen

a) $f'(x) = 6x \cdot e^{-4x} + 3x^2 \cdot e^{-4x} \cdot (-4) = e^{-4x}\left(6x - 12x^2\right) = 6xe^{-4x}(1-2x)$

b) $f'(x) = \frac{3}{2}x^2 \cdot e^{2x} + \frac{1}{2}x^3 \cdot e^{2x} \cdot 2 = e^{2x}\left(\frac{3}{2}x^2 + x^3\right) = x^2e^{2x}\left(\frac{3}{2} + x\right)$

c) $f'(x) = 2e^{-x} + (2x+5) \cdot e^{-x} \cdot (-1) = e^{-x}(2 - (2x+5)) = e^{-x}(-2x-3)$

d) $f'(x) = 1 \cdot e^{-kx} + (x+k) \cdot e^{-kx} \cdot (-k) = e^{-kx}\left(1 - kx - k^2\right)$

e) $f'(x) = 2 \cdot (4x + e^{-x}) \cdot (4 + e^{-x} \cdot (-1)) = 2 \cdot (4x + e^{-x}) \cdot (4 - e^{-x})$

f) $f'(x) = 2 \cdot \left(x^2 + e^{2x}\right) \cdot \left(2x + e^{2x} \cdot 2\right) = 2 \cdot \left(x^2 + e^{2x}\right) \cdot \left(2x + 2e^{2x}\right)$
$= 4 \cdot \left(x^2 + e^{2x}\right) \cdot \left(x + e^{2x}\right)$

g) $f'(x) = 2 \cdot (e^x + e^{-x}) \cdot (e^x - e^{-x}) = 2 \cdot \left(e^{2x} - e^{-2x}\right)$

h) $f'(x) = 2 \cdot \left(2k + e^{-2x}\right) \cdot e^{-2x} \cdot (-2) = -4e^{-2x} \cdot \left(2k + e^{-2x}\right)$

4.3 Gebrochenrationale Funktionen

a) $f'(x) = \frac{0-4\cdot 2\cdot (2x+1)\cdot 2}{(2x+1)^4} = \frac{-16}{(2x+1)^3}$

b) $f'(x) = \frac{1\cdot (3x+2)^2 - x\cdot 2\cdot (3x+2)\cdot 3}{(3x+2)^4} = \frac{(3x+2)\cdot \left((3x+2)-6x\right)}{(3x+2)^4} = \frac{-3x+2}{(3x+2)^3}$

c) $f'(x) = \frac{2x\cdot (2x+1)^2 - x^2\cdot 2\cdot (2x+1)\cdot 2}{(2x+1)^4} = \frac{(2x+1)\cdot \left(2x\cdot (2x+1)-4x^2\right)}{(2x+1)^4} = \frac{2x}{(2x+1)^3}$

d) $f'(x) = \frac{a\cdot \left(x^2+a\right) - ax\cdot 2x}{\left(x^2+a\right)^2} = \frac{-ax^2+a^2}{\left(x^2+a\right)^2}$

e) $f'(x) = \frac{(6x+2)\cdot \left(x^2-1\right) - \left(3x^2+2x-1\right)\cdot 2x}{\left(x^2-1\right)^2} = \frac{-2x^2-4x-2}{\left(x^2-1\right)^2} = \frac{-2\cdot \left(x^2+2x+1\right)}{\left(x^2-1\right)^2}$

$$= \frac{-2\cdot (x+1)^2}{((x+1)\cdot (x-1))^2} = \frac{-2\cdot (x+1)^2}{(x+1)^2\cdot (x-1)^2} = \frac{-2}{(x-1)^2}$$

f) $f'(x) = \frac{\left(3x^2-4x\right)\cdot \left(x^2+1\right) - \left(x^3-2x^2+2\right)\cdot 2x}{\left(x^2+1\right)^2} = \frac{x^4+3x^2-8x}{\left(x^2+1\right)^2}$

g) $f'(x) = \frac{(8x^3-3)\cdot \left(x^3+x\right) - \left(2x^4-3x+1\right)\cdot \left(3x^2+1\right)}{\left(x^3+x\right)^2}$

$$= \frac{8x^6+8x^4-3x^3-3x-6x^6-2x^4+9x^3+3x-3x^2-1}{\left(x^3+x\right)^2} = \frac{2x^6+6x^4+6x^3-3x^2-1}{\left(x^3+x\right)^2}$$

h) $f'(x) = \frac{2ax\cdot \left(x^2+a\right) - \left(ax^2+2\right)\cdot 2x}{\left(x^2+a\right)^2} = \frac{2a^2x-4x}{\left(x^2+a\right)^2}$

4.4 Logarithmusfunktionen

a) $f'(x) = \frac{1}{2+3x^2} \cdot 6x = \frac{6x}{2+3x^2}$

b) $f'(x) = \frac{4x+1}{2x^2+x}$

c) $f'(x) = \frac{8x-2}{4x^2-2x+1}$

d) $f'(x) = \frac{2ax+b}{ax^2+bx+c}$

e) $f'(x) = 2\ln(4+x) + \frac{2x}{4+x}$

f) $f'(x) = 2x\ln\left(x^2+1\right) + x^2 \cdot \frac{2x}{x^2+1} = 2x\ln\left(x^2+1\right) + \frac{2x^3}{x^2+1}$

g) $f'(x) = 2\ln(3x+2) + (2x-3)\,\frac{3}{3x+2} = 2\ln(3x+2) + \frac{6x-9}{3x+2}$

h) $f'(x) = (2x-2)\cdot \ln\left(x^2+1\right) + \left(x^2-2x\right)\frac{2x}{x^2+1} = (2x-2)\cdot \ln\left(x^2+1\right) + \frac{2x^3-4x^2}{x^2+1}$

i) $f'(x) = \frac{2x}{x^2+t}$

4.5 Gebrochene Exponentialfunktionen

a) $f'(x) = \frac{0-3\cdot e^x}{(1+e^x)^2} = \frac{-3e^x}{(1+e^x)^2}$

b) $f'(x) = \frac{0-4\left(-e^{-x}\right)\cdot(-1)}{(1-e^{-x})^2} = \frac{-4e^{-x}}{(1-e^{-x})^2}$

c) $f'(x) = \frac{1\cdot\left(2+e^{3x}\right)-x\cdot e^{3x}\cdot 3}{\left(2+e^{3x}\right)^2} = \frac{e^{3x}\cdot(1-3x)+2}{\left(2+e^{3x}\right)^2}$

d) $f'(x) = \frac{2x\cdot\left(1+e^{-x}\right)-x^2\cdot e^{-x}\cdot(-1)}{(1+e^{-x})^2} = \frac{e^{-x}\cdot\left(2x+x^2\right)+2x}{(1+e^{-x})^2}$

e) $f'(x) = \frac{e^x\cdot\left(2-e^{-x}\right)-e^x\cdot\left(-e^{-x}\cdot(-1)\right)}{(2-e^{-x})^2} = \frac{2e^x-1-1}{(2-e^{-x})^2} = \frac{2e^x-2}{(2-e^{-x})^2}$

f) $f'(x) = \frac{2e^{-x}\cdot(-1)\cdot(1+e^x)-2e^{-x}\cdot e^x}{(1+e^x)^2} = \frac{-2e^{-x}-2-2}{(1+e^x)^2} = \frac{-2e^{-x}-4}{(1+e^x)^2}$

g) $f'(x) = \frac{\left(e^x-e^{-x}\right)\cdot(1+e^x)-\left(e^x+e^{-x}\right)\cdot e^x}{(1+e^x)^2} = \frac{e^x+e^{2x}-e^{-x}-1-e^{2x}-1}{(1+e^x)^2} = \frac{e^x-e^{-x}-2}{(1+e^x)^2}$

4.6 Gebrochene ln-Funktionen

a) $f'(x) = \frac{0-2\cdot\frac{1}{x}}{(\ln x)^2} = -\frac{2}{x\cdot(\ln x)^2}$

b) $f'(x) = \frac{2\cdot\ln(ax)-2x\cdot\frac{1}{ax}\cdot a}{(\ln(ax))^2} = \frac{2\ln(ax)-2}{(\ln(ax))^2}$

c) $f'(x) = \frac{0-3\cdot\left(1\cdot\ln(ax)+x\cdot\frac{1}{ax}\cdot a\right)}{(x\cdot\ln(ax))^2} = -\frac{3\cdot(\ln(ax)+1)}{(x\cdot\ln(ax))^2}$

d) $f'(x) = \frac{1}{\frac{1+x}{1-x}}\cdot\left(\frac{1\cdot(1-x)-(1+x)\cdot(-1)}{(1-x)^2}\right) = \frac{1-x}{1+x}\cdot\frac{2}{(1-x)^2} = \frac{2}{(1+x)\cdot(1-x)} = \frac{2}{1-x^2}$

e) $f'(x) = \frac{\frac{1}{2x}\cdot 2\cdot x^2-\ln(2x)\cdot 2x}{\left(x^2\right)^2} = \frac{x-2x\cdot\ln(2x)}{x^4} = \frac{1-2\ln(2x)}{x^3}$

f) $f'(x) = \frac{\frac{1}{ax}\cdot a\cdot(2x+1)-\ln(ax)\cdot 2}{(2x+1)^2} = \frac{2+\frac{1}{x}-2\ln(ax)}{(2x+1)^2}$

4.7 Trigonometrische Funktionen

a) $f'(x) = 2\cdot\cos\left(\frac{1}{2}x^2+4\right)+2x\cdot\left(-\sin\left(\frac{1}{2}x^2+4\right)\right)\cdot x = 2\cdot\cos\left(\frac{1}{2}x^2+4\right)-2x^2\cdot\sin\left(\frac{1}{2}x^2+4\right)$

b) $f'(x) = 2x\cdot\sin(4x+3)+x^2\cdot\cos(4x+3)\cdot 4 = 2x\cdot\sin(4x+3)+4x^2\cdot\cos(4x+3)$

c) $f'(x) = 2x\cdot\sin\left(\frac{1}{3}x^2+2\right)+\left(x^2-4\right)\cdot\cos\left(\frac{1}{3}x^2+2\right)\cdot\frac{2}{3}x$
$= 2x\cdot\sin\left(\frac{1}{3}x^2+2\right)+\left(\frac{2}{3}x^3-\frac{8}{3}x\right)\cdot\cos\left(\frac{1}{3}x^2+2\right)$

d) $f'(x) = 2x\cdot\cos\left(\frac{1}{2}x-1\right)+x^2\cdot\left(-\sin\left(\frac{1}{2}x-1\right)\cdot\frac{1}{2}\right) = 2x\cdot\cos\left(\frac{1}{2}x-1\right)-\frac{1}{2}x^2\cdot\sin\left(\frac{1}{2}x-1\right)$

e) $f'(x) = 2 \cdot (x + \cos x) \cdot (1 - \sin x)$

f) $f'(x) = 2 \cdot (\sin x + \cos x) \cdot (\cos x - \sin x) = 2 \cdot \left(\cos^2 x - \sin^2 x\right)$

g) $f'(x) = 3 \cdot \left(x^2 - \sin x\right)^2 \cdot (2x - \cos x)$

h) $f'(x) = 2 \cdot (ax - \sin(ax)) \cdot (a - a \cdot \cos(ax))$

5 Gleichungslehre

5.1 Gleichungen

Die quadratische Gleichung $x^2+px+q=0$ lässt sich mit der pq-Formel $x_{1,2}=-\frac{p}{2}\pm\sqrt{\frac{p^2}{4}-q}$ lösen.
Die quadratische Gleichung $ax^2+bx+c=0$ lässt sich mit der abc-Formel $x_{1,2}=\frac{-b\pm\sqrt{b^2-4ac}}{2a}$ lösen.

a) Die Gleichung lässt sich mit der pq- bzw. der abc-Formel lösen: $x_1=1$, $x_2=-4$. Die Gleichung hat damit die Lösungsmenge $\mathrm{L}=\{1;-4\}$.

b) Die Gleichung lässt sich mit der pq- bzw. der abc-Formel lösen: $x_1=7$, $x_2=-8$. Die Gleichung hat damit die Lösungsmenge $\mathrm{L}=\{7;-8\}$.

c) Die Gleichung lässt sich mit der pq- bzw. der abc-Formel lösen: $x_1=\frac{3}{5}$, $x_2=-1$. Die Gleichung hat damit die Lösungsmenge $\mathrm{L}=\left\{\frac{3}{5};-1\right\}$.

d) $(2x-5)\cdot e^{-x}=0$ führt zu $2x-5=0$ mit der Lösung: $x=\frac{5}{2}$. Der Term $e^{-x}=0$ besitzt keine Lösung, also ist $\mathrm{L}=\left\{\frac{5}{2}\right\}$.

e) $\left(x^2-4\right)\cdot e^{0,5x}=0$ führt zu $x^2-4=0$ mit den Lösungen: $x_1=-2$, $x_2=2$. Der Term $e^{0,5x}=0$ besitzt keine Lösung, also ist $\mathrm{L}=\{-2;2\}$.

f) $x\cdot e^x=0$ führt zu $x=0$. Der Term $e^x=0$ besitzt keine Lösung, also ist $\mathrm{L}=\{0\}$.

g) $(x-1)\cdot(x-a)^2=0$ führt zu $x-1=0$ mit der Lösung: $x_1=1$ und zu $(x-a)^2=0$ bzw. $x-a=0$ mit der Lösung: $x_2=a$. $\mathrm{L}=\{1;a\}$.

h) $x^2\cdot(ax-4a)=0$ führt zu $x^2=0$ mit der Lösung: $x_1=0$ und zu $ax-4a=0$ bzw. $x-4=0$ mit der Lösung: $x_2=4$. $\mathrm{L}=\{0;4\}$.

i) $(x-t)\cdot e^{-x}=0$ führt zu $x-t=0$ mit der Lösung: $x=t$. Der Term $e^{-x}=0$ besitzt keine Lösung, also ist $\mathrm{L}=\{t\}$.

j) $(2x-4k)\cdot e^{2kx}=0$ führt zu $2x-4k=0$ mit der Lösung: $x=2k$. Der Term $e^{2kx}=0$ besitzt keine Lösung, also ist $\mathrm{L}=\{2k\}$.

k) $\left(kx^2-k\right)\cdot e^{-kx}=0$ führt zu $kx^2-k=0\Rightarrow k\cdot(x^2-1)=0$ bzw. $x^2-1=0$ mit den Lösungen: $x_1=-1$, $x_2=1$. Der Term $e^{-kx}=0$ besitzt keine Lösung, also ist $\mathrm{L}=\{-1;1\}$.

l) Substitution $e^x=v$: Wegen $e^{2x}=(e^x)^2$gilt $e^{2x}=v^2$. Die Gleichung $e^{2x}-6e^x+5=0$ wird damit zu $v^2-6v+5=0$. Lösen mit pq- oder abc-Formel ergibt $v_1=5$ und $v_2=1$. Rücksubstitution: $e^{x_1}=1$ und $e^{x_2}=5$. Die Lösungen sind damit: $x_1=\ln 1=0$ und $x_2=\ln 5$. Die Gleichung hat damit die Lösungsmenge $\mathrm{L}=\{0;\ln 5\}$.

m) Substitution $e^{2x} = v$: Da $e^{4x} = \left(e^{2x}\right)^2$ gilt $e^{4x} = v^2$. Die Gleichung $e^{4x} - 5e^{2x} + 6 = 0$ wird damit zu $v^2 - 5v + 6 = 0$. Lösen mit Hilfe der pq- oder abc-Formel ergibt $v_1 = 2$ und $v_2 = 3$. Rücksubstitution führt auf $e^{2x_1} = 2$ und $e^{2x_2} = 3$. Die Lösungen sind damit $x_1 = \frac{1}{2}\ln 2$ und $x_2 = \frac{1}{2}\ln 3$. Die Gleichung hat damit die Lösungsmenge $\mathrm{L} = \left\{ \frac{1}{2}\ln 2;\ \frac{1}{2}\ln 3 \right\}$.

n) Ausklammern von x^3 führt zu $x^3 \cdot (2x-3) = 0$. Dies führt zu $x^3 = 0$ mit der Lösung $x_1 = 0$ und zu $2x - 3 = 0$ mit der Lösung $x_2 = \frac{3}{2}$. Die Gleichung hat damit die Lösungsmenge $\mathrm{L} = \left\{ 0;\ \frac{3}{2} \right\}$.

o) Ausklammern von x^2 führt zu $x^2 \cdot (x^2 - 3x + 2) = 0$. Dies führt zu $x^2 = 0$ mit der Lösung $x_1 = 0$ und zu $x^2 - 3x + 2 = 0$. Lösen mit Hilfe der pq- oder abc-Formel führt zu $x_2 = 1$ und $x_3 = 2$. Die Gleichung hat damit die Lösungsmenge $\mathrm{L} = \{0; 1; 2\}$.

p) Substitution $x^2 = v$: Die Gleichung wird zu $v^2 - 4v + 3 = 0$. Lösen mit Hilfe der pq- oder abc-Formel ergibt $v_1 = 1$ und $v_2 = 3$. Rücksubstitution: $x^2 = 1$ und $x^2 = 3$. Die Lösungen sind damit $x_{1,2} = \pm 1$ und $x_{3,4} = \pm\sqrt{3}$. Die Gleichung hat damit die Lösungsmenge $\mathrm{L} = \left\{ -\sqrt{3}; -1; 1; \sqrt{3} \right\}$.

q) Die Substitution $x^2 = v$ führt zu $v^2 - 13v + 36 = 0$. Lösen mit Hilfe der pq- oder abc-Formel ergibt $v_1 = 9$ und $v_2 = 4$. Rücksubstitution: $x^2 = 9$ und $x^2 = 4$. Für die Lösungen ergibt sich damit: $x_{1,2} = \pm 3$ und $x_{3,4} = \pm 2$. Die Gleichung hat damit die Lösungsmenge $\mathrm{L} = \{-3; -2; 2; 3\}$.

r) x ausklammern führt zu $x \cdot (x^2 - 4) = 0$. Dies führt zu $x = 0$ mit der Lösung $x_1 = 0$ und zu $x^2 - 4 = 0$ mit den Lösungen $x_2 = 2$ und $x_3 = -2$. Die Gleichung hat damit die Lösungsmenge $\mathrm{L} = \{-2; 0; 2\}$.

s) x^2 ausklammern führt zu $x^2 \cdot (x^2 - 2) = 0 \Rightarrow x_1 = 0$. Die Gleichung $x^2 - 2 = 0$ führt zu $x_2 = \sqrt{2}$ und $x_3 = -\sqrt{2}$. Die Gleichung hat damit die Lösungsmenge $\mathrm{L} = \left\{ -\sqrt{2}; 0; \sqrt{2} \right\}$.

t) x ausklammern führt zu $x \cdot \left(x^2 - 5x + 6\right) = 0$. Die erste Lösung ist damit $x_1 = 0$. Lösen von $x^2 - 5x + 6 = 0$ mit der pq- bzw. abc-Formel führt zu $x_2 = 2$ und $x_3 = 3$. Die Gleichung hat damit die Lösungsmenge $\mathrm{L} = \{0; 2; 3\}$.

u) $2 \cdot (1 - \ln x) = 1$ führt zu $2 - 2\ln x = 1$ bzw. $\ln x = \frac{1}{2}$. Nimmt man beide Seiten «e-hoch», so erhält man: $e^{\ln x} = e^{\frac{1}{2}} \Rightarrow x = e^{\frac{1}{2}}$, also ist $\mathrm{L} = \left\{ e^{\frac{1}{2}} \right\}$.

v) Die Gleichung $\ln(3 - x) = 0$ kann man lösen, indem man beide Seiten «e-hoch» nimmt; man erhält: $e^{\ln(3-x)} = e^0 \Rightarrow 3 - x = 1 \Rightarrow x = 2$, also ist $\mathrm{L} = \{2\}$.

w) Die Gleichung $\ln(2x - 3) = 0$ kann man lösen, indem man beide Seiten «e-hoch» nimmt; man erhält: $e^{\ln(2x-3)} = e^0 \Rightarrow 2x - 3 = 1 \Rightarrow x = 2$, also ist $\mathrm{L} = \{2\}$.

5.2 Lineare Gleichungssysteme

a) Gegeben ist das Gleichungssystem:

$$\begin{array}{lrcrcrcr} \text{I} & x_1 & + & 2x_2 & - & x_3 & = & 8 \\ \text{II} & -x_1 & + & x_2 & + & 2x_3 & = & 0 \\ \text{III} & -x_1 & - & 5x_2 & - & 4x_3 & = & -12 \end{array}$$

Addieren von I zu II und I zu III führt zu:

$$\begin{array}{lrcrcrcr} \text{I} & x_1 & + & 2x_2 & - & x_3 & = & 8 \\ \text{IIa} & & & 3x_2 & + & x_3 & = & 8 \\ \text{IIIa} & & - & 3x_2 & - & 5x_3 & = & -4 \end{array}$$

Addieren von IIa und IIIa führt zu:

$$\begin{array}{lrcrcrcr} \text{I} & x_1 & + & 2x_2 & - & x_3 & = & 8 \\ \text{IIa} & & & 3x_2 & + & x_3 & = & 8 \\ \text{IIIb} & & & & - & 4x_3 & = & 4 \end{array}$$

Aus IIIb folgt: $x_3 = -1$. Einsetzen in IIa ergibt: $3x_2 + (-1) = 8 \Rightarrow x_2 = 3$.
Einsetzen in I ergibt: $x_1 + 2 \cdot 3 - (-1) = 8 \Rightarrow x_1 = 1$.
Die Lösungsmenge ist damit: $\mathrm{L} = \{(1;3;-1)\}$.

b) Gegeben ist das Gleichungssystem:

$$\begin{array}{lrcrcrcr} \text{I} & x_1 & + & 2x_2 & - & 2x_3 & = & 7 \\ \text{II} & x_1 & - & x_2 & - & 4x_3 & = & -9 \\ \text{III} & x_1 & + & 4x_2 & + & 3x_3 & = & 25 \end{array}$$

Multiplikation von I mit (-1) und addieren zu II und III führt zu:

$$\begin{array}{lrcrcrcr} \text{I} & x_1 & + & 2x_2 & - & 2x_3 & = & 7 \\ \text{IIa} & & - & 3x_2 & - & 2x_3 & = & -16 \\ \text{IIIa} & & & 2x_2 & + & 5x_3 & = & 18 \end{array}$$

Multiplikation von IIa mit 2 und IIIa mit 3 und addieren führt zu:

$$\begin{array}{lrcrcrcr} \text{I} & x_1 & + & 2x_2 & - & 2x_3 & = & 7 \\ \text{IIb} & & - & 6x_2 & - & 4x_3 & = & -32 \\ \text{IIIb} & & & & & 11x_3 & = & 22 \end{array}$$

Aus IIIb folgt: $x_3 = 2$. Einsetzen in IIb ergibt: $-6x_2 - 4 \cdot 2 = -32 \Rightarrow x_2 = 4$.
Einsetzen in I ergibt: $x_1 + 2 \cdot 4 - 2 \cdot 2 = 7 \Rightarrow x_1 = 3$.
Die Lösungsmenge ist damit: $\mathrm{L} = \{(3;4;2)\}$.

c) Gegeben ist das Gleichungssystem:

$$\begin{array}{lrcrcrcr} \text{I} & x_1 & + & x_2 & + & 7x_3 & = & 2 \\ \text{II} & 2x_1 & - & x_2 & - & 3x_3 & = & -5 \\ \text{III} & 4x_1 & - & x_2 & + & 4x_3 & = & -7 \end{array}$$

Multiplikation von I mit (-2) und addieren zu II, sowie Multiplikation von I mit (-4) und addieren zu III führt zu:

$$\begin{array}{lrcrcrcr} \text{I} & x_1 & + & x_2 & + & 7x_3 & = & 2 \\ \text{IIa} & & - & 3x_2 & - & 17x_3 & = & -9 \\ \text{IIIa} & & - & 5x_2 & - & 24x_3 & = & -15 \end{array}$$

Multiplikation von IIa mit (-5) und von IIIa mit 3 und addieren führt zu:

$$\begin{array}{lrcrcrcr} \text{I} & x_1 & + & x_2 & + & 7x_3 & = & 2 \\ \text{IIb} & & & 15x_2 & + & 85x_3 & = & 45 \\ \text{IIIb} & & & & & 13x_3 & = & 0 \end{array}$$

Aus IIIb folgt: $x_3 = 0$. Einsetzen in IIb ergibt: $15x_2 + 0 = 45 \Rightarrow x_2 = 3$. Einsetzen in I ergibt: $x_1 + 3 + 7 \cdot 0 = 2 \Rightarrow x_1 = -1$.
Die Lösungsmenge ist damit: $L = \{(-1; 3; 0)\}$.

d) Gegeben ist das Gleichungssystem

$$\begin{array}{rcrcrcr} x_1 & + & 2x_2 & - & x_3 & = & 4 \\ -x_1 & + & 2x_2 & - & 3x_3 & = & 6 \\ 2x_1 & + & 4x_2 & - & 2x_3 & = & 8 \end{array}$$

Der Vergleich der verschiedenen Gleichungen ergibt, dass die erste und die dritte Gleichung Vielfache voneinander sind, da die dritte Gleichung das Doppelte der ersten Gleichung ist. Es bleiben daher folgende Gleichungen übrig:

$$\begin{array}{lrcrcrcr} \text{I} & x_1 & + & 2x_2 & - & x_3 & = & 4 \\ \text{II} & -x_1 & + & 2x_2 & - & 3x_3 & = & 6 \end{array}$$

addieren von I zu II führt zu:

$$\begin{array}{lrcrcrcr} \text{I} & x_1 & + & 2x_2 & - & x_3 & = & 4 \\ \text{IIa} & & & 4x_2 & - & 4x_3 & = & 10 \end{array}$$

Man wählt nun z.B. $x_3 = t$ und setzt dies in Gleichung IIa ein:

$$\begin{array}{lrcrcrcr} \text{I} & x_1 & + & 2x_2 & - & x_3 & = & 4 \\ \text{IIb} & & & 4x_2 & - & 4t & = & 10 \end{array}$$

auflösen von IIb nach x_2 führt zu: $x_2 = t + 2{,}5$.
Nun wird in I eingesetzt und nach x_1 aufgelöst: $x_1 + 2(t + 2{,}5) - t = 4 \Rightarrow x_1 = -t - 1$.
Damit ist die Lösungsmenge: $L = \{(-t-1; t+2{,}5; t) \mid t \in \mathbb{R}\}$.

e) Gegeben ist das Gleichungssystem:

$$\begin{array}{lrcrcrcr} \text{I} & x & + & 2y & + & z & = & 4 \\ \text{II} & -x & - & 4y & + & z & = & 7 \\ \text{III} & 2x & + & 8y & - & 2z & = & 18 \end{array}$$

addieren von I zu II, sowie Multiplikation von I mit (-2) und addieren zu III führt zu:

$$\begin{array}{lrcrcrcr} \text{I} & x & + & 2y & + & z & = & 4 \\ \text{IIa} & & - & 2y & + & 2z & = & 11 \\ \text{IIIa} & & & 4y & - & 4z & = & 10 \end{array}$$

Multiplikation von IIa mit 2 und addieren zu IIIa führt zu:

$$\begin{array}{lrcrcrcr} \text{I} & x & + & 2y & + & z & = & 4 \\ \text{IIb} & & - & 4y & + & 4z & = & 22 \\ \text{IIIb} & & & & & 0 & = & 32 \end{array}$$

Gleichung IIIb ist ein Widerspruch. Damit ist das Gleichungssystem nicht lösbar und die Lösungsmenge ist leer: $\mathrm{L} = \{\,\}$.

f) Gegeben ist das Gleichungssystem

$$\begin{array}{lrcrcrcr} \text{I} & x & - & y & + & 2z & = & 6 \\ \text{II} & -2x & + & 2y & - & 4z & = & -12 \\ \text{III} & 2x & + & y & + & z & = & 3 \end{array}$$

Der Vergleich der verschiedenen Gleichungen ergibt, dass die erste und die zweite Gleichung ein Vielfaches voneinander sind, denn es ist $\text{II} = -2 \cdot \text{I}$. Die zweite Gleichung kann daher gestrichen werden. Es bleiben folgende Gleichungen:

$$\begin{array}{lrcrcrcr} \text{I} & x & - & y & + & 2z & = & 6 \\ \text{III} & 2x & + & y & + & z & = & 3 \end{array}$$

Addieren von I zu III führt zu:

$$\begin{array}{lrcrcrcr} \text{I} & x & - & y & + & 2z & = & 6 \\ \text{IIIa} & 3x & & & + & 3z & = & 9 \end{array}$$

Man wählt nun z.B. $z = t$ und setzt dies in die Gleichung IIIa ein:

$$\begin{array}{lrcrcrcr} \text{I} & x & - & y & + & 2z & = & 6 \\ \text{IIIb} & 3x & & & + & 3t & = & 9 \end{array}$$

Auflösen von IIIb nach x führt zu: $x = 3 - t$.
Nun wird in I eingesetzt und nach y aufgelöst: $(3-t) - y + 2t = 6 \Rightarrow y = t - 3$. Damit ist die Lösungsmenge: $\mathrm{L} = \{(3-t\,;\,t-3\,;\,t) \mid t \in \mathbb{R}\}$.

5.3 Polynomdivision

a) Die erste Nullstelle wird durch Ausprobieren bestimmt: $x_1 = 1$. Daher wird die Ausgangsgleichung durch $(x-1)$ geteilt:

$$
\begin{array}{l}
\left(x^3 - 2x^2 - 5x + 6\right) : (x-1) = x^2 - x - 6 \\
\underline{-(x^3 - \ x^2)} \\
\quad -x^2 - 5x \\
\quad \underline{-(-x^2 + \ x)} \\
\qquad -6x + 6 \\
\qquad \underline{-(-6x + 6)} \\
\qquad\qquad 0
\end{array}
$$

Lösen der quadratischen Gleichung $x^2 - x - 6 = 0$ mit Hilfe der pq- oder abc-Formel ergibt: $x_2 = 3$ und $x_3 = -2$. Die Linearfaktorzerlegung der Ausgangsgleichung ist damit: $(x-1)\cdot(x-3)\cdot(x+2) = 0$. Die Lösungsmenge ist $\mathrm{L} = \{-2; 1; 3\}$.

b) Die erste Nullstelle wird durch Ausprobieren bestimmt: $x_1 = -1$. Daher wird die Ausgangsgleichung durch $(x-(-1))$, also durch $(x+1)$ geteilt:

$$
\begin{array}{l}
\left(x^3 + 3x^2 - 6x - 8\right) : (x+1) = x^2 + 2x - 8 \\
\underline{-(x^3 + \ x^2)} \\
\quad 2x^2 - 6x \\
\quad \underline{-(2x^2 + 2x)} \\
\qquad -8x - 8 \\
\qquad \underline{-(-8x - 8)} \\
\qquad\qquad 0
\end{array}
$$

Lösen der quadratischen Gleichung $x^2 + 2x - 8 = 0$ mit Hilfe der pq- oder abc-Formel ergibt: $x_2 = 2$ und $x_3 = -4$. Die Linearfaktorzerlegung der Ausgangsgleichung ist damit: $(x+1)\cdot(x-2)\cdot(x+4) = 0$. Die Lösungsmenge ist damit: $\mathrm{L} = \{-4; -1; 2\}$.

c) Die erste Nullstelle wird durch Ausprobieren bestimmt: $x_1 = -1$. Die Ausgangsgleichung wird daher durch $(x+1)$ geteilt:

$$
\begin{array}{l}
\left(x^3 + 0,5x^2 - 3,5x - 3\right) : (x+1) = x^2 - 0,5x - 3 \\
\underline{-(x^3 + \quad x^2)} \\
\quad -0,5x^2 - 3,5x \\
\quad \underline{-(-0,5x^2 - 0,5x)} \\
\qquad -3x - 3 \\
\qquad \underline{-(-3x - 3)} \\
\qquad\qquad 0
\end{array}
$$

Lösen der Gleichung $x^2 - 0,5x - 3 = 0$ mit Hilfe der pq- oder abc-Formel ergibt: $x_2 = -1,5$ und $x_3 = 2$. Die Linearfaktorzerlegung der Ausgangsgleichung ist damit: $(x+1)\cdot(x+1,5)\cdot(x-2) = 0$. Die Lösungsmenge ist $\mathrm{L} = \{-1,5; -1; 2\}$.

d) Die erste Nullstelle wird durch Ausprobieren bestimmt: $x_1 = 2$. Die Ausgangsgleichung wird daher durch $(x-2)$ geteilt:

$$
\begin{array}{l}
\left(x^3 - 4,5x^2 + 3,5x + 3\right) : (x-2) = x^2 - 2,5x - 1,5 \\
\underline{-(x^3 - \quad 2x^2)} \\
\qquad -2,5x^2 + 3,5x \\
\quad \underline{-(-2,5x^2 + \quad 5x)} \\
\qquad\qquad -1,5x + 3 \\
\qquad\qquad \underline{-(-1,5x + 3)} \\
\qquad\qquad\qquad 0
\end{array}
$$

Lösen der Gleichung $x^2 - 2,5x - 1,5 = 0$ mit Hilfe der pq- oder abc-Formel ergibt: $x_2 = 3$ und $x_3 = -0,5$. Die Linearfaktorzerlegung der Ausgangsgleichung ist damit: $(x-2) \cdot (x-3) \cdot (x+0,5) = 0$. Die Lösungsmenge ist $\mathrm{L} = \{-0,5\,; 2\,; 3\}$.

e) Die erste Nullstelle wird durch Ausprobieren bestimmt: $x_1 = 1$. Daher wird die Ausgangsgleichung durch $(x-1)$ geteilt:

$$
\begin{array}{l}
\left(x^4 - x^3 - 13x^2 + x + 12\right) : (x-1) = x^3 - 13x - 12 \\
\underline{-(x^4 - x^3)} \\
\qquad -13x^2 + x \\
\quad \underline{-(-13x^2 + 13x)} \\
\qquad\qquad -12x + 12 \\
\qquad\qquad \underline{-(-12x + 12)} \\
\qquad\qquad\qquad 0
\end{array}
$$

Da nun eine Gleichung 3. Ordnung vorliegt, wird eine weitere Polynomdivision durchgeführt: Ausprobieren führt zu $x_2 = -1$ als weitere Nullstelle. Daher wird die Gleichung durch $(x+1)$ geteilt, wobei der Ausdruck $0x^2$ in die Ausgangsgleichung $x^3 - 13x - 12 = 0$ eingefügt wird, um die Übersichtlichkeit zu erhalten.

$$
\begin{array}{l}
\left(x^3 + 0x^2 - 13x - 12\right) : (x+1) = x^2 - x - 12 \\
\underline{-(x^3 + \quad x^2)} \\
\qquad -x^2 - 13x \\
\quad \underline{-(-x^2 - \quad x)} \\
\qquad\qquad -12x - 12 \\
\qquad\quad \underline{-(-12x - 12)} \\
\qquad\qquad\qquad 0
\end{array}
$$

Lösen der quadratischen Gleichung $x^2 - x - 12 = 0$ mit Hilfe der pq- oder abc-Formel ergibt: $x_3 = 4$ und $x_4 = -3$. Die Linearfaktorzerlegung der Ausgangsgleichung ist damit: $(x-1) \cdot (x+1) \cdot (x-4) \cdot (x+3) = 0$. Die Lösungsmenge ist $\mathrm{L} = \{-3\,; -1\,; 1\,; 4\}$.

5.4 Trigonometrische Gleichungen

a) Die Substitution $3x = z$ führt zu $\sin z = 1$ mit den Lösungen $z = \frac{\pi}{2} + k \cdot 2\pi$; $k \in \mathbb{Z}$, also sind $z_1 = \frac{\pi}{2}$, $z_2 = \frac{5}{2}\pi$, $z_3 = \frac{9}{2}\pi, \ldots$ mögliche Lösungen.
Die Resubstitution $z_1 = \frac{\pi}{2} = 3x_1$ ergibt $x_1 = \frac{\pi}{6}$, $z_2 = \frac{5}{2}\pi = 3x_2$ ergibt $x_2 = \frac{5}{6}\pi$, $z_3 = \frac{9}{2}\pi = 3x_3$ ergibt $x_3 = \frac{3}{2}\pi$, $z_4 = \frac{13}{2}\pi$ ergibt keine weitere Lösung.
Als Lösungsmenge erhält man $\mathrm{L} = \left\{ \frac{1}{6}\pi; \frac{5}{6}\pi; \frac{3}{2}\pi \right\}$.

b) Die Substitution $4x = z$ führt zu $\sin z = 0$ mit den Lösungen $z = k \cdot \pi$; $k \in \mathbb{Z}$, also sind $z_1 = 0$, $z_2 = \pi$, $z_3 = 2\pi, \ldots$ mögliche Lösungen.
Die Resubstitution $z_1 = 0 = 4x_1$ ergibt $x_1 = 0$, $z_2 = \pi = 4x_2$ ergibt $x_2 = \frac{\pi}{4}$, $z_3 = 2\pi = 4x_3$ ergibt $x_3 = \frac{\pi}{2}$, $z_4 = 3\pi = 4x_4$ ergibt $x_4 = \frac{3}{4}\pi$, $z_5 = 4\pi = 4x_5$ ergibt $x_5 = \pi$, $z_6 = 5\pi$ ergibt keine weitere Lösung.
Als Lösungsmenge erhält man $\mathrm{L} = \left\{ 0; \frac{1}{4}\pi; \frac{1}{2}\pi; \frac{3}{4}\pi; \pi \right\}$.

c) Die Substitution $2x = z$ führt zu $\cos z = -1$ mit den Lösungen $z = \pi + k \cdot 2\pi$; $k \in \mathbb{Z}$, also sind $z_1 = \pi$, $z_2 = 3\pi$, $z_3 = 5\pi, \ldots$ mögliche Lösungen.
Die Resubstitution $z_1 = \pi = 2x_1$ ergibt $x_1 = \frac{\pi}{2}$, $z_2 = 3\pi = 2x_2$ ergibt $x_2 = \frac{3}{2}\pi$, $z_3 = 5\pi$ ergibt keine weitere Lösung.
Als Lösungsmenge erhält man $\mathrm{L} = \left\{ \frac{1}{2}\pi; \frac{3}{2}\pi \right\}$.

d) Die Substitution $3x = z$ führt zu $\cos z = 0$ mit den Lösungen $z = \frac{\pi}{2} + k \cdot \pi$; $k \in \mathbb{Z}$, also sind $z_1 = \frac{\pi}{2}$, $z_2 = \frac{3}{2}\pi$, $z_3 = \frac{5}{2}\pi, \ldots$ mögliche Lösungen.
Die Resubstitution $z_1 = \frac{\pi}{2} = 3x_1$ ergibt $x_1 = \frac{\pi}{6}$, $z_2 = \frac{3}{2}\pi = 3x_2$ ergibt $x_2 = \frac{\pi}{2}$, $z_3 = \frac{5}{2}\pi = 3x_3$ ergibt $x_3 = \frac{5}{6}\pi$, $z_4 = \frac{7}{2}\pi$ ergibt keine weitere Lösung.
Als Lösungsmenge erhält man $\mathrm{L} = \left\{ \frac{1}{6}\pi; \frac{1}{2}\pi; \frac{5}{6}\pi \right\}$.

e) Die Substitution $x - \pi = z$ führt zu $\sin z = 0$ mit den Lösungen $z = k \cdot \pi$; $k \in \mathbb{Z}$, also sind $z_1 = 0$, $z_2 = \pi$, $z_3 = -\pi$, $z_4 = 2\pi$, $z_5 = -2\pi$
Die Resubstitution $z_1 = 0 = x_1 - \pi$ ergibt $x_1 = \pi$, $z_2 = \pi = x_2 - \pi$ ergibt $x_2 = 2\pi$, $z_3 = -\pi = x_3 - \pi$ ergibt $x_3 = 0$, $z_{4,5} = \pm 2\pi$ ergeben keine weiteren Lösungen.
Als Lösungsmenge erhält man $\mathrm{L} = \{0; \pi; 2\pi\}$.

f) Die Substitution $2x - \pi = z$ führt zu $\sin z = 1$ mit den Lösungen $z = \frac{\pi}{2} + k \cdot 2\pi$; $k \in \mathbb{Z}$, also sind $z_1 = \frac{\pi}{2}$, $z_2 = \frac{5}{2}\pi$, $z_3 = \frac{9}{2}\pi, \ldots$ mögliche Lösungen.
Die Resubstitution $z_1 = \frac{\pi}{2} = 2x_1 - \pi$ ergibt $x_1 = \frac{3}{4}\pi$, $z_2 = \frac{5}{2}\pi = 2x_2 - \pi$ ergibt $x_2 = \frac{7}{4}\pi$, $z_3 = \frac{9}{2}\pi$ ergibt keine weitere Lösung.
Als Lösungsmenge erhält man $\mathrm{L} = \left\{ \frac{3}{4}\pi; \frac{7}{4}\pi \right\}$.

g) Die Substitution $2x + \pi = z$ führt zu $\cos z = -1$ mit den Lösungen $z = \pi + k \cdot 2\pi$; $k \in \mathbb{Z}$, also $z_1 = \pi$, $z_2 = 3\pi$, $z_3 = 5\pi, \ldots$ mögliche Lösungen.
Die Resubstitution von $z_1 = \pi = 2x_1 + \pi$ ergibt $x_1 = 0$, $z_2 = 3\pi = 2x + \pi$ ergibt $x_2 = \pi$, $z_3 = 5\pi = 2x_3 + \pi$ ergibt $x_3 = 2\pi$, $z_4 = 7\pi$ ergibt keine weitere Lösung.
Als Lösungsmenge erhält man $\mathrm{L} = \{0; \pi; 2\pi\}$.

h) Die Substitution $2x+\pi = z$ führt zu $\cos z = 0$ mit den Lösungen $z = \frac{\pi}{2} + k\cdot\pi$; $k \in \mathbb{Z}$, also sind $z_1 = \frac{\pi}{2}$, $z_2 = \frac{3}{2}\pi$, $z_3 = \frac{5}{2}\pi, \ldots$ mögliche Lösungen.
Die Resubstitution $z_1 = \frac{\pi}{2} = 2x_1 + \pi$ ergibt keine mögliche Lösung, $z_2 = \frac{3}{2}\pi = 2x_2 + \pi$ ergibt $x_2 = \frac{\pi}{4}$, $z_3 = \frac{5}{2}\pi = 2x_3 + \pi$ ergibt $x_3 = \frac{3}{4}\pi$, $z_4 = \frac{7}{2}\pi$ ergibt keine weitere Lösung.
Als Lösungsmenge erhält man $\mathrm{L} = \left\{\frac{1}{4}\pi; \frac{3}{4}\pi\right\}$.

i) $(x-t)\cdot\sin x = 0$ führt zu $x-t=0$ mit der Lösung $x_1 = t$ und zu $\sin x = 0$ mit den Lösungen $x_2 = 0$ und $x_3 = \pi$.
Als Lösungsmenge erhält man $\mathrm{L} = \{0; t; \pi\}$.

j) $(2a-x)\cdot\cos x = 0$ führt zu $2a-x=0$ mit der Lösung $x_1 = 2a$ und zu $\cos x = 0$ mit der Lösung $x_2 = \frac{\pi}{2}$.
Als Lösungsmenge erhält man $\mathrm{L} = \left\{2a; \frac{1}{2}\pi\right\}$.

k) $ax\cdot\sin x = 0$ führt zu $ax = 0$ mit der Lösung $x_1 = 0$ und zu $\sin x = 0$ mit den weiteren Lösungen $x_2 = \pi$ und $x_3 = 2\pi$.
Als Lösungsmenge erhält man $\mathrm{L} = \{0; \pi; 2\pi\}$.

l) $(tx)\cdot\cos x = 0$ führt zu $tx = 0$ mit der Lösung $x_1 = 0$ und zu $\cos x = 0$ mit der Lösung $x_2 = \frac{\pi}{2}$.
Als Lösungsmenge erhält man $\mathrm{L} = \left\{0; \frac{1}{2}\pi\right\}$.

6 Eigenschaften von Kurven

6.1 Graph der Ableitungsfunktion, Aussagen bewerten

6.1.1 f_1 bis f_4

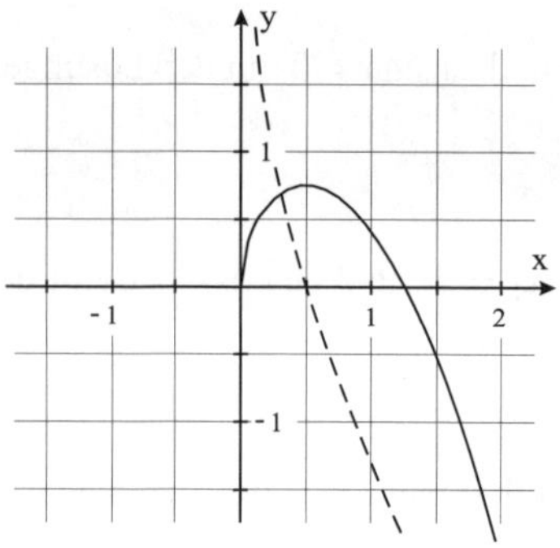

f_1

Extremwert:	$x = 0,5$	$\Rightarrow f'(0,5) \approx 0$
Punkt 1:	$x = 0,75$	$\Rightarrow f'(0,75) \approx -\frac{1}{2}$
Punkt 2:	$x = 1,5$	$\Rightarrow f'(1,5) \approx -2$

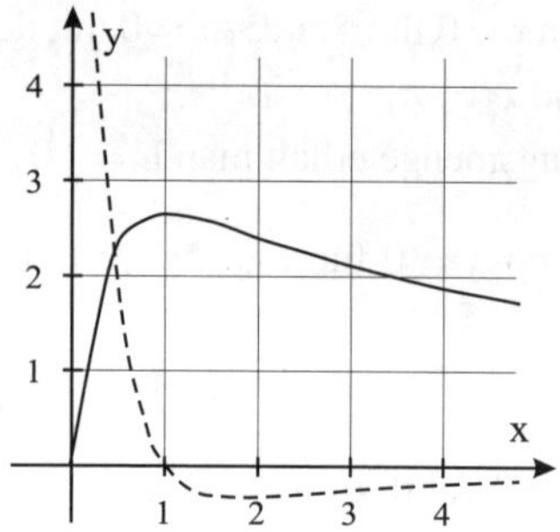

f_2

Punkt 1:	$x = 0,5$	$\Rightarrow f'(0,5) \approx 2$
Extremwert:	$x \approx 1$	$\Rightarrow f'(1) = 0$
Wendepunkt:	$x \approx 2,2$	$\Rightarrow f'(2,2) \approx -\frac{1}{3}$

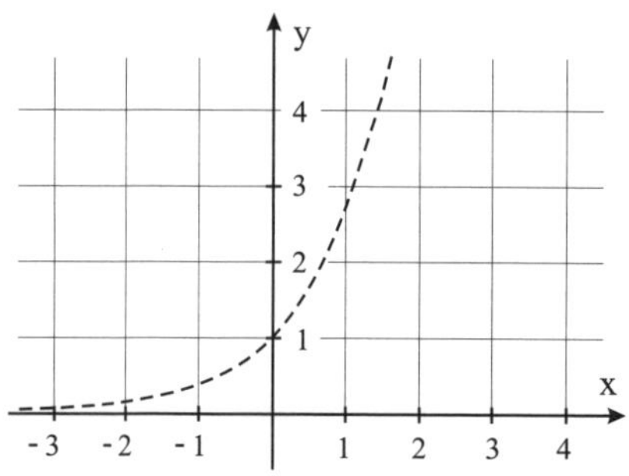

f_3

Punkt 1:	$x = -1$	$\Rightarrow f'(-1) \approx \frac{1}{3}$
Punkt 2:	$x = 0$	$\Rightarrow f'(0) \approx 1$
Punkt 3:	$x = 1$	$\Rightarrow f'(1) \approx 3$

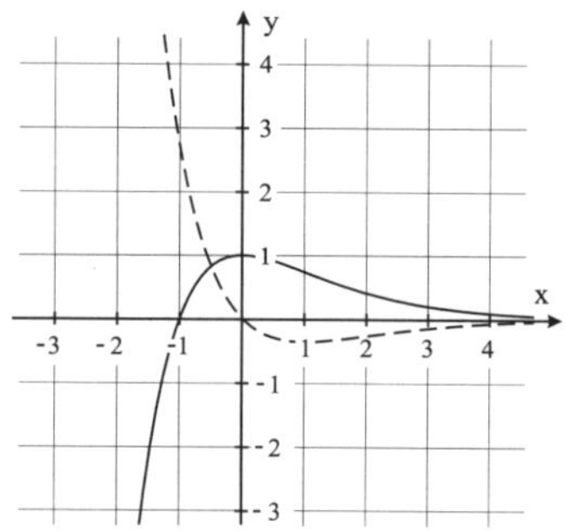

f_4

Punkt 1:	$x = -1$	$\Rightarrow f'(-1) \approx 2$
Extremwert:	$x = 0$	$\Rightarrow f'(0) = 0$
Wendepunkt:	$x \approx 1$	$\Rightarrow f'(1) \approx -\frac{1}{3}$

Bemerkung: Bei f_3 handelt es sich um die Funktion $f(x) = e^x$, daher sind Kurve und Ableitungskurve identisch.

Bewertung der Aussagen:	f' hat bei $x = 1$ ein relatives Maximum	$\not{f}_1$	$\not{f}_2$	$\not{f}_3$	$\not{f}_4$
	f' ist für $x > 0$ monoton fallend	f_1	$\not{f}_2$	$\not{f}_3$	$\not{f}_4$
	f' ist für $x > 0$ monoton steigend	$\not{f}_1$	$\not{f}_2$	f_3	$\not{f}_4$
	f' ist für $x > 1$ negativ	f_1	f_2	$\not{f}_3$	f_4

6.1.2 f_5 bis f_8

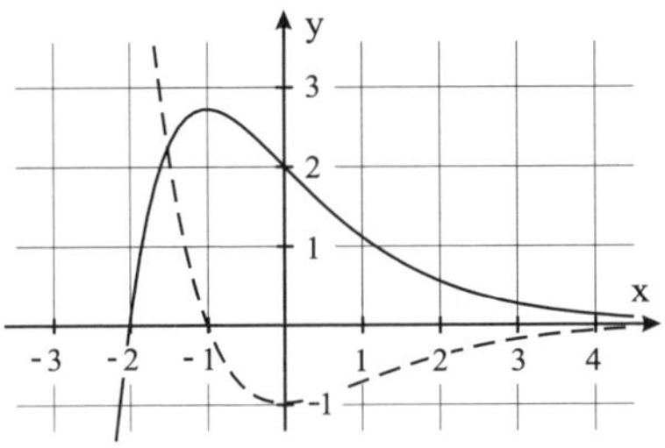

f_5

Punkt 1:	$x = -2$	$\Rightarrow f'(-2) \approx 4,5$
Extremwert:	$x = -1$	$\Rightarrow f'(-1) = 0$
Wendepunkt:	$x = 0$	$\Rightarrow f'(0) \approx -1$
Punkt 3:	$x = 2$	$\Rightarrow f'(2) \approx -\frac{1}{3}$

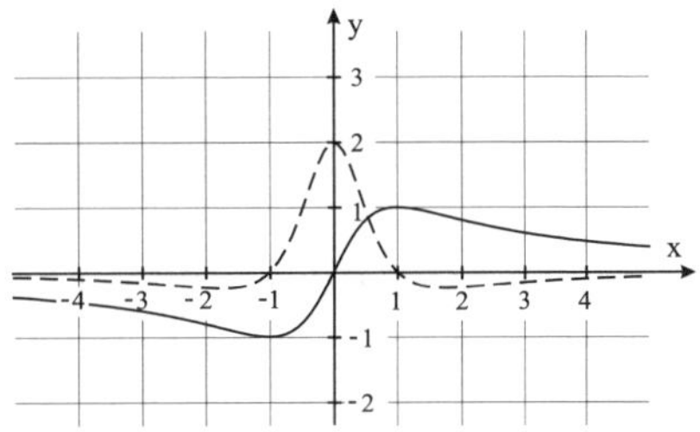

f_6

Wendepunkte:	$x = \pm 2$	$\Rightarrow f'(\pm 2) \approx -\frac{1}{3}$
Extremwert:	$x = -1$	$\Rightarrow f'(-1) = 0$
Wendepunkt:	$x = 0$	$\Rightarrow f'(0) \approx 2$
Extremwert:	$x = 1$	$\Rightarrow f'(1) = 0$

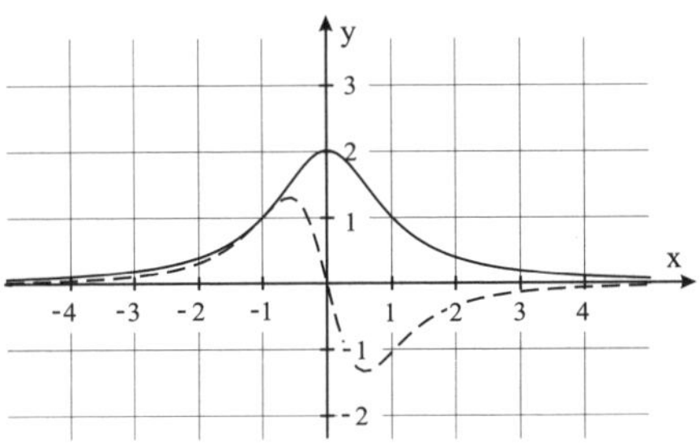

f_7

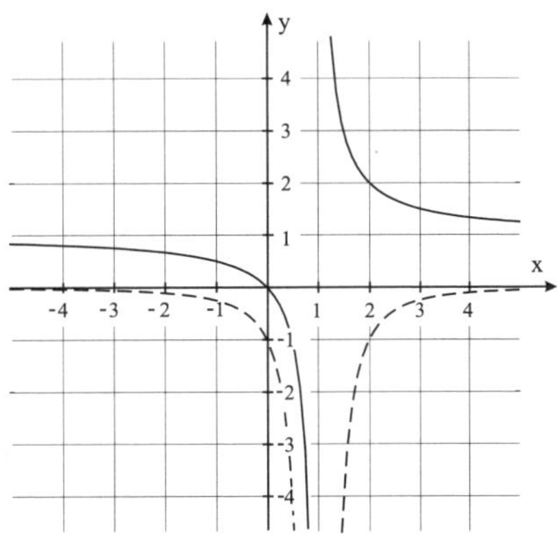

f_8

Wendepunkt:	$x=-1$	$\Rightarrow f'(-1)\approx 1$	Punkt 1:	$x=-1$	$\Rightarrow f'(-1)\approx -\frac{1}{4}$
Extrempunkt:	$x=0$	$\Rightarrow f'(0)=0$	Punkt 2:	$x=0$	$\Rightarrow f'(0)=-1$
Wendepunkt:	$x=1$	$\Rightarrow f'(1)\approx -1$	Punkt 3:	$x=1{,}5$	$\Rightarrow f'(1{,}5)\approx -4$
Punkt 1:	$x=2$	$\Rightarrow f'(2)\approx -\frac{1}{3}$	Punkt 4:	$x=3$	$\Rightarrow f'(3)\approx -\frac{1}{3}$

Bewertung der Aussagen:					
	$f'(x)<0$	~~f_5~~	~~f_6~~	~~f_7~~	f_8
	$f''(0)=0$	f_5	f_6	~~f_7~~	~~f_8~~
	$f'(1)=f'(-1)$	~~f_5~~	f_6	~~f_7~~	~~f_8~~

6.2 Aussagen über die Funktion bei gegebener Ableitungsfunktion treffen

Aufgabe I

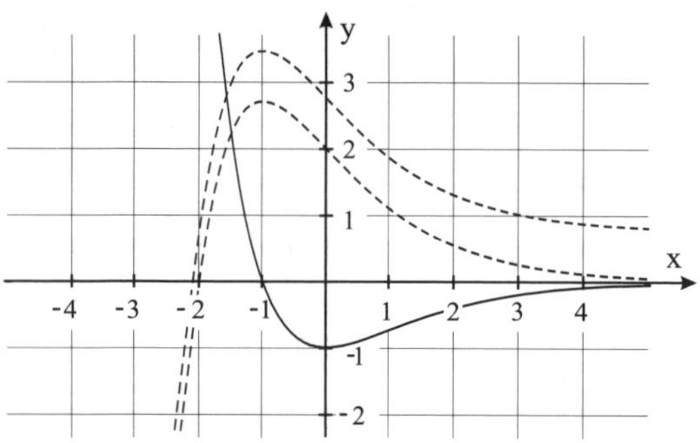

- Ableitung $f'(x)$: ——
- Mögliche Funktionen $f(x)$: - - -
- Die Funktion ist in Bezug auf Verschiebungen in y-Richtung nicht festgelegt.

a) Antwort: nein, die Ableitungskurve hat an dieser Stelle einen Extrempunkt, daher hat der Graph der Funktion für $x=0$ einen Wendepunkt.

b) Antwort: ja, die Ableitungskurve hat an dieser Stelle eine Nullstelle und einen Vorzeichenwechsel. Dies bedeutet, dass der Graph der Funktion einen Extrempunkt für $x=-1$ besitzt. Da die Tangenten in Extrempunkten immer waagerecht sind (Steigung $=0$), ist die Aussage richtig.

c) Antwort: nein, die Kurve der Ableitung hat an der Stelle $x=0$ einen Tiefpunkt. Das bedeutet, dass der Graph der Funktion f an dieser Stelle einen Wendepunkt besitzt.

d) Antwort: unentscheidbar, die Stammfunktion ist in Bezug auf eine Verschiebung in y-Richtung unbestimmt, da das absolute Glied nicht gegeben ist.

Aufgabe II

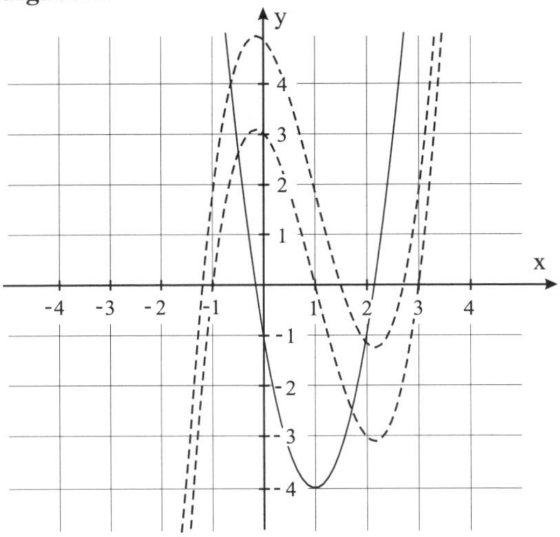

- Ableitung $f'(x)$: ——
- Mögliche Funktionen $f(x)$: - - -
- Die Funktion ist in Bezug auf Verschiebungen in y-Richtung nicht festgelegt.

a) Antwort: nein, der Graph der angegebenen Ableitungsfunktion f' hat an dieser Stelle einen Tiefpunkt. Das bedeutet, dass der Graph der Funktion f für $x = 1$ einen Wendepunkt besitzt.

b) Antwort: ja, der Graph der Ableitungsfunktion hat für $x \approx -0,2$ eine Nullstelle. Zusätzlich wechselt das Vorzeichen von f' von $+$ nach $-$ (die Steigung war erst positiv und ist nun negativ): Es liegt ein Hochpunkt vor.

c) Antwort: ja, da es sich bei der Ableitungsfunktion um eine Parabel handelt, muss die Funktion f eine ganzrationale Funktion genau 3. Grades sein.

d) Antwort: ja, die Gerade $y = 2x$ hat die Steigung 2. Die Funktionswerte der angegebenen Ableitungsfunktion f' geben in jedem Punkt die Steigung der Funktion f an. Die Ableitungsfunktion hat für $x \approx 2,4$ den Wert $f'(2,4) = 2$. Daher ist die Tangente parallel zur Geraden $y = 2x$.

Aufgabe III

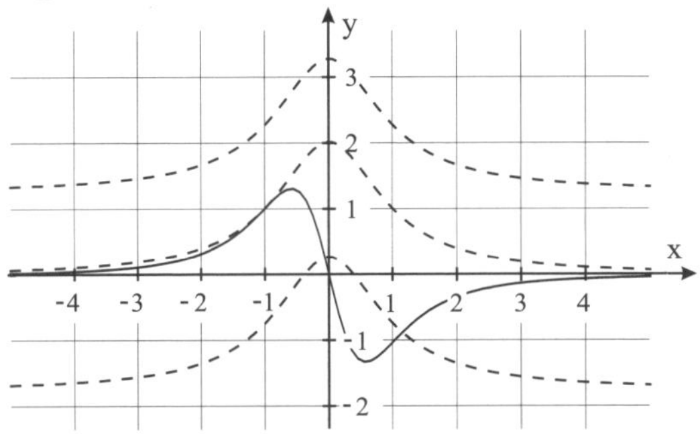

- Ableitung $f'(x)$: ——
- Mögliche Funktionen $f(x)$: - - -
- Die Funktion ist in Bezug auf Verschiebungen in y-Richtung nicht festgelegt.

a) Antwort: ja, bei $x = 0$ wechselt f' das Vorzeichen von $+$ nach $- \Rightarrow$ Der Graph von f hat bei $x = 0$ einen Hochpunkt. Der gezeichnete Graph der Ableitungsfunktion ist ursprungssymmetrisch, damit unterscheiden sich die Steigungswerte rechts und links der y-Achse nur durch ihr Vorzeichen und der Graph von f ist y-achsensymmetrisch.

b) Antwort: unentscheidbar, die Funktion lässt sich nur bis auf eine Konstante genau bestimmen, daher kann der Graph nach oben oder unten verschoben sein.

c) Antwort: nein, die angegebene Ableitungsfunktion f' hat für $x = 0$ zwar eine Nullstelle, es handelt sich aber um einen Hochpunkt des Graphen von f, da an der Nullstelle ein Vorzeichenwechsel von $+$ nach $-$ stattfindet.

d) Antwort: nein, die gezeichnete Ableitungsfunktion f' hat nur eine Nullstelle mit Vorzeichenwechsel. Daher besitzt der Graph von f genau einen Extrempunkt.

6.3 Interpretation von Graphen

Aufgabe I

a) Besondere Punkte im Graph sind alle Punkte, an denen sich die Steigung der Kurve stark ändert. Dies ist zuerst am Anfang ($t = 0$), dann nach ca. 10 Tagen der Fall, wenn die Kurve waagerecht wird. Der nächste besondere Punkt ist nach ca. 40 Tagen: die Kurve steigt wieder an. Der letzte wichtige Punkt kommt bei ca. 60 Tagen: Die Anzahl der verkauften Artikel steigt fast nicht mehr an.

b) Keine! Die y-Achse gibt die Absolutanzahl der verkauften Artikel an (und nicht die verkauften Artikel pro Tag). Da die Kurve in der Zeit zwischen der 3. und 4. Woche waagerecht verläuft, sind keine Artikel verkauft worden.

c) Nach 40 Tagen hat die Firma ca. 150 Artikel verkauft, nach 60 Tagen ca. 680. Um die durchschnittliche Verkaufszahl zu ermitteln, berechnet man den Durchschnitt:
$\frac{680-150}{60-40} = \frac{530}{20} = 26,5$. Soweit sich die Zahlen an der Kurve genau ablesen lassen, hat die Firma in der Zeit vom 40. bis zum 60. Tag durchschnittlich 27 Artikel pro Tag verkauft.

d) Man legt eine Hilfsgerade durch die Kurve, die der Steigung des 50. Tages entspricht. Die Steigung dieser Gerade ermittelt man durch «Abzählen»: $m \approx \frac{780}{20} = 39$. Also ist die Verkaufsrate am 50. Tag ca. 39 Artikel pro Tag.

e) Die Zukunftsprognose ist eher schlecht, da die Kurve sich der 800-Artikel-Marke nur sehr langsam annähert. In der Zeit zwischen dem 65. und dem 130. Tag wurden fast keine Artikel mehr verkauft.

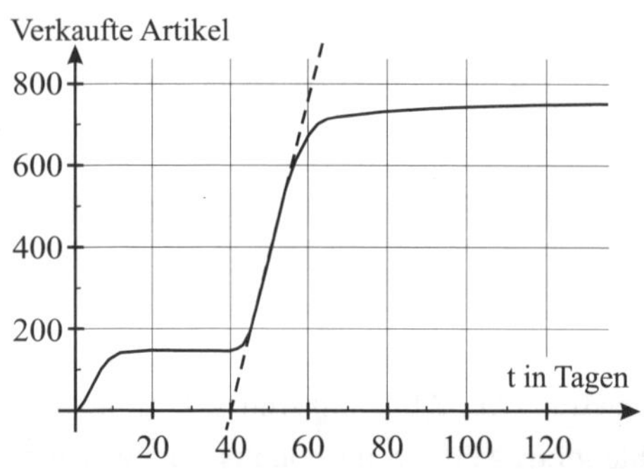

Aufgabe I

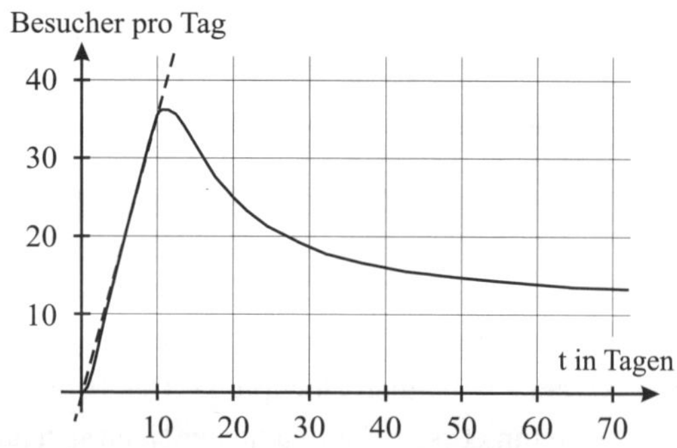

Aufgabe II

Aufgabe II

a) Besondere Punkte im Graph der Funktion sind die Punkte, an denen sich die Steigung der Kurve stark ändert. In dieser Aufgabe betrifft dies vor allem den Bereich zwischen 10 und 12 Tagen, da hier die Anzahl der Besucher pro Tag nicht mehr zunimmt, sondern kurz stagniert, um dann abzunehmen.
Auch die Punkte zwischen 12 und 60 Tagen könnten als «besondere» Punkte bezeichnet werden: Die Steigung verändert sich auch hier, die Abnahme der Besucherzahlen ist nicht mehr so stark wie am Anfang, sondern langsamer.

b) Der Bereich um $t = 11$ sind die Tage, an denen die Ausstellung am besten besucht war.

c) Um genau herauszufinden, wie viele Besucher die Ausstellung in den ersten 10 Tagen besucht haben, müsste man die Kurve integrieren. Ohne eine Kenntnis des Funktionsterms ist dies aber nicht ohne weiteres möglich. Da die Kurve am Anfang aber fast gerade verläuft, kann man sie durch eine Gerade mit der Steigung $m = \frac{35}{10} \approx 3,5$ annähern. Die Gesamtbesucherzahl entspricht der Fläche unter dieser Geraden. Diese Fläche kann man mit der Dreiecksflächenformel ausrechnen: $A = \frac{1}{2} \cdot 10 \cdot 35 = 175$ FE. Das bedeutet, dass in den ersten 10 Tagen ca. 175 Besucher die Ausstellung gesehen haben (alternativ könnte man auch die Gleichung der Gerade aufstellen: $y = 3,5x$ und diese in den Grenzen $t = 0$ und $t = 10$ integrieren).

d) Nach 80 Tagen kann man ca. 12 Besucher pro Tag erwarten. Die tägliche Besucherzahl nähert sich dem Wert 10 asymptotisch an.

Aufgabe III

a) Die Werbeaktion mit den Flyern wurde wahrscheinlich in der ersten Woche durchgeführt, die Fernsehspots ab Anfang der 3. Woche gesendet (diese Werte müssen Schätzungen bleiben, da nicht bekannt ist, wie lange die Werbeaktionen durchgeführt wurden).

b) Der Graph der Funktion besitzt für $t = 1$ eine lokale Extremstelle (ein lokales Maximum). Ein lokales Maximum ist nur auf eine Umgebung um t bezogen ein Maximum. Das Maximum für $t = 4$ hingegen ist ein globales Maximum. An der Stelle $t = 2$ besitzt die Funktion ein lokales Mimimum. Auch dieses Minimum ist nur in Bezug auf die Umgebung von t ein Minimum. Der Punkt $P(0 \mid 0)$ ist ein Randminimum, da er am Rand des in der Zeichnung angegebenen Intervalls liegt.

c) Funktionen, die keine lokalen Extremstellen besitzen, sind Geraden wie $f(x) = x$ oder $f(x) = 2x + 1$. Auch die e-Funktion $f(x) = e^x$ oder einige gebrochenrationale Funktionen wie $f(x) = \frac{1}{x}$ besitzen keine lokalen Extremstellen.

7 Kurvendiskussion

7.1 Elemente der Kurvendiskussion

a) $f(x) = x^2 \cdot e^x$, Ableiten (Produktregel) und Ausklammern ergibt $f'(x) = (x^2 + 2x) \cdot e^x$. Erneutes Ableiten (Produktregel) und Ausklammern ergibt $f''(x) = \left(x^2 + 4x + 2\right) \cdot e^x$. Einsetzen von $x = 0$: $f'(0) = (0^2 + 2 \cdot 0)e^0 = 0 \Rightarrow$ die Funktion hat einen Extremwert für $x = 0$. Überprüfen in $f''(x) : f''(0) = (0^2 + 4 \cdot 0 + 2)e^0 = 2$, es ist $2 > 0 \Rightarrow$ Es handelt sich um ein Minimum.

b) $f(x) = 3x^3 + 4$, Ableiten ergibt $f'(x) = 9x^2$, $f''(x) = 18x$, $f'''(x) = 18$. Einsetzen von $x = 0$: $f'(0) = 0$. Außerdem hat $f'(x)$ bei $x = 0$ keinen Vorzeichenwechsel $\Rightarrow$ der Graph der Funktion besitzt einen Sattelpunkt in $(0 \mid 4)$.

c) $\lim\limits_{x\to\infty} \left(x^2 \cdot e^{-x} + 1\right) = \lim\limits_{x\to\infty} x^2 \cdot e^{-x} + \lim\limits_{x\to\infty} 1$.
Es ist $\lim\limits_{x\to\infty} x^2 \cdot e^{-x} = 0$ und $\lim\limits_{x\to\infty} 1 = 1$.
Damit ist $y = 1$ die Asymptote der Funktion für $x \to \infty$.

d) Es ist $f(x) = \frac{1}{4}x^4 - x^3 + 4x - 2$, $f'(x) = x^3 - 3x^2 + 4$, $f''(x) = 3x^2 - 6x$, $f'''(x) = 6x - 6$
Einsetzen von $x = 2$: $f'(2) = 0$, $f''(2) = 0$, $f'''(2) = 6 \neq 0$. Der Punkt $(2 \mid 2)$ ist daher ein Sattelpunkt und kein Tiefpunkt.

e) Es ist $f'(x) = 2xe^{-x} + x^2 \cdot e^{-x} \cdot (-1) = \left(2x - x^2\right) e^{-x}$.
Bei Punkten mit waagerechter Tangente ist $f'(x) = 0$, also $\left(2x - x^2\right) e^{-x} = 0 \Rightarrow x_1 = 0$ und $x_2 = 2$. Um die y-Werte zu erhalten, setzt man die x-Werte in $f(x)$ ein: $y_1 = 0^2 e^{-0} = 0$ und $y_2 = 2^2 e^{-2} = 4e^{-2} \Rightarrow \mathrm{P}_1\,(0 \mid 0)$ und $\mathrm{P}_2\left(2 \mid 4e^{-2}\right)$. Die Steigung zwischen den zwei Punkten ist $m = \frac{y_2 - y_1}{x_2 - x_1} = \frac{4e^{-2} - 0}{2 - 0} = 2 \cdot e^{-2}$. Eingesetzt in die Punkt-Steigungsform $y - y_1 = m \cdot (x - x_1)$ ergibt sich $y - 0 = 2e^{-2} \cdot (x - 0)$, also hat die Gerade die Gleichung $y = 2e^{-2} \cdot x$.

f) Es ist $f'(x) = 1e^{-x} + x \cdot e^{-x} \cdot (-1) = (1 - x)e^{-x}$,
$f''(x) = -1e^{-x} + (1 - x)e^{-x} \cdot (-1) = (x - 2)e^{-x}$,
$f'''(x) = 1e^{-x} + (x - 2)e^{-x} \cdot (-1) = (3 - x)e^{-x}$.
Setzt man $f''(x) = 0$, so erhält man $(x - 2)e^{-x} = 0 \Rightarrow x = 2$.
Setzt man $x = 2$ in $f'''(x)$ ein, so ergibt sich $f'''(2) = (3 - 2)e^{-2} \neq 0$, also existiert genau ein Wendepunkt $\mathrm{W}\left(2 \mid 2e^{-2}\right)$.

g) Es ist $f'(x) = (x - 2)^3$.
Da $f'(2) = (2 - 2)^3 = 0$, ist die notwendige Bedingung für einen lokalen Tiefpunkt erfüllt. Zur Ermittlung des Vorzeichenwechsels betrachtet man x-Werte, die kleiner bzw. größer als 2 sind:
$x < 2 \Rightarrow f'(x) < 0$, da der Term in der Klammer kleiner als Null ist und «hoch 3» das Vorzeichen beibehält.
$x > 2 \Rightarrow f'(x) > 0$, da der Term in der Klammer größer als Null ist und «hoch 3» das

Vorzeichen beibehält.
Somit wechselt f' das Vorzeichen an der Stelle $x = 2$ von $-$ nach $+$.
Also hat der Graph von f bei $x = 2$ einen Tiefpunkt.

7.2 Funktionenscharen/ Funktionen mit Parameter

a) I) Es handelt sich bei den Graphen von f_t um parallele Geraden mit der Steigung $m = \frac{1}{2}$, die je nach Wert von t entlang der y-Achse verschoben werden (siehe Zeichnung).

II) Der Punkt $P_1(2 \mid 3)$ wird in die Gleichung eingesetzt und liefert $3 = \frac{1}{2} \cdot 2 + t$. Umstellen nach t ergibt $t = 2$. Die Funktion ist damit $f_2(x) = \frac{1}{2}x + 2$.
Der Punkt $P_2(1 \mid 2)$ wird in die Gleichung eingesetzt und liefert $2 = \frac{1}{2} \cdot 1 + t$. Umstellen nach t ergibt $t = \frac{3}{2}$. Die Funktion ist damit $f_{\frac{3}{2}}(x) = \frac{1}{2}x + \frac{3}{2}$.

b) I) Es handelt sich bei den Graphen von f_t um Geraden, die alle durch den Punkt $(0 \mid 2)$ gehen (siehe Zeichnung), bei Variation von t verändert sich die Steigung der Geraden.

II) Der Punkt $P_1(1 \mid 5)$ wird in die Gleichung eingesetzt und liefert $5 = t \cdot 1 + 2$. Umstellen nach t ergibt $t = 3$. Die Funktion ist damit $f_3(x) = 3x + 2$.
Der Punkt $P_2(1 \mid 1{,}5)$ wird in die Gleichung eingesetzt und liefert $1{,}5 = t \cdot 1 + 2$. Umstellen nach t ergibt $t = -\frac{1}{2}$. Die Funktion ist damit $f_{-\frac{1}{2}}(x) = -\frac{1}{2}x + 2$.

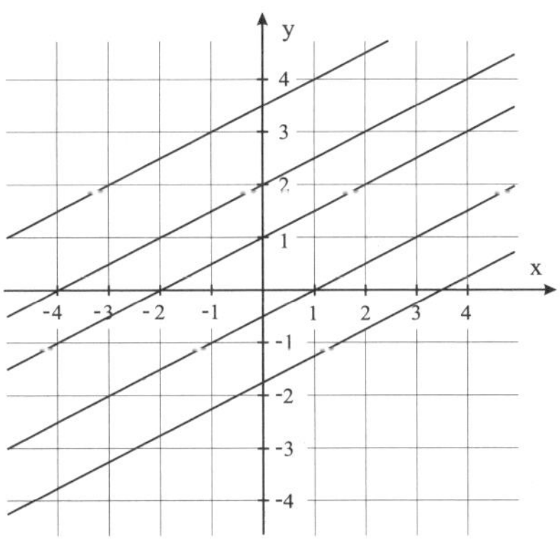

Kurvenschar a)

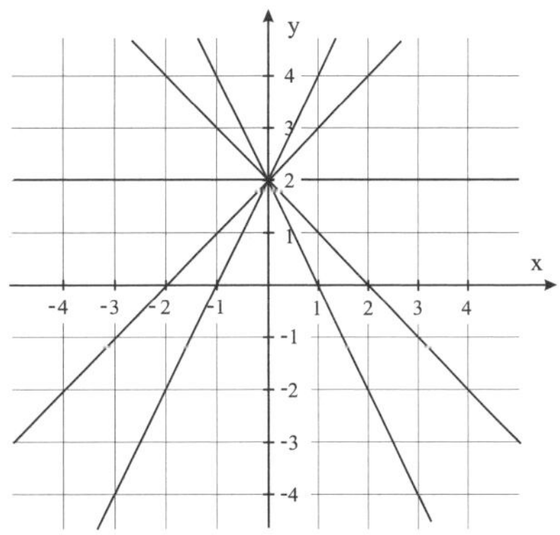

Kurvenschar b)

c) I) Es handelt sich bei den Graphen von f_t um Geraden, die alle durch den Punkt $(2 \mid 0)$ gehen. Man kann dies an der Funktion sehen, wenn man t ausklammert:
$f_t(x) = tx - 2t = t(x-2)$. Es handelt sich um eine gegenüber der Geraden $y = t \cdot x$ um 2 LE nach rechts verschobene Gerade (siehe Zeichnung).

II) Der Punkt $P_1(3 \mid 2)$ wird in die Gleichung eingesetzt und liefert $2 = t \cdot 3 - 2 \cdot t$. Umstellen nach t ergibt $t = 2$. Die Funktion ist damit $f_2(x) = 2x - 4$.
Der Punkt $P_2(1 \mid \frac{1}{2})$ wird in die Gleichung eingesetzt und liefert $\frac{1}{2} = t \cdot 1 - 2 \cdot t$. Umstellen nach t ergibt $t = -\frac{1}{2}$. Die Funktion ist damit $f_{-\frac{1}{2}}(x) = -\frac{1}{2}x + 1$.

d) I) Es handelt sich bei den Graphen von f_t um Parabeln, die symmetrisch zur y-Achse sind. Je nach Wert von t sind die Parabeln «gestreckt» oder «gestaucht». Für positive Werte von t sind die Parabeln nach oben geöffnet, für negative Werte sind sie nach unten geöffnet (siehe Zeichnung).

II) Der Punkt $P_1(2 \mid 2)$ wird in die Gleichung eingesetzt und liefert $2 = t \cdot 2^2$. Umstellen nach t ergibt $t = \frac{1}{2}$. Die Funktion damit $f_{\frac{1}{2}}(x) = \frac{1}{2}x^2$.
Der Punkt $P_2(-1 \mid -2)$ wird in die Gleichung eingesetzt und liefert $-2 = t \cdot (-1)^2$. Umstellen nach t ergibt $t = -2$. Die Funktion ist damit $f_{-2}(x) = -2x^2$.

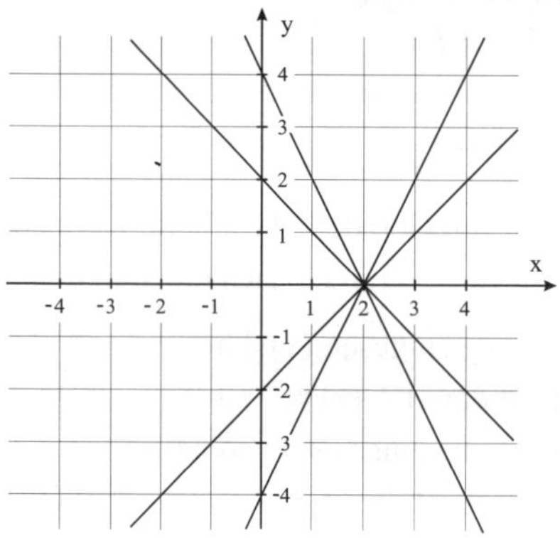

Kurvenschar c)

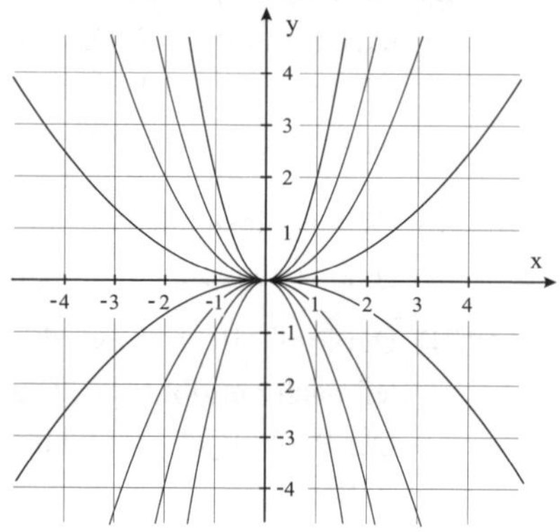

Kurvenschar d)

e) Die Ableitungen der Funktionen sind:
$f(x) = -x^2 + 2 \Rightarrow f'(x) = -2x \; g_t(x) = tx^2 - 1 \Rightarrow g_t{}'(x) = 2tx$
Damit die Graphen der Funktionen im Schnittpunkt aufeinander senkrecht stehen, müssen folgende Gleichungen gelten:

$$\begin{array}{lrcl} \text{I} & f(x) & = & g_t(x) \\ \text{II} & f'(x) \cdot g_t{}'(x) & = & -1 \end{array}$$

Dabei ist Gleichung I die Gleichung für den Schnittpunkt und Gleichung II die Orthogonalitätsbedingung. Setzt man die Funktionen bzw. die Ableitungen ein, führt dies zu:

$$\begin{array}{lrclcrclcrcl} \text{Ia} & -x^2+2 & = & tx^2-1 & \Rightarrow & 3 & = & x^2 \cdot (t+1) & \Rightarrow & x^2 & = & \frac{3}{t+1} \\ \text{IIa} & -2x \cdot 2tx & = & -1 & \Rightarrow & & & & & -4tx^2 & = & -1 \end{array}$$

Nun setzt man Gleichung Ia in Gleichung IIa ein: $-4t \cdot \frac{3}{t+1} = -1$. Auflösen nach t ergibt $t = \frac{1}{11}$. Die beiden Kurven stehen also für $t = \frac{1}{11}$ im Schnittpunkt senkrecht aufeinander.

f) Die Ableitungen sind:
$f(x) = 2x^2 \Rightarrow f'(x) = 4x \; g_t(x) = -tx^2 + 4 \Rightarrow g_t{}'(x) = -2tx$
Damit die Graphen der Funktionen im Schnittpunkt aufeinander senkrecht stehen, müssen

folgende Gleichungen gelten:

$$\begin{array}{lrcl} \text{I} & f(x) & = & g_t(x) \\ \text{II} & f'(x)\cdot g_t{}'(x) & = & -1 \end{array}$$

Dabei ist Gleichung I die Gleichung für den Schnittpunkt und Gleichung II die Orthogonalitätsbedingung. Setzt man die Funktionen bzw. die Ableitungen ein, führt dies zu:

$$\begin{array}{lrclcrcl} \text{Ia} & 2x^2 & = & -tx^2+4 & \Rightarrow & x^2 & = & \frac{4}{t+2} \\ \text{IIa} & 4x\cdot(-2)tx & = & -1 & \Rightarrow & -8tx^2 & = & -1 \end{array}$$

Nun setzt man Gleichung Ia in Gleichung IIa ein: $-8t\cdot\frac{4}{t+2}=-1$. Auflösen nach t ergibt $t=\frac{2}{31}$. Die beiden Kurven stehen also für $t=\frac{2}{31}$ im Schnittpunkt senkrecht aufeinander.

g) Es ist $f_t(x)=(2x+t)\cdot e^{-x}$; $x\in\mathbb{R}$; $t\geqslant 0$. Um den abgebildeten Graphen der Funktionenschar f_t den jeweiligen Parameter t zuzuordnen, kann man die Nullstellen der Graphen betrachten. Die Nullstelle von f_t erhält man rechnerisch, indem man die Funktionsgleichung gleich Null setzt:
$f_t(x)=0$ führt zu $(2x+t)\cdot e^{-x}=0$ bzw. $2x+t=0 \Rightarrow x=-\frac{t}{2}$ ist einzige Nullstelle.
Der Graph G hat als einzige Nullstelle $x=-2$, somit gilt: $-\frac{t}{2}=-2 \Rightarrow t=4$.
Der Graph G* hat als einzige Nullstelle $x=-1$, somit gilt: $-\frac{t}{2}=-1 \Rightarrow t=2$.
Der Graph G** hat als einzige Nullstelle $x=0$, somit gilt: $-\frac{t}{2}=0 \Rightarrow t=0$.
Damit gehört zu G der Parameter $t=4$, zu G* der Parameter $t=2$ und zu G** der Parameter $t=0$.

Alternativ kann man auch den Schnittpunkt mit der y-Achse untersuchen. Für $x=0$ ergibt sich: $f_t(0)=(2\cdot 0+t)\cdot e^{-0}=t\cdot 1=t$. Anhand der Graphen kommt man zu den gleichen Lösungen wie oben angegeben.

h) Man erhält die Extremstellen von $f_t(x)=x\cdot e^{tx}$; $x\in\mathbb{R}$; $t<0$, indem man die 1. Ableitung (Produkt- und Kettenregel) gleich Null setzt:
$f_t{}'(x)=1\cdot e^{tx}+x\cdot e^{tx}\cdot t=(1+tx)\cdot e^{tx}=0$ führt zu $1+tx=0$ bzw. $x=-\frac{1}{t}$.
Setzt man $x=-\frac{1}{t}$ in die 2. Ableitung $f_t{}''(x)=t\cdot e^{tx}+(1+tx)\cdot e^{tx}\cdot t=\left(2t+t^2x\right)\cdot e^{tx}$ ein, so erhält man:
$f_t{}'\left(-\frac{1}{t}\right)=\left(2t+t^2\cdot\left(-\frac{1}{t}\right)\right)\cdot e^{t\cdot\left(-\frac{1}{t}\right)}=t\cdot e^{-1}\neq 0 \Rightarrow x=-\frac{1}{t}$ ist die einzige Extremstelle von $f_t(x)$.
Da $x=2$ Extremstelle sein soll, muss gelten: $2=-\frac{1}{t} \Rightarrow t=-\frac{1}{2}$.
Für $t=-\frac{1}{2}$ hat der Graph von f_t bei $x=2$ eine Extremstelle.

7.3 Tangenten und Normalen

a) Aus $f(x)=x^2-4x+2$ folgt $f'(x)=2x-4$. Für die Steigung m_t der Tangente im Punkt x_0 gilt $m_t=f'(x_0)$. Damit ist die Tangente in $P(1\mid -1)$: $m_t=f'(1)=2\cdot 1-4=-2$. Setzt man $P(1\mid -1)$ und $m_t=-2$ in die Punkt-Steigungsform $y-y_1=m\cdot(x-x_1)$ einer Geraden ein, so erhält man $y-(-1)=-2\cdot(x-1)$ und damit die Tangentengleichung

$t:\ y=-2x+1$. Für die Normalensteigung m_n gilt $m_n=-\frac{1}{m_t}=-\frac{1}{-2}=\frac{1}{2}$. Setzt man P und m_n in die Punkt-Steigungsform ein, so erhält man $y-(-1)=\frac{1}{2}\cdot(x-1)$ und damit die Normalengleichung $n:\ y=\frac{1}{2}x-\frac{3}{2}$.

b) Aus $f(x)=x^3+x+1$ folgt $f'(x)=3x^2+1$, $f''(x)=6x$ und $f'''(x)=6$. Um den Wendepunkt zu bestimmen, wird die 2. Ableitung gleich Null gesetzt: $f''(x)=6x=0 \Rightarrow x_W=0$. Probe in f''' ergibt $f'''(0)=6\neq 0$, es handelt sich also um einen Wendepunkt. Der y-Wert wird bestimmt, indem man $x_W=0$ in $f(x)$ einsetzt, was zu $W(0\mid 1)$ führt.
Die Tangentensteigung in W ist $m_t=f'(0)=1$. Setzt man $W(0\mid 1)$ und $m_t=1$ in die Punkt-Steigungsform ein, so erhält man $y-1=1\cdot(x-0)$ und damit die Tangentengleichung $t:\ y=x+1$. Für die Normalensteigung m_n gilt $m_n=-\frac{1}{m_t}=-\frac{1}{1}=-1$. Setzt man $W(0\mid 1)$ und $m_n=-1$ in die Punkt-Steigungsform ein, so erhält man $y-1=-1\cdot(x-0)$ und damit die Normalengleichung $n:\ y=-x+1$.

c) I) Da die Steigung der Tangente schon angegeben ist, muss zuerst der Punkt P bestimmt werden, in dem die Tangente die Kurve berührt. In diesem Punkt soll die Steigung der Kurve nach Aufgabenstellung gleich -2 sein. Daher setzt man die 1. Ableitung gleich -2. Es ist $f(x)=x^2+4x-3$ und $f'(x)=2x+4$. Gleichsetzen der 1. Ableitung: $f'(x)=2x+4=-2 \Rightarrow x_P=-3$. Durch Einsetzen in $f(x)$ wird die y-Koordinate des Punktes bestimmt. Damit ist der gesuchte Punkt $P(-3\mid -6)$. Setzt man $P(-3\mid -6)$ und $m_t=-2$ in die Punkt-Steigungsform ein, so erhält man $y-(-6)=-2\cdot(x-(-3))$ und damit die Tangentengleichung $t:\ y=-2x-12$.

II) Da die Tangente orthogonal zu der angegebenen Geraden g ist, gilt für ihre Steigung $m_t=-\frac{1}{m_g}$, die Steigung der Tangente ist damit $m_t=-\frac{1}{-\frac{1}{3}}=3$. Nun muss der Punkt P bestimmt werden, in dem die Tangente die Kurve berührt: Da in diesem Punkt die Steigung der Kurve gleich 3 sein muss, setzt man die 1. Ableitung gleich 3 und löst nach x auf: $f'(x)=2x+4=3 \Rightarrow x_P=-\frac{1}{2}$. Durch Einsetzen in $f(x)$ wird die y-Koordinate des Punktes bestimmt. Damit ist der gesuchte Punkt $P\left(-\frac{1}{2}\mid -\frac{19}{4}\right)$. Setzt man $P\left(-\frac{1}{2}\mid -\frac{19}{4}\right)$ und $m_t=3$ in die Punkt-Steigungsform ein, so erhält man $y-\left(-\frac{19}{4}\right)=3\cdot\left(x-\left(-\frac{1}{2}\right)\right)$ und damit die Tangentengleichung $t:\ y=3x-\frac{13}{4}$.

III) Da die Tangente parallel zur angegebenen Geraden ist und die Tangentensteigung damit gleich groß ist wie die Geradensteigung, muss zuerst der Punkt P bestimmt werden, in dem die Tangente die Kurve berührt: In diesem Punkt ist die Steigung gleich 4. Daher setzt man die 1. Ableitung gleich 4: $f'(x)=2x+4=4 \Rightarrow x_P=0$. Durch Einsetzen in $f(x)$ wird der y-Wert des Punktes bestimmt. Damit ist der gesuchte Punkt $P(0\mid -3)$. Setzt man $P(0\mid -3)$ und $m_t=4$ in die Punkt-Steigungsform ein, so erhält man $y-(-3)=4\cdot(x-0)$ und damit die Tangentengleichung $t:\ y=4x-3$.

d) I) Da die Tangente parallel zur angegebenen Gerade ist, ist die Tangentensteigung m_t genauso groß wie die Geradensteigung, welche man mit Hilfe der Punkte $A(0\mid 3)$ und $B(-4\mid 7)$ bestimmt: $m_g=\frac{y_2-y_1}{x_2-x_1}=\frac{7-3}{-4-0}=\frac{4}{-4}=-1$.
Als nächstes muss der Punkt P bestimmt werden, in dem die Tangente die Kurve

berührt: In diesem Punkt soll die Steigung der Kurve gleich -1 sein. Daher setzt man die 1. Ableitung gleich -1. Es ist $f(x) = 2x^2 - 5x + 1$ und $f'(x) = 4x - 5$. Gleichsetzen der 1. Ableitung: $f'(x) = 4x - 5 = -1 \Rightarrow x_P = 1$.
Durch Einsetzen in $f(x)$ wird die y-Koordinate des Punktes bestimmt. Damit ist der gesuchte Punkt: $P(1 \mid -2)$. Setzt man $P(1 \mid -2)$ und $m_t = -1$ in die Punkt-Steigungsform ein, so erhält man $y - (-2) = -1 \cdot (x - 1)$ und damit die Tangentengleichung $t:\ y = -x - 1$.

II) Da die Normale parallel zur angegebenen Geraden ist, ist die Normalensteigung m_n genauso groß wie die Geradensteigung, also $m_n = -\frac{1}{3}$. Da Tangente und Normale senkrecht aufeinander stehen, gilt $m_t = -\frac{1}{m_n} = -\frac{1}{-\frac{1}{3}} = 3$.
Als nächstes muss der Punkt P bestimmt werden, in dem die Tangente die Kurve berührt: In diesem Punkt soll die Steigung der Kurve gleich 3 sein. Daher setzt man die 1. Ableitung gleich 3. Es ist $f(x) = 2x^2 - 5x + 1$ und $f'(x) = 4x - 5$. Gleichsetzen der 1. Ableitung: $f'(x) = 4x - 5 = 3 \Rightarrow x_P = 2$.
Durch Einsetzen in $f(x)$ wird die y-Koordinate des Punktes bestimmt. Damit ist der gesuchte Punkt $P(2 \mid -1)$. Setzt man $P(2 \mid -1)$ und $m_n = -\frac{1}{3}$ in die Punkt-Steigungsform ein, so erhält man $y - (-1) = -\frac{1}{3} \cdot (x - 2)$ und damit die Normalengleichung $n:\ y = -\frac{1}{3}x - \frac{1}{3}$.

III) Da die Normale zur angegebenen Geraden und auch zur Tangente t orthogonal ist, ist t parallel zur angegebenen Geraden, damit ist die Tangentensteigung m_t genauso groß wie die Geradensteigung $m_g = 7$. Als nächstes muss der Punkt P bestimmt werden, in dem t die die Kurve berührt: In diesem Punkt soll die Steigung der Kurve gleich 7 sein. Daher setzt man die 1. Ableitung gleich 7. Es ist $f(x) = 2x^2 - 5x + 1$ und $f'(x) = 4x - 5$. Gleichsetzen der 1. Ableitung: $f'(x) = 4x - 5 = 7 \Rightarrow x_P = 3$.
Durch Einsetzen in $f(x)$ wird die y-Koordinate des Punktes bestimmt. Damit ist der gesuchte Punkt $P(3 \mid 4)$. Setzt man $P(3 \mid 4)$ und $m_n = -\frac{1}{7}$ in die Punkt-Steigungsform ein, so erhält man $y - 4 = -\frac{1}{7} \cdot (x - 3)$ und damit die Normalengleichung
$n:\ y = -\frac{1}{7}x + \frac{31}{7}$.

e) I) Die Tangente berührt die Kurve in einem noch unbekannten Punkt $B(u \mid f(u))$ bzw. $B\left(u \mid u^2 - 2u + 3\right)$. Die Tangentensteigung in diesem Punkt bestimmt man mit Hilfe der 1. Ableitung und Einsetzen von u: Es ist $f(x) = x^2 - 2x + 3$ und $f'(x) = 2x - 2$. Somit gilt $m_t = f'(u) = 2u - 2$. Setzt man $B(u \mid f(u))$ und $m_t = f'(u)$ in die Punkt-Steigungsform ein, so erhält man als Tangentengleichung in Abhängigkeit von u:
$y - f(u) = f'(u) \cdot (x - u)$ bzw. $t:\ y - \left(u^2 - 2u + 3\right) = (2u - 2) \cdot (x - u)$.
Da $P(0 \mid -6)$ auf der Tangente liegt, kann man diesen in die Tangentengleichung einsetzen: $-6 - \left(u^2 - 2u + 3\right) = (2u - 2) \cdot (0 - u)$ bzw. $u^2 = 9 \Rightarrow u_1 = 3 \quad u_2 = -3$.
Setzt man u_1 bzw. u_2 in $B(u \mid f(u))$ ein, so erhält man $B_1(3 \mid 6)$ und $B_2(-3 \mid 18)$.
Setzt man u_1 bzw. u_2 in die Tangentengleichung ein, so erhält man $y - \left(3^2 - 2 \cdot 3 + 3\right) = (2 \cdot 3 - 2) \cdot (x - 3)$ bzw. $y - \left((-3)^2 - 2 \cdot (-3) + 3\right) = (2 \cdot (-3) - 2) \cdot (x - (-3))$.
Somit ergeben sich als Tangentengleichungen $t_1:\ y = 4x - 6$ und $t_2:\ y = -8x - 6$.

II) Die Tangente berührt die Kurve in einem noch unbekannten Punkt $B\,(u \mid f(u))$ bzw. $B\left(u \mid u^2-2u+3\right)$. Die Tangentensteigung in diesem Punkt bestimmt man mit Hilfe der 1. Ableitung und Einsetzen von u: Es ist $f(x)=x^2-2x+3$ und $f'(x)=2x-2$. Somit gilt $m_t=f'(u)=2u-2$. Setzt man $B\,(u \mid f(u))$ und $m_t=f'(u)$ in die Punkt-Steigungsform ein, so erhält man als Tangentengleichung in Abhängigkeit von u: $y-f(u)=f'(u)\cdot(x-u)$ bzw. $t:\ y-\left(u^2-2u+3\right)=(2u-2)\cdot(x-u)$.
Da $Q\,(1 \mid -7)$ auf der Tangente liegt, kann man diesen in die Tangentengleichung einsetzen: $-7-\left(u^2-2u+3\right)=(2u-2)\cdot(1-u)$ und man erhält $u^2-2u-8=0$.
Diese quadratische Gleichung hat die Lösungen $u_1=4$ und $u_2=-2$.
Setzt man u_1 bzw. u_2 in $B\,(u \mid f(u))$ ein, so erhält man die Koordinaten der Berührpunkte $B_1\,(4 \mid 11)$ und $B_2\,(-2 \mid 11)$.

7.4 Berührpunkte zweier Kurven

Wenn sich zwei Graphen G_f und G_g in einem Punkt $B\,(x_B \mid y_B)$ berühren, gelten folgende zwei Bedingungen:

1. Da B gemeinsamer Punkt ist, gilt $f\,(x_B)=g\,(x_B)$.
2. Da in B eine gemeinsame Tangente vorhanden ist, gilt $f'\,(x_B)=g'\,(x_B)$.

a) Es genügt zu zeigen, dass im Punkt $B\,(0 \mid 3)$ die beiden Bedingungen $f(x)=g(x)$ und $f'(x)=g'(x)$ erfüllt sind:
Es ist $f(0)=\frac{1}{5}\cdot 0^3-2\cdot 0^2+5\cdot 0+3=3$ und $g(0)=-0^2+5\cdot 0+3=3$, also $f(0)=g(0)$, d.h. $B\,(0 \mid 3)$ ist gemeinsamer Punkt.
Ferner gilt $f'(x)=\frac{3}{5}x^2-4x+5$ und $g'(x)=-2x+5$.
Es ist $f'(0)=\frac{3}{5}\cdot 0^2-4\cdot 0+5=5$ und $g'(0)=-2\cdot 0+5=5$,
also $f'(0)=g'(0)$, d.h. in $B\,(0 \mid 3)$ existiert eine gemeinsame Tangente. Somit berühren sich die beiden Kurven in $B\,(0 \mid 3)$.

b) Es genügt zu zeigen, dass im Punkt $B\left(\frac{1}{2} \mid \frac{3}{4}\right)$ die beiden Bedingungen $f(x)=g(x)$ und $f'(x)=g'(x)$ erfüllt sind:
Es ist $f\left(\frac{1}{2}\right)=\left(\frac{1}{2}\right)^2+\frac{1}{2}=\frac{1}{4}+\frac{1}{2}=\frac{3}{4}$ und $g\left(\frac{1}{2}\right)=-4\cdot\left(\frac{1}{2}\right)^4+4\cdot\left(\frac{1}{2}\right)^3+\frac{1}{2}=\frac{3}{4}$, also $f\left(\frac{1}{2}\right)=g\left(\frac{1}{2}\right)$, d.h. $B\left(\frac{1}{2} \mid \frac{3}{4}\right)$ ist gemeinsamer Punkt.
Ferner gilt $f'(x)=2x$ und $g'(x)=-16x^3+12x^2$.
Es ist $f'\left(\frac{1}{2}\right)=2\cdot\frac{1}{2}=1$ und $g'\left(\frac{1}{2}\right)=-16\cdot\left(\frac{1}{2}\right)^3+12\cdot\left(\frac{1}{2}\right)^2=-\frac{16}{8}+\frac{12}{4}=1$,
also $f'\left(\frac{1}{2}\right)=g'\left(\frac{1}{2}\right)$, d.h. in $B\left(\frac{1}{2} \mid \frac{3}{4}\right)$ existiert eine gemeinsame Tangente. Somit berühren sich die beiden Kurven in $B\left(\frac{1}{2} \mid \frac{3}{4}\right)$.

c) Um mögliche Berührpunkte zu berechnen, kann man entweder die Funktionsgleichungen oder die Tangentensteigungen gleichsetzen. Anschließend muss die jeweils andere Bedingung überprüft werden.
Es ist $f'(x)=x^2-4x+3$ und $g'(x)=-2x+3$.

Gleichsetzen der Tangentensteigungen führt auf $x^2-4x+3=-2x+3$ bzw. $x^2-2x=0$ mit den Lösungen $x_1=2$ und $x_2=0$.
Setzt man $x_1=2$ in $f(x)$ bzw. $g(x)$ ein, so ergibt sich $f(2)=\frac{1}{3}\cdot 2^3-2\cdot 2^2+3\cdot 2+4=4\frac{2}{3}$ und $g(2)=-2^2+3\cdot 2+4=6$, d.h. $f(2)\neq g(2)$, also liegt kein gemeinsamer Punkt vor.
Setzt man $x_2=0$ in $f(x)$ bzw. $g(x)$ ein, so ergibt sich $f(0)=\frac{1}{3}\cdot 0^3-2\cdot 0^2+3\cdot 0+4=4$ und $g(0)=-0^2+3\cdot 0+4=4$, also ist auch $f(0)=g(0)$, d.h. B $(0\mid 4)$ ist ein Berührpunkt.

d) Um mögliche Berührpunkte zu berechnen, kann man entweder die Funktionsgleichungen oder die Tangentensteigungen gleichsetzen. Anschließend muss die jeweils andere Bedingung überprüft werden.
Es ist $f'(x)=2x$ und $g'(x)=-x^3+3x^2$.
Gleichsetzen der Tangentensteigungen führt auf $2x=-x^3+3x^2$ bzw. $x^3-3x^2+2x=0$ bzw. $x\cdot\left(x^2-3x+2\right)=0$ mit den Lösungen $x_1=0$, $x_2=1$ und $x_3=2$.
Setzt man $x_1=0$ in $f(x)$ bzw. $g(x)$ ein, so ergibt sich $f(0)=0^2+1=1$ und $g(0)=-\frac{1}{4}\cdot 0^4+0^3+1=1$, also ist $f(0)=g(0)$, und somit $B_1\,(0\mid 1)$ ein Berührpunkt.
Setzt man $x_2=1$ in $f(x)$ bzw. $g(x)$ ein, so ergibt sich $f(1)=1^2+1=2$ und $g(1)=-\frac{1}{4}\cdot 1^4+1^3+1=\frac{7}{4}$, also $f(1)\neq g(1)\Rightarrow$ kein Berührpunkt.
Setzt man $x_3=2$ in $f(x)$ bzw. $g(x)$ ein, so ergibt sich $f(2)=2^2+1=5$ und $g(2)=-\frac{1}{4}\cdot 2^4+2^3+1=5$, also ist $f(2)=g(2)$, und somit $B_2\,(2\mid 5)$ ein Berührpunkt.
Ergebnis: $B_1\,(0\mid 1)$ und $B_2\,(2\mid 5)$ sind Berührpunkte.

7.5 Symmetrie

a) Da die Funktion f mit $f(x)=\frac{1}{x^2}+3$ nur gerade Exponenten enthält, erfüllt sie das Kriterium für y-Achsensymmetrie: $f(-x)=\frac{1}{(-x)^2}+3=\frac{1}{x^2}+3=f(x)$.

b) Da die Funktion f mit $f(x)=3x^5-7,2x^3+x$ nur ungerade Exponenten enthält, erfüllt sie das Kriterium für Punktsymmetrie zum Ursprung: $f(\;x)=3\cdot(\;x)^5\quad 7,2\cdot(-x)^3+(-x)$ $=-3x^5+7,2x^3-x=-\left(3x^5-7,2x^3+x\right)=-f(x)$.

c) Für die Funktion f mit $f(x)=4\cdot e^{-\frac{x^2}{2}}$ gilt: $f(-x)=4\cdot e^{-\frac{(-x)^2}{2}}=4\cdot e^{-\frac{x^2}{2}}=f(x)$.
Somit ist das Kriterium für y-Achsensymmetrie erfüllt.

d) Für die Funktion f mit $f(x)=x\cdot\ln\left(x^2\right)$ gilt:
$f(-x)=(-x)\cdot\ln\left((-x)^2\right)=-x\cdot\ln\left(x^2\right)=-f(x)$.
Somit ist das Kriterium für Punktsymmetrie zum Ursprung erfüllt.

7.6 Monotonie

a) Es ist $f(x)=\frac{x^2}{x+1}$.
Mit Hilfe der Quotientenregel erhält man die 1. Ableitung von f:
$f'(x)=\frac{2x\cdot(x+1)-x^2\cdot 1}{(x+1)^2}=\frac{x^2+2x}{(x+1)^2}=\frac{x\cdot(x+2)}{(x+1)^2}$

Der Ausdruck im Nenner ist immer positiv, daher ist der Audruck im Zähler dafür verantwortlich, ob der Bruch positiv oder negativ ist.
Man kann folgende Fälle unterscheiden:
Für $x < -2$ sind Zähler und Nenner von f' positiv, also $f'(x) > 0$.
Für $-2 < x < 0\,(x \neq 1)$ ist der Zähler von f' negativ, der Nenner ist positiv, also $f'(x) < 0$.
Für $x > 0$ sind Zähler und Nenner von f' positiv, also $f'(x) > 0$.
Somit ist f für $x < -2$ oder $x > 0$ streng monoton zunehmend, für $-2 < x < 0\,(x \neq 1)$ ist f streng monoton abnehmend.

b) Es ist $f(x) = \frac{3x}{e^x}$.
Mit Hilfe der Quotientenregel erhält man die 1. Ableitung von f:
$f'(x) = \frac{3 \cdot e^x - 3x \cdot e^x}{(e^x)^2} = \frac{3e^x \cdot (1-x)}{(e^x)^2}$
Der Ausdruck im Nenner ist immer positiv, daher ist der Audruck im Zähler dafür verantwortlich, ob der Bruch positiv oder negativ ist.
Man kann folgende Fälle unterscheiden:
Für $x < 1$ sind Zähler und Nenner von f' positiv, also $f'(x) > 0$.
Für $x > 1$ ist der Zähler von f' negativ, der Nenner ist positiv, also $f'(x) < 0$.
Somit ist f für $x < 1$ streng monoton zunehmend, für $x > 1$ ist f streng monoton abnehmend.

c) Es ist $f(x) = \frac{2x}{\ln x}$.
Mit Hilfe der Quotientenregel erhält man die 1. Ableitung von f:
$f'(x) = \frac{2 \cdot \ln x - 2x \cdot \frac{1}{x}}{(\ln x)^2} = \frac{2\ln x - 2}{(\ln x)^2} = \frac{2 \cdot (\ln x - 1)}{(\ln x)^2}$
Der Ausdruck im Nenner ist immer positiv, daher ist der Audruck im Zähler dafür verantwortlich, ob der Bruch positiv oder negativ ist. Der Term in der Klammer im Zähler wechselt das Vorzeichen für $x = e$, da $\ln e = 1$.
Man kann folgende Fälle unterscheiden:
Für $x < e$ ist der Zähler von f' negativ, der Nenner ist positiv, also $f'(x) < 0$.
Für $x > e$ sind Zähler und Nenner von f' positiv, also $f'(x) > 0$.
Somit ist f für $x > e$ streng monoton zunehmend, für $x < e$ ist f streng monoton abnehmend.

8 Allgemeines Verständnis von Funktionen

8.1 Definitionsbereich

a) **Gebrochenrationale Funktionen**

Eine Funktion ist überall dort definiert, wo der Nenner nicht Null ist. Also setzt man den Nenner gleich Null, um die Stellen zu bestimmen, die nicht zum Definitionsbereich gehören:

I) Nullstelle des Nenners: $x-4=0 \Rightarrow x=4$ also $D=\mathbb{R}\setminus\{4\}$

II) Nullstellen des Nenners: $x^2-5x+6=0 \Rightarrow x_1=2$ und $x_2=3$. $D=\mathbb{R}\setminus\{2;3\}$

III) Nullstelle des Nenners: $x^2+1=0$ hat keine reelle Lösung, also können für x alle reellen Zahlen eingesetzt werden: $D=\mathbb{R}$

b) **Logarithmusfunktionen**

Da $y=\ln x$ nur für $x>0$ definiert ist, muss das Argument (der Ausdruck, auf den der ln angewendet wird) positiv sein:

I) Argument: $2x+3>0 \Rightarrow 2x>-3 \Rightarrow x>-\frac{3}{2} \Rightarrow D=\left\{x\in\mathbb{R}\mid x>-\frac{3}{2}\right\}$

II) Argument: $3-2x>0 \Rightarrow 3>2x \Rightarrow \frac{3}{2}>x \Rightarrow D=\left\{x\in\mathbb{R}\mid x<\frac{3}{2}\right\}$

III) Argument: $x^2-9>0 \Rightarrow x^2>9 \Rightarrow x>3$ oder $x<-3$
$\Rightarrow D=\{x\in\mathbb{R}\mid x<-3 \text{ oder } x>3\}$

c) **Vermischte Aufgaben**

Handelt es sich bei der Funktion um eine Funktionenschar, hängt der Definitionsbereich noch vom Scharparameter ab.

I) Nullstelle des Nenners: $e^{3x}-2=0 \Rightarrow x=\frac{\ln 2}{3}$. Also ist $D=\mathbb{R}\setminus\left\{\frac{\ln 2}{3}\right\}$

II) Nullstelle des Nenners: $x+k=0 \Rightarrow x=-k$. Also ist $D=\mathbb{R}\setminus\{-k\}$

III) Nullstelle des Nenners: $2x-k=0 \Rightarrow x=\frac{k}{2}$. Also ist $D=\mathbb{R}\setminus\left\{\frac{k}{2}\right\}$

IV) Nullstelle des Nenners: $x-4=0 \Rightarrow x=4$. Das Argument des ln muss ausserdem größer als Null sein: $5x-3>0 \Rightarrow 5x>3 \Rightarrow x>\frac{3}{5} \Rightarrow D=\left\{x\in\mathbb{R}\mid x>\frac{3}{5}\right\}\setminus\{4\}$

V) Da in der Funktion der Ausdruck $\ln x$ auftritt, muss x in jedem Fall größer als Null sein. Der Nenner ist Null, wenn entweder $x=0$ oder $(1-\ln x)=0$ ist. Aus $1-\ln x=0$ folgt $1=\ln x \Rightarrow x=e$. Also ist $D=\{x\in\mathbb{R}\mid x>0\}\setminus\{e\}$ bzw. $D=\mathbb{R}^+\setminus\{e\}$

8.2 Definitionsbereich und Grenzwerte

Es bezeichnet $\to a+$ die Annäherung an den Wert a von «oben» bzw. «rechts» und $\to a-$ die Annäherung von «unten» bzw. «links».

a) Es ist $f(x) = 4\ln(2-x)$. Der Term in der Klammer (das Argument) muss größer als Null sein: $2-x>0 \Rightarrow 2>x$ bzw. $x<2$. Also ist $\mathrm{D} = \{x \in \mathbb{R} \mid x<2\}$.

Verhalten an den Grenzen des Definitionsbereichs:

$$\lim_{x\to-\infty} f(x) = \lim_{x\to-\infty} 4\ln(2-x) = \lim_{x\to-\infty} 4\ln\underbrace{(2-x)}_{\to+\infty} \Rightarrow \lim_{x\to-\infty} \underbrace{4\ln(2-x)}_{\to+\infty} = +\infty$$

$$\lim_{x\to2-} f(x) = \lim_{x\to2-} 4\ln(2-x) = \lim_{x\to2-} 4\ln\underbrace{(2-x)}_{\to0+} \Rightarrow \lim_{x\to2-} \underbrace{4\ln(2-x)}_{\to-\infty} = -\infty$$

b) Es ist $f(x) = \frac{2x^2+1}{x-1}$. Nullstelle des Nenners: $x-1=0 \Rightarrow x=1$. Also ist $\mathrm{D} = \mathbb{R} \setminus \{1\}$.

Verhalten an den Grenzen des Definitionsbereichs:

$$\lim_{x\to1+} f(x) = \lim_{x\to1+} \frac{2x^2+1}{x-1} = \lim_{x\to1+} \frac{\overbrace{2x^2+1}^{\to3}}{\underbrace{x-1}_{\to0+}} = +\infty$$

$$\lim_{x\to1-} f(x) = \lim_{x\to1-} \frac{2x^2+1}{x-1} = \lim_{x\to1-} \frac{\overbrace{2x^2+1}^{\to3}}{\underbrace{x-1}_{\to0-}} = -\infty$$

$\lim_{x\to+\infty} f(x) = \lim_{x\to+\infty} \frac{2x^2+1}{x-1} = \lim_{x\to+\infty} \frac{\overbrace{2x^2+1}^{\to+\infty}}{\underbrace{x-1}_{\to+\infty}} = +\infty$, da der Zählergrad größer ist als der Nennergrad.

$\lim_{x\to-\infty} f(x) = \lim_{x\to-\infty} \frac{2x^2+1}{x-1} = \lim_{x\to-\infty} \frac{\overbrace{2x^2+1}^{\to+\infty}}{\underbrace{x-1}_{\to-\infty}} = -\infty$, da der Zählergrad größer ist als der Nennergrad.

c) Es ist $f(x) = \frac{2x}{e^{\frac{1}{2}x}}$. Der Nenner kann nicht Null sein, daher gilt $\mathrm{D} = \mathbb{R}$.

Verhalten an den Grenzen des Definitionsbereichs:

$\lim_{x\to+\infty} f(x) = \lim_{x\to+\infty} \frac{2x}{e^{\frac{1}{2}x}} = 0$, da $\lim_{x\to+\infty} \left(\frac{x^n}{e^{kx}}\right) = 0$ weil der Nenner stärker wächst als der Zähler.

$$\lim_{x\to-\infty} f(x) = \lim_{x\to-\infty} \frac{2x}{e^{\frac{1}{2}x}} = \lim_{x\to-\infty} \underbrace{2x}_{\to-\infty} \cdot \underbrace{e^{-\frac{1}{2}x}}_{\to+\infty} = -\infty$$

d) Es ist $f(x) = \frac{x^2}{x-k}$ mit $k>0$. Nullstelle des Nenners: $x-k=0 \Rightarrow x=k$, damit ergibt sich: $\mathrm{D} = \mathbb{R} \setminus \{k\}$.

Verhalten an den Grenzen des Definitionsbereichs:

$$\lim_{x\to k+} f(x) = \lim_{x\to k+} \frac{x^2}{x-k} = \lim_{x\to k+} \frac{\overbrace{x^2}^{\to k^2}}{\underbrace{x-k}_{\to0+}} = +\infty$$

$$\lim_{x\to k-} f(x) = \lim_{x\to k-} \frac{x^2}{x-k} = \lim_{x\to k-} \frac{\overbrace{x^2}^{\to k^2}}{\underbrace{x-k}_{\to 0-}} = -\infty$$

$$\lim_{x\to +\infty} f(x) = \lim_{x\to +\infty} \frac{x^2}{x-k} = \lim_{x\to +\infty} \frac{\overbrace{x^2}^{\to +\infty}}{\underbrace{x-k}_{\to +\infty}} = +\infty,$$ da der Zählergrad größer ist als der Nennergrad.

$$\lim_{x\to -\infty} f(x) = \lim_{x\to -\infty} \frac{x^2}{x-k} = \lim_{x\to -\infty} \frac{\overbrace{x^2}^{\to +\infty}}{\underbrace{x-k}_{\to -\infty}} = -\infty,$$ da der Zählergrad größer ist als der Nennergrad.

8.3 Stetigkeit

a) Eine stetige Funktion lässt sich «ohne abzusetzen» zeichnen. Sie darf keine Lücken oder Sprünge auf ihrem Definitionsbereich enthalten.

b) I) Die Funktion ist stetig, da für $x = 3$ gilt: $\frac{1}{3} \cdot 3 = 1$ und $7 - 2 \cdot 3 = 1$.

II) Funktion ist nicht stetig, da für $x = 1$ gilt: $\frac{1}{4} \cdot 1 = \frac{1}{4}$, aber $\frac{1}{4} \cdot 1 + 1 = \frac{5}{4}$. Das Schaubild hat einen Sprung bei $x = 1$.

8.4 Differenzierbarkeit

a) Damit eine Funktion differenzierbar ist, muss sie stetig sein, außerdem darf das Schaubild keinen «Knick» enthalten, denn dort ließe sich keine Steigung finden (bzw. der rechtsseitige und der linksseitige Grenzwert der 1. Ableitung wären unterschiedlich).

b) Nein, jede differenzierbare Funktion ist auch stetig. Man kann sich dies am Gegenteil klarmachen: Ist eine Funktion an einer Stelle nicht stetig (sie macht beispielsweise einen Sprung), dann ist sie an dieser Stelle auch nicht differenzierbar.

c) Nein. Wenn die Funktion einen Knick besitzt, kann sie zwar stetig sein (wie die Betragsfunktion), ist aber nicht differenzierbar, da der rechtsseitige und der linksseitige Grenzwert der Steigung, d.h. der 1. Ableitung, bei dem «Knick» verschieden sind.

8.5 Verständnis von gebrochenrationalen Funktionen

a) Bei einer gebrochenrationalen Funktion bezeichnet eine Definitionslücke eine Stelle, an der das Nennerpolynom gleich Null ist.

b) Eine Polstelle an der Stelle x_0 einer gebrochenrationalen Funktion liegt vor, wenn (nach Kürzung aller überzähligen Linearfaktoren) für eine Zahl x_0 das Zählerpolynom ungleich Null ist und das Nennerpolynom gleich Null. Dabei werden die Funktionswerte beliebig

groß, wenn man sich x_0 nähert.
Es gibt Polstellen mit und ohne Vorzeichenwechsel (VZW).
Bei einer Polstelle mit VZW wechselt das Vorzeichen der Funktionswerte, je nachdem, ob man sich von links oder von rechts der Funktion annähert (der eine Ast des Schaubilds geht «nach oben», der andere «nach unten»).
Bei einer Polstelle ohne VZW streben die Funktionswerte links und rechts der Polstelle beide nach $+\infty$ bzw. $-\infty$.

c) Der Begriff «Definitionslücke» ist der Überbegriff, eine Polstelle ist eine spezielle Definitionslücke.

d) Es kann der Fall auftreten, dass sowohl das Zählerpolynom als auch das Nennerpolynom bei x_0 eine Nullstelle haben. Das Schaubild zeigt dann kein Verhalten wie an Polstellen, sondern hat ein «Loch» an der Stelle x_0. Man kann durch Kürzen eine neue Funktion definieren, die diese Lücke nicht mehr enthält, sie ist dann «gehoben» worden.
Beispiel: die Funktion $f(x) = \frac{2x(x-3)}{(x-3)}$ besitzt für $x = 3$ eine hebbare Lücke. Diese kann man heben, indem man festlegt $h(x) = 2x$ mit $x \in \mathbb{R}$.

e) Welche Art einer waagerechten bzw. schrägen Asymptote das Schaubild einer gebrochenrationalen Funktion hat, hängt vom Grad des Zähler- und Nennerpolynoms ab (der Grad ist der höchste Exponent eines Polynoms).
Es sind verschiedene Fälle möglich:

1. Grad des Zählerpolynoms $<$ Grad des Nennerp. $\Rightarrow$ Asymptote: $y = 0$ (x-Achse)
2. Grad des Zählerpolynoms $=$ Grad des Nennerp. $\Rightarrow$ waagerechte Asymptote
3. Grad des Zählerpolynoms $=$ Grad des Nennerp.$+1$ $\Rightarrow$ schräge Asymptote
4. Grad des Zählerpolynoms $>$ Grad des Nennerp.$+1$ $\Rightarrow$ Näherungskurve

Der Grad der Näherungskurve ist die Differenz zwischen dem Grad des Zählerpolynoms und dem Grad des Nennerpolynoms.

Die Position der waagerechten Asymptote wird durch die Koeffizienten im Zähler und Nenner vor den beiden x mit den höchsten Exponenten bestimmt, sofern die Funktion die Gestalt $f(x) = \frac{Z(x)}{N(x)}$ besitzt.

Beispiel: $f(x) = \dfrac{2x^3 + x^2 + 7x}{x^3 - 3}$.
Für $x \to \infty$ geht $f(x) \to \dfrac{2x^3}{x^3} = 2$, da alle Terme mit niedrigeren Exponenten vernachlässigt werden können.
Damit eine schräge Asymptote wie $y = 2x - 1$ entsteht, muss die Funktion z.B. folgende Form haben:
$f(x) = \dfrac{2x^2 + x + 3}{x + 1}$.
Polynomdivision des Zählers durch den Nenner:

$\left(2x^2+x+3\right):(x+1)=2x-1+\frac{4}{x+1}$. Für $x\longrightarrow\infty$ geht der Bruchterm gegen Null, also ist die Gerade $y=2x-1$ die schräge Asymptote.

9 Integralrechnung

9.1 Stammfunktionen

9.1.1 Ganzrationale Funktionen

a) $\mathrm{F}(x) = \frac{2}{4}x^4 - \frac{\frac{4}{3}}{3}x^3 + 2x = \frac{1}{2}x^4 - \frac{4}{9}x^3 + 2x$

b) $\mathrm{F}(x) = \frac{a}{5}x^5 + \frac{2a}{4}x^4 - \frac{1}{2}x^2 = \frac{a}{5}x^5 + \frac{a}{2}x^4 - \frac{1}{2}x^2$

c) $\mathrm{F}(x) = \frac{t^2}{4}x^4 - \frac{t}{3}x^3$

d) $\mathrm{F}(x) = \frac{4}{5}x^5 - \frac{2t}{3}x^3 + \frac{t}{2}x^2$

Für verkettete (verschachtelte) Funktionen mit innerem *linearem* Audruck gilt die Integrationsregel für lineare Substitution:
«Äußere Stammfunktion geteilt durch innere Ableitung»

e) Lineare Substitution: $\mathrm{F}(x) = -12 \cdot \frac{\frac{1}{3}(2x-3)^3}{2} = -2\,(2x-3)^3$

f) Lineare Substitution: $\mathrm{F}(x) = 6 \cdot \frac{\frac{1}{4}(3x-1)^4}{3} = \frac{1}{2}\,(3x-1)^4$

g) Lineare Substitution: $\mathrm{F}(x) = 5 \cdot \frac{\frac{1}{5}(ax-4)^5}{a} = \frac{1}{a}\,(ax-4)^5$

9.1.2 Exponentialfunktionen

a) $\mathrm{F}(x) = 3e^x$

b) Lineare Substitution: $\mathrm{F}(x) = 4 \cdot \frac{e^{-x}}{-1} = -4e^{-x}$

c) Lineare Substitution: $\mathrm{F}(x) = t \cdot \frac{e^{-tx}}{-t} = -e^{-tx}$

d) Lineare Substitution: $\mathrm{F}(x) = a \cdot \frac{e^{3x+2}}{3} = \frac{a}{3}e^{3x+2}$

e) Zuerst wird die Klammer aufgelöst: $f(x) = 2x^2 - 12e^{3x}$, daraus folgt:
$\mathrm{F}(x) = 2 \cdot \frac{1}{3} \cdot x^3 - 12 \cdot \frac{1}{3} \cdot e^{3x} = \frac{2}{3}x^3 - 4e^{3x}$

f) Zuerst wird die Klammer aufgelöst: $f(x) = ax^2 - 4ae^{4x}$, daraus folgt:
$\mathrm{F}(x) = a \cdot \frac{1}{3} \cdot x^3 - 4 \cdot a \cdot \frac{1}{4} \cdot e^{4x} = \frac{a}{3}x^3 - ae^{4x}$

9.1.3 Gebrochenrationale Funktionen

a) Umschreiben des Bruchs in einen Ausdruck mit negativem Exponenten: $f(x) = 4\,(2x-3)^{-2}$
Lineare Substitution: $\mathrm{F}(x) = 4\,\frac{\frac{1}{-1}(2x-3)^{-1}}{2} = -2\,(2x-3)^{-1} = -\frac{2}{(2x-3)}$

b) Umschreiben des Bruchs in einen Ausdruck mit negativem Exponenten: $f(x) = 12\,(4x-2)^{-4}$
Lineare Substitution: $\mathrm{F}(x) = 12\,\frac{\frac{1}{-3}(4x-2)^{-3}}{4} = -1\,(4x-2)^{-3} = -\frac{1}{(4x-2)^3}$

c) Umschreiben des Bruchs in einen Ausdruck mit negativem Exponenten ergibt:
$f(x) = 3 \cdot x^{-2}$. Daraus folgt: $\mathrm{F}(x) = \frac{3}{-1} \cdot x^{-1} = -\frac{3}{x}$

d) Umschreiben des Bruchs in einen Ausdruck mit negativem Exponenten ergibt:
$f(x) = -a \cdot x^{-3} + 2a \cdot x^3$. Daraus folgt: $\mathrm{F}(x) = -\frac{a}{-2} \cdot x^{-2} + \frac{2a}{4} \cdot x^4 = \frac{a}{2x^2} + \frac{a}{2}x^4 = \frac{a}{2}\left(x^4 + \frac{1}{x^2}\right)$

e) Umschreiben des Bruchs in einen Ausdruck mit negativem Exponenten ergibt:
$f(x) = t^2 \cdot x^{-4} - tx^2$. Daraus folgt: $\mathrm{F}(x) = \frac{t^2}{-3}x^{-3} - \frac{t}{3}x^3 = -\frac{t^2}{3x^3} - \frac{t}{3}x^3 = -\frac{t}{3}\left(x^3 + \frac{t}{x^3}\right)$

9.1.4 Logarithmusfunktionen

a) Lineare Substitution: $\mathrm{F}(x) = 6 \cdot \frac{\ln|x-2|}{1} = 6 \cdot \ln|x-2|$.

b) Lineare Substitution: $\mathrm{F}(x) = 3 \cdot \frac{\ln|2x|}{2} = \frac{3}{2} \cdot \ln|2x|$.

c) Lineare Substitution: $\mathrm{F}(x) = 4 \cdot \frac{\ln|2x-1|}{2} = 2 \cdot \ln|2x-1|$.

9.1.5 Trigonometrische Funktion

a) Lineare Substitution: $\mathrm{F}(x) = 3 \cdot \frac{\sin(2x+1)}{2} = \frac{3}{2}\sin(2x+1)$

b) Lineare Substitution: $\mathrm{F}(x) = 4 \cdot \frac{-\cos(-3x+2)}{-3} = \frac{4}{3}\cos(-3x+2)$

c) Lineare Substitution: $\mathrm{F}(x) = \frac{2}{3} \cdot \frac{\sin(\pi x)}{\pi} = \frac{2}{3\pi}\sin(\pi x)$

d) Lineare Substitution: $\mathrm{F}(x) = t \cdot \frac{\sin(tx+t)}{t} = \sin(tx+t)$

e) Lineare Substitution: $\mathrm{F}(x) = a \cdot \frac{-\cos\left(ax-a^2\right)}{a} = -\cos\left(ax-a^2\right)$

f) Lineare Substitution: $\mathrm{F}(x) = k^2 \cdot \frac{\sin(kx)}{k} = k\sin(kx)$

9.2 Flächeninhalt zwischen zwei Kurven

a) Bestimmen der Schnittstellen durch Gleichsetzen und Lösen der quadratischen Gleichung: $x_1 = -2$, $x_2 = 1$. Obere Kurve durch Abschätzen bestimmen (z.B. Einsetzen von $x = 0$): $f(x)$ ist die obere Kurve. Für den Flächeninhalt ergibt sich damit:

$$\mathrm{A} = \int_{-2}^{1}\left(-x+2-x^2\right)dx = \int_{-2}^{1}\left(-x^2-x+2\right)dx = \left[-\frac{1}{3}x^3 - \frac{1}{2}x^2 + 2x\right]_{-2}^{1} = 4{,}5\,\mathrm{FE}.$$

b) Schnittstellen bestimmen durch Gleichsetzen und Ausrechnen: $x_1 = -2$, $x_2 = 2$.
Obere Kurve: $f(x)$ (nach unten geöffnete Parabel)

$$\mathrm{A} = \int_{-2}^{2}\left(4-x^2-\left(x^2-4\right)\right)dx = \int_{-2}^{2}\left(-2x^2+8\right)dx = \left[-\frac{2}{3}x^3 + 8x\right]_{-2}^{2}$$
$$= -\frac{16}{3} + 16 - \left(+\frac{16}{3} - 16\right) = 32 - \frac{32}{3} = \frac{64}{3} = 21{,}33\,\mathrm{FE}.$$

c) Schnittstellen bestimmen durch Gleichsetzen und Ausklammern: $x_1 = 0$, $x_2 = 1$.
Obere Kurve: $g(x)$ (z.B. durch Einsetzen für $x = \frac{1}{2}$).

$$\mathrm{A} = \int_{0}^{1}\left(x+1-\left(x^2+1\right)\right)dx = \int_{0}^{1}\left(-x^2+x\right)dx = \left[-\frac{1}{3}x^3 + \frac{1}{2}x^2\right]_{0}^{1} = -\frac{1}{3} + \frac{1}{2} - 0$$
$$= \frac{1}{6}\,\mathrm{FE}.$$

d) Überlegung am Anfang: Bei der Integralberechnung entfällt der e^x-Term. Schnittstellen bestimmen: $e^x - \frac{1}{2}x^2 = e^x - x \Rightarrow \frac{1}{2}x^2 = x \Rightarrow x^2 - 2x = 0 \Rightarrow x_1 = 0, x_2 = 2$.
Obere Kurve: $f(x)$ (z.B. durch Einsetzen für $x = \frac{1}{2}$).

$$A = \int_0^2 \left(e^x - \tfrac{1}{2}x^2 - (e^x - x)\right) dx = \int_0^2 \left(-\tfrac{1}{2}x^2 + x\right) dx = \left[-\tfrac{1}{6}x^3 + \tfrac{1}{2}x^2\right]_0^2 = -\tfrac{8}{6} + 2 - 0$$
$$= \tfrac{2}{3}\,\text{FE}.$$

9.3 Ins Unendliche reichende Flächen

a) I) Gesucht ist die Fläche zwischen der x-Achse, y-Achse und der Kurve mit der unteren Grenze $x = 0$. Für $z > 0$ ist:

$$A(z) = \int_0^z e^{-x} dx = \left[-e^{-x}\right]_0^z = -e^{-z} - (-1) = 1 - e^{-z}.$$

Geht nun $z \rightarrow \infty$, so geht $A(z) = 1 - e^{-z} \rightarrow 1$.

Es ist also $\lim\limits_{z\rightarrow\infty} A(z) = 1$, damit ist der Flächeninhalt 1 FE.

II) Gesucht ist die Fläche zwischen der x-Achse, y-Achse und der Kurve mit der unteren Grenze $x = 0$. Für $z > 0$ ist:

$$A(z) = \int_0^z e^{-3x+1} dx = \left[-\tfrac{1}{3}e^{-3x+1}\right]_0^z = -\tfrac{1}{3}e^{-3z+1} + \tfrac{1}{3}e.$$

Für $z \rightarrow \infty$ geht $A(z) = -\frac{1}{3}e^{-3z+1} + \frac{1}{3}e \rightarrow \frac{1}{3}e$.

Es ist also $\lim\limits_{z\rightarrow\infty} A(z) = \frac{1}{3}e$, damit ist der Flächeninhalt $\frac{1}{3}e$ FE.

III) Gesucht ist die Fläche zwischen der x-Achse, y-Achse und der Kurve mit der unteren Grenze $x = 0$. Für $z > 0$ ist:

$$A(z) = \int_0^z 2e^{-4x-2} dx = \left[-\tfrac{1}{4} \cdot 2e^{-4x-2}\right]_0^z = -\tfrac{1}{2}e^{-4z-2} + \tfrac{1}{2}e^{-2}.$$

Für $z \rightarrow \infty$ geht $A(z) = -\frac{1}{2}e^{-4z-2} + \frac{1}{2}e^{-2} \rightarrow \frac{1}{2}e^{-2}$.

Es ist also $\lim\limits_{z\rightarrow\infty} A(z) = \frac{1}{2}e^{-2}$, damit ist der Flächeninhalt $\frac{1}{2}e^{-2}$ FE.

b) I) Um die obere Grenze zu bestimmen, wird zuerst die Nullstelle der Funktion bestimmt: $e - e^x = 0 \Rightarrow e = e^x \Rightarrow x = 1$. Der Inhalt des gesuchten Flächenstücks wird also durch eine Integration in den Grenzen von 0 bis 1 berechnet:

$$\int_0^1 (e - e^x)\, dx = \left[e \cdot x - e^x\right]_0^1 = e - e - (-1) = 1\,\text{FE}.$$

II) Um die Asymptote zu bestimmen, betrachtet man den Grenzwert für $x \rightarrow -\infty$. Es ist $\lim\limits_{x\rightarrow-\infty} f(x) = e$, da der zweite Term für kleine Werte von x gegen Null geht. Die Asymptote ist daher die Gerade mit der Gleichung $y = e$.

III) Um die ins Unendliche reichende Fläche zwischen der Asymptoten und der Kurve zu berechnen, muss man die Differenz zwischen der Geradengleichung und der Funktion integrieren:
$\mathrm{A}(z) = \int_z^0 (e-(e-e^x))\,dx = \left[e^x\right]_z^0 = 1-e^z.$
Für den Grenzwert gilt: $\lim\limits_{z\to-\infty} \mathrm{A}(z) = 1\,\mathrm{FE}$.
Also sind beide Flächenstücke gleich groß.

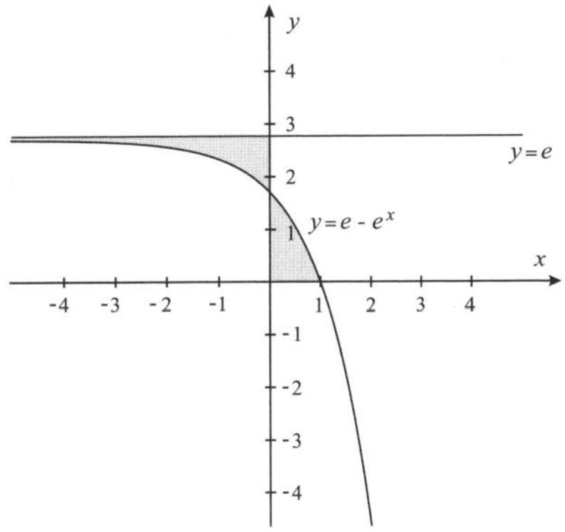

9.4 Angewandte Integrale

a) Es ist $r(t) = 23 - 0,02\cdot e^t$ mit $t \geqslant 0$.

I) Um den Zeitpunkt zu bestimmen, an dem der Regen aufhört, wird die Funktion r gleich Null gesetzt: $r(t) = 23 - 0,02\cdot e^t = 0 \Rightarrow 23 = 0,02\cdot e^t \Rightarrow t \approx 7,048$.
Nach 7 Tagen hört es also auf zu regnen.

II) Die Wassermenge, die im Laufe dieser Zeit auf jeden Quadratmeter niedergegangen ist, wird ermittelt, indem die Niederschlagsratenfunktion in den Grenzen von 0 bis 7 integriert wird.

$$\int_0^7 r(t)dt = \int_0^7 (23-0,02\cdot e^t)\,dt = \left[23t - 0,02\cdot e^t\right]_0^7 = 23\cdot 7 - 0,02\cdot e^7 - \left(0-0,02\cdot e^0\right)$$
$$\approx 139,09$$

Auf jeden Quadratmeter sind also rund 139,1 Liter Wasser niedergegangen.

III) Die mittlere Regenmenge erhält man, indem man die Gesamtmenge des Regens durch die Anzahl der Tage teilt: $\frac{139,1}{7} = 19,87$.
Also sind im Mittel 19,87 Liter Regen pro Tag auf jeden Quadratmeter niedergegangen.

b) Da $f(t) = -0,5t+3$; $t \geqslant 0$ die Zu- und Abflussrate beschreibt, muss man eine Stammfunktion F bestimmen, die die Menge des im Becken vorhandenen Wassers beschreibt:

$\mathrm{F}(t) = -0,25t^2 + 3t + c$.

Die Konstante c wird mit Hilfe des Anfangswerts bestimmt. Am Anfang befinden sich 10 Liter Wasser im Becken, daher gilt: $\mathrm{F}(0) = -0,25\cdot 0^2 + 3\cdot 0 + c = 10 \Rightarrow c = 10$.
Also ist $\mathrm{F}(t) = -0,25\cdot t^2 + 3t + 10$.
Um zu berechnen, wieviel Wasser das Becken nach 9 Stunden enthält, wird $t = 9$ in $\mathrm{F}(t)$ eingesetzt: $\mathrm{F}(9) = -0,25\cdot 9^2 + 3\cdot 9 + 10 = 16,75$.
Das Becken enthält nach 9 Stunden 16,75 Liter Wasser.

9.5 Rotationskörper

a) Es ist $f(x) = \frac{1}{4}e^{2x}$ über dem Intervall $[0;1]$. Für das Volumen des Rotationskörpers gilt:

$$V_{rot} = \pi \cdot \int_0^1 \left(\tfrac{1}{4}e^{2x}\right)^2 dx = \pi \cdot \int_0^1 \tfrac{1}{16}e^{4x} dx = \pi \cdot \left[\tfrac{1}{4\cdot16}e^{4x}\right]_0^1 = \pi \cdot \left(\tfrac{1}{64}e^4 - \tfrac{1}{64}e^0\right) = 2,63$$

Das Volumen des Rotationskörpers beträgt 2,63 VE.

b) Es ist $f(x) = x^2 + 1$ über dem Intervall $[1;2]$. Für das Volumen des Rotationskörpers gilt:

$$V_{rot} = \pi \cdot \int_1^2 \left(x^2+1\right)^2 dx = \pi \cdot \int_1^2 \left(x^4 + 2x^2 + 1\right) dx = \pi \cdot \left[\tfrac{1}{5}x^5 + \tfrac{2}{3}x^3 + x\right]_1^2$$

$$= \pi \cdot \left(\tfrac{1}{5}2^5 + \tfrac{2}{3}\cdot 2^3 + 2^1 - \left(\tfrac{1}{5} + \tfrac{2}{3} + 1\right)\right) = 37,28$$

Das Volumen des Rotationskörpers beträgt 37,28 VE.

c) Es ist $f(x) = \frac{2}{x}$ über dem Intervall $[1;2]$. Für das Volumen des Rotationskörpers gilt:

$$V_{rot} = \pi \cdot \int_1^2 \left(\tfrac{2}{x}\right)^2 dx = \pi \cdot \int_1^2 \tfrac{4}{x^2}\, dx = \pi \cdot \int_1^2 4x^{-2} dx = \pi \cdot \left[\tfrac{4}{-1}\cdot x^{-1}\right]_1^2 = \pi \cdot (-2-(-4))$$

$$= 2\pi = 6,28$$

Das Volumen des Rotationskörpers beträgt 6,28 VE.

d) Es ist $f(x) = e^x$ und $y = e$ (Parallele zur x-Achse).
Die linke Integrationsgrenze ist die y-Achse: $x_1 = 0$.
Die rechte Integrationsgrenze erhält man durch Schneiden von $f(x) = e^x$ und $y = e$: $e^x = e \Rightarrow x_2 = 1$. Um das Volumen des Rotationskörpers zu bestimmen, berechnet man zuerst die Volumenintegrale der jeweiligen Kurven und bildet anschließend die Differenz:

$$V_{1rot} = \pi \cdot \int_0^1 e^2 dx = \pi \cdot \left[e^2 \cdot x\right]_0^1 = \pi \cdot \left(e^2 - 0\right) = \pi \cdot e^2$$

$$V_{2rot} = \pi \cdot \int_0^1 (e^x)^2\, dx = \pi \cdot \int_0^1 e^{2x} dx = \pi \cdot \left[\tfrac{1}{2}e^{2x}\right]_0^1 = \pi \cdot \left(\tfrac{1}{2}e^2 - \tfrac{1}{2}e^0\right) = \pi \cdot \left(\tfrac{1}{2}e^2 - \tfrac{1}{2}\right)$$

$$V_{rot} = V_{1rot} - V_{2rot} = \pi \cdot e^2 - \pi \cdot \left(\tfrac{1}{2}e^2 - \tfrac{1}{2}\right) = \pi \cdot \left(\tfrac{1}{2}e^2 + \tfrac{1}{2}\right) = 13,18$$

Das Volumen des Rotationskörpers beträgt 13,18 VE.

e) Der entstandene Rotationskörper wird in unendlich viele unendlich kleine Teilzylinder zerlegt. Die Grundfläche eines Teilzylinders ist $G = \pi \cdot r^2$, wobei $r = f(x)$ ist. Die Höhe eines Zylinders ist das Differential $h = dx$ (unendlich kleine Länge). Das Volumen eines Teilzylinders ist $dV = G \cdot h = \pi \cdot r^2 \cdot h = \pi \cdot f(x)^2 \cdot dx$. Das gesamte Volumen des Rotationskörpers erhält man durch Summieren (= Integrieren) aller Teilzylinder:

$$V_{rot} = \int_a^b dV = \int_a^b \pi \cdot \left(f(x)^2\right) dx = \pi \cdot \int_a^b \left(f(x)^2\right) dx$$

9.6 Integration durch Substitution

a) Da die innere Ableitung $\left(3x^2\right)$ schon im Ausdruck enthalten ist, muss dieser nicht mehr umgeformt werden und man verwendet die Formel: $\int_a^b f\left(g(x)\right) \cdot g'(x)dx = \int_{g(a)}^{g(b)} f(z)dz.$

Man substituiert: $g(x) = x^3 + 2$; $f(z) = e^z$:

Die neuen Integrationsgrenzen sind $g(0) = 0^3 + 2 = 2$ und $g(1) = 1^3 + 2 = 3$

Somit gilt: $\int_0^1 3x^2 e^{x^3+2}\,dx = \int_0^1 e^{x^3+2} \cdot 3x^2\,dx = \int_2^3 e^z dz = \left[e^z\right]_2^3 = e^3 - e^2 \approx 12,70.$

b) Das gegebene Integral wird zuerst so umgeformt, dass die innere Ableitung $(3x^2)$ im Ausdruck enthalten ist; dann verwendet man die Formel $\int_a^b f\left(g(x)\right) \cdot g'(x)dx = \int_{g(a)}^{g(b)} f(z)dz$:

$\int_0^2 x^2 e^{x^3+1}\,dx = \int_0^2 \frac{1}{3} \cdot 3x^2 e^{x^3+1}\,dx = \frac{1}{3}\int_0^2 e^{x^3+1} \cdot 3x^2\,dx$

Man substituiert: $g(x) = x^3 + 1$; $f(z) = e^z$:

Die neuen Integrationsgrenzen sind $g(0) = 0^3 + 1 = 1$ und $g(2) = 2^3 + 1 = 9$. Somit gilt:

$\int_0^2 x^2 e^{x^3+1}\,dx = \frac{1}{3}\int_0^2 e^{x^3+1} \cdot 3x^2\,dx = \frac{1}{3}\int_1^9 e^z\,dz = \frac{1}{3}\left[e^z\right]_1^9 = \frac{1}{3}\left(e^9 - e\right) \approx 2700,12.$

c) Da die innere Ableitung $(4x)$ schon im Ausdruck enthalten ist, muss $\int_1^2 \frac{4x}{\left(8+2x^2\right)^2}\,dx$ nicht mehr umgeformt werden, man verwendet die Formel: $\int_a^b f\left(g(x)\right) \cdot g'(x)dx = \int_{g(a)}^{g(b)} f(z)dz.$

Man substituiert: $g(x) = 8 + 2x^2$; $f(z) = \frac{1}{z^2}$:

Die neuen Integrationsgrenzen sind $g(1) = 8 + 2 \cdot 1^2 = 10$ und $g(2) = 8 + 2 \cdot 2^2 = 16$

Somit gilt: $\int_1^2 \frac{4x}{\left(8+2x^2\right)^2}\,dx = \int_{10}^{16} \frac{1}{z^2}\,dz = \left[-\frac{1}{z}\right]_{10}^{16} = -\frac{1}{16} - \left(-\frac{1}{10}\right) = \frac{3}{80}.$

d) Das gegebene Integral wird zuerst so umgeformt, dass die innere Ableitung $(2x)$ im Ausdruck enthalten ist; dann verwendet man die Formel $\int_a^b f\left(g(x)\right) \cdot g'(x)dx = \int_{g(a)}^{g(b)} f(z)dz$:

$\int_0^1 \frac{x}{\left(1+x^2\right)^2}\,dx = \int_0^1 \frac{1}{2} \cdot \frac{2x}{\left(1+x^2\right)^2}\,dx = \frac{1}{2}\int_0^1 \left(1+x^2\right)^{-2} \cdot 2x\,dx$

Man substituiert: $g(x) = 1 + x^2$; $f(z) = \frac{1}{z^2}$:

Die neuen Integrationsgrenzen sind $g(0) = 1 + 0^2 = 1$ und $g(1) = 1 + 1^2 = 2$. Somit gilt:

$\int_0^1 \frac{x}{\left(1+x^2\right)^2}\,dx = \frac{1}{2}\int_0^1 \left(1+x^2\right)^{-2} \cdot 2x\,dx = \frac{1}{2}\int_1^2 \frac{1}{z^2}\,dz = \frac{1}{2}\left[-\frac{1}{z}\right]_1^2 = \frac{1}{2}\left(-\frac{1}{2} - \left(-\frac{1}{1}\right)\right) = \frac{1}{4}.$

e) Da im Zähler die Ableitung des Nenners steht, kann logarithmisch integriert werden:

$\int_a^b \frac{g'(x)}{g(x)}\,dx = \left[\ln|g(x)|\right]_a^b$. Somit gilt:

$\int_0^1 \frac{6x}{4+3x^2}\,dx = \left[\ln\left|4+3x^2\right|\right]_0^1 = \ln(4 + 3 \cdot 1^2) - \ln(4 + 3 \cdot 0^2) = \ln 7 - \ln 4 = \ln\left(\frac{7}{4}\right) \approx 0,56.$

f) Da im Zähler die Ableitung des Nenners steht, kann logarithmisch integriert werden:
$\int_a^b \frac{g'(x)}{g(x)} dx = \Big[\ln|g(x)|\Big]_a^b$. Somit gilt:
$$\int_0^1 \frac{e^x}{e^x+1} dx = \Big[\ln|e^x+1|\Big]_0^1 = \ln(e^1+1) - \ln(e^0+1) = \ln(e+1) - \ln 2 = \ln\left(\frac{e+1}{2}\right) \approx 0{,}62.$$

9.7 Partielle Integration

a) Zu berechnen ist $\int_1^2 3x \cdot e^x dx$. Man verwendet dazu die Formel:
$$\int_a^b u(x) \cdot v'(x) dx = \Big[u(x) \cdot v(x)\Big]_a^b - \int_a^b u'(x) \cdot v(x) dx$$
Setzt man $u(x) = 3x$ und $v'(x) = e^x$, so ist $u'(x) = 3$ und $v(x) = e^x$. Also gilt:
$$\int_1^2 3x \cdot e^x dx = \Big[3x \cdot e^x\Big]_1^2 - \int_1^2 3 \cdot e^x dx = \Big[3x \cdot e^x\Big]_1^2 - \Big[3 \cdot e^x\Big]_1^2 = \Big[(3x-3) \cdot e^x\Big]_1^2$$
$$= (3 \cdot 2 - 3) \cdot e^2 - \big((3 \cdot 1 - 3) \cdot e^1\big) = 3e^2 \approx 22{,}17.$$

b) Zu berechnen ist $\int_0^\pi 2x \cdot \cos x\, dx$. Man verwendet dazu die Formel:
$$\int_a^b u(x) \cdot v'(x) dx = \Big[u(x) \cdot v(x)\Big]_a^b - \int_a^b u'(x) \cdot v(x) dx$$
Setzt man $u(x) = 2x$ und $v'(x) = \cos x$, so ist $u'(x) = 2$ und $v(x) = \sin x$. Also gilt:
$$\int_0^\pi 2x \cdot \cos x\, dx = \Big[2x \cdot \sin x\Big]_0^\pi - \int_0^\pi 2 \cdot \sin x\, dx$$
$$= \Big[2x \cdot \sin x\Big]_0^\pi - \Big[-2\cos x\Big]_0^\pi = \Big[2x \cdot \sin x + 2\cos x\Big]_0^\pi$$
$$= 2 \cdot \pi \cdot \sin \pi + 2\cos \pi - (2 \cdot 0 \cdot \sin 0 + 2\cos 0) = 0 - 2 - (0+2) = -4.$$

c) Zu berechnen ist $\int_1^e 3x \cdot \ln x\, dx$.

Man verwendet dazu die Formel: $\int_a^b u(x) \cdot v'(x) dx = \Big[u(x) \cdot v(x)\Big]_a^b - \int_a^b u'(x) \cdot v(x) dx$
Setzt man $u(x) = \ln x$ und $v'(x) = 3x$, so ist $u'(x) = \frac{1}{x}$ und $v(x) = \frac{3}{2}x^2$. Also gilt:
$$\int_1^e 3x \cdot \ln x\, dx = \Big[\ln x \cdot \tfrac{3}{2}x^2\Big]_1^e - \int_1^e \tfrac{1}{x} \cdot \tfrac{3}{2}x^2 dx = \Big[\ln x \cdot \tfrac{3}{2}x^2\Big]_1^e - \int_1^e \tfrac{3}{2}x\, dx = \Big[\ln x \cdot \tfrac{3}{2}x^2\Big]_1^e - \Big[\tfrac{3}{4}x^2\Big]_1^e$$
$$= \Big[\ln x \cdot \tfrac{3}{2}x^2 - \tfrac{3}{4}x^2\Big]_1^e = \ln e \cdot \tfrac{3}{2}e^2 - \tfrac{3}{4}e^2 - \big(\ln 1 \cdot \tfrac{3}{2} \cdot 1^2 - \tfrac{3}{4} \cdot 1^2\big) = \tfrac{3}{2}e^2 - \tfrac{3}{4}e^2 + \tfrac{3}{4}$$
$$= \tfrac{3}{4}e^2 + \tfrac{3}{4} \approx 6{,}29.$$

10 Extremwertaufgaben/ Wachstums- und Zerfallsprozesse

10.1 Extremwertaufgaben

a) Die gesuchte Größe ist die Fläche eines Rechtecks mit maximalem Flächeninhalt. Die Seiten des Rechtecks seien x und y. Dann gilt für die Fläche: $\mathrm{A} = x \cdot y$. Die Nebenbedingung ist die festgelegte Gesamtlänge des Drahtes, diese entspricht dem Umfang des Rechtecks: $\mathrm{U} = 2x + 2y = 20$. Auflösen der Nebenbedingung nach y ergibt: $y = 10 - x$. Einsetzen in den Ausdruck für die Fläche ergibt: $\mathrm{A} = x \cdot (10 - x)$. Damit ist die Zielfunktion eine Funktion in Abhängigkeit von x: $\mathrm{A}(x) = x \cdot (10 - x) = 10x - x^2$ mit $0 \leqslant x \leqslant 10$. Ableiten führt zu $\mathrm{A}'(x) = 10 - 2x$ und $\mathrm{A}''(x) = -2$. Die 1. Ableitung wird nun gleich Null gesetzt, nach x aufgelöst und liefert $x_{\mathrm{E}} = 5$. Einsetzen in A'' ergibt $\mathrm{A}''(5) = -2 < 0$. Da die 2. Ableitung keine Variablen mehr enthält und kleiner als Null ist, handelt es sich um ein globales Maximum. Ein Überprüfen der Fläche für die Randstellen des Intervalles ist daher nicht nötig. Zum Schluss wird y mit Hilfe der Nebenbedingung bestimmt: $y = 10 - 5 \Rightarrow y = 5$. Die beiden Rechteckseiten müssen also je 5 cm lang sein: Das Rechteck mit maximalem Flächeninhalt ist also ein Quadrat mit der Seitenlänge 5 cm.

b) Die gesuchten Größen sind die Breite und die Länge des Spielplatzes. Da die Fläche maximal groß sein soll, stellt man für diese die Funktion auf. Die eine Seite des Spielplatzes sei x, die andere y. Für die Fläche gilt $\mathrm{A} = x \cdot y$. Die Nebenbedingung ist die festgelegte Gesamtlänge des Zauns, von der 2 m für die Einfahrt abgezogen werden: $2x + 2y - 2 = 40$. Auflösen der Nebenbedingung nach y ergibt: $y = 21 - x$. Einsetzen des Ausdrucks für die Fläche ergibt: $\mathrm{A} = x \cdot (21 - x)$. Damit ist die Zielfunktion: $\mathrm{A}(x) = x \cdot (21 - x) = 21x - x^2$ mit $0 \leqslant x \leqslant 21$.
Ableiten führt zu $\mathrm{A}'(x) = 21 - 2x$ und $\mathrm{A}''(x) = -2$. Die 1. Ableitung wird nun gleich Null gesetzt, nach x aufgelöst und liefert $x_{\mathrm{E}} = 10{,}5$. Einsetzen in A'' ergibt: $\mathrm{A}''(10{,}5) = -2 < 0$. Da die 2. Ableitung keine Variablen mehr enthält und kleiner als Null ist, handelt es sich um ein globales Maximum. Ein Überprüfen der Fläche für die Randstellen des Intervalles ist daher nicht nötig. Zum Schluss wird y mit Hilfe der Nebenbedingung bestimmt: $y = 21 - 10{,}5 \Rightarrow y = 10{,}5$. Die beiden Rechteckseiten müssen also je 10,5 m lang sein, es handelt sich also wie in Aufgabe a) um ein Quadrat. (Dies verwundert vielleicht zunächst, unter allen möglichen Rechtecken mit fest vorgegebenem Umfang hat das Quadrat immer den größten Flächeninhalt. Wäre das Tor nicht vorhanden, dann wäre die Seitenlänge des Quadrats $\frac{40\,\mathrm{m}}{4} = 10\,\mathrm{m}$.)

c) Die gesuchte Größe sind die Breite und Höhe des Gedenksteins, für die seine vordere Fläche maximal groß wird. Die Nebenbedingung ist der festgelegte Umfang. Die vertikale Seite des Rechtecks sei y, die horizontale Seite wird als $2x$ gewählt (siehe Zeichnung). Der Radius ist damit x. Für die Fläche gilt: $\mathrm{A} = 2x \cdot y + \frac{\pi}{2} \cdot x^2$. Die Nebenbedingung ist: $\mathrm{U} = 2 \cdot x + 2 \cdot y + \pi \cdot x = 10$. Auflösen der Nebenbedingung nach y ergibt: $y = 5 - x - \frac{\pi}{2} \cdot x$. Dies wird in den Ausdruck für die Fläche eingesetzt. Die Zielfunktion ist damit eine Funk-

tion in Abhängigkeit von x: $A(x) = 10x - 2x^2 - \frac{\pi}{2}x^2$ mit $0 \leqslant x \leqslant \frac{10}{2+\pi}$ (für den Fall $y = 0$ gilt $10 = 2x + \pi \cdot x \Rightarrow \frac{10}{2+\pi} = x$, das Monument hätte dann die Gestalt eines Halbkreises). Die 1. Ableitung ist: $A'(x) = 10 - 4x - \pi x$. Die 1. Ableitung wird gleich Null gesetzt und nach x aufgelöst: $x_E = \frac{10}{4+\pi} \approx 1{,}40$. Einsetzen in die 2. Ableitung $A''(x) = -4 - \pi$ liefert: $A''(1{,}40) = -4 - \pi < 0$. Da die 2. Ableitung keine Variablen mehr enthält und kleiner als Null ist, handelt es sich um ein globales Maximum. Ein Überprüfen der Fläche für die Randstellen des Intervalles ist daher nicht nötig. Zum Schluss wird mit Hilfe der Nebenbedingung noch y bestimmt: $y = 5 - 1{,}40 - \frac{\pi}{2} \cdot 1{,}40 \approx 1{,}40$.
Die Breite des Gedenksteins ist damit $2 \cdot x = \frac{20}{4+\pi} \approx 2{,}80\,\text{m}$, für die Höhe ergibt sich $h = y + x = \frac{20}{4+\pi} = 2{,}80\,\text{m}$.

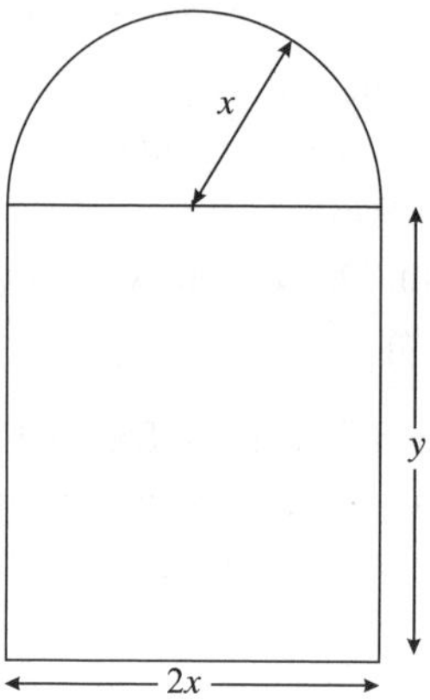

Aufgabe c)

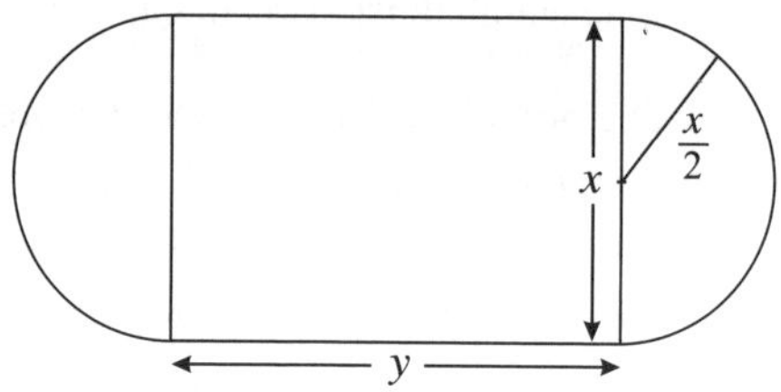

Aufgabe d)

d) Die gesuchten Größen sind die Breite und die Höhe des Sportplatzes. Da die Fläche maximal groß sein soll, stellt man für diese eine Funktion auf. Die eine Seite des Rechtecks sei x, die andere y. Der Radius der Kreishälften ist damit $\frac{x}{2}$. Die beiden rechts und links angesetzten Kreishälften ergeben zusammen einen gesamten Kreis, damit gilt für die Rechtecksfläche $A_{Rechteck} = x \cdot y$ und für die Kreisfläche $A_O = \pi \cdot \left(\frac{x}{2}\right)^2$. Die Nebenbedingung ist der festgelegte Umfang des Sportplatzes: $U = 2 \cdot y + 2 \cdot \pi \cdot \frac{x}{2} = 2 \cdot y + \pi \cdot x = 400$. Da in dem Ausdruck für die Gesamtfläche die Variable y nur einmal vorkommt, ist es geschickt, die Nebenbedingung nach y aufzulösen: $y = 200 - \pi \cdot \frac{x}{2}$. Einsetzen von y in den Ausdruck für die Fläche ergibt die jeweilige Zielfunktion:

I) Die Fläche des Rechtecks soll maximal sein: Damit ist $A(x) = x \cdot y = x \cdot \left(200 - \pi \cdot \frac{x}{2}\right)$, bzw. $A(x) = 200x - \pi \cdot \frac{x^2}{2}$ mit $0 \leqslant x \leqslant \frac{400}{\pi}$. Daraus ergibt sich für die 1. Ableitung: $A'(x) = 200 - \pi \cdot x$ und für die Extremstelle: $x_E = \frac{200}{\pi} \approx 63{,}66$. Einsetzen in die 2. Ableitung $A''(x) = -\pi$ liefert: $A''(63{,}66) = -\pi < 0$ und damit ein globales Maximum. Ein Überprüfen der Fläche für die Randstellen des Intervalles ist daher nicht nötig. Zum Schluss wird mit Hilfe der Nebenbedingung noch y bestimmt: $y = 200 - \pi \cdot \frac{\frac{200}{\pi}}{2} = 200 - \frac{200}{2} = 100$. Die Breite ist $100\,\text{m}$, die Höhe $\frac{200}{\pi} \approx 63{,}66\,\text{m}$.

II) Die Gesamtfläche soll maximal sein: Damit ist $\mathrm{A}(x) = x \cdot \left(200 - \pi \cdot \frac{x}{2}\right) + \pi \cdot \left(\frac{x}{2}\right)^2$, bzw. $\mathrm{A}(x) = 200x - \pi \cdot \frac{x^2}{2} + \pi \cdot \frac{x^2}{4} = 200x - \frac{\pi}{4} \cdot x^2$. Daraus folgt für die 1. Ableitung: $\mathrm{A}'(x) = 200 - \frac{\pi}{2} \cdot x$ und für die Extremstelle: $x = \frac{400}{\pi} \approx 127{,}32$. Einsetzen in die 2. Ableitung $\mathrm{A}''(x) = -\frac{\pi}{2}$ liefert: $\mathrm{A}''(127{,}32) = -\frac{\pi}{2} < 0$ und damit ein globales Maximum. Ein Überprüfen der Fläche für die Randstellen des Intervalles ist daher nicht nötig. Zum Schluss wird mit Hilfe der Nebenbedingung noch y bestimmt: $y = 200 - \pi \cdot \frac{\frac{400}{\pi}}{2} = 200 - \frac{400}{2} = 0$. Die Gesamtfläche des Sportplatzes wäre also bei kreisförmiger Gestalt am größten. Diese Lösung ist zwar mathematisch korrekt, würde aber bei der Planung eines tatsächlichen Sportplatzes keinen Sinn machen.

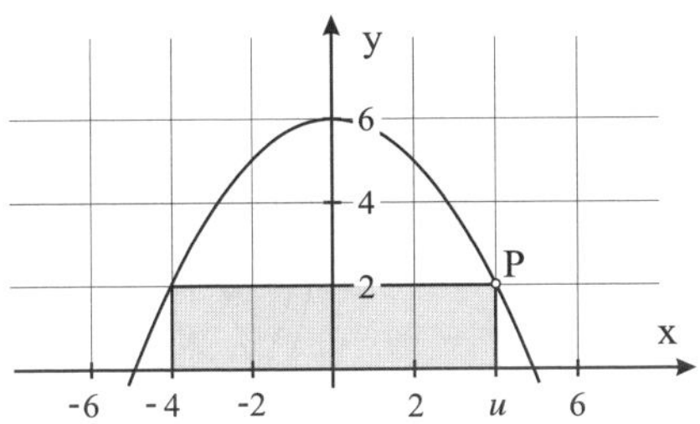

Aufgabe e) I)

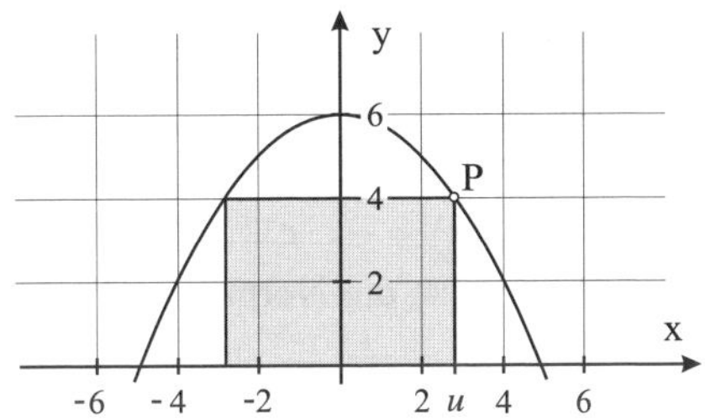

Aufgabe e) II)

e) I) Es ist $f(x) = 6 - \frac{1}{4}x^2$. Gesucht ist ein Rechteck mit maximalem Umfang, das der angegebenen Kurve einbeschrieben werden soll. Nebenbedingung: Zwei Eckpunkte des Rechtecks müssen auf der Kurve, die anderen beiden auf der x-Achse liegen. Der Punkt auf der Kurve im 1. Quadranten sei $\mathrm{P}(u \mid v)$ mit $v = f(u)$. Damit gilt für die Höhe $h = f(u)$. Für das Rechteck ist die Grundseite $2u$, mit $0 \leqslant u \leqslant \sqrt{24}$ ($x = \pm\sqrt{24}$ sind die Nullstellen von f). Durch Einsetzen der Nebenbedingung ergibt sich als Zielfunktion für den Umfang: $\mathrm{U}(u) = 4 \cdot u + 2 \cdot f(u) \Rightarrow \mathrm{U}(u) = 4u + 2 \cdot \left(6 - \frac{1}{4}u^2\right) = 4u + 12 - \frac{1}{2}u^2$. Ableiten führt auf: $\mathrm{U}'(u) = 4 - u$. Die Ableitung wird gleich Null gesetzt, um die Extremstelle zu bestimmen: $u = 4$. Einsetzen in die 2. Ableitung $\mathrm{U}''(u) = -1$ ergibt: $\mathrm{U}''(4) = -1 < 0$, daraus folgt, dass es sich um ein globales Maximum handelt. Die Randstellen müssen daher nicht mehr überprüft werden. Durch einsetzen in die Zielfunktion ergibt sich für den gesuchten Umfang:
$\mathrm{U}(4) = 4 \cdot 4 + 2 \cdot f(4) = 16 + 2 \cdot 2 = 20\,\mathrm{LE}$.

II) Gesucht ist ein Rechteck mit maximaler Fläche, das der angegebenen Kurve einbeschrieben werden soll. Nebenbedingung: Zwei Eckpunkte des Rechtecks müssen auf der Kurve, die anderen beiden auf der x-Achse liegen. Der Punkt auf der Kurve im 1. Quadranten sei $\mathrm{P}(u \mid v)$ mit $v = f(u)$. Damit gilt für die Höhe $h = f(u)$. Für dieses Rechteck ist die Grundseite $2u$, mit $0 \leqslant u \leqslant \sqrt{24}$. (Es sind $x = \pm\sqrt{24}$ Schnittstellen der Kurve mit der x-Achse.) Durch Einsetzen der Nebenbedingung ergibt sich als Zielfunktion für die Fläche: $\mathrm{A}(u) = 2 \cdot u \cdot f(u) \Rightarrow \mathrm{A}(u) = 2u \cdot \left(6 - \frac{1}{4}u^2\right) = 12u - \frac{1}{2}u^3$. Ableiten führt auf: $\mathrm{A}'(u) = 12 - \frac{3}{2}u^2$. Die Ableitung wird gleich Null gesetzt, um die

Extremstelle zu bestimmen: $\frac{3}{2}u^2 = 12 \Rightarrow u_{1,2} = \pm\sqrt{8} = \pm 2,83$. Der Wert $-\sqrt{8}$ scheidet aus, da es sich bei u um eine Länge handelt und diese immer positiv sind. Also ist $u = \sqrt{8} \approx 2,83$. Setzt man $\sqrt{8}$ in die 2. Ableitung $A''(u) = -3u$ ein, ergibt sich: $A''(\sqrt{8}) = -3\sqrt{8} < 0$. Daraus folgt, dass es sich um ein lokales Maximum handelt. Es muss noch überprüft werden, ob die Randstellen eventuell größere Funktionswerte liefern. Es ist $A(0) = 0$ und $A(\sqrt{24}) = 0$, damit existieren keine Randextremwerte und für $u = 2,83$ liegt ein globales Maximum vor. Setzt man $u = 2,83$ in die Zielfunktion ein, ergibt sich für die gesuchte Fläche: $A = 12 \cdot \sqrt{8} - \frac{1}{2} \cdot (\sqrt{8})^3 = 22,63\,\text{FE}$.

f) Es ist $f(x) = -(x+2)e^{-x}$. Zuerst werden f' und f'' bestimmt: Mit der Produktregel folgt:
$f(x) = -(x+2)e^{-x} \Rightarrow f'(x) = e^{-x}(x+1)$ und $f''(x) = -x \cdot e^{-x}$
Gesucht ist die Normale in $W(0 \mid -2)$. Es ist $m_n = -\frac{1}{f'(0)} = -\frac{1}{1} = -1$. Damit folgt für die Gleichung der Normale: $y = -x - 2$.
Bestimmung des zweiten Schnittpunktes Q der Normalen mit dem Graphen G:

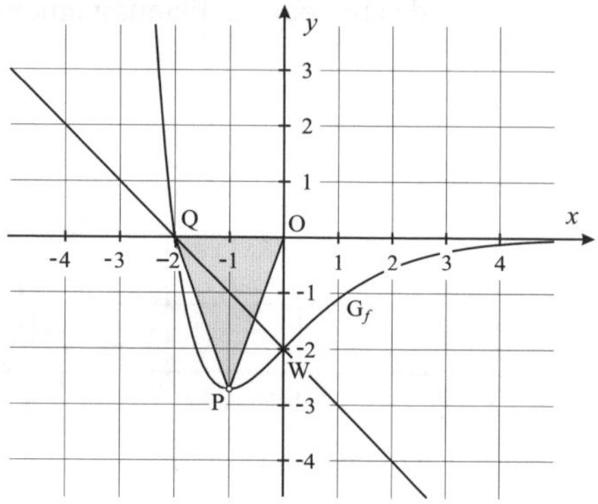

Aufgabe f)

$-(x+2)e^{-x} = -x-2 \Rightarrow (x+2) - (x+2)e^{-x} = 0$. Ausklammern von $(x+2)$ führt nun zu: $(x+2)(1-e^{-x}) = 0$. Damit ergibt sich $x_1 = -2$ und aus dem zweiten Faktor $x_2 = 0$. Die Lösung $x_1 = -2$ führt zum gesuchten Schnittpunkt $Q(-2 \mid 0)$. Für den Punkt P gilt: $P(u \mid -(u+2) \cdot e^{-u})$ mit $-2 < u < 0$.
Die Grundseite des Dreiecks OPQ ist $\left|\overline{QO}\right| = 2$, die Höhe beträgt $-f(u)$. (Für $-2 < u < 0$ ist $f(u)$ negativ, die Höhe des Dreiecks muss aber eine positive Größe sein.)
Damit ergibt sich für den Flächeninhalt des Dreiecks OPQ:
$A(u) = \frac{1}{2} \cdot g \cdot h = \frac{1}{2} \cdot 2 \cdot (-f(u)) = (u+2) \cdot e^{-u}$
$A'(u) = 1 \cdot e^{-u} + (u+2) \cdot (-e^{-u}) = e^{-u}(1-u-2) = e^{-u} \cdot (-u-1)$
$A''(u) = -e^{-u} \cdot (-u-1) + e^{-u} \cdot (-1) = e^{-u}(u+1-1) = e^{-u} \cdot u$
Für die Extremstelle ergibt sich damit: $e^{-u} \cdot (-u-1) = 0 \Rightarrow -u-1 = 0 \Rightarrow u_1 = -1$.
Einsetzen in $A''(u) : A''(-1) < 0 \Rightarrow$ es liegt ein lokales Maximum vor. Um zu prüfen, ob ein globales Maximum vorliegt, wird $A(-1) = (-1+2) \cdot e^1 = e$ mit den Randwerten verglichen: $A(-2) = 0$ und $A(0) = 2$. Da $A(-1) = e > 2$ ist, nimmt der Flächeninhalt für $u = -1$ ein globales Maximum an.

g) Es sind $f(x) = (2x+3) \cdot e^{-x}$ und $g(x) = e^{-x}$. Der Punkt P liegt auf G_f und hat somit die Koordinaten: $P(u \mid (2u+3) \cdot e^{-u})$.

Der Punkt Q liegt auf G_g und hat somit die Koordinaten: $Q(u \mid e^{-u})$.

Die Länge l der Strecke PQ erhält man als Differenz der y-Werte von P und Q:

$l(u) = (2u+3) \cdot e^{-u} - e^{-u} = (2u+2) \cdot e^{-u}$

Zur Bestimmung des Maximums benötigt man die 1. und 2. Ableitung (Produkt- und Kettenregel):

$l'(u) = 2 \cdot e^{-u} + (2u+2) \cdot e^{-u} \cdot (-1) = -2u \cdot e^{-u}$

$l''(x) = -2 \cdot e^{-u} + (-2u \cdot e^{-u}) \cdot (-1) = (2u-2) \cdot e^{-u}$

Die 1. Ableitung wird Null gesetzt: $-2u \cdot e^{-u} = 0 \Rightarrow u_E = 0$. Setzt man $u_E = 0$ in $l''(u)$ ein, so erhält man:

$l''(0) = (2 \cdot 0 - 2) \cdot e^{-0} = -2 < 0 \Rightarrow$ globales Maximum.

Für $u = 0$ ist die Länge der Strecke PQ maximal.

Setzt man $u = 0$ in $l(u)$ ein, so erhält man:

$l(0) = (2 \cdot 0 + 2) \cdot e^{-0} = 2$.

Die maximale Länge der Strecke PQ beträgt 2LE.

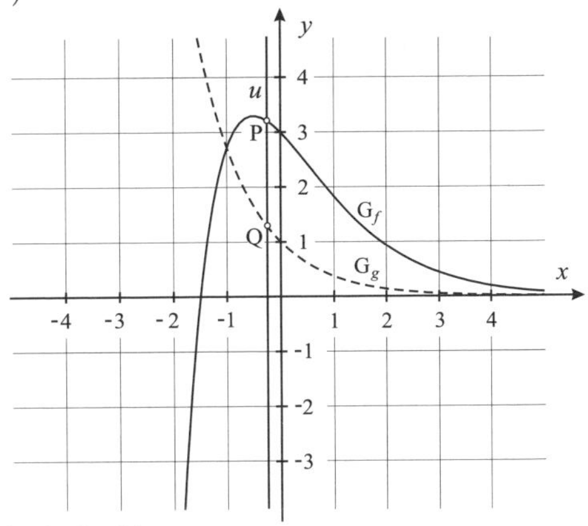

Aufgabe h)

10.2 Wachstums- und Zerfallsprozesse

a) I) Das Zerfallsgesetz ist $B(t) = B_0 \cdot e^{k \cdot t}$, $t = 0$ wird auf den Zeitpunkt vor 2 Jahren gesetzt. Daraus ergibt sich: $B(0) = 90000 \cdot e^{k \cdot 0} \Rightarrow B_0 = 90000$. Nun ist noch k zu bestimmen: Aus $B(2) = 30000$ folgt $B(2) = 90000 \cdot e^{k \cdot 2} = 30000 \Rightarrow e^{k \cdot 2} = \frac{30000}{90000} = \frac{1}{3}$ $\Rightarrow k = \frac{\ln\left(\frac{1}{3}\right)}{2} \approx -0,5493$. Das Zerfallsgesetz ist damit: $B(t) = 90000 \cdot e^{\;0,5493\,t}$

II) In 10 Jahren ab heute bedeutet $t = 12$. Setzt man $t = 12$ in $B(t)$ ein, so erhält man:
$B(12) = 90000 \cdot e^{-0,5493 \cdot 12} = 123,47$
In 10 Jahren gibt es etwa noch 123 Individuen.

III) Gesucht ist der Zeitpunkt t_E, an dem vom Anfangsbestand nur noch 10 % übrig sind. Die Population enthält dann noch $\frac{1}{10} \cdot B_0 = 9000$ Individuen. Eingesetzt in die Funktion ergibt sich: $9000 = 90000 \cdot e^{-0,5493 \cdot t} \Rightarrow \frac{1}{10} = e^{-0,5493 \cdot t} \Rightarrow t_E = \frac{\ln\left(\frac{1}{10}\right)}{-0,5493} \approx 4,19$. Aus $t = 4$ ergibt sich, dass es in etwa zwei Jahren nur noch 10 % der Ausgangspopulation gibt.

b) I) Die Temperatur der Probe wird durch folgende Gleichung bestimmt:
$T(t) = 80 - 60e^{-0,1 \cdot t}$. Um die gesuchte Asymptote zu bestimmen, betrachtet man den Grenzwert für $t \to \infty$. Es ist $\lim_{t \to \infty} T(t) = 80$, da $60e^{-0,1 \cdot t}$ für größer werdende Werte von t immer kleiner wird. Die Asymptote ist die Gerade mit der Gleichung $T_{y=80} = 80$. Die Asymptote kennzeichnet die Temperatur, die die Probe erreicht, wenn sie lange erwärmt wurde. Dies ist die Temperatur der Umgebung, in der sich die Probe beim Erwärmen befindet. (Im streng mathematischen Sinne erreicht die Kurve nie den Wert

der Asymptote, physikalisch wird sie diese Temperatur aber nach einer gewissen Zeit erreicht haben.)

II) Die Geschwindigkeit, mit der sich die Probe erwärmt, ist am größten, wenn die Temperaturänderung am größten ist. Diese Temperaturänderung wird durch die 1. Ableitung der Temperaturfunktion $\mathrm{T}(t)$ beschrieben. Es ist $\mathrm{T}'(t) = 6 \cdot e^{-0,1t}$. Diese Funktion ist streng monoton fallend, da für ihre Ableitung $\mathrm{T}''(t)$ gilt: $\mathrm{T}''(t) = (\mathrm{T}'(t))' = -0,6 \cdot e^{-0,1t} < 0$. Die größte Temperaturänderung findet daher für $t = 0$, d.h. am Anfang der Erwärmung statt.

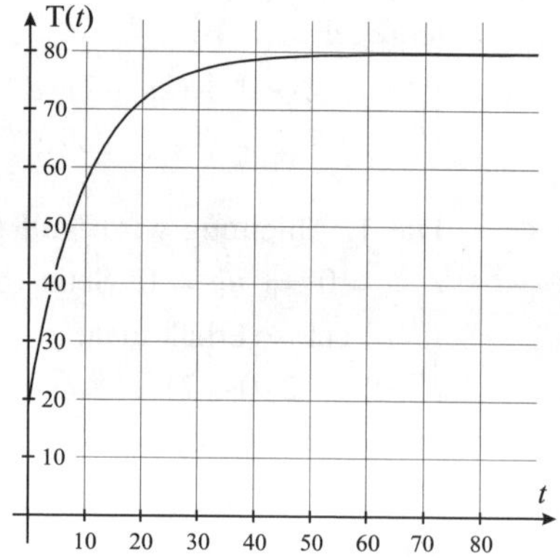

c) I) Da es sich um natürliches exponentielles Wachstum handelt, verwendet man den Ansatz: $\mathrm{G}(t) = a \cdot e^{k \cdot t}$; t in Tagen. Es ist $\mathrm{G}(0) = 1000$ bzw. $ae^{k \cdot 0} = 1000 \Rightarrow a = 1000$. Nach 7 Tagen kennen 1200 Menschen das Gerücht (20 % von 1000 ist 200). Somit ist $\mathrm{G}(7) = 1200$ bzw. $1000 \cdot e^{k \cdot 7} = 1200 \Rightarrow e^{k \cdot 7} = \frac{1200}{1000} \Rightarrow k = \frac{\ln\left(\frac{1200}{1000}\right)}{7} \approx 0,0260$.
Also lautet die Funktionsgleichung: $\mathrm{G}(t) = 1000 \cdot e^{0,0260t}$

II) Setzt man $t = 10$ in $\mathrm{G}(t)$ ein, so erhält man: $\mathrm{G}(10) = 1000 \cdot e^{0,0260 \cdot 10} = 1296,93$
Nach 10 Tagen kennen etwa 1297 Personen das Gerücht.

III) Um zu berechnen, wann alle Freiburger das Gerücht kennen, setzt man $\mathrm{G}(t) = 200\,000$ und man erhält:

$$200\,000 = 1000 \cdot e^{0,0260t} \Rightarrow \frac{200\,000}{1000} = e^{0,0260t} \Rightarrow t = \frac{\ln(200)}{0,0260} \approx 203,78$$

Nach etwa 204 Tagen kennen alle Freiburger das Gerücht.

d) I) Da es sich um natürliches exponentielles Wachstum handelt, verwendet man den Ansatz: $\mathrm{B}(t) = a \cdot e^{k \cdot t}$; ($t$ in Jahren und $t = 0$ im Jahre 1975, $\mathrm{B}(t)$ in Milliarden Menschen.) Es ist $\mathrm{B}(0) = 4,033$ bzw. $ae^{k \cdot 0} = 4,033 \Rightarrow a = 4,033$. Nach einem Jahr gibt es $1,02 \cdot 4,033 = 4,1136$ Milliarden Menschen. Somit ist $\mathrm{B}(1) = 4,1136$. Damit ist:

$$4,033e^{k \cdot 1} = 4,1136 \Rightarrow e^k = \frac{4,1136}{4,033} \Rightarrow k = \ln\left(\frac{4,1136}{4,033}\right) \approx 0,0198$$

Also lautet die Funktionsgleichung: $\mathrm{B}(t) = 4,033 \cdot e^{0,0198 \cdot t}$.

Im Jahre 2030 ist $t = 55$. Setzt man $t = 55$ in $\mathrm{B}(t)$ ein, so erhält man:
$\mathrm{B}(55) = 4,033 \cdot e^{0,0198 \cdot 55} \approx 11,98$
Im Jahre 2030 gibt es etwa 12 Milliarden Menschen, vorausgesetzt, das jährliche Wachstum bleibt während dieser Zeit konstant.

II) Um den Zeitraum der Verdoppelung zu bestimmen, setzt man $2 \cdot 4,033 = 8,066$ mit $\mathrm{B}(t)$ gleich und löst die Gleichung nach t auf:

$$8,066 = 4,033 \cdot e^{0,0198t} \Rightarrow 2 = e^{0,0198t} \Rightarrow t = \frac{\ln 2}{0,0198} \approx 35,01$$

Etwa alle 35 Jahre verdoppelt sich die Weltbevölkerung.

11 Weiterführende Aufgaben Analysis

11.1 Swimmingpool

a) Es ist $f(t) = t^3 - 13t^2 + 40t;\ 0 \leqslant t \leqslant 9$.
Wenn Wasser weder zu- noch abläuft, ist die Zulaufrate $f(t) = 0$:
$t^3 - 13t^2 + 40t = 0$ führt zu $t \cdot (t^2 - 13t + 40) = 0$, Lösungen: $t_1 = 0,\ t_2 = 5$ und $t_3 = 8$. Zu Beginn, nach 5 und nach 8 Stunden läuft das Wasser weder zu noch ab.

Die Zeitpunkte maximalen Zu- bzw. Abflusses können am Intervallrand oder bei den relativen Extrema von f liegen.
Die relativen Extrema erhält man mit Hilfe der 1. und 2. Ableitung:
$f'(t) = 3t^2 - 26t + 40$ und $f''(t) = 6t - 26$.
Setzt man die erste Ableitung $f'(t) = 0$, führt dies zu $3t^2 - 26t + 40 = 0$ mit den Lösungen $t_1 = 2$ und $t_2 = \frac{20}{3} = 6\frac{2}{3}$.
Setzt man t_1 bzw. t_2 in $f(t)$ ein, so ergibt sich $f(2) = 2^3 - 13 \cdot 2^2 + 40 \cdot 2 = 36$ bzw. $f\left(\frac{20}{3}\right) = \left(\frac{20}{3}\right)^3 - 13 \cdot \left(\frac{20}{3}\right)^2 + 40 \cdot \left(\frac{20}{3}\right) = -\frac{400}{27}$.
Setzt man t_1 bzw. t_2 in $f''(t)$ ein, so ergibt sich:
$f''(2) = 6 \cdot 2 - 26 = -14 < 0$, also liegt ein relatives Maximum vor.
$f''\left(\frac{20}{3}\right) = 6 \cdot \frac{20}{3} - 26 = 14 > 0$, also liegt ein relatives Minimum vor.
Die Intervallränder sind $t_3 = 0$ und $t_4 = 9$. Diese werden in $f(t)$ eingesetzt. Es gilt: $f(0) = 0$ und $f(9) = 9^3 - 13 \cdot 9^2 + 40 \cdot 9 = 36 = f(2)$.

Somit hat der Zufluss nach 2 Stunden ein relatives Maximum, nach $6\frac{2}{3}$ Stunden hat der Zufluss ein relatives Minimum, welches negativ ist, d.h. der Abfluss ist maximal, und nach 9 Stunden hat der Zufluss ein Maximum, welches gleich groß ist wie nach 2 Stunden, aber am Rand liegt.

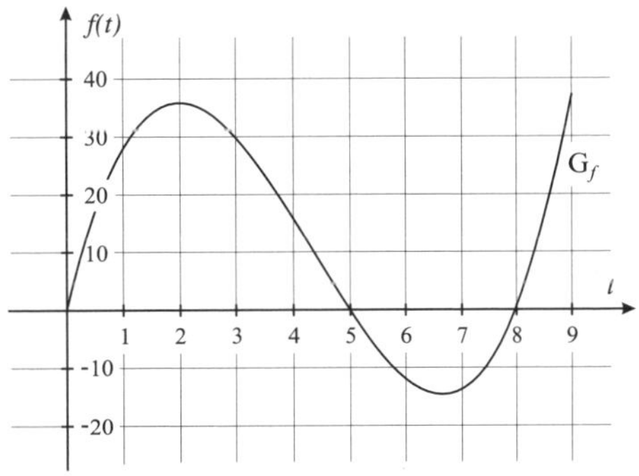

b) Um die Wassermenge nach 3 Stunden zu berechnen, benötigt man zuerst die Wassermenge zu Beginn: $V = G \cdot h = 8 \cdot 5 \cdot 0{,}1 = 4$. Somit sind zu Beginn 4 m^3 Wasser im Pool.
Nun stellt man eine Funktion $w(t)$ auf, die den Wasserstand im Pool zum Zeitpunkt t angibt.
Hierzu bestimmt man eine allgemeine Stammfunktion von f und berücksichtigt die Anfangsbedingung:
$w(t) = \frac{1}{4}t^4 - \frac{13}{3}t^3 + 20t^2 + c$.
Mit $w(0) = 4$ ergibt sich $c = 4 \Rightarrow w(t) = \frac{1}{4}t^4 - \frac{13}{3}t^3 + 20t^2 + 4$.
Damit ist die Wassermenge nach 3 Stunden: $w(3) = \frac{1}{4} \cdot 3^4 - \frac{13}{3} \cdot 3^3 + 20 \cdot 3^2 + 4 = 87{,}25\,m^3$.
Alternativ kann man den Zufluss z in den ersten 3 Stunden mit Hilfe des Integrals berech-

nen:

$$z = \int_0^3 f(t)dt = \int_0^3 \left(t^3 - 13t^2 + 40t\right) dt = \left[\frac{1}{4}t^4 - \frac{13}{3}t^3 + 20t^2\right]_0^3$$
$$= \frac{1}{4} \cdot 3^4 - \frac{13}{3} \cdot 3^3 + 20 \cdot 3^2 = 83,25.$$

Somit befinden sich nach 3 Stunden $4 + 83,25 = 87,25\,\text{m}^3$ Wasser im Pool.

Am Ende des gesamten Einfüllvorgangs ($t = 9$) beträgt die gesamte Wassermenge im Pool $w(9) = \frac{1}{4} \cdot 9^4 - \frac{13}{3} \cdot 9^3 + 20 \cdot 9^2 + 4 = 105,25$. Also sind 105,25 m^3 Wasser im Pool, folglich ist die Höhe h des Wasserstands:
$h = \frac{105,25}{8 \cdot 5} = 2,63\,\text{m}$.

c) Die maximale Wassermenge kann nur am Ende eines Zulaufs erreicht sein, also bei $t = 5$ oder $t = 9$. Die Wassermenge wird mit Hilfe von $w(t)$ berechnet:
Es ist: $w(5) = \frac{1}{4} \cdot 5^4 - \frac{13}{3} \cdot 5^3 + 20 \cdot 5^2 + 4 = 118,6$ und $w(9) = 105,25$.
Somit beträgt nach 5 Stunden die maximale Wassermenge im Pool 118,6 m^3, also etwas weniger als das maximale Fassungsvermögen des Pools (120 m^3).

Für $t > 9$ würde der Zulauf sehr stark ansteigen, so dass die Wassermenge im Pool sehr bald das Fassungsvermögen des Pools überschreiten würde. Also ist die Definitionsmenge der Funktion f, die den Zulauf modellhaft beschreibt, beschränkt.
Das Modell hat hier seine Grenze.

11.2 Bakterien

a) Für das Wachstumsgesetz wählt man den Ansatz $\mathrm{B}(t) = a \cdot e^{kt}$, da es sich um natürliches exponentielles Wachstum handelt.
Da $\mathrm{B}(0) = 500$ und nach einer Stunde $\mathrm{B}(1) = 500 + \frac{30}{100} \cdot 500 = 650$, gelten folgende Gleichungen:

$$\begin{array}{lccc} \text{I} & a \cdot e^{k \cdot 0} & = & 500 \\ \text{II} & a \cdot e^{k \cdot 1} & = & 650 \end{array}$$

Gleichung I führt zu $a = 500$; setzt man dies in Gleichung II ein, so ergibt sich $500 \cdot e^k = 650$ bzw. $k = \ln\left(\frac{650}{500}\right) \approx 0,2624$.
Somit lautet das Wachstumsgesetz: $\mathrm{B}(t) = 500 \cdot e^{0,2624 \cdot t}$.

Für $t = 6$ gilt: $\mathrm{B}(6) = 500 \cdot e^{0,2624 \cdot 6} \approx 2414$.
Nach 6 Stunden sind etwa 2414 Bakterien vorhanden.

b) Die Zeit, nach der sich die Anzahl der Bakterien verdreifacht (Anzahl = 1500) hat, erhält man durch die Gleichung:
$1500 = \mathrm{B}(t)$ bzw. $1500 = 500 \cdot e^{0,2624 \cdot t}$ mit $t = \frac{\ln 3}{0,2624} \approx 4,2$.
Nach 4,2 Stunden hat sich die Anzahl der Bakterien verdreifacht.

c) Zum Zeitpunkt, zu dem erstmals die Bakterienanzahl weniger als die Anzahl zu Beginn der Beobachtung (500) betragen soll, muss gelten:

$500 = 2414 \cdot e^{-0,8755 \cdot (t-6)} \Rightarrow \ln\left(\frac{500}{2414}\right) = -0,8755 \cdot (t-6) \Rightarrow t = 6 + \frac{\ln\left(\frac{500}{2414}\right)}{-0,8755} \approx 7,8$

Nach 7,8 Stunden gibt es weniger als 500 Bakterien.

11.3 Sonnenblume

a) Zu Beginn hat die Sonnenblume die Höhe $h_1(0) = 0,08 \cdot e^{k \cdot 0} = 0,08$.
Nach 5 Wochen ist sie $0,08 \text{ m} + 0,52 \text{ m} = 0,6 \text{ m}$ hoch, also gilt:

$$h_1(5) = 0,6 \text{ bzw. } 0,08 \cdot e^{k \cdot 5} = 0,6 \Rightarrow k = \frac{\ln\left(\frac{0,6}{0,08}\right)}{5} \approx 0,4030.$$

Somit lautet die Funktionsgleichung von h_1:
$h_1(t) = 0,08 \cdot e^{0,4030 \cdot t}$.
Nach 8 Wochen ist $h_1(8) = 0,08 \cdot e^{0,4030 \cdot 8} \approx 2,01$.

b) Da h_1 die Höhe der Sonnenblume beschreibt, wird durch h_1' die Wachstumsgeschwindigkeit beschrieben.
Gesucht ist der Zeitpunkt, an dem diese 3 cm pro Woche beträgt.
Die Funktion h_1 wird mit Hilfe der Kettenregel abgeleitet:

$h_1(t) = 0,08 \cdot e^{0,4030 \cdot t}$

$h_1{}'(t) = 0,4030 \cdot 0,08 \cdot e^{0,4030 \cdot t} = 0,03 \cdot e^{0,4030 \cdot t}$

Nun wird $h_1{}'$ gleich 3 gesetzt:

$3 = 0,03 \cdot e^{0,4030 \cdot t} \Rightarrow 100 = e^{0,4030 \cdot t} \Rightarrow \ln 100 = 0,4030 \cdot t \Rightarrow t = 11,37$

Nach ca. 11,4 Wochen beträgt die Wachstumsgeschwindigkeit also 3 cm pro Minute.

c) Nach 5 Wochen ist die Sonnenblume 0,60 m, nach 8 Wochen 1,20 m hoch, somit gelten folgende zwei Gleichungen:

$$\begin{array}{llcllcl} \text{I} & h_2(5) & = & 0,60 & \Rightarrow & a - b \cdot e^{-0,5 \cdot 5} & = & 0,60 \\ \text{II} & h_2(8) & = & 1,20 & \Rightarrow & a - b \cdot e^{-0,5 \cdot 8} & = & 1,20 \end{array}$$

Subtrahiert man Gleichung II von Gleichung I, so ergibt sich:

$-b \cdot e^{-0,5 \cdot 5} + b \cdot e^{-0,5 \cdot 8} = -0,6 \text{ bzw. } b \cdot \left(-e^{-0,5 \cdot 5} + e^{-0,5 \cdot 8}\right) = -0,6$

$$\Rightarrow b = \frac{-0,6}{-e^{-0,5 \cdot 5} + e^{-0,5 \cdot 8}} \approx 9,41.$$

Setzt man $b = 9,41$ in Gleichung I ein, so ergibt sich:
$a - 9,41 \cdot e^{-0,5 \cdot 5} = 0,6 \text{ bzw. } a = 0,6 + 9,41 e^{-0,5 \cdot 5} \approx 1,37$.
Somit lautet die Funktionsgleichung von h_2:

$h_2(t) = 1,37 - 9,41 \cdot e^{-0,5 \cdot t}; t \geqslant 5$.

Es ergibt sich für den Grenzwert $\lim\limits_{t \to \infty} h_2(t) = \lim\limits_{t \to \infty} \left(1,37 - 9,41 \cdot e^{-0,5 \cdot t}\right) = 1,37$.

Die Sonnenblume kann langfristig nach Modell h_2 die Höhe von 1,37 m nicht überschreiten.

d) Da h_1 ein natürliches exponentielles Wachstum beschreibt, hat Modell h_1 gegenüber h_2 den Nachteil, dass es bei h_1 keine Grenze des Wachstums gibt. Das Wachstum von Sonnenblumen ist aber beschränkt. Daher gibt Modell h_2, welches ein beschränktes Wachstum beschreibt, ab einer gewissen Zeit den Verlauf der Höhe der Sonnenblume besser wieder.

11.4 Mineraldünger

a) Es ist $f(x) = \frac{ax+b}{x+c}$.
Um a, b und c zu bestimmen, müssen folgende Gleichungen gelten:

$$\begin{array}{llcllcll} \text{I} & f(0) & = & 800 & \Rightarrow & \frac{b}{c} & = & 800 & \Rightarrow & b = 800c \\ \text{II} & f(10) & = & 880 & \Rightarrow & \frac{10a+b}{10+c} & = & 880 \\ \text{III} & f(20) & = & 940 & \Rightarrow & \frac{20a+b}{20+c} & = & 940 \end{array}$$

Setzt man $b = 800c$ in Gleichung II und III ein, so erhält man:

$$\text{II}a \quad \frac{10a+800c}{10+c} = 880 \text{ bzw. } 10a+800c = 8800+880c \Rightarrow a-8c = 880$$

$$\text{III}a \quad \frac{20a+800c}{20+c} = 940 \text{ bzw. } 20a+800c = 18\,800+940c \Rightarrow a-7c = 940$$

Subtrahiert man IIIa von Gleichung IIa, so ergibt sich: $-c = -60$, also $c = 60$.
Setzt man $c = 60$ in IIa ein, so ergibt sich:

$$a - 8 \cdot 60 = 880 \Rightarrow a = 1360$$

Da $b = 800 \cdot c$, gilt $b = 800 \cdot 60 = 48\,000$.
Als Funktionsgleichung ergibt sich somit:

$$f(x) = \frac{1360x + 48\,000}{x+60}$$

b) Die Funktion f wächst streng monoton, da

$$f'(x) = \frac{1360 \cdot (x+60) - (1360x + 48\,000) \cdot 1}{(x+60)^2} = \frac{33\,600}{(x+60)^2} > 0$$

Somit erhält man den maximalen Ertrag für $x \to \infty$:

$$\lim_{x\to\infty} f(x) = \lim_{x\to\infty} \frac{1360x + 48\,000}{x+60} = \frac{1360}{1} = 1360$$

Der maximale Ertrag beträgt 1360 kg.
Um diesen zu erreichen, müsste man theoretisch unendlich viel Dünger aufbringen. Das Modell kann hier offenbar die Wirklichkeit nicht mehr beschreiben und hat nur eine begrenzte Gültigkeit.

Der 1,5-fache Ertrag der ungedüngten Versuchsfläche ist $800\,\text{kg} \cdot 1,5 = 1200\,\text{kg}$.

Setzt man 1200 mit $f(x)$ gleich, so erhält man die Gleichung:
Für den 1,5-fachen Ertrag braucht man 150 kg Mineraldünger.

Bei 60 kg Mineraldünger beträgt der Ernteertrag laut Modell: $f(60) = 1080\,\text{kg}$.
Somit beträgt die Abweichung: $1080\,\text{kg} - 980\,\text{kg} = 100\,\text{kg}$.
Teilt man 100 kg durch 980 kg, so erhält man die prozentuale Abweichung:

$$\frac{100}{980} \approx 0,102 = 10,2\,\%.$$

c) Der Ansatz für g lautet: $g(x) = rx^2 + sx + t$.
Mit $g(0) = 800$, $g(10) = 880$ und $g(20) = 940$ erhält man drei Gleichungen:

$$\begin{array}{lccccccccccccccc} \text{I} & r\cdot 0^2 & + & s\cdot 0 & + & t & = & 800 & \Rightarrow & & & & & t & = & 800 \\ \text{II} & r\cdot 10^2 & + & s\cdot 10 & + & t & = & 880 & \Rightarrow & 100r & + & 10s & + & t & = & 880 \\ \text{III} & r\cdot 20^2 & + & s\cdot 20 & + & t & = & 940 & \Rightarrow & 400r & + & 20s & + & t & = & 940 \end{array}$$

Aus Gleichung I ergibt sich: $t = 800$
Addiert man das (-2)-fache von Gleichung II zu Gleichung III, so erhält man:

$$200r - t = -820 \text{ bzw. } 200r - 800 = -820 \Rightarrow r = -\frac{1}{10}$$

Setzt man $t = 800$ und $r = -\frac{1}{10}$ in Gleichung III ein, so ergibt sich:

$$400\cdot\left(-\frac{1}{10}\right) + 20s + 800 = 940 \Rightarrow s = 9$$

Damit ist $g(x) = -\frac{1}{10}x^2 + 9x + 800$.
Das Maximum von $g(x)$ erhält man mit Hilfe der 1. und 2. Ableitung von $g(x)$:
$g'(x) = -\frac{1}{5}x + 9$ und $g''(x) = -\frac{1}{5}$
Die notwendige Bedingung $g'(x) = 0$ führt zu $-\frac{1}{5}x + 9 = 0 \Rightarrow x = 45$
Wegen $g''(45) = -\frac{1}{5} < 0$ handelt es sich um ein Maximum.
Setzt man $x = 45$ in $g(x)$ ein, so erhält man:

$$g(45) = -\frac{1}{10}\cdot 45^2 + 9\cdot 45 + 800 = 1002,5$$

Bei einer Ausbringung von 45 kg Mineraldünger erzielt man also den höchsten Ertrag von 1002,5 kg.

d) Den Gewinn erhält man, indem man eine Funktion $G(x)$ aufstellt, in die der Ertrag $g(x)$ «positiv» einfließt und die Kosten für den Dünger «negativ»:

$$G(x) = 6\cdot g(x) - 2x$$

$$G(x) = 6\cdot\left(-\frac{1}{10}x^2 + 9x + 800\right) - 2x = -\frac{3}{5}x^2 + 54x + 4800$$

Das Maximum von $G(x)$ erhält man mit Hilfe der 1. und 2. Ableitung von $G(x)$:
$G'(x) = -\frac{6}{5}x + 54$ und $G''(x) = -\frac{6}{5}$
Die notwendige Bedingung $G'(x) = 0$ führt zu $-\frac{6}{5}x + 54 = 0 \Rightarrow x = 45$
Wegen $G''(45) = -\frac{6}{5} < 0$ handelt es sich um ein Maximum.
Bei einer Ausbringung von 45 kg Mineraldünger ist der Gewinn am größten.

11.5 Kegel

Es ist $f_t(x) = \ln\left(x^2+t\right);\ t>0,\ x \in \mathbb{R}$

a) Wegen $f_t(-x) = \ln\left((-x)^2+t\right) = \ln\left(x^2+t\right) = f_t(x)$ ist der Graph von $f_t(x)$ achsensymmetrisch zur y-Achse.

Zur Bestimmung der Nullstellen des Graphen von f_t muss gelten: $f_t(x) = 0$.

Dies führt zu

$$\ln\left(x^2+t\right) = 0 \Leftrightarrow x^2+t = e^0 = 1 \Rightarrow x_{1;2} = \pm\sqrt{1-t};\ 0<t\leqslant 1$$

Für $0<t\leqslant 1$ hat der Graph von $f_t(x)$ die Nullstellen $x_{t;1} = -\sqrt{1-t}$ und $x_{t;2} = \sqrt{1-t}$.

Um die Extrempunkte zu bestimmen, benötigt man die 1. und 2. Ableitung, die man mit Hilfe der Ketten- und Quotientenregel erhält:

$$f_t{}'(x) = \frac{1}{x^2+t}\cdot 2x = \frac{2x}{x^2+t}$$

$$f_t{}''(x) = \frac{2\cdot\left(x^2+t\right) - 2x\cdot 2x}{\left(x^2+t\right)^2} = \frac{2t-2x^2}{\left(x^2+t\right)^2}$$

Die notwendige Bedingung $f_t{}'(x) = 0$ führt zu: $\dfrac{2x}{x^2+t} = 0 \Rightarrow x = 0$

Die hinreichende Bedingung ergibt:

$$f_t{}''(0) = \frac{2t-2\cdot 0^2}{\left(0^2+t\right)^2} = \frac{2t}{t^2} = \frac{2}{t} > 0 \Rightarrow \text{Minimum}$$

Mit $f_t(0) = \ln\left(0^2+t\right) = \ln t$ erhält man als einzigen Extrempunkt den Tiefpunkt $\mathrm{T}_t\left(0 \mid \ln t\right)$

Zur Bestimmung der Wendepunkte führt die notwendige Bedingung $f_t{}''(x) = 0$ zu:

$$\frac{2t-2x^2}{\left(x^2+t\right)^2} = 0 \Rightarrow 2t-2x^2 = 0 \Rightarrow x_{1;2} = \pm\sqrt{t}$$

Mit $f_t\left(\pm\sqrt{t}\right) = \ln\left(\left(\pm\sqrt{t}\right)^2+t\right) = \ln(2t)$ erhält man die Wendepunkte $\mathrm{W}_{t;1}\left(-\sqrt{t} \mid \ln(2t)\right)$ und $\mathrm{W}_{t;2}\left(\sqrt{t} \mid \ln(2t)\right)$

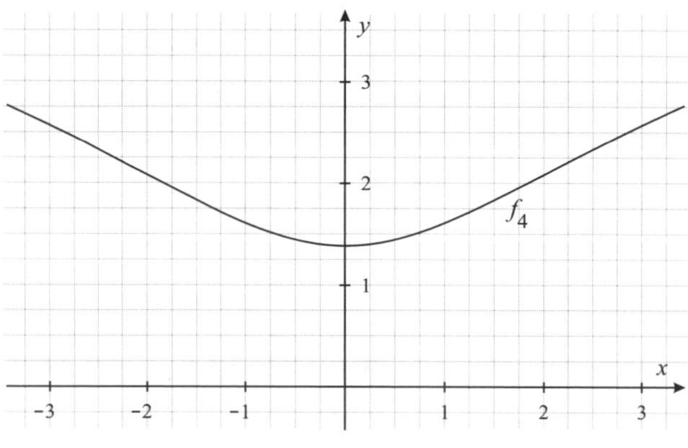

Die Wendepunkte liegen unterhalb der x-Achse, wenn der y-Wert der Wendepunkte kleiner als Null ist:

$$\ln(2t) < 0 \Rightarrow 2t < e^0 = 1 \Leftrightarrow t < \frac{1}{2}$$

Für $0 < t < \frac{1}{2}$ liegen die Wendepunkte unterhalb der x-Achse.

b) Das Volumen des Kegels, der bei der Rotation des Dreiecks um die y-Achse entsteht, erhält man mit der Formel: $V = \frac{1}{3} \cdot \pi \cdot r^2 \cdot h$

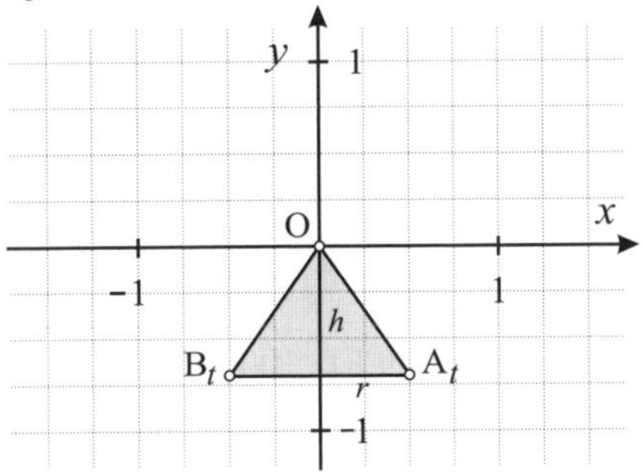

Die angegebenen Eckpunkte des Dreiecks sind: $A_t\left(\sqrt{t} \mid \ln(2t)\right)$, $B_t\left(-\sqrt{t} \mid \ln(2t)\right)$ und $O(0 \mid 0)$ mit $0 < t < 0{,}5$. Aus $t < 0{,}5$ folgt $\ln(2t) < 0$. Damit ergibt sich für r und h: $r = \sqrt{t}$ und $h = 0 - \ln(2t) = -\ln(2t)$, für das Volumen erhält man damit:

$$V(t) = \frac{1}{3} \cdot \pi \cdot \left(\sqrt{t}\right)^2 \cdot (-\ln(2t)) = -\frac{1}{3} \cdot \pi \cdot t \cdot \ln(2t)$$

Um das Maximum von $V(t)$ zu bestimmen, benötigt man die 1. und 2. Ableitung von $V(t)$, die man mit Hilfe der Produkt- und Kettenregel erhält:

$$V'(t) = -\frac{1}{3} \cdot \pi \cdot \left(1 \cdot \ln(2t) + t \cdot \frac{1}{2t} \cdot 2\right) = -\frac{\pi}{3} \cdot (\ln(2t) + 1)$$

$$V''(t) = -\frac{1}{3} \cdot \pi \cdot \frac{1}{2t} \cdot 2 = -\frac{\pi}{3} \cdot \frac{1}{t} = -\frac{\pi}{3t}$$

Die notwendige Bedingung $V'(t) = 0$ führt zu $-\frac{\pi}{3} \cdot (\ln(2t) + 1) = 0$ bzw.

$$\ln(2t) + 1 = 0 \Leftrightarrow 2t = e^{-1} \Rightarrow t = \frac{1}{2e} \approx 0{,}184$$

Wegen $V''\left(\frac{1}{2e}\right) = -\frac{\pi}{3} \cdot \frac{1}{\frac{1}{2e}} = -\frac{2\pi e}{3} < 0$ handelt es sich um ein lokales Maximum.

Bei der Betrachtung der Randwerte von $V(t)$, benutzt man die Tatsache, dass t schneller gegen Null geht, als $\ln t$ gegen minus Unendlich geht:

$$\lim_{t \to 0^+} V(t) = \lim_{t \to 0^+} \left(-\frac{1}{3} \cdot \pi \cdot t \cdot \ln(2t)\right) = 0$$

und

$$\lim_{t \to 0{,}5^-} V(t) = \lim_{t \to 0{,}5^-} \left(-\frac{1}{3} \cdot \pi \cdot t \cdot \ln(2t)\right) = 0$$

also handelt es sich bei $t = \frac{1}{2e}$ um ein absolutes Maximum.

Mit $V\left(\frac{1}{2e}\right) = -\frac{1}{3} \cdot \pi \cdot \frac{1}{2e} \cdot \ln\left(2 \cdot \frac{1}{2e}\right) = \frac{\pi}{6e} \approx 0{,}193$ hat der Kegel für $t = \frac{1}{2e}$ das größtmögliche Volumen; es beträgt etwa $0{,}193$ VE.

11.6 Sonnenschein

a) Für $S(t) = a + b \cdot \sin\left(\frac{\pi}{6} \cdot t\right)$ werden die Koeffizienten $a, b \in \mathbb{R}$ mit Hilfe der gegebenen Daten durch Aufstellen zweier Gleichungen bestimmt:
Im März ist $t = -1$, im Mai ist $t = 1$, also:

$$\begin{array}{llllllll} \text{I} & S(-1) & = & 100 \Rightarrow & a + b \cdot \sin\left(\frac{\pi}{6} \cdot (-1)\right) & = & 100 \Rightarrow & a - 0{,}5b = 100 \\ \text{II} & S(1) & = & 200 \Rightarrow & a + b \cdot \sin\left(\frac{\pi}{6} \cdot 1\right) & = & 200 \Rightarrow & a + 0{,}5b = 200 \end{array}$$

Subtrahiert man I von II, ergibt sich $b = 100$.

Setzt man $b = 100$ in I ein, erhält man: $a - 0{,}5 \cdot 100 = 100 \Rightarrow a = 150$.
Somit erhält man als Funktionsgleichung

$$S(t) = 150 + 100 \cdot \sin\left(\frac{\pi}{6} \cdot t\right)$$

Für Oktober gilt $t = 6$, somit ist $S(6) = 150 + 100 \cdot \sin\left(\frac{\pi}{6} \cdot 6\right) = 150$.
Im Oktober scheint die Sonne 150 Stunden.

b) Wenn in Freiburg im Oktober die Sonne tatsächlich 156 Stunden scheint, beträgt die Differenz zum Modell 6 Stunden; also ist die prozentale Abweichung vom Modell zur Wirklichkeit $\frac{6}{156} \approx 0{,}03846 \approx 3{,}8\,\%$.

Den Wertebereich von S erhält man durch Betrachtung der Extremwerte von $S(t)$:
Wegen $-1 \leqslant \sin x \leqslant 1$ erhält man als Minimum $150 + 100 \cdot (-1) = 50$ und als Maximum $150 + 100 \cdot 1 = 250$.
Der Wertebereich von S ist somit $\{50 \leqslant S(t) \leqslant 250\}$.

c) Man erhält den Zeitraum, in welchem die Sonne mehr als 235 Stunden pro Monat scheint, indem man die Ungleichung $S(t) > 235$ löst:

$$150 + 100 \cdot \sin\left(\frac{\pi}{6} \cdot t\right) > 235 \Leftrightarrow \sin\left(\frac{\pi}{6} \cdot t\right) > \frac{85}{100} = \frac{17}{20}$$

Substituiert man $w = \frac{\pi}{6} \cdot t$, folgt weiter: $\sin w > \frac{17}{20}$
Wegen des Verlaufs der Sinusfunktion und $\sin x = \sin(\pi - x)$ für $0 \leqslant x \leqslant \pi$ erhält man mit $w = \sin^{-1}\left(\frac{17}{20}\right) \approx 1{,}016$ als Lösungen:

$$1{,}016 < w < \pi - 1{,}016 \approx 2{,}126$$

Die Resubstitution $\frac{\pi}{6} \cdot t = w$ liefert:

$$1{,}016 < \frac{\pi}{6} \cdot t < 2{,}126 \Leftrightarrow \frac{1{,}016 \cdot 6}{\pi} < t < \frac{2{,}126 \cdot 6}{\pi} \Rightarrow 1{,}94 < t < 4{,}06$$

Damit scheint die Sonne in Freiburg etwa zwischen Juni ($t_1 \approx 2$) und August ($t_2 \approx 4$) mehr als 235 Stunden pro Monat.

d) Die Änderung der Sonnenscheindauer ist $S'(t) = 100 \cdot \cos\left(\frac{\pi}{6} \cdot t\right) \cdot \frac{\pi}{6} = \frac{50}{3}\pi \cdot \cos\left(\frac{\pi}{6} \cdot t\right)$.
Die Extremwerte von $S'(t)$ erhält man mit Hilfe der 1. und 2. Ableitung von $S'(t)$, also $S''(t)$ und $S'''(t)$:

$$S''(t) = -\frac{50\pi}{3} \cdot \sin\left(\frac{\pi}{6} \cdot t\right) \cdot \frac{\pi}{6} = -\frac{25\pi^2}{9} \cdot \sin\left(\frac{\pi}{6} \cdot t\right)$$
$$S'''(t) = -\frac{25\pi^2}{9} \cdot \cos\left(\frac{\pi}{6} \cdot t\right) \cdot \frac{\pi}{6} = -\frac{25\pi^3}{54} \cdot \cos\left(\frac{\pi}{6} \cdot t\right)$$

Die notwendige Bedingung $S''(t) = 0$ führt zu $-\frac{25\pi^2}{9} \cdot \sin\left(\frac{\pi}{6} \cdot t\right) = 0$ bzw. $\sin\left(\frac{\pi}{6} \cdot t\right) = 0$
Substituiert man $z = \frac{\pi}{6} \cdot t$, so erhält man $\sin z = 0$ mit den Lösungen $z_k = k \cdot \pi; k \in \mathbb{Z}$.
Die Resubstitution $\frac{\pi}{6} \cdot t = z$ ergibt:

$$\frac{\pi}{6} \cdot t = 0 \Rightarrow t_1 = 0$$
$$\frac{\pi}{6} \cdot t = \pi \Rightarrow t_2 = 6$$

Weitere Lösungen sind nicht relevant, da sich dieselben Monate ergeben.
Setzt man $t_1 = 0$ und $t_2 = 6$ in $S'''(t)$ ein, so ergibt sich:

$$S'''(0) = -\frac{25\pi^3}{54} \cdot \cos\left(\frac{\pi}{6} \cdot 0\right) = -\frac{25\pi^3}{54} < 0 \Rightarrow \text{Maximum}$$
$$S'''(6) = -\frac{25\pi^3}{54} \cdot \cos\left(\frac{\pi}{6} \cdot 6\right) = \frac{25\pi^3}{54} > 0 \Rightarrow \text{Minimum}$$

Somit ändert sich die Sonnenscheindauer am raschesten im April ($t = 0$) und im Oktober ($t = 6$).

Lineare Algebra/ Analytische Geometrie

Für alle Parameter bei Geraden und Ebenen gilt $r, s, t, u, ... \in \mathbb{R}$, falls nicht anders angegeben.

12 Rechnen mit Vektoren

12.1 Addition und Subtraktion von Vektoren

Gegeben sind die Vektoren $\vec{a} = \begin{pmatrix} -1 \\ 2 \\ 4 \end{pmatrix}$ und $\vec{b} = \begin{pmatrix} 3 \\ 1 \\ 2 \end{pmatrix}$.

a) $\vec{a} + \vec{b} = \begin{pmatrix} 2 \\ 3 \\ 6 \end{pmatrix}$ b) $\vec{a} - \vec{b} = \begin{pmatrix} -4 \\ 1 \\ 2 \end{pmatrix}$ c) $2 \cdot \vec{a} = \begin{pmatrix} -2 \\ 4 \\ 8 \end{pmatrix}$

d) $-\vec{a} = \begin{pmatrix} 1 \\ -2 \\ -4 \end{pmatrix}$ e) $2\vec{a} + 3\vec{b} = \begin{pmatrix} 7 \\ 7 \\ 14 \end{pmatrix}$

f) $\vec{a} \cdot \vec{b} = (-1) \cdot 3 + 2 \cdot 1 + 4 \cdot 2 = 7$

g) $|\vec{a}| = \sqrt{(-1)^2 + 2^2 + 4^2} = \sqrt{1 + 4 + 16} = \sqrt{21}$

h) $|\vec{b}| = \sqrt{3^2 + 1^2 + 2^2} = \sqrt{14}$

i) $|\vec{a} + \vec{b}| = \left| \begin{pmatrix} 2 \\ 3 \\ 6 \end{pmatrix} \right| = \sqrt{2^2 + 3^2 + 6^2} = \sqrt{49} = 7$

12.2 Orthogonalität von Vektoren

a) $\vec{a} \cdot \vec{b} = \begin{pmatrix} -1 \\ 0 \\ 1 \end{pmatrix} \cdot \begin{pmatrix} 2 \\ 2 \\ 0 \end{pmatrix} = (-1) \cdot 2 + 0 \cdot 2 + 1 \cdot 0 = -2 \Rightarrow \vec{a}$ steht nicht orthogonal auf $\vec{b}$.

b) $\vec{r} \cdot \vec{n} = \begin{pmatrix} 5 \\ -1 \\ 3 \end{pmatrix} \cdot \begin{pmatrix} 2 \\ 1 \\ -3 \end{pmatrix} = 5 \cdot 2 + (-1) \cdot 1 + 3 \cdot (-3) = 0 \Rightarrow \vec{r}$ steht orthogonal auf $\vec{n}$.

c) $\vec{z} \cdot \vec{w} = \begin{pmatrix} 2 \\ -2 \\ 4 \end{pmatrix} \cdot \begin{pmatrix} 1 \\ 3 \\ 1 \end{pmatrix} = 2 \cdot 1 + (-2) \cdot 3 + 4 \cdot 1 = 0 \Rightarrow \vec{z}$ steht orthogonal auf $\vec{w}$.

12.3 Auffinden von orthogonalen Vektoren

Es sind Vektoren zu bestimmen, deren Skalarprodukt mit $\vec{n}$ Null ergibt. Dazu kann man zwei Komponenten des Vektors frei wählen, die dritte ergibt sich dann, z.B.:

$$\vec{a} = \begin{pmatrix} 4 \\ -2 \\ 0 \end{pmatrix}, \text{ denn } \vec{a} \cdot \vec{n} = \begin{pmatrix} 4 \\ -2 \\ 0 \end{pmatrix} \cdot \begin{pmatrix} 1 \\ 2 \\ -3 \end{pmatrix} = 4 \cdot 1 + (-2) \cdot 2 + 0 \cdot (-3) = 4 - 4 = 0$$

$$\vec{b} = \begin{pmatrix} 0 \\ 3 \\ 2 \end{pmatrix}, \text{ denn } \vec{b} \cdot \vec{n} = \begin{pmatrix} 0 \\ 3 \\ 2 \end{pmatrix} \cdot \begin{pmatrix} 1 \\ 2 \\ -3 \end{pmatrix} = 0 \cdot 1 + 3 \cdot 2 + 2 \cdot (-3) = 6 - 6 = 0$$

$$\vec{c} = \begin{pmatrix} 5 \\ -1 \\ 1 \end{pmatrix}, \text{ denn } \vec{c} \cdot \vec{n} = \begin{pmatrix} 5 \\ -1 \\ 1 \end{pmatrix} \cdot \begin{pmatrix} 1 \\ 2 \\ -3 \end{pmatrix} = 5 \cdot 1 + (-1) \cdot 2 + 1 \cdot (-3) = 5 - 2 - 3 = 0$$

12.4 Orts- und Verbindungsvektoren

Gegeben sind die Punkte A (2 | 3 | 2), B (7 | 4 | 3) und C (1 | 5 | −2).

a) $\vec{a} = \begin{pmatrix} 2 \\ 3 \\ 2 \end{pmatrix}, \vec{b} = \begin{pmatrix} 7 \\ 4 \\ 3 \end{pmatrix}, \vec{c} = \begin{pmatrix} 1 \\ 5 \\ -2 \end{pmatrix}$

b) $\overrightarrow{AB} = \vec{b} - \vec{a} = \begin{pmatrix} 7 \\ 4 \\ 3 \end{pmatrix} - \begin{pmatrix} 2 \\ 3 \\ 2 \end{pmatrix} = \begin{pmatrix} 5 \\ 1 \\ 1 \end{pmatrix}$

$$\overrightarrow{AC} = \vec{c} - \vec{a} = \begin{pmatrix} 1 \\ 5 \\ -2 \end{pmatrix} - \begin{pmatrix} 2 \\ 3 \\ 2 \end{pmatrix} = \begin{pmatrix} -1 \\ 2 \\ -4 \end{pmatrix}$$

$$\overrightarrow{BC} = \vec{c} - \vec{b} = \begin{pmatrix} 1 \\ 5 \\ -2 \end{pmatrix} - \begin{pmatrix} 7 \\ 4 \\ 3 \end{pmatrix} = \begin{pmatrix} -6 \\ 1 \\ -5 \end{pmatrix}$$

c) Nein, ein Verbindungsvektor verbindet zwei beliebige Punkte. Ein Ortsvektor geht immer vom Ursprung zu einem Punkt.

12.5 Verschiedene Aufgaben

a) I) $\overrightarrow{AB} = \begin{pmatrix} -4 \\ -2 \\ -1 \end{pmatrix}, \overrightarrow{AC} = \begin{pmatrix} -1 \\ -4 \\ -2 \end{pmatrix}, \overrightarrow{BC} = \begin{pmatrix} 3 \\ -2 \\ -1 \end{pmatrix}$, es ist $\overline{AB} = \overline{AC} = \sqrt{21}$,

damit ist das Dreieck gleichschenklig.

II) $\overrightarrow{AB} = \begin{pmatrix} 5 \\ 3 \\ -2 \end{pmatrix}, \overrightarrow{AC} = \begin{pmatrix} 4 \\ 4 \\ -2 \end{pmatrix}, \overrightarrow{BC} = \begin{pmatrix} -1 \\ 1 \\ 0 \end{pmatrix}$, es ist $\overline{AB} = \sqrt{38}$, $\overline{AC} = 6$

und $\overline{BC} = \sqrt{2}$, damit ist das Dreieck nicht gleichschenklig.

b) $\overrightarrow{AB} = \begin{pmatrix} -4 \\ 4 \\ 2 \end{pmatrix}, \overrightarrow{AC} = \begin{pmatrix} -6 \\ 0 \\ 6 \end{pmatrix}, \overrightarrow{BC} = \begin{pmatrix} -2 \\ -4 \\ 4 \end{pmatrix}$

$$\overrightarrow{AB} \cdot \overrightarrow{AC} = \begin{pmatrix} -4 \\ 4 \\ 2 \end{pmatrix} \cdot \begin{pmatrix} -6 \\ 0 \\ 6 \end{pmatrix} = 24 + 0 + 12 = 36$$

$$\overrightarrow{AB} \cdot \overrightarrow{BC} = \begin{pmatrix} -4 \\ 4 \\ 2 \end{pmatrix} \cdot \begin{pmatrix} -2 \\ -4 \\ 4 \end{pmatrix} = 8 - 16 + 8 = 0$$

$$\overrightarrow{AC} \cdot \overrightarrow{BC} = \begin{pmatrix} -6 \\ 0 \\ 6 \end{pmatrix} \cdot \begin{pmatrix} -2 \\ -4 \\ 4 \end{pmatrix} = 12 + 0 + 24 = 36$$

Da das Skalarprodukt von $\overrightarrow{AB}$ und $\overrightarrow{BC}$ gleich Null ist, stehen diese beiden Vektoren senkrecht aufeinander, d.h. das Dreieck ABC hat bei B einen rechten Winkel.

c) I)

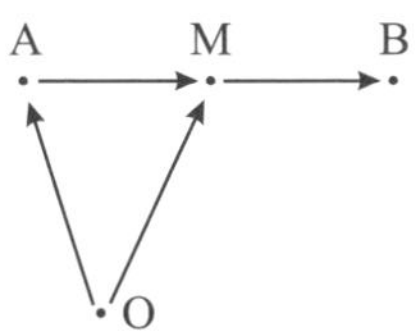

$$\overrightarrow{OM} = \overrightarrow{OA} + \tfrac{1}{2}\overrightarrow{AB} = \begin{pmatrix} 4 \\ 1 \\ 3 \end{pmatrix} + \tfrac{1}{2} \cdot \begin{pmatrix} -6 \\ 4 \\ -8 \end{pmatrix} = \begin{pmatrix} 1 \\ 3 \\ -1 \end{pmatrix}$$

$\Rightarrow M(1 \mid 3 \mid -1)$

II)

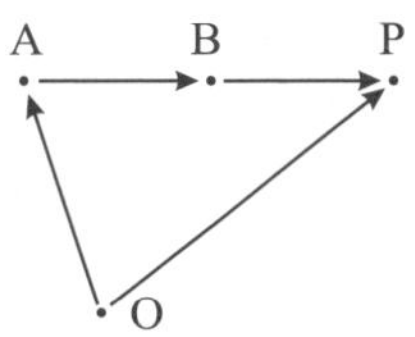

$$\overrightarrow{OP} = \overrightarrow{OA} + 2 \cdot \overrightarrow{AB} = \begin{pmatrix} 3 \\ -1 \\ -4 \end{pmatrix} + 2 \cdot \begin{pmatrix} 1 \\ 3 \\ 9 \end{pmatrix} = \begin{pmatrix} 5 \\ 5 \\ 14 \end{pmatrix}$$

$\Rightarrow P(5 \mid 5 \mid 14)$

d) I) Den Schwerpunkt S des Dreiecks ABC mit A(4 | 1 | 2), B(5 | 3 | 0) und C(0 | 2 | 1) erhalten Sie mit der Formel:

$$\vec{s} = \frac{1}{3}\cdot\left(\vec{a}+\vec{b}+\vec{c}\right) = \frac{1}{3}\cdot\left(\begin{pmatrix}4\\1\\2\end{pmatrix}+\begin{pmatrix}5\\3\\0\end{pmatrix}+\begin{pmatrix}0\\2\\1\end{pmatrix}\right) = \frac{1}{3}\cdot\begin{pmatrix}9\\6\\3\end{pmatrix} = \begin{pmatrix}3\\2\\1\end{pmatrix}$$

$\Rightarrow$ S(3 | 2 | 1).

II) Den Schwerpunkt S des Dreiecks PQR mit P(−3 | 2 | 4), Q(5 | 1 | 2) und R(−5 | 3 | 6) erhalten Sie mit der Formel:

$$\vec{s} = \frac{1}{3}\cdot(\vec{p}+\vec{q}+\vec{r}) = \frac{1}{3}\cdot\left(\begin{pmatrix}-3\\2\\4\end{pmatrix}+\begin{pmatrix}5\\1\\2\end{pmatrix}+\begin{pmatrix}-5\\3\\6\end{pmatrix}\right) = \frac{1}{3}\cdot\begin{pmatrix}-3\\6\\12\end{pmatrix} = \begin{pmatrix}-1\\2\\4\end{pmatrix}$$

$\Rightarrow$ S(−1 | 2 | 4).

e) I)

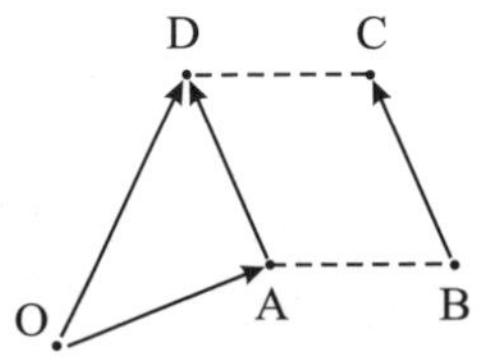

$$\overrightarrow{OD} = \overrightarrow{OA}+\overrightarrow{BC} = \begin{pmatrix}4\\2\\3\end{pmatrix}+\begin{pmatrix}-3\\-7\\-8\end{pmatrix} = \begin{pmatrix}1\\-5\\-5\end{pmatrix}$$

$\Rightarrow$ D(1 | −5 | −5)

II)

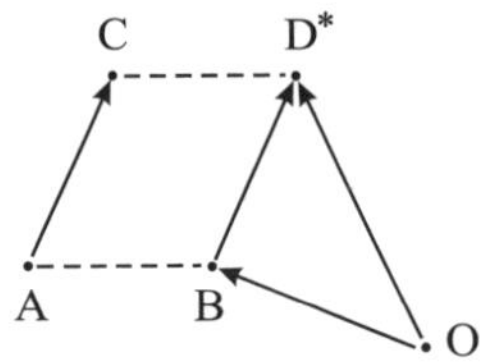

$$\overrightarrow{OD^*} = \overrightarrow{OB}+\overrightarrow{AC} = \begin{pmatrix}1\\8\\5\end{pmatrix}+\begin{pmatrix}-6\\-1\\-6\end{pmatrix} = \begin{pmatrix}-5\\7\\-1\end{pmatrix}$$

$\Rightarrow$ D*(−5 | 7 | −1)

III)

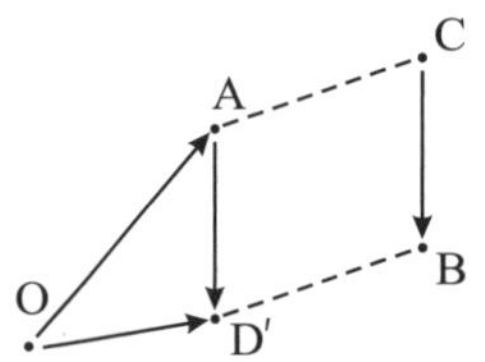

$$\overrightarrow{OD'} = \overrightarrow{OA}+\overrightarrow{CB} = \begin{pmatrix}4\\2\\3\end{pmatrix}+\begin{pmatrix}3\\7\\8\end{pmatrix} = \begin{pmatrix}7\\9\\11\end{pmatrix}$$

$\Rightarrow$ D′(7 | 9 | 11)

f) I) Es ergeben sich folgende mögliche Vektorketten:

$$\overrightarrow{OD} = \overrightarrow{OA}+\overrightarrow{BC} = \begin{pmatrix}3\\1\\4\end{pmatrix}+\begin{pmatrix}7\\-3\\6\end{pmatrix} = \begin{pmatrix}10\\-2\\10\end{pmatrix} \Rightarrow \text{D}(10 \mid -2 \mid 10)$$

$$\overrightarrow{OE} = \overrightarrow{OA}+\overrightarrow{BF} = \begin{pmatrix}3\\1\\4\end{pmatrix}+\begin{pmatrix}11\\1\\9\end{pmatrix} = \begin{pmatrix}14\\2\\13\end{pmatrix} \Rightarrow \text{E}(14 \mid 2 \mid 13)$$

$$\overrightarrow{OG} = \overrightarrow{OC}+\overrightarrow{BF} = \begin{pmatrix}5\\-2\\3\end{pmatrix}+\begin{pmatrix}11\\1\\9\end{pmatrix} = \begin{pmatrix}16\\-1\\12\end{pmatrix} \Rightarrow \text{G}(16 \mid -1 \mid 12)$$

$$\overrightarrow{OH} = \overrightarrow{OD} + \overrightarrow{BF} = \begin{pmatrix} 10 \\ -2 \\ 10 \end{pmatrix} + \begin{pmatrix} 11 \\ 1 \\ 9 \end{pmatrix} = \begin{pmatrix} 21 \\ -1 \\ 19 \end{pmatrix} \Rightarrow H(21 \mid -1 \mid 19)$$

II) Die Länge der Raumdiagonalen AG ist die Länge des Verbindungsvektors $\overrightarrow{AG}$:

$$AG = |\overrightarrow{AG}| = \left| \begin{pmatrix} 13 \\ -2 \\ 8 \end{pmatrix} \right| = \sqrt{169+4+64} = \sqrt{237}$$

g) Bei einem schiefen Dreiecksprisma sind folgende 3 Kanten parallel: AD, BE und CF

$\Rightarrow \overrightarrow{AD} = \overrightarrow{BE} = \overrightarrow{CF}$. Daher gilt: $\overrightarrow{OE} = \overrightarrow{OB} + \overrightarrow{AD} = \begin{pmatrix} 5 \\ -2 \\ -1 \end{pmatrix} + \begin{pmatrix} 3 \\ 3 \\ 5 \end{pmatrix} = \begin{pmatrix} 8 \\ 1 \\ 4 \end{pmatrix}$

$\Rightarrow E(8 \mid 1 \mid 4)$

$$\overrightarrow{OF} = \overrightarrow{OC} + \overrightarrow{AD} = \begin{pmatrix} -1 \\ 3 \\ -2 \end{pmatrix} + \begin{pmatrix} 3 \\ 3 \\ 5 \end{pmatrix} = \begin{pmatrix} 2 \\ 6 \\ 3 \end{pmatrix} \Rightarrow F(2 \mid 6 \mid 3)$$

Die Länge der Kante EF ist $|\overrightarrow{EF}| = \left| \begin{pmatrix} -6 \\ 5 \\ -1 \end{pmatrix} \right| = \sqrt{36+25+1} = \sqrt{62}$ LE.

12.6 Lineare Abhängigkeit

a) I) Der Ansatz $k \cdot \begin{pmatrix} 2 \\ 1 \\ -3 \end{pmatrix} = \begin{pmatrix} -4 \\ -2 \\ 6 \end{pmatrix}$ fuhrt zu $\begin{aligned} 2k &= -4 \\ k &= -2 \\ -3k &= 6 \end{aligned}$

und damit zu $k = -2$, d.h. $\vec{a}$ und $\vec{b}$ sind linear abhängig.

II) Der Ansatz $k \cdot \begin{pmatrix} 2 \\ 0 \\ 3 \end{pmatrix} = \begin{pmatrix} -2 \\ 1 \\ -3 \end{pmatrix}$ führt zu $\begin{aligned} 2k &= -2 \\ 0 &= 1 \\ 3k &= -3 \end{aligned}$

und damit zu einem Widerspruch, d.h. $\vec{a}$ und $\vec{b}$ sind linear unabhängig.

III) Der Ansatz $k \cdot \begin{pmatrix} 6 \\ 3 \\ -9 \end{pmatrix} = \begin{pmatrix} 2 \\ 1 \\ -3 \end{pmatrix}$ führt zu $\begin{aligned} 6k &= 2 \\ 3k &= 1 \\ -9k &= -3 \end{aligned}$

und damit zu $k = \frac{1}{3}$, d.h. $\vec{a}$ und $\vec{b}$ sind linear abhängig.

IV) Der Ansatz $k \cdot \begin{pmatrix} 4 \\ -2 \\ 3 \end{pmatrix} = \begin{pmatrix} 5 \\ 1 \\ 9 \end{pmatrix}$ führt zu $\begin{aligned} 4k &= 5 \\ -2k &= 1 \\ 3k &= 9 \end{aligned}$

und damit zu verschiedenen Werten für k, also sind $\vec{a}$ und $\vec{b}$ linear unabhängig.

b) I) Der Ansatz $r \cdot \begin{pmatrix} 2 \\ 1 \\ -3 \end{pmatrix} + s \cdot \begin{pmatrix} 4 \\ -2 \\ 1 \end{pmatrix} + t \cdot \begin{pmatrix} 3 \\ 5 \\ 0 \end{pmatrix} = \begin{pmatrix} 0 \\ 0 \\ 0 \end{pmatrix}$ führt zu

$$\begin{array}{lrcrcrcl} \text{I} & 2r & + & 4s & + & 3t & = & 0 \\ \text{II} & r & - & 2s & + & 5t & = & 0 \\ \text{III} & -3r & + & s & & & = & 0 \end{array}$$

Löst man das Gleichungssystem entsprechend Kapitel 5, so erhält man $s = 0$, $r = 0$ und $t = 0$, d.h. $\vec{a}$, $\vec{b}$, und $\vec{c}$ sind linear unabhängig.

II) Der Ansatz $r \cdot \begin{pmatrix} 4 \\ 0 \\ -2 \end{pmatrix} + s \cdot \begin{pmatrix} 1 \\ 3 \\ -1 \end{pmatrix} + t \cdot \begin{pmatrix} 6 \\ 6 \\ -4 \end{pmatrix} = \begin{pmatrix} 0 \\ 0 \\ 0 \end{pmatrix}$ führt zu

$$\begin{array}{lrcrcrcl} \text{I} & 4r & + & s & + & 6t & = & 0 \\ \text{II} & & & 3s & + & 6t & = & 0 \\ \text{III} & -2r & - & s & - & 4t & = & 0 \end{array}$$

Addiert man Gleichung I zum Zweifachen von Gleichung III, so ergibt sich

$$\begin{array}{lrcrcrcl} \text{I} & 4r & + & s & + & 6t & = & 0 \\ \text{II} & & & 3s & + & 6t & = & 0 \\ \text{IIIa} & & & -s & - & 2t & = & 0 \end{array}$$

Nun erkennt man, dass Gleichung II das (-3)-fache von Gleichung IIIa ist, d.h. es gibt unendlich viele Lösungen, z.B. kann man $t = 1$ wählen, so ergibt sich $s = -2$ und $r = -1$. Damit gibt es Lösungen, bei denen nicht $r = s = t = 0$ ist; d. h. $\vec{a}$, $\vec{b}$, und $\vec{c}$ sind linear abhängig.

III) Der Ansatz $r \cdot \begin{pmatrix} -1 \\ 3 \\ -2 \end{pmatrix} + s \cdot \begin{pmatrix} 5 \\ 2 \\ 1 \end{pmatrix} + t \cdot \begin{pmatrix} 3 \\ -4 \\ -3 \end{pmatrix} = \begin{pmatrix} 0 \\ 0 \\ 0 \end{pmatrix}$ führt zu

$$\begin{array}{lrcrcrcl} \text{I} & -r & + & 5s & + & 3t & = & 0 \\ \text{II} & 3r & + & 2s & - & 4t & = & 0 \\ \text{III} & -2r & + & s & - & 3t & = & 0 \end{array}$$

Löst man das Gleichungssystem entsprechend Kapitel 5, so erhält man $r = 0$, $s = 0$ und $t = 0$, d.h. $\vec{a}$, $\vec{b}$, und $\vec{c}$ sind linear unabhängig.

12.7 Vektorprodukt

a) I) $\begin{pmatrix} 2 \\ -1 \\ 3 \end{pmatrix} \times \begin{pmatrix} 4 \\ 2 \\ -1 \end{pmatrix} = \begin{pmatrix} -5 \\ 14 \\ 8 \end{pmatrix}$ II) $\begin{pmatrix} -1 \\ 2 \\ 0 \end{pmatrix} \times \begin{pmatrix} 3 \\ 0 \\ 1 \end{pmatrix} = \begin{pmatrix} 2 \\ 1 \\ -6 \end{pmatrix}$

b) Es ist $\overrightarrow{AB} = \begin{pmatrix} 2 \\ 1 \\ 2 \end{pmatrix}$ und $\overrightarrow{AD} = \begin{pmatrix} -7 \\ -3 \\ 2 \end{pmatrix}$

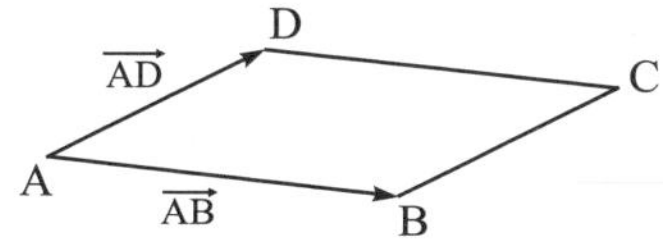

Für den Flächeninhalt des Parallelogramms benötigt man das Vektorprodukt:

$$\overrightarrow{AB} \times \overrightarrow{AD} = \begin{pmatrix} 2 \\ 1 \\ 2 \end{pmatrix} \times \begin{pmatrix} -7 \\ -3 \\ 2 \end{pmatrix} = \begin{pmatrix} 8 \\ -18 \\ 1 \end{pmatrix}.$$

Somit gilt für den Flächeninhalt:

$$A = \left|\overrightarrow{AB} \times \overrightarrow{AD}\right| = \left|\begin{pmatrix} 8 \\ -18 \\ 1 \end{pmatrix}\right| = \sqrt{8^2 + (-18)^2 + 1^2} = \sqrt{389} \approx 19,72.$$

Der Flächeninhalt des Parallelogramms beträgt 19,72 FE.

c) Es ist $\overrightarrow{AB} = \begin{pmatrix} -2 \\ 3 \\ 4 \end{pmatrix}$ und $\overrightarrow{AC} = \begin{pmatrix} -3 \\ 1 \\ 5 \end{pmatrix}$

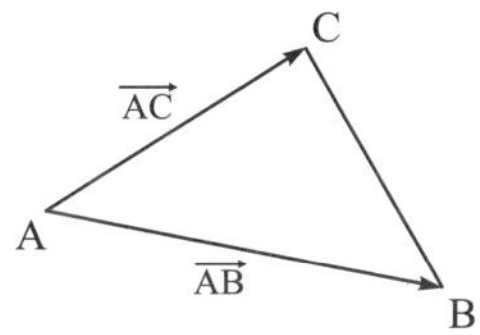

Für den Flächeninhalt des Dreiecks benötigt man das Vektorprodukt:

$$\overrightarrow{AB} \times \overrightarrow{AC} = \begin{pmatrix} -2 \\ 3 \\ 4 \end{pmatrix} \times \begin{pmatrix} -3 \\ 1 \\ 5 \end{pmatrix} = \begin{pmatrix} 11 \\ -2 \\ 7 \end{pmatrix}.$$

Somit gilt für den Flächeninhalt:

$$A = \frac{1}{2} \cdot \left|\overrightarrow{AB} \times \overrightarrow{AC}\right| = \frac{1}{2} \cdot \left|\begin{pmatrix} 11 \\ -2 \\ 7 \end{pmatrix}\right| = \frac{1}{2} \cdot \sqrt{(11)^2 + (-2)^2 + 7^2} = \frac{1}{2} \cdot \sqrt{174} \approx 6,60.$$

Der Flächeninhalt des Dreiecks beträgt 6,60 FE.

d) Es ist $\overrightarrow{AB} = \begin{pmatrix} -5 \\ 0 \\ -7 \end{pmatrix}$, $\overrightarrow{AD} = \begin{pmatrix} 7 \\ -3 \\ 6 \end{pmatrix}$

und $\overrightarrow{AE} = \begin{pmatrix} 11 \\ 1 \\ 9 \end{pmatrix}$

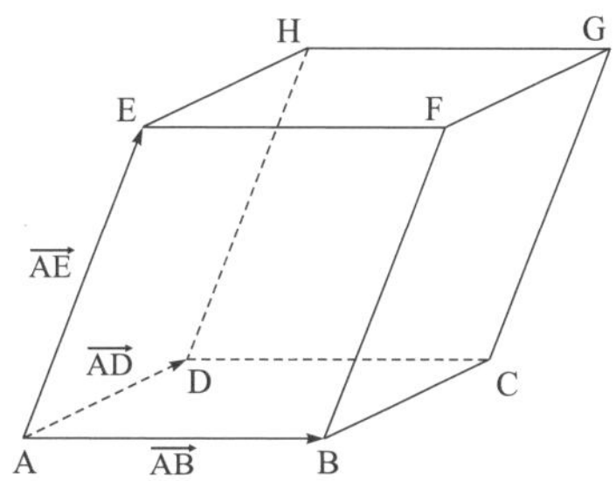

Die Berechnung des Volumens erfolgt mit Hilfe des Spatprodukts: $V = \left|\overrightarrow{AB} \cdot \left(\overrightarrow{AD} \times \overrightarrow{AE}\right)\right|.$

$\overrightarrow{AD} \times \overrightarrow{AE} = \begin{pmatrix} 7 \\ -3 \\ 6 \end{pmatrix} \times \begin{pmatrix} 11 \\ 1 \\ 9 \end{pmatrix} = \begin{pmatrix} -33 \\ 3 \\ 40 \end{pmatrix}$. Somit gilt für das Volumen:

$$V = \left| \overrightarrow{AB} \cdot \left(\overrightarrow{AD} \times \overrightarrow{AE} \right) \right| = \left| \begin{pmatrix} -5 \\ 0 \\ -7 \end{pmatrix} \cdot \begin{pmatrix} -33 \\ 3 \\ 40 \end{pmatrix} \right| = |165 + 0 - 280| = 115.$$

Das Volumen des Spats beträgt 115 VE.

13 Geraden

13.1 Aufstellen von Geradengleichungen

Der Ortsvektor des einen Punktes wird als Stützvektor für die Gerade benutzt. Einen Richtungsvektor erhält man, indem man einen Verbindungsvektor zwischen den beiden Punkten aufstellt. Da es beliebig ist, welcher Punkt als «Stützpunkt» genommen wird, bzw. in welche Richtung man den Richtungsvektor aufstellt, gibt es mehrere Lösungen. Für Aufgabe a) sind alle vier Lösungen dargestellt, für die Aufgaben b) und c) ist eine mögliche Lösung aufgeführt.

a) I) $g:\ \vec{x} = \begin{pmatrix} 1 \\ 0 \\ 2 \end{pmatrix} + r \cdot \begin{pmatrix} 2 \\ 1 \\ 1 \end{pmatrix}$ II) $g:\ \vec{x} = \begin{pmatrix} 3 \\ 1 \\ 3 \end{pmatrix} + r \cdot \begin{pmatrix} 2 \\ 1 \\ 1 \end{pmatrix}$

III) $g:\ \vec{x} = \begin{pmatrix} 1 \\ 0 \\ 2 \end{pmatrix} + r \cdot \begin{pmatrix} -2 \\ -1 \\ -1 \end{pmatrix}$ IV) $g:\ \vec{x} = \begin{pmatrix} 3 \\ 1 \\ 3 \end{pmatrix} + r \cdot \begin{pmatrix} -2 \\ -1 \\ -1 \end{pmatrix}$

b) $g:\ \vec{x} = \begin{pmatrix} 2 \\ 1 \\ -4 \end{pmatrix} + s \cdot \begin{pmatrix} 2 \\ -1 \\ 5 \end{pmatrix}$ c) $g:\ \vec{x} = \begin{pmatrix} 1 \\ 1 \\ 0 \end{pmatrix} + t \cdot \begin{pmatrix} 1 \\ 1 \\ -1 \end{pmatrix}$

13.2 Punktprobe

Die Ortsvektoren der Punkte werden in die Geradengleichung eingesetzt. Dann ermittelt man den Parameter mit Hilfe der Gleichungen des dazugehörigen Gleichungssystems. Es muss sich für alle drei Gleichungen der gleiche Parameter ergeben.

a) Einsetzen ergibt:

$$\begin{array}{lrcrcr} \text{I} & 2 & = & 1 & + & r \\ \text{II} & 7 & = & 3 & + & 4r \\ \text{III} & 0 & = & -2 & + & 2r \end{array}$$

Lösen von Gleichung I, II und III führt zu $r = 1$. Also liegt der Punkt A auf der Geraden.

b) Einsetzen ergibt:

$$\begin{array}{lrcrcr} \text{I} & 3 & = & 1 & + & r \\ \text{II} & 11 & = & 3 & + & 4r \\ \text{III} & 3 & = & -2 & + & 2r \end{array}$$

Lösen von Gleichung I und II führt zu $r = 2$. Lösen von Gleichung III ergibt $r = 2,5$. Dies ist ein Widerspruch. Der Punkt liegt also nicht auf der Geraden.

c) Lösen von Gleichung I, II und III führt zu $r = -3$. Also liegt der Punkt C auf der Geraden.

13.3 Projektion von Geraden

a) Die x_1x_2-Ebene hat die Gleichung $x_3 = 0$, daher müssen die x_3-Komponenten der Geraden gleich Null gesetzt werden. Damit ist die Projektionsgerade:

$$g^*: \vec{x} = \begin{pmatrix} 3 \\ 1 \\ 0 \end{pmatrix} + r \cdot \begin{pmatrix} 4 \\ 6 \\ 0 \end{pmatrix}.$$

b) Die x_2x_3-Ebene hat die Gleichung $x_1 = 0$, daher müssen die x_1-Komponenten der Geraden gleich Null gesetzt werden. Damit ist die Projektionsgerade:

$$h^*: \vec{x} = \begin{pmatrix} 0 \\ 3 \\ 4 \end{pmatrix} + t \cdot \begin{pmatrix} 0 \\ 4 \\ -1 \end{pmatrix}$$

13.4 Parallele Geraden

Wenn die Geraden parallel sind, müssen die Richtungsvektoren linear abhängig sein. Außerdem darf kein «Stützpunkt» einer Geraden in einer anderen enthalten sein.

Da $r \cdot \begin{pmatrix} 2 \\ -1 \\ -3 \end{pmatrix} = \begin{pmatrix} 4 \\ -2 \\ -6 \end{pmatrix}$ für $r = 2$ und $r \cdot \begin{pmatrix} 2 \\ -1 \\ -3 \end{pmatrix} = \begin{pmatrix} -6 \\ 3 \\ 9 \end{pmatrix}$ für $r = -3$ gilt, sind die Richtungsvektoren linear abhängig. Punktproben der Stützvektoren in den jeweils anderen Geraden ergeben, dass die Geraden nicht identisch sind. Also sind alle Geraden echt parallel zueinander.

13.5 Gegenseitige Lage von Geraden

Für einige Aufgaben ist die Lösung ausführlich dargestellt, ansonsten sind Zwischenergebnisse und das Endergebnis angegeben.

a) Die Richtungsvektoren der Geraden sind kein Vielfaches voneinander, da es kein k gibt, so dass gilt: $k \cdot \begin{pmatrix} 1 \\ 1 \\ 2 \end{pmatrix} = \begin{pmatrix} 2 \\ 0 \\ 1 \end{pmatrix}$, also können sich die Geraden schneiden oder windschief sein.

Gleichsetzen der Geraden führt zu:

$$\begin{array}{lccccc} \text{I} & 4 & + & t & = & 2r \\ \text{II} & 2 & + & t & = & 0 \\ \text{III} & 5 & + & 2t & = & r \end{array}$$

Gleichung II ergibt: $t = -2$. Eingesetzt in I ergibt sich $r = 1$. t und r müssen noch in Gleichung III überprüft werden: $5 + 2 \cdot (-2) = 1$. Nun setzt man r in die Gleichung von g_2 ein, es ergibt sich der Schnittpunkt S mit $S\,(2 \mid 0 \mid 1)$.

b) Die Richtungsvektoren der Geraden sind kein Vielfaches voneinander, da es kein k gibt, so dass gilt: $k \cdot \begin{pmatrix} 1 \\ 1 \\ 1 \end{pmatrix} = \begin{pmatrix} 3 \\ 4 \\ 5 \end{pmatrix}$, also können sich die Geraden schneiden oder windschief sein.
Gleichsetzen der Geraden führt zu:

$$\begin{array}{lrcrcrcr} \text{I} & 2 & + & r & = & 3 & + & 3t \\ \text{II} & & & r & = & 2 & + & 4t \\ \text{III} & & & r & = & 3 & + & 5t \end{array}$$

Gleichung I − Gleichung II ergibt: $t = -1$. Eingesetzt in Gleichung II ergibt sich $r = -2$. t und r müssen noch in III überprüft werden: $-2 = 3 + 5 \cdot (-1)$. Einsetzen von r in g_1 ergibt den Schnittpunkt S mit $S\,(0 \mid -2 \mid -2)$.

c) Die Richtungsvektoren der Geraden sind kein Vielfaches voneinander, da es kein k gibt, so dass gilt: $k \cdot \begin{pmatrix} 2 \\ 1 \\ -3 \end{pmatrix} = \begin{pmatrix} 4 \\ -5 \\ -1 \end{pmatrix}$.
Gleichsetzen der Geraden führt zu:

$$\begin{array}{lrcrcrcr} \text{I} & 1 & + & 2s & = & 5 & + & 4t \\ \text{II} & -3 & + & s & = & 1 & - & 5t \\ \text{III} & 5 & - & 3s & = & -3 & - & t \end{array}$$

Gleichung I − 2· Gl. II ergibt: $t = \frac{2}{7}$. Eingesetzt in Gleichung II ergibt sich $s = \frac{18}{7}$. Es müssen s und t noch in Gleichung III überprüft werden, es ergibt sich: $\frac{4}{7} = 0$. Dies ist ein Widerspruch, also sind die Geraden windschief.

d) Die Richtungsvektoren der Geraden sind kein Vielfaches voneinander, da es kein k gibt, so dass gilt: $k \cdot \begin{pmatrix} 2 \\ 0 \\ 1 \end{pmatrix} = \begin{pmatrix} 0 \\ 1 \\ -1 \end{pmatrix}$. Gleichsetzen der Geradengleichungen und Berechnen von t und r mit Gleichung I und II ergibt: $t = \frac{1}{2}$ und $r = -1$. Prüfen in Gleichung III führt auf einen Widerspruch, also sind die Geraden windschief.

e) Prüfung der Richtungsvektoren:
$k \cdot \begin{pmatrix} 2 \\ -1 \\ 3 \end{pmatrix} = \begin{pmatrix} -2 \\ 1 \\ -3 \end{pmatrix} \Rightarrow k = -1$, d.h. die Richtungsvektoren sind ein Vielfaches voneinander (linear abhängig), also können die Geraden parallel oder identisch sein.

Man prüft nun, ob P(4 | 0 | 1) der Geraden g auch auf der Geraden h liegt:

$$\begin{pmatrix} 4 \\ 0 \\ 1 \end{pmatrix} = \begin{pmatrix} 6 \\ -1 \\ 4 \end{pmatrix} + t \cdot \begin{pmatrix} -2 \\ 1 \\ -3 \end{pmatrix}$$

$4 = 6 - 2t \Rightarrow t = 1$
$0 = -1 + t \Rightarrow t = 1$
$1 = 4 - 3t \Rightarrow t = 1$, positive Punktprobe, also sind die Geraden identisch.

f) Prüfung der Richtungsvektoren:

$$k \cdot \begin{pmatrix} 1 \\ -1 \\ 2 \end{pmatrix} = \begin{pmatrix} -3 \\ 3 \\ -6 \end{pmatrix} \Rightarrow k = -3,$$ d.h. die Richtungsvektoren sind ein Vielfaches voneinander (linear abhängig), also können die Geraden parallel oder identisch sein.
Man prüft nun, ob P(1 | 2 | 3) der Geraden g auch auf der Geraden h liegt:

$$\begin{pmatrix} 1 \\ 2 \\ 3 \end{pmatrix} = \begin{pmatrix} -1 \\ 4 \\ -1 \end{pmatrix} + s \cdot \begin{pmatrix} -3 \\ 3 \\ -6 \end{pmatrix}$$

$1 = -1 - 3s \Rightarrow s = -\frac{2}{3}$
$2 = 4 + 3s \Rightarrow s = -\frac{2}{3}$
$3 = -1 - 6s \Rightarrow s = -\frac{2}{3}$, positive Punktprobe, also sind die Geraden identisch.

g) Prüfung der Richtungsvektoren:

$$k \cdot \begin{pmatrix} -2 \\ -1 \\ 3 \end{pmatrix} = \begin{pmatrix} 4 \\ 2 \\ -6 \end{pmatrix} \Rightarrow k = -2,$$ d.h. die Richtungsvektoren sind ein Vielfaches voneinander (linear abhängig), also können die Geraden parallel oder identisch sein.
Man prüft nun, ob P(1 | 4 | −2) der Geraden g auch auf der Geraden h liegt:

$$\begin{pmatrix} 1 \\ 4 \\ -2 \end{pmatrix} = \begin{pmatrix} -1 \\ 3 \\ -1 \end{pmatrix} + r \cdot \begin{pmatrix} 4 \\ 2 \\ -6 \end{pmatrix}$$

$1 = -1 + 4r \Rightarrow r = \frac{1}{2}$
$4 = 3 + 2r \Rightarrow r = \frac{1}{2}$
$-2 = -1 - 6r \Rightarrow r = \frac{1}{6}$, dies ist ein Widerspruch, d.h. negative Punktprobe, also sind die Geraden parallel.

h) Prüfung der Richtungsvektoren:

$$k \cdot \begin{pmatrix} 4 \\ 6 \\ -8 \end{pmatrix} = \begin{pmatrix} 2 \\ 3 \\ -4 \end{pmatrix} \Rightarrow k = \frac{1}{2},$$ d.h. die Richtungsvektoren sind ein Vielfaches voneinander (linear abhängig), also können die Geraden parallel oder identisch sein.

Man prüft nun, ob P$(0 \mid 1 \mid 4)$ der Geraden g auch auf der Geraden h liegt:

$$\begin{pmatrix} 0 \\ 1 \\ 4 \end{pmatrix} = \begin{pmatrix} 4 \\ 8 \\ -4 \end{pmatrix} + t \cdot \begin{pmatrix} 2 \\ 3 \\ -4 \end{pmatrix}$$

$0 = 4 + 2t \Rightarrow t = -2$

$1 = 8 + 3t \Rightarrow t = -\frac{7}{3}$

$4 = -4 - 4t \Rightarrow t = -2$, Widerspruch, d.h. negative Punktprobe, also sind die Geraden parallel.

13.6 Parallele Geraden mit Parameter

Wenn die beiden Geraden parallel sein sollen, müssen die beiden Richtungsvektoren linear abhängig sein. Dazu bestimmt man t so, dass der eine Vektor ein Vielfaches des anderen ist.

a) Gesucht ist t, so dass gilt: $\begin{pmatrix} 0 \\ 2 \\ 2t \end{pmatrix} = r \cdot \begin{pmatrix} 0 \\ 4 \\ 4 \end{pmatrix}$. Es ergibt sich:

$$\begin{array}{lrcl} \text{I} & 0 & = & 0 \\ \text{II} & 2 & = & 4r \\ \text{III} & 2t & = & 4r \end{array}$$

Lösen führt zu $r = \frac{1}{2}$ und $t = 1$. Es muss noch sichergestellt sein, dass die Geraden nicht identisch sind, also macht man die Punktprobe:

$$\begin{array}{lrcl} \text{I} & 1 & = & 4 \\ \text{II} & 1 & = & 1 + 4r \\ \text{III} & 1 & = & 7 + 4r \end{array}$$

Für I ergibt sich unmittelbar ein Widerspruch, also sind die Geraden echt parallel (da sie keinen Schnittpunkt besitzen).

b) Gesucht ist t, so dass gilt: $\begin{pmatrix} 0,5t \\ t \\ 4 \end{pmatrix} = r \cdot \begin{pmatrix} 1 \\ 2 \\ -2 \end{pmatrix}$. Es ergibt sich:

$$\begin{array}{lrcl} \text{I} & 0,5t & = & r \\ \text{II} & t & = & 2r \\ \text{III} & 4 & = & -2r \end{array}$$

Aus III ergibt sich $r = -2$. Einsetzen in II führt zu $t = -4$. Überprüfen in I ergibt eine wahre Aussage. Es muss noch sichergestellt sein, dass die Geraden nicht identisch sind, also macht man die Punktprobe. Dies führt zu einen Widerspruch, also sind die Geraden echt parallel.

c) Gesucht ist t, so dass gilt: $\begin{pmatrix} t \\ 2t \\ -3 \end{pmatrix} = s \cdot \begin{pmatrix} 3 \\ 6 \\ -t \end{pmatrix}$. Es ergibt sich:

$$\begin{array}{lrcl} \text{I} & t & = & 3s \\ \text{II} & 2t & = & 6s \\ \text{III} & -3 & = & -t \cdot s \end{array}$$

I und II sind ein Vielfaches voneinander, daher benutzt man die Gleichungen I und III. Einsetzen von I in III führt zu $s = \pm 1$. Lösen führt auf $t_1 = 3$ und $t_2 = -3$. Es gibt also zwei Werte von t, für die die Geraden parallel sind. Macht man jeweils die Punktprobe, führt dies auf einen Widerspruch, damit sind die Geraden echt parallel.

13.7 Allgemeines Verständnis von Geraden

a) I) Die Richtungsvektoren $\vec{r}$ und $\vec{v}$ müssen linear abhängig (ein Vielfaches voneinander) sein. Für die Stützvektoren muss gelten: $\vec{a} \neq \vec{b}$. Außerdem darf der zu $\vec{b}$ gehörende Punkt B nicht auf g liegen, das heißt: $\vec{b} \neq \vec{a} + s \cdot \vec{r}$. (Bzw. der zu $\vec{a}$ gehörende Punkt A darf nicht auf h liegen.)

II) Die Stützvektoren müssen nicht unbedingt gleich sein, aber jeder «Stützpunkt» muss ein Punkt der anderen Gerade sein (Nachweis durch Punktprobe). Die Richtungsvektoren $\vec{r}$ und $\vec{v}$ müssen linear abhängig sein.

III) Die Stützvektoren müssen nicht unbedingt gleich sein, aber die Geraden müssen sich schneiden. Die Richtungsvektoren müssen orthogonal sein: $\vec{r} \cdot \vec{v} = 0$.

b) Für die Winkelbestimmung braucht man die beiden Richtungsvektoren $\vec{r}$ und $\vec{v}$.
Für den spitzen Winkel δ gilt dann:

$$\cos\delta = \frac{|\vec{r} \cdot \vec{v}|}{|\vec{r}| \cdot |\vec{v}|}$$

c) Zur Bestimmung der gegenseitigen Lage prüft man zuerst die Richtungsvektoren auf lineare Abhängigkeit bzw. Unabhängigkeit:

1. Sind die Richtungsvektoren ein Vielfaches voneinander (linear abhängig), können die Geraden parallel oder identisch sein.
   Sie sind identisch, wenn ein Punkt der einen Geraden auf der anderen Geraden liegt (positive Punktprobe), sonst sind sie parallel (negative Punktprobe).
2. Sind die Richtungsvektoren kein Vielfaches voneinander (linear unabhängig), können die Geraden sich schneiden oder windschief sein.
   Durch Gleichsetzen erhält man den Schnittpunkt oder einen Widerspruch, welcher angibt, dass die Geraden windschief sind.

14 Ebenen

14.1 Parameterform der Ebenengleichung

a) Einer der angegebenen Punkte, z.B. A, wird als «Stützpunkt» genommen; die Verbindungsvektoren $\overrightarrow{AB}$ und $\overrightarrow{AC}$ sind dann die Spannvektoren der Ebene. Konkret ergibt sich damit:

$$E\colon \vec{x} = \begin{pmatrix} 1 \\ 4 \\ 3 \end{pmatrix} + r \cdot \begin{pmatrix} 1 \\ 3 \\ -6 \end{pmatrix} + s \cdot \begin{pmatrix} 2 \\ 1 \\ -2 \end{pmatrix}$$

b) Auch hier wird einer der angegebenen Punkte als Stützpunkt genommen, die Verbindungsvektoren $\overrightarrow{PQ}$ und $\overrightarrow{PR}$ ermittelt und als Spannvektoren genommen. Damit gilt:

$$E\colon \vec{x} = \begin{pmatrix} 3 \\ 1 \\ 2 \end{pmatrix} + r \cdot \begin{pmatrix} 1 \\ 6 \\ 1 \end{pmatrix} + s \cdot \begin{pmatrix} 1 \\ -1 \\ -3 \end{pmatrix}$$

c) Der «Stützpunkt» und der erste Spannvektor können direkt von der Geraden g übernommen werden. Den zweiten Spannvektor erhält man, indem man den Verbindungsvektor zwischen dem Stützpunkt und dem angegebenen Punkt aufstellt. Damit gilt:

$$E\colon \vec{x} = \begin{pmatrix} -1 \\ 2 \\ 4 \end{pmatrix} + r \cdot \begin{pmatrix} 3 \\ 6 \\ -1 \end{pmatrix} + s \cdot \begin{pmatrix} 2 \\ 1 \\ 2 \end{pmatrix}$$

d) Auch hier können der «Stützpunkt» und der erste Spannvektor direkt von der Geraden g übernommen werden. Den zweiten Spannvektor erhält man, indem man den Verbindungsvektor zwischen dem angegebenen Punkt und dem Stützpunkt aufstellt. Damit gilt:

$$E\colon \vec{x} = \begin{pmatrix} 7 \\ 3 \\ 2 \end{pmatrix} + r \cdot \begin{pmatrix} 1 \\ 2 \\ 1 \end{pmatrix} + s \cdot \begin{pmatrix} 7 \\ 2 \\ 0 \end{pmatrix}$$

14.2 Koordinatengleichung einer Ebene

Es gibt verschiedene Wege, die Koordinatenform der Ebenengleichung zu bestimmen. In der Lösung ist der Weg über die Punkt-Normalenform gewählt, weil er der anschaulichste ist. Es ist aber z.B. auch möglich, die Koordinatenform zu bestimmen, indem man ein Gleichungssystem bildet und dieses ausrechnet.

a) Zuerst legt man fest, welcher Ortsvektor als Stützvektor benutzt wird, dann bildet man zwei Spannvektoren und errechnet mit diesen den Normalenvektor $\vec{n}$. Dieser wird in die Punkt-Normalenform eingesetzt und ausgerechnet:

Als Stützvektor wird $\vec{a}$ gewählt, damit ergibt sich für die Spannvektoren $\overrightarrow{AB} = \begin{pmatrix} 2 \\ -1 \\ 1 \end{pmatrix}$

und $\overrightarrow{AC} = \begin{pmatrix} 6 \\ 2 \\ 3 \end{pmatrix}$. Das Vektorprodukt (siehe Seite 47) der Spannvektoren ergibt $\begin{pmatrix} -5 \\ 0 \\ 10 \end{pmatrix}$.

Ausklammern von 5 führt zu $\vec{n} = \begin{pmatrix} -1 \\ 0 \\ 2 \end{pmatrix}$. Einsetzen in die Punkt-Normalenform und Ausrechnen ergibt

$\begin{pmatrix} -1 \\ 0 \\ 2 \end{pmatrix} \cdot \left(\begin{pmatrix} x_1 \\ x_2 \\ x_3 \end{pmatrix} - \begin{pmatrix} 2 \\ 2 \\ 2 \end{pmatrix} \right) = 0 \Rightarrow -x_1 + 2 + 2x_3 - 4 = 0$. Ordnen der Gleichung führt auf: $x_1 - 2x_3 = -2$.

b) Stützvektor $= \vec{p}$, Spannvektoren $\overrightarrow{PQ} = \begin{pmatrix} 1 \\ 4 \\ -2 \end{pmatrix}$ und $\overrightarrow{PR} = \begin{pmatrix} 4 \\ -2 \\ -2 \end{pmatrix}$. Das Vektorprodukt (siehe Seite 47) der Spannvektoren ergibt $\begin{pmatrix} -12 \\ -6 \\ -18 \end{pmatrix}$. Ausklammern von (-6) führt zu $\vec{n} = \begin{pmatrix} 2 \\ 1 \\ 3 \end{pmatrix}$. Einsetzen von $\vec{p}$ und $\vec{n}$ in die Punkt-Normalenform und Ausrechnen führt zu $2x_1 + x_2 + 3x_3 = 20$.

c) Lösungsweg: Der Stützvektor der Geraden wird als Punkt der Ebene in der Punkt-Normalenform benutzt. Der erste Spannvektor ist der Richtungsvektor der Geraden, der zweite Spannvektor ergibt sich als Verbindungsvektor des «Stützpunktes» der Geraden zu dem gegebenen Punkt. Mit den beiden Spannvektoren wird $\vec{n}$ berechnet und über die Punkt-Normalenform die Koordinatengleichung ausgerechnet.

Stützvektor $= \vec{s} = \begin{pmatrix} 3 \\ 5 \\ 7 \end{pmatrix}$, Spannvektoren $\begin{pmatrix} 1 \\ 1 \\ 1 \end{pmatrix}$ und $\begin{pmatrix} 1 \\ -4 \\ -5 \end{pmatrix}$. Das Vektorprodukt (siehe Seite 47) der Spannvektoren und Ausklammern von (-1) führt zu $\vec{n} = \begin{pmatrix} 1 \\ -6 \\ 5 \end{pmatrix}$. Einsetzen von $\vec{s}$ und $\vec{n}$ in die Punkt-Normalenform und Ausrechnen führt zu $x_1 - 6x_2 + 5x_3 = 8$.

d) Stützvektor $= \vec{s} = \begin{pmatrix} 7 \\ 2 \\ 3 \end{pmatrix}$, Spannvektoren $\begin{pmatrix} 1 \\ -3 \\ -3 \end{pmatrix}$ und $\begin{pmatrix} -3 \\ 1 \\ 1 \end{pmatrix}$. Das Vektorprodukt (siehe Seite 47) der Spannvektoren und Ausklammern von 8 führt zu $\vec{n} = \begin{pmatrix} 0 \\ 1 \\ -1 \end{pmatrix}$. Einsetzen von $\vec{s}$ und $\vec{n}$ in die Punkt-Normalenform und Ausrechnen führt zu $x_2 - x_3 = -1$.

e) Lösungsweg: Zuerst wird der Schnittpunkt der Geraden ermittelt. Bevor man die Gleichungen gleichsetzt, überprüft man, ob sie den gleichen Stützvektor besitzen. Der eine Richtungsvektor bildet einen Spannvektor, der andere Richtungsvektor den anderen. Mit den beiden Spannvektoren wird $\vec{n}$ berechnet und über die Punkt-Normalenform die Koordinatengleichung ausgerechnet.

Beide Geraden besitzen den gleichen Stützvektor $\vec{s} = \begin{pmatrix} 1 \\ 2 \\ 3 \end{pmatrix}$, die Spannvektoren sind $\begin{pmatrix} 1 \\ 3 \\ 4 \end{pmatrix}$ und $\begin{pmatrix} 2 \\ -1 \\ 3 \end{pmatrix}$. Damit ist $\vec{n} = \begin{pmatrix} 13 \\ 5 \\ -7 \end{pmatrix}$. Einsetzen von $\vec{s}$ und $\vec{n}$ in die Punkt-Normalenform und Ausrechnen führt zu $13x_1 + 5x_2 - 7x_3 = 2$.

f) Die Geraden besitzen nicht den gleichen Stützvektor, daher wird zuerst der Schnittpunkt der Geraden durch Gleichsetzen der dazugehörigen Gleichungen bestimmt:

$$\begin{array}{lrcrcrcr} \text{I} & 1 & + & s & = & 3 & + & 2t \\ \text{II} & 2 & + & 3s & = & 3 & + & t \\ \text{III} & 4 & + & 2s & = & 7 & + & 3t \end{array}$$

Die Gleichung II wird mit -2 multipliziert und zu I addiert. Auflösen nach s ergibt: $s = 0$. Einsetzen in I führt auf $t = -1$. Beide Variablen müssen noch in III überprüft werden. Um den Schnittpunkt zu bestimmen, setzt man s oder t in eine der beiden Geradengleichungen ein. Der Schnittpunkt S ist damit $S(1 \mid 2 \mid 4)$. Nun wählt man wieder die beiden Richtungsvektoren als Spannvektoren und bestimmt $\vec{n}$: Damit ist $\vec{n} = \begin{pmatrix} 7 \\ 1 \\ -5 \end{pmatrix}$. Einsetzen von $\vec{s}$ und $\vec{n}$ in die Punkt-Normalenform und Ausrechnen führt zu $7x_1 + x_2 - 5x_3 = -11$.

g) Zuerst wird der Schnittpunkt durch Gleichsetzen der Gleichungen bestimmt: $s = -1$ und $t = 2$. Der Schnittpunkt S ist damit $S(1 \mid 0 \mid 2)$. Nun wählt man wieder die beiden Richtungsvektoren als Spannvektoren und bestimmt $\vec{n}$: $\vec{n} = \begin{pmatrix} -17 \\ 6 \\ 7 \end{pmatrix}$. Einsetzen von $\vec{s}$ und $\vec{n}$ in die Punkt-Normalenform und Ausrechnen führt zu $-17x_1 + 6x_2 + 7x_3 = -3$.

h) Zuerst wird der Schnittpunkt durch Gleichsetzen der dazugehörigen Gleichungen bestimmt:

$$\begin{array}{lrcrcrcr} \text{I} & 1 & + & 3s & = & 4 & + & 6t \\ \text{II} & & & s & = & 1 & + & 2t \\ \text{III} & 2 & + & 2s & = & 1 & + & 4t \end{array}$$

Die Gleichung II wird mit -2 multipliziert zu III addiert. Es ergibt sich der Ausdruck $3 = 0$. Dies ist ein Widerspruch. Die Gleichung hat damit keine Lösung, d.h. die Geraden schneiden sich nicht. Da die Richtungsvektoren linear abhängig sind, sind die Geraden parallel. Der «Stützpunkt» der einen Geraden wird als Punkt in der Punkt-Normalenform benutzt. Der erste Spannvektor der Ebene ist der Richtungsvektor der Geraden, der zweite Spannvektor ergibt sich aus dem Verbindungsvektor zwischen dem «Stützpunkt» der ersten Geraden und dem des «Stützpunktes» der zweiten Geraden. Mit den beiden Spannvektoren wird $\vec{n}$ berechnet und über die Punkt-Normalenform die Koordinatengleichung ausgerechnet. Stützvektor $\vec{s} = \begin{pmatrix} 1 \\ 0 \\ 2 \end{pmatrix}$, die Spannvektoren sind $\begin{pmatrix} 3 \\ 1 \\ 2 \end{pmatrix}$ und $\begin{pmatrix} 3 \\ 1 \\ -1 \end{pmatrix}$. Das Vektorprodukt (siehe Seite 47) der Spannvektoren und Ausklammern von (-3) führt zu $\vec{n} = \begin{pmatrix} 1 \\ -3 \\ 0 \end{pmatrix}$.

Einsetzen von $\vec{s}$ und $\vec{n}$ in die Punkt-Normalenform und Ausrechnen führt zu $x_1 - 3x_2 = 1$.

i) Zuerst wird der Schnittpunkt durch Gleichsetzen bestimmt. Das Lösen des Gleichungssystems führt zu einem Widerspruch, daher schneiden sich die Geraden nicht. Die Richtungsvektoren sind linear abhängig $\Rightarrow$ die Geraden sind parallel. Die Ebene wird wie in der vorangehenden Aufgabe aufgestellt, die Spannvektoren sind $\begin{pmatrix} 2 \\ 1 \\ 2 \end{pmatrix}$ und $\begin{pmatrix} 2 \\ -1 \\ 2 \end{pmatrix}$.

Das Vektorprodukt (siehe Seite 47) der Spannvektoren und Ausklammern von 4 führt zu $\vec{n} = \begin{pmatrix} 1 \\ 0 \\ -1 \end{pmatrix}$.

Einsetzen in die Punkt-Normalenform und Ausrechnen führt zu $x_1 - x_3 = 0$.

j) Der Verbindungsvektor $\overrightarrow{AA^*}$ ist orthogonal zur Spiegelebene. Damit kann man ihn als Normalenvektor der Ebene benutzen. Dann wird der Punkt P in der Mitte der beiden Punkte ausgerechnet.

Es ist $\overrightarrow{AA^*} = \begin{pmatrix} 2 \\ -2 \\ -4 \end{pmatrix}$. Ausklammern von 2 ergibt $\vec{n} = \begin{pmatrix} 1 \\ -1 \\ -2 \end{pmatrix}$. Für $\vec{p}$ ergibt sich

$\vec{p} = \overrightarrow{OA} + \frac{1}{2} \cdot \overrightarrow{AA^*} = \begin{pmatrix} 2 \\ 3 \\ 5 \end{pmatrix}$. Einsetzen in die Punkt-Normalenform ergibt die Koordinatengleichung $x_1 - x_2 - 2x_3 = -11$.

k) Da E die Gerade g enthalten soll, muss der Normalenvektor $\vec{n}$ senkrecht auf dem Richtungsvektor der Geraden stehen: $\begin{pmatrix} n_1 \\ n_2 \\ n_3 \end{pmatrix} \cdot \begin{pmatrix} 2 \\ 0 \\ -1 \end{pmatrix} = 0$. Außerdem soll die Ebene auch auf der angegebenen Ebene F mit $\vec{n_F} = \begin{pmatrix} -1 \\ 1 \\ 2 \end{pmatrix}$ senkrecht stehen. Damit gilt $\begin{pmatrix} n_1 \\ n_2 \\ n_3 \end{pmatrix} \cdot \begin{pmatrix} -1 \\ 1 \\ 2 \end{pmatrix} = 0$. Die beiden Skalarprodukte werden ausgerechnet, es ergibt sich das folgende Gleichungssystem:

$$\begin{array}{lrcrcrcl} \text{I} & 2n_1 & & & - & n_3 & = & 0 \\ \text{II} & -n_1 & + & n_2 & + & 2n_3 & = & 0 \end{array}$$

Aus I ergibt sich $n_3 = 2n_1$. Da es sich um zwei Gleichungen mit drei Unbekannten handelt, wählt man eine Unbekannte und setzt ein: $n_1 = 1$, damit ist $n_3 = 2$ und $n_2 = -3$. Der so bestimmte Normalenvektor und der Stützvektor von g werden in die Punkt-Normalenform eingesetzt und diese ausgerechnet. Damit ist die Koordinatenform: $x_1 - 3x_2 + 2x_3 = 4$.

l) Lösungsweg: Mit drei Punkten wird eine Ebene aufgestellt. Anschließend prüft man, ob der 4. Punkt in der Ebene liegt. Da eine Punktprobe in der Parameterform relativ aufwändig ist, lohnt es sich, die Koordinatenform aufzustellen.

Als Stützvektor wird $\vec{a}$ gewählt, damit ergibt sich für die Spannvektoren $\overrightarrow{AB} = \begin{pmatrix} 2 \\ 2 \\ 2 \end{pmatrix}$ und $\overrightarrow{AC} = \begin{pmatrix} 5 \\ 1 \\ 1 \end{pmatrix}$. Das Vektorprodukt (siehe Seite 47) der Spannvektoren und Ausklammern von 8 führt zu $\vec{n} = \begin{pmatrix} 0 \\ 1 \\ -1 \end{pmatrix}$. Einsetzen in die Punkt-Normalenform und Ausrechnen ergibt: $x_2 - x_3 = -1$. Einsetzen von $D\,(8 \mid -1 \mid 0)$ ergibt $-1 = -1$, damit liegen alle vier Punkte in einer Ebene.

14.3 Ebenen im Koordinatensystem

Die Spurpunkte einer Ebene liegen auf den Koordinatenachsen. Für den Spurpunkt auf der x_1-Achse sind die x_2- und die x_3-Komponente des Punktes gleich Null. Also setzt man in der Koordinatengleichung für diese 0 ein und stellt nach x_1 um. Die Spurgeraden sind die Verbindungsgeraden der entsprechenden Spurpunkte.

a) Koordinatengleichung von E: $3x_1 + 4x_2 + 3x_3 = 12$. Spurpunkt auf der x_1-Achse: Für x_2 und x_3 wird 0 eingesetzt, man erhält: $3x_1 = 12 \Rightarrow x_1 = 4 \Rightarrow$ Spurpunkt: $S_1\,(4 \mid 0 \mid 0)$. Entsprechend verfährt man für die anderen Punkte: $4x_2 = 12 \Rightarrow x_2 = 3 \Rightarrow S_2\,(0 \mid 3 \mid 0)$ und $3x_3 = 12 \Rightarrow x_3 = 4 \Rightarrow S_3\,(0 \mid 0 \mid 4)$.

b) $E: 4x_1 - 8x_2 + 4x_3 = 16$. Spurpunkte: $4x_1 = 16, \Rightarrow S_1\,(4\,|\,0\,|\,0)$, $-8x_2 = 16 \Rightarrow S_2\,(0\,|\,-2\,|\,0)$ und $4x_3 = 16 \Rightarrow S_3\,(0\,|\,0\,|\,4)$.

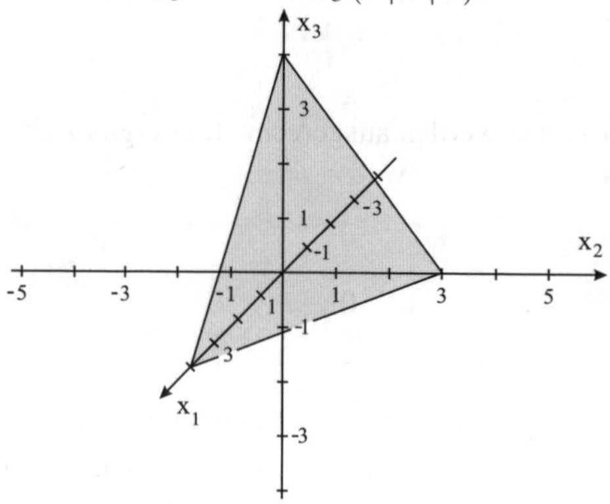

Aufgabe a)

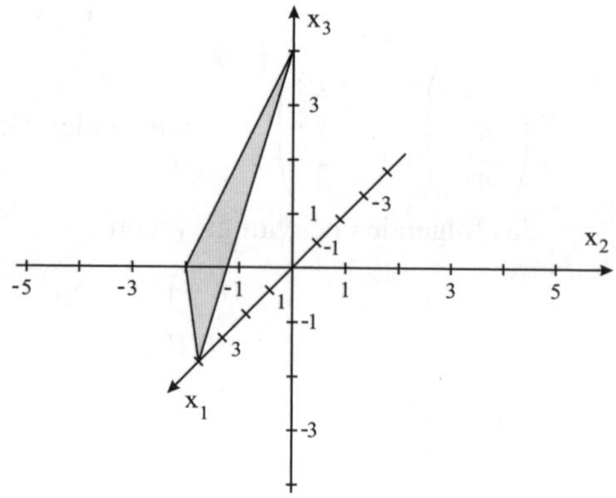

Aufgabe b)

c) $E: 3x_1 - 3x_2 - 3x_3 = 9$. Spurpunkte: $3x_1 = 9 \Rightarrow S_1\,(3\,|\,0\,|\,0)$, $-3x_2 = 9 \Rightarrow S_2\,(0\,|\,-3\,|\,0)$ und $-3x_3 = 9 \Rightarrow S_3\,(0\,|\,0\,|\,-3)$.

d) $E: 2x_1 + 4x_2 = 8$. Spurpunkte: $2x_1 = 8 \Rightarrow S_1\,(4\,|\,0\,|\,0)$ und $4x_2 = 8 \Rightarrow S_2\,(0\,|\,2\,|\,0)$. Da es keinen Spurpunkt auf der x_3-Achse gibt, bedeutet dies, dass die Ebene parallel zur x_3-Achse ist.

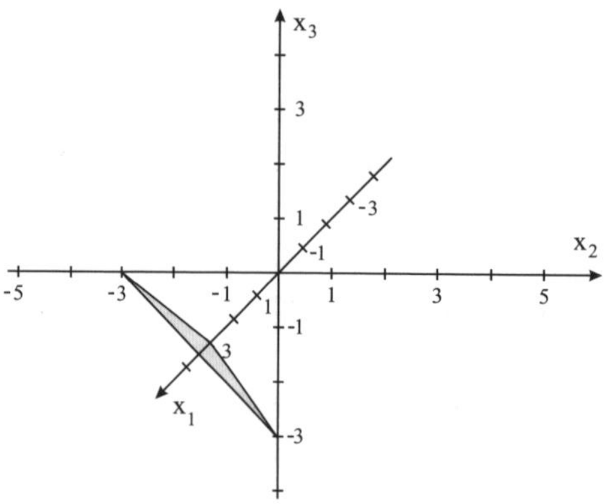

Aufgabe c)

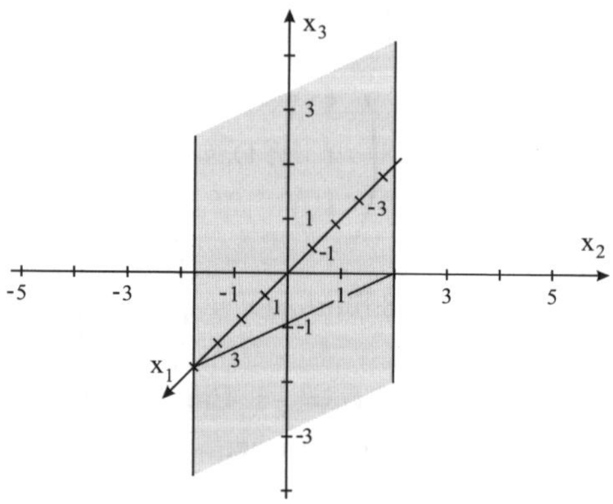

Aufgabe d)

e) $E: x_1 + 2x_3 = 4$. Spurpunkte: $x_1 = 4 \Rightarrow S_1\,(4\,|\,0\,|\,0)$ und $2x_3 = 4 \Rightarrow S_3\,(0\,|\,0\,|\,2)$. Da es keinen Spurpunkt auf der x_2-Achse gibt, bedeutet dies, dass die Ebene parallel zur x_2-Achse ist.

f) $E: 3x_2 + x_3 = 3$. Spurpunkte: $3x_2 = 3 \Rightarrow S_2\,(0\,|\,1\,|\,0)$ und $x_3 = 3 \Rightarrow S_3\,(0\,|\,0\,|\,3)$. Da es keinen Spurpunkt auf der x_1-Achse gibt, bedeutet dies, dass die Ebene parallel zur x_1-Achse ist.

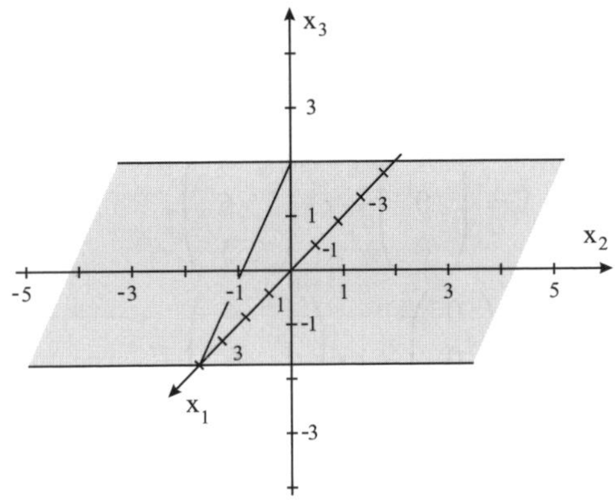

Aufgabe e)

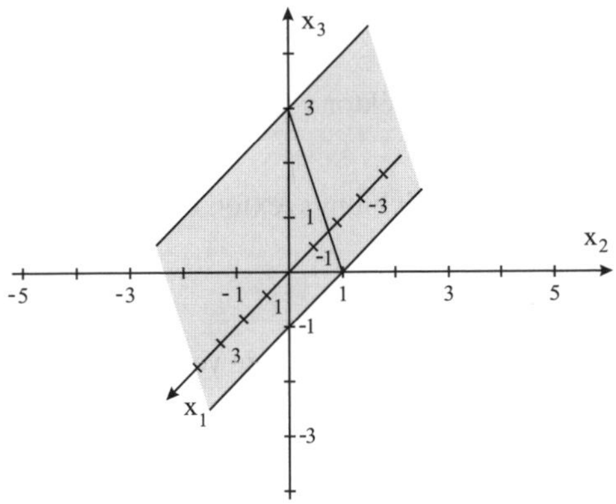

Aufgabe f)

g) $E: x_2 = 3$. Spurpunkt: $x_2 = 3 \Rightarrow S_2(0\,|\,3\,|\,0)$. Da es keinen Spurpunkt auf der x_1- und der x_3-Achse gibt, bedeutet dies, dass die Ebene parallel zur x_1x_3-Ebene ist.

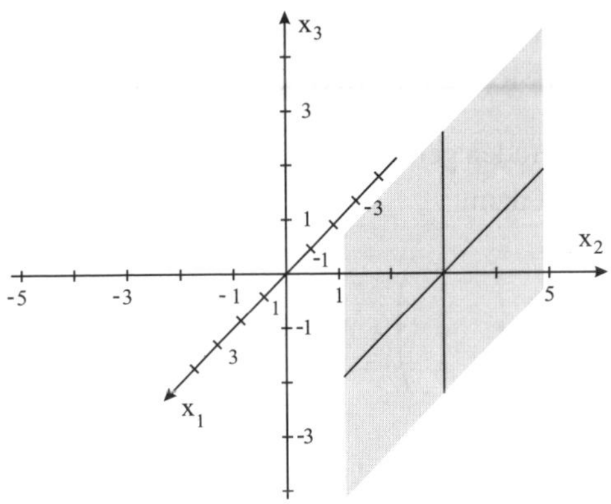

Aufgabe g)

14.4 Bestimmen von Geraden und Ebenen in einem Quader

a) $\overrightarrow{OB} = \overrightarrow{OA} + \overrightarrow{OC} \Rightarrow \overrightarrow{OB} = \begin{pmatrix} 4 \\ 6 \\ 0 \end{pmatrix} \Rightarrow B(4\,|\,6\,|\,0)$

$\overrightarrow{OD} = \overrightarrow{OA} + \overrightarrow{OG} \Rightarrow D(4\,|\,0\,|\,5)$

$\overrightarrow{OE} = \overrightarrow{OB} + \overrightarrow{OG} \Rightarrow E(4\,|\,6\,|\,5)$

$\overrightarrow{OF} = \overrightarrow{OC} + \overrightarrow{OG} \Rightarrow F(0\,|\,6\,|\,5)$

$\overrightarrow{OM} = \overrightarrow{OB} + \frac{1}{2} \cdot \overrightarrow{OG} \Rightarrow M(4\,|\,6\,|\,2{,}5)$

$\overrightarrow{ON} = \overrightarrow{OC} + \frac{1}{2} \cdot \overrightarrow{OG} \Rightarrow N(0\,|\,6\,|\,2{,}5)$

b) Wenn man ein kartesisches Koordinatensystem zugrundelegt, ergibt sich aus der Zeichnung für den Normalenvektor $\vec{n} = \begin{pmatrix} 0 \\ 1 \\ 0 \end{pmatrix}$. Einsetzen von $\vec{b}$ in die Punkt-Normalenform ergibt für die Koordinatengleichung $x_2 = 6$.

c) Der Ortsvektor von A wird als Stützvektor genommen, der Verbindungsvektor von A zu N ist der Richtungsvektor. Die Gerade ist damit: $g: \vec{x} = \begin{pmatrix} 4 \\ 0 \\ 0 \end{pmatrix} + r \cdot \begin{pmatrix} -4 \\ 6 \\ 2,5 \end{pmatrix}$.

Für die zweite Gerade verfährt man analog: $h: \vec{x} = \begin{pmatrix} 0 \\ 0 \\ 5 \end{pmatrix} + r \cdot \begin{pmatrix} 4 \\ 6 \\ -2,5 \end{pmatrix}$.

d) Da die Ebene durch den Nullpunkt geht, muss man nur den Normalenvektor bestimmen: $\overrightarrow{OE}$ und $\overrightarrow{OF}$ dienen als Spannvektoren. Damit ergibt sich für die Ebene: $-5x_2 + 6x_3 = 0$. Zum Schluss wird noch eine Punktprobe mit A gemacht.

14.5 Bestimmen von Geraden und Ebenen in einer Pyramide

a) Da der Mittelpunkt der Pyramide der Koordinatenursprung ist, lassen sich die Punkte durch Symmetriebetrachtungen bestimmen: Q $(2 \mid 2 \mid 0)$, R $(-2 \mid 2 \mid 0)$, S $(-2 \mid -2 \mid 0)$.

b) Der Ortsvektor von P wird als Stützvektor der Geraden genommen, der Verbindungsvektor von P nach T als Richtungsvektor: Die Gerade ist damit:

$$g: \vec{x} = \begin{pmatrix} 2 \\ -2 \\ 0 \end{pmatrix} + r \cdot \begin{pmatrix} -2 \\ 2 \\ 6 \end{pmatrix}.$$

c) Der Ortsvektor von T dient als Stützvektor der Ebene, die Vektoren $\overrightarrow{TQ}$ und $\overrightarrow{TR}$ sind die Spannvektoren. Bestimmen des Normalenvektors und Einsetzen in die Punkt-Normalenform führt zu: $3x_2 + x_3 = 6$.

15 Gegenseitige Lage von Geraden und Ebenen

15.1 Gegenseitige Lage

a) Für die Gerade gilt:

$$\begin{aligned} x_1 &= 4 + t \\ x_2 &= 6 + 2t \\ x_3 &= 2 + 3t \end{aligned}$$

Die Werte für x_1, x_2 und x_3 setzt man in die Ebenengleichung ein und löst nach t auf (die Gerade wird als «allgemeiner Punkt» $P_t\,(4+t \mid 6+2t \mid 2+3t)$ in die Ebenengleichung eingesetzt):
$2\cdot(4+t)+4\cdot(6+2t)+6\cdot(2+3t)+12=0$. Auflösen der Klammern führt zu: $28t+56=0$ bzw. zu $t=-2$. Dies wird in die Geradengleichung eingesetzt, damit ist der Schnittpunkt $S\,(2 \mid 2 \mid -4)$.

b) Die Gerade wird als «allgemeiner Punkt» geschrieben und in die Ebenengleichung eingesetzt: $2\cdot(3+2s)+1\cdot(2+5s)-3\cdot(2+7s)=4$. Auflösen der Klammern führt zu: $s=-\frac{1}{6}$. In die Geradengleichung eingesetzt ergibt sich der Schnittpunkt $S\left(\frac{8}{3} \mid \frac{7}{6} \mid \frac{5}{6}\right)$.

c) Die Gerade und die Ebene werden gleichgesetzt:

$$\begin{pmatrix} 1 \\ -2 \\ -2 \end{pmatrix} + r\cdot\begin{pmatrix} 3 \\ 6 \\ -3 \end{pmatrix} + s\cdot\begin{pmatrix} 8 \\ -4 \\ 4 \end{pmatrix} = \begin{pmatrix} 4 \\ 1 \\ 3 \end{pmatrix} + t\cdot\begin{pmatrix} 2 \\ -1 \\ 1 \end{pmatrix}$$

daraus ergibt sich folgendes Gleichungssystem:

$$\begin{aligned} 3r + 8s - 2t &= 3 \\ 6r - 4s + t &= 3 \\ -3r + 4s - t &= 5 \end{aligned}$$

Löst man dieses Gleichungssystem mit dem Gaußschen Lösungsverfahren, ergibt sich ein Widerspruch, d.h. es gibt keine Lösung. Das bedeutet, dass sich Gerade und Ebene nicht schneiden, die Gerade liegt also parallel zur Ebene.

d) Die Gerade und die Ebene werden gleichgesetzt:

$$\begin{pmatrix} 4 \\ 6 \\ 8 \end{pmatrix} + r\cdot\begin{pmatrix} 3 \\ 8 \\ 9 \end{pmatrix} + s\cdot\begin{pmatrix} 10 \\ 5 \\ 4 \end{pmatrix} = \begin{pmatrix} 3 \\ 4 \\ 7 \end{pmatrix} + t\cdot\begin{pmatrix} 1 \\ 0 \\ 1 \end{pmatrix}$$

daraus ergibt sich folgendes Gleichungssystem:

$$\begin{aligned} 3r + 10s - t &= -1 \\ 8r + 5s &= -2 \\ 9r + 4s - t &= -1 \end{aligned}$$

Löst man dieses Gleichungssystem mit dem Gaußschen Lösungsverfahren, ergibt sich $r=-\frac{2}{13}$, $s=-\frac{2}{13}$ und $t=-1$. Einsetzen von t in die Geradengleichung führt zum Schnittpunkt $S\,(2 \mid 4 \mid 6)$.

e) Die Gerade wird als «allgemeiner Punkt» geschrieben und in die Ebenengleichung eingesetzt: $1 \cdot (1+2s) - 1 \cdot (3+2s) = 0$. Auflösen der Klammern führt zu: $-2 = 0$. Dies ist ein Widerspruch, die Gleichung hat keine Lösung, also ist die Gerade parallel zur Ebene.

f) Die Gerade wird als «allgemeiner Punkt» geschrieben und in die Ebenengleichung eingesetzt: $13 \cdot (1+t) + 5 \cdot (2+3t) - 7 \cdot (3+4t) - 2 = 0$. Auflösen der Klammern führt zu: $0 = 0$. Die Gleichung hat unendlich viele Lösungen, also liegt die Gerade in der Ebene.

15.2 Gerade und Ebene parallel

a) Damit die Gerade g_t und die Ebene E parallel sind, muss der Normalenvektor $\vec{n}$ von E orthogonal zum Richtungsvektor $\vec{r}$ der Geraden sein: $\vec{n} \cdot \vec{r} = 0$. Ausrechnen des Skalarproduktes ergibt:

$$\begin{pmatrix} 2 \\ 1 \\ t \end{pmatrix} \cdot \begin{pmatrix} 1 \\ 2 \\ 4 \end{pmatrix} = 2 \cdot 1 + 1 \cdot 2 + t \cdot 4 = 0 \quad \Rightarrow \quad t = -1.$$

Für $t = -1$ ist g_t parallel zu E. Zum Nachweis, dass die Gerade echt parallel ist, setzt man noch den «Stützpunkt» der Gerade in die Ebenengleichung ein (Punktprobe). Dies führt auf einen Widerspruch, also ist die Gerade echt parallel.

b) Damit die Gerade g_t und die Ebene E_t parallel sind, muss der Normalenvektor $\vec{n}$ der Ebene orthogonal zum Richtungsvektor $\vec{r}$ der Geraden sein: $\vec{n} \cdot \vec{r} = 0$. Ausrechnen des Skalarproduktes ergibt: $1 \cdot t + t \cdot 2 + 2 \cdot (-1) = 0 \Rightarrow t = \frac{2}{3}$. Für $t = \frac{2}{3}$ ist g_t parallel zu E_t. Zum Schluss wird eine Punktprobe mit dem «Stützpunkt» der Geraden gemacht, welche die echte Parallelität zeigt.

c) Damit die Gerade g_t und die Ebene E_t parallel sind, muss der Normalenvektor $\vec{n}$ der Ebene orthogonal zum Richtungsvektor $\vec{r}$ der Geraden sein: $\vec{n} \cdot \vec{r} = 0$. Ausrechnen des Skalarproduktes ergibt: $1 \cdot 2t + t \cdot t + 2 \cdot (-1{,}5) = 0 \Rightarrow t^2 + 2t - 3 = 0$. Lösen mit der pq- oder abc-Formel ergibt $t_1 = 1$ und $t_2 = -3$. Die Gerade und die Ebene sind für $t = 1$ und $t = -3$ parallel zueinander. Zum Schluss wird eine Punktprobe mit dem «Stützpunkt» der Geraden gemacht, welche die echte Parallelität zeigt.

15.3 Allgemeines Verständnis von Geraden und Ebenen

a) Einen Normalenvektor $\vec{n}$ der Ebene E erhält man, indem man die Werte n_1, n_2 und n_3 der Koordinatengleichung von E: $n_1x_1 + n_2x_2 + n_3x_3 = b$ als Vektor $\vec{n} = \begin{pmatrix} n_1 \\ n_2 \\ n_3 \end{pmatrix}$ schreibt.

I) Damit die Gerade parallel zur Ebene liegt, muss der Richtungsvektor $\vec{r}$ der Geraden orthogonal zum Normalenvektor $\vec{n}$ der Ebene sein. Das Skalarprodukt der beiden muss Null ergeben: $\vec{r} \cdot \vec{n} = 0$. Außerdem muss eine Punktprobe des «Stützpunktes» A der Geraden in der Ebenengleichung einen Widerspruch ergeben, damit Gerade und Ebene echt parallel liegen.

II) Damit die Gerade senkrecht auf der Ebene steht, müssen der Richtungsvektor $\vec{r}$ der Geraden und der Normalenvektor $\vec{n}$ der Ebene linear abhängig (kollinear) sein. Also muss gelten: $\vec{n} = t \cdot \vec{r}$ mit $t \in \mathbb{R}$.

III) Damit die Gerade in der Ebene liegt, muss der «Stützpunkt» A der Geraden in der Ebene liegen und der Richtungsvektor $\vec{r}$ der Geraden orthogonal zum Normalenvektor $\vec{n}$ der Ebene stehen: $\vec{r} \cdot \vec{n} = 0$.

b) Man weist nach, dass eine Gerade in einer Ebene enthalten ist, indem man die Gerade als «allgemeinen Punkt» umschreibt und in die Koordinatengleichung einsetzt. Falls die Gleichung unendlich viele Lösungen besitzt, liegt die Gerade in der Ebene.
Alternativ kann man so vorgehen wie unter a) III) beschrieben.

15.4 Vermischte Aufgaben

a) Als Stützvektor der Geraden wählt man $\vec{p} = \begin{pmatrix} 4 \\ 9 \\ 7 \end{pmatrix}$, der Normalenvektor der Ebene ist

$\vec{n} = \begin{pmatrix} 2 \\ 1 \\ -2 \end{pmatrix}$. Nun ist ein Richtungsvektor $\overrightarrow{r_g}$ so zu wählen, dass $\overrightarrow{r_g} \cdot \vec{n} = 0$. Beispiel:

$\overrightarrow{r_g} = \begin{pmatrix} 1 \\ -2 \\ 0 \end{pmatrix}$ oder $\overrightarrow{r_g} = \begin{pmatrix} 1 \\ 0 \\ 1 \end{pmatrix}$.

Eine mögliche Geradengleichung ist $g: \ \vec{x} = \begin{pmatrix} 4 \\ 9 \\ 7 \end{pmatrix} + t \cdot \begin{pmatrix} 1 \\ -2 \\ 0 \end{pmatrix}; t \in \mathbb{R}$.

b) Als Stützvektor der Geraden wählt man $\vec{q} = \begin{pmatrix} 4 \\ -1 \\ 3 \end{pmatrix}$, der Normalenvektor der Ebene ist

$\vec{n} = \begin{pmatrix} 4 \\ -3 \\ 5 \end{pmatrix}$. Da $g \perp E$ ist, kann man $\overrightarrow{r_g} = 1 \cdot \vec{n}$ wählen (oder ein anderes Vielfaches).

Eine mögliche Geradengleichung ist $g: \ \vec{x} = \begin{pmatrix} 4 \\ -1 \\ 3 \end{pmatrix} + t \cdot \begin{pmatrix} 4 \\ -3 \\ 5 \end{pmatrix}; t \in \mathbb{R}$.

c) Der Spurpunkt S (0 | 10 | 0) ist ein Punkt der Ebene, der Normalenvektor ist $\vec{n} = \begin{pmatrix} -2 \\ 1 \\ 2 \end{pmatrix}$.

Den Normaleneinheitsvektor $\overrightarrow{n_0}$ mit Länge 1 LE erhält man durch $\overrightarrow{n_0} = \frac{1}{|\vec{n}|} \cdot \vec{n} = \frac{1}{3} \cdot \begin{pmatrix} -2 \\ 1 \\ 2 \end{pmatrix}$.

Den Ortsvektor eines Punktes außerhalb der Ebene mit Abstand 3 LE erhält man durch $\overrightarrow{\mathrm{OP}} = \overrightarrow{\mathrm{OS}} + 3 \cdot \overrightarrow{n_0} = \begin{pmatrix} 0 \\ 10 \\ 0 \end{pmatrix} + 3 \cdot \frac{1}{3} \cdot \begin{pmatrix} -2 \\ 1 \\ 2 \end{pmatrix} = \begin{pmatrix} -2 \\ 11 \\ 2 \end{pmatrix}$, dies ist der Stützvektor der Geraden. Der Richtungsvektor $\overrightarrow{r_g}$ der Geraden ist so zu wählen, dass gilt $\overrightarrow{r_g} \cdot \vec{n} = 0$ (weil g parallel zu E), z.B. $\overrightarrow{r_g} = \begin{pmatrix} 1 \\ 0 \\ 1 \end{pmatrix}$ oder $\overrightarrow{r_g} = \begin{pmatrix} 1 \\ 2 \\ 0 \end{pmatrix}$.

Eine mögliche Geradengleichung ist $g: \ \vec{x} = \begin{pmatrix} -2 \\ 11 \\ 2 \end{pmatrix} + t \cdot \begin{pmatrix} 1 \\ 0 \\ 1 \end{pmatrix}; t \in \mathbb{R}$.

Eine weitere Geradengleichung ergibt sich mit Hilfe von $\overrightarrow{\mathrm{OP}} = \overrightarrow{\mathrm{OS}} - 3 \cdot \overrightarrow{n_0}$.

16 Gegenseitige Lage zweier Ebenen

16.1 Schnitt von zwei Ebenen

a) Die beiden Gleichungen werden addiert, es ergibt sich $7x_1 + x_3 = 0 \Rightarrow 7x_1 = -x_3$. Nun wird x_1 als t festgelegt und eingesetzt $7 \cdot t = -x_3 \Rightarrow x_3 = -7t$. Einsetzen in die Gleichung von E_1 ergibt: $t - x_2 + 2 \cdot (-7t) = 7 \Rightarrow -x_2 - 13t = 7$ bzw. $x_2 = -7 - 13t$. Nun hat man je eine Gleichung für x_1, x_2 und x_3:

$$\begin{array}{rcrcr} x_1 & = & & & t \\ x_2 & = & -7 & - & 13t \\ x_3 & = & & - & 7t \end{array}$$

Daraus ergibt sich als Geradengleichung

$$g: \vec{x} = \begin{pmatrix} 0 \\ -7 \\ 0 \end{pmatrix} + t \cdot \begin{pmatrix} 1 \\ -13 \\ -7 \end{pmatrix}$$

b) Gleichung II wird von Gleichung I abgezogen, es ergibt sich $-x_2 + 4x_3 = 7$. Es wird x_3 als t festgelegt und eingesetzt: $-x_2 + 4 \cdot t = 7 \Rightarrow x_2 = 4t - 7$. Einsetzen in I ergibt $x_1 + 5 \cdot t = 8 \Rightarrow x_1 = 8 - 5t$. Umschreiben zu einer Geradengleichung wie in Aufgabe a) ergibt:

$$g: \vec{x} = \begin{pmatrix} 8 \\ -7 \\ 0 \end{pmatrix} + t \cdot \begin{pmatrix} -5 \\ 4 \\ 1 \end{pmatrix}$$

c) Aus Gleichung I ergibt sich direkt: $4x_2 = 5 \Rightarrow x_2 = \frac{5}{4}$. In Gleichung II setzt man $x_1 = t$, damit ist $6 \cdot t = -5x_3 \Rightarrow x_3 = -\frac{6}{5}t$. Umschreiben zu einer Geradengleichung ergibt

$$g: \vec{x} = \begin{pmatrix} 0 \\ \frac{5}{4} \\ 0 \end{pmatrix} + t \cdot \begin{pmatrix} 1 \\ 0 \\ -\frac{6}{5} \end{pmatrix} \text{ bzw. } g: \vec{x} = \begin{pmatrix} 0 \\ 1,25 \\ 0 \end{pmatrix} + t \cdot \begin{pmatrix} 5 \\ 0 \\ -6 \end{pmatrix}$$

d) Die Ebene E_1 wird als drei Gleichungen geschrieben:

$$\begin{array}{rcrcrcr} x_1 & = & 5 & & & + & 2s \\ x_2 & = & 6 & - & 4r & - & 3s \\ x_3 & = & -4 & + & 7r & + & 4s \end{array}$$

Nun werden x_1, x_2 und x_3 in E_2 eingesetzt:

$$2(5 + 2s) - (6 - 4r - 3s) + (-4 + 7r + 4s) = 0$$

Nach dem Auflösen der Klammern ergibt sich $11s + 11r = 0$. Auflösen der Gleichung nach s führt zu $s = -r$. Dies wird in E_1 eingesetzt:

$$\vec{x} = \begin{pmatrix} 5 \\ 6 \\ -4 \end{pmatrix} + r \cdot \begin{pmatrix} 0 \\ -4 \\ 7 \end{pmatrix} - r \cdot \begin{pmatrix} 2 \\ -3 \\ 4 \end{pmatrix}$$

Zusammenfassen der Vektoren ergibt die Schnittgerade:

$$g\colon\ \vec{x} = \begin{pmatrix} 5 \\ 6 \\ -4 \end{pmatrix} + r \cdot \begin{pmatrix} -2 \\ -1 \\ 3 \end{pmatrix}$$

e) Die Ebene E_1 wird als drei Gleichungen geschrieben:

$$\begin{array}{rcrcrcr} x_1 & = & 2 & - & r & + & s \\ x_2 & = & 2 & + & 2r & - & s \\ x_3 & = & 2 & + & r & + & 2s \end{array}$$

Nun werden x_1, x_2 und x_3 in E_2 eingesetzt:

$$(2-r+s)+(2+2r-s)-2(2+r+2s) = -4$$

Nach dem Auflösen der Klammern ergibt sich $-r-4s=-4$. Auflösen der Gleichung nach r führt zu $r=4-4s$. Dies wird in E_1 eingesetzt:

$$\vec{x} = \begin{pmatrix} 2 \\ 2 \\ 2 \end{pmatrix} + (4-4s) \cdot \begin{pmatrix} -1 \\ 2 \\ 1 \end{pmatrix} + s \cdot \begin{pmatrix} 1 \\ -1 \\ 2 \end{pmatrix}$$

Auflösen der Klammern ergibt:

$$\vec{x} = \begin{pmatrix} 2 \\ 2 \\ 2 \end{pmatrix} + \begin{pmatrix} -4 \\ 8 \\ 4 \end{pmatrix} + s \cdot \begin{pmatrix} 4 \\ -8 \\ -4 \end{pmatrix} + s \cdot \begin{pmatrix} 1 \\ -1 \\ 2 \end{pmatrix}$$

Die Schnittgerade ist damit

$$g\colon\ \vec{x} = \begin{pmatrix} -2 \\ 10 \\ 6 \end{pmatrix} + s \cdot \begin{pmatrix} 5 \\ -9 \\ -2 \end{pmatrix}$$

f) Die Ebenengleichungen werden gleichgesetzt:

$$\begin{pmatrix} -4 \\ 1 \\ 6 \end{pmatrix} + r \cdot \begin{pmatrix} 5 \\ -3 \\ -2 \end{pmatrix} + s \cdot \begin{pmatrix} 2 \\ 2 \\ -1 \end{pmatrix} = \begin{pmatrix} 4 \\ 5 \\ -3 \end{pmatrix} + t \cdot \begin{pmatrix} 0 \\ -2 \\ 1 \end{pmatrix} + u \cdot \begin{pmatrix} -3 \\ 1 \\ 3 \end{pmatrix}$$

daraus ergibt sich folgendes Gleichungssystem:

$$\begin{array}{lrcrcrcrcr} \text{I} & 5r & + & 2s & & & + & 3u & = & 8 \\ \text{II} & -3r & + & 2s & + & 2t & - & u & = & 4 \\ \text{III} & -2r & - & s & - & t & - & 3u & = & -9 \end{array}$$

Vereinfachen mit dem Gauß-Verfahren führt zu:

$$\begin{array}{lrcrcrcrcr} \text{I} & 5r & + & 2s & & & + & 3u & = & 8 \\ \text{II}a & & & 16s & + & 10t & + & 4u & = & 44 \\ \text{III}b & & & & & t & + & 2u & = & 6 \end{array}$$

Nun stellt man nach einem Parameter um, es bietet sich t an, da sonst Brüche auftreten:

$t = 6 - 2u$. Anschließend setzt man diesen Ausdruck für t in E_2 ein:

$$\vec{x} = \begin{pmatrix} 4 \\ 5 \\ -3 \end{pmatrix} + (6-2u) \cdot \begin{pmatrix} 0 \\ -2 \\ 1 \end{pmatrix} + \cdot u \cdot \begin{pmatrix} -3 \\ 1 \\ 3 \end{pmatrix}$$

Ausmultiplizieren ergibt:

$$\vec{x} = \begin{pmatrix} 4 \\ 5 \\ -3 \end{pmatrix} + \begin{pmatrix} 0 \\ -12 \\ 6 \end{pmatrix} + u \cdot \begin{pmatrix} 0 \\ 4 \\ -2 \end{pmatrix} + u \cdot \begin{pmatrix} -3 \\ 1 \\ 3 \end{pmatrix}$$

Die Schnittgerade ist damit:

$$g\colon\ \vec{x} = \begin{pmatrix} 4 \\ -7 \\ 3 \end{pmatrix} + u \cdot \begin{pmatrix} -3 \\ 5 \\ 1 \end{pmatrix}$$

g) Die Ebenengleichungen werden gleichgesetzt:

$$\begin{pmatrix} 4 \\ 5 \\ 7 \end{pmatrix} + r \cdot \begin{pmatrix} 1 \\ 1 \\ 2 \end{pmatrix} + s \cdot \begin{pmatrix} 2 \\ 3 \\ 6 \end{pmatrix} = \begin{pmatrix} 3 \\ 2 \\ 11 \end{pmatrix} + t \cdot \begin{pmatrix} 1 \\ -1 \\ 2 \end{pmatrix} + u \cdot \begin{pmatrix} 2 \\ -5 \\ 8 \end{pmatrix}$$

Daraus ergibt sich folgendes Gleichungssystem:

$$\begin{array}{lrcrcrcrcr} \text{I} & r & + & 2s & - & t & - & 2u & = & -1 \\ \text{II} & r & + & 3s & + & t & + & 5u & = & -3 \\ \text{III} & 2r & + & 6s & - & 2t & - & 8u & = & 4 \end{array}$$

Vereinfachen mit dem Gauß-Verfahren führt zu:

$$\begin{array}{lrcrcrcrcr} \text{I} & r & + & 2s & - & t & - & 2u & = & -1 \\ \text{II}a & & & -s & - & 2t & - & 7u & = & 2 \\ \text{III}b & & & & - & 4t & - & 18u & = & 10 \end{array}$$

Aus der letzten Zeile ergibt sich $t + 4,5u = -2,5$. Dieser Ausdruck wird nach t umgestellt: $t = -2,5 - 4,5u$ und für t in E_2 eingesetzt:

$$\vec{x} = \begin{pmatrix} 3 \\ 2 \\ 11 \end{pmatrix} + (-2,5 - 4,5u) \cdot \begin{pmatrix} 1 \\ -1 \\ 2 \end{pmatrix} + u \cdot \begin{pmatrix} 2 \\ -5 \\ 8 \end{pmatrix}$$

Ausmultiplizieren ergibt:

$$\vec{x} = \begin{pmatrix} 3 \\ 2 \\ 11 \end{pmatrix} + \begin{pmatrix} -2,5 \\ 2,5 \\ -5 \end{pmatrix} + u \cdot \begin{pmatrix} -4,5 \\ 4,5 \\ -9 \end{pmatrix} + u \cdot \begin{pmatrix} 2 \\ -5 \\ 8 \end{pmatrix}$$

Die Schnittgerade ist damit:

$$g\colon\ \vec{x} = \begin{pmatrix} 0,5 \\ 4,5 \\ 6 \end{pmatrix} + u \cdot \begin{pmatrix} -2,5 \\ -0,5 \\ -1 \end{pmatrix} \text{ bzw. } g\colon\ \vec{x} = \begin{pmatrix} 0,5 \\ 4,5 \\ 6 \end{pmatrix} + u \cdot \begin{pmatrix} 5 \\ 1 \\ 2 \end{pmatrix}$$

16.2 Parallele Ebenen

a) Die beiden Ebenengleichungen werden so addiert, dass x_1 wegfällt: $-2 \cdot \mathrm{I} + \mathrm{II}$: Es ergibt sich $15 = 14$, dies ist ein Widerspruch; es gibt keine Lösung für das Gleichungssystem, die Ebenen sind parallel. Alternativ könnte man auch die Normalenvektoren vergleichen, müsste dann aber noch eine Punktprobe machen, um die Identität auszuschließen.

b) Die beiden Gleichungen werden addiert: $2 \cdot \mathrm{I} + \mathrm{II}$: Es ergibt sich $5 = 0$, dies ist ein Widerspruch; die Ebenen sind parallel.

c) Die beiden Gleichungen werden addiert: $\mathrm{I} + 3 \cdot \mathrm{II}$: Es ergibt sich $11 = 0$; dies ist ein Widerspruch, die Ebenen sind parallel.

d) Damit die beiden Ebenen parallel sind, müssen die Normalenvektoren von E_t und F linear abhängig sein. Es muss also gelten: $\overrightarrow{n_E} = r \cdot \overrightarrow{n_F}$ mit $r \in \mathbb{R}$. Gesucht ist ein r, so dass gilt:

$$\begin{pmatrix} t \\ -2t \\ -4 \end{pmatrix} = r \cdot \begin{pmatrix} -2 \\ 4 \\ -4 \end{pmatrix}$$

Dies führt zu folgendem Gleichungssystem:

$$\begin{array}{lrcr} \mathrm{I} & t & = & -2r \\ \mathrm{II} & -2t & = & 4r \\ \mathrm{III} & -4 & = & -4r \end{array}$$

Die Gleichung III führt auf $r = 1$. Einsetzen in Gl. I führt zu: $t = -2$. Prüfen in II bestätigt diese Lösung. Zur Kontrolle, ob die Ebenen echt parallel sind, subtrahiert man noch die Gleichungen der Ebenen, es ergibt sich $0 = -1$, dies ist ein Widerspruch, die Ebenen sind also echt parallel.

e) Man geht vor wie in der vorangegangenen Aufgabe, es ergibt sich das Gleichungssystem

$$\begin{array}{lrcr} \mathrm{I} & 2t & = & 8r \\ \mathrm{II} & 1 & = & -2r \\ \mathrm{III} & 3 & = & -6r \end{array}$$

Die Gleichungen II und III führen auf $r = -\frac{1}{2}$. Eingesetzt in I ergibt sich $t = -2$. Zur Kontrolle, ob die Ebenen echt parallel sind, addiert man noch die Gleichungen der Ebenen: $2 \cdot \mathrm{I} + \mathrm{II}$, es ergibt sich $0 = 23$. Dies ist ein Widerspruch; die Ebenen sind also echt parallel.

16.3 Verschiedene Aufgaben zur Lage zweier Ebenen

a) Wenn man die Gleichung von E mit $-1{,}5$ multipliziert, so ergibt sich die Gleichung von F, also sind die Ebenen identisch.

b) Damit die Ebenen identisch sind, muss sich bei der Addition der Ebenengleichungen $0 = 0$ ergeben. Aus den Faktoren vor x_1, x_2 und x_3 liest man ab, dass man Gleichung I mit 2 multiplizieren muss. Es wird also $2 \cdot \mathrm{I}$ zu II addiert, damit ergibt sich $0 = 2d + 9$ $\Rightarrow d = -4{,}5$.

c) Wenn die Ebenen orthogonal zueinander sind, muss das Skalarprodukt der beiden Normalenvektoren gleich Null sein. Es ist

$$\begin{pmatrix} 3 \\ 4 \\ -2 \end{pmatrix} \cdot \begin{pmatrix} 2 \\ 1 \\ 5 \end{pmatrix} = 6 + 4 - 10 = 0$$

Also sind die beiden Ebenen orthogonal.

d) Damit die Ebenen orthogonal zueinander sind, muss das Skalarprodukt der beiden Normalenvektoren gleich Null sein:

$$\begin{pmatrix} 2 \\ -1 \\ 3 \end{pmatrix} \cdot \begin{pmatrix} t \\ -2t \\ -4 \end{pmatrix} = 2t + 2t - 12 = 0$$

Daraus ergibt sich $4t = 12 \Rightarrow t = 3$. Für $t = 3$ sind die Ebenen orthogonal zueinander.

e) I) Zwei parallel liegende Ebenen unterscheiden sich nur durch ihre Konstanten (d und h). Also müssen die Normalenvektoren der beiden Ebenen linear abhängig (kollinear) sein. Die Konstanten dürfen nicht gleich bzw. das gleiche Vielfache wie die Normalenvektoren sein, sonst wären die Ebenen identisch.

II) Damit die beiden Ebenen senkrecht aufeinander stehen, müssen die beiden Normalenvektoren senkrecht aufeinander stehen. Ihr Skalarprodukt ist damit: $\overrightarrow{n_E} \cdot \overrightarrow{n_F} = 0$. Anders ausgedrückt: $a \cdot e + b \cdot f + c \cdot g = 0$

III) Damit die beiden Ebenen identisch sind, müssen die gleichen Bedingungen wie für parallele Ebenen gelten (siehe I), allerdings müssen die Konstanten das gleiche Vielfache voneinander sein, wie die Normalenvektoren.

17 Abstandsberechnungen

17.1 Abstand Punkt - Ebene

a) Die Koordinaten des Punktes werden in die Hessesche Normalenform (HNF) eingesetzt:

$$d = \frac{|2 \cdot 2 - 1 \cdot 4 + 2 \cdot (-1) - 1|}{\sqrt{2^2 + (-1)^2 + 2^2}} = \frac{|-3|}{\sqrt{9}} = 1\,\text{LE}$$

b) Die Koordinaten des Punktes werden in die HNF eingesetzt:

$$d = \frac{|1 \cdot 9 + 2 \cdot 4 + 2 \cdot (-3) + 3|}{\sqrt{1^2 + 2^2 + 2^2}} = \frac{|14|}{\sqrt{9}} = \frac{14}{3}\,\text{LE}$$

c) Die Koordinaten des Punktes werden in die HNF eingesetzt:

$$d = \frac{|1 \cdot 8 - 4 \cdot 1 - 4 \cdot 1|}{\sqrt{1^2 + (-4)^2 + (-4)^2}} = \frac{|0|}{\sqrt{33}} = 0\,\text{LE} \Rightarrow \text{Q} \in \text{E}$$

d) Die Ebene wird zuerst in die Koordinatenform umgerechnet, anschließend wird wie in den vorangegangenen Aufgaben eingesetzt: $\text{E}: \; 2x_1 + 2x_2 + x_3 = 26$, Einsetzen und Ausrechnen ergibt für den Abstand $\frac{8}{3}$ LE.

17.2 Abstand Punkt - Gerade

a) Einsetzen des Richtungsvektors von g und des Punktes T in die Punkt-Normalenform liefert die Hilfsebene $\text{E}_\text{H}: \; -2x_1 + x_2 + x_3 = -9$. Schneiden mit g ergibt den Schnittpunkt L$(8 \mid 3 \mid 4)$. DerVerbindungsvektor ist $\overrightarrow{\text{LT}} = \begin{pmatrix} -2 \\ -9 \\ 5 \end{pmatrix}$. Für den Betrag des Verbindungsvektors ergibt sich $|\overrightarrow{\text{LT}}| = \sqrt{(-2)^2 + (-9)^2 + 5^2} = \sqrt{110}$. Also ist der Punkt T $\sqrt{110}$ LE von der Geraden entfernt.

b) Einsetzen des Richtungsvektors von g und des Punktes P in die Punkt-Normalenform liefert die Hilfsebene $\text{E}_\text{H}: \; 3x_1 - 2x_3 = 3$. Schneiden mit g ergibt den Schnittpunkt L$\,(1 \mid -4 \mid 0)$. Betrag des Verbindungsvektors: $|\overrightarrow{\text{LP}}| = 7$. Der Punkt P ist 7 LE von der Geraden entfernt.

17.3 Abstand paralleler Geraden

Die Fragestellung lässt sich auf den Abstand eines Punktes zu einer Geraden zurückführen: Wenn bewiesen ist, dass die Geraden parallel sind, berechnet man den Abstand des «Stützpunktes» der einen Geraden zur anderen Geraden.

a) Wenn die Geraden parallel oder identisch sind, müssen die Richtungsvektoren linear abhängig sein. Dies lässt sich unmittelbar an den beiden Vektoren ablesen: $\begin{pmatrix} 3 \\ 0 \\ 3 \end{pmatrix} = 3 \cdot \begin{pmatrix} 1 \\ 0 \\ 1 \end{pmatrix}$.

Nun wird der Abstand des «Stützpunktes» $S\,(2 \mid 3 \mid 4)$ der Geraden h zu g berechnet: Einsetzen des Richtungsvektors von g und des Punktes S in die Punkt-Normalenform liefert die Hilfsebene $E_H:\ x_1 + x_3 = 6$. Schneiden mit g ergibt den Schnittpunkt $L\,(3 \mid 1 \mid 3)$. Für die Länge bzw. den Betrag des Verbindungsvektors ergibt sich $|\overrightarrow{LS}| = \sqrt{6}$, damit sind die beiden Geraden $\sqrt{6}$ LE voneinander entfernt.

b) Die Richtungsvektoren sind linear abhängig, daher sind die Geraden parallel oder identisch. Nun wird der Abstand des «Stützpunktes» S der Geraden h zu g berechnet: Einsetzen des Richtungsvektors von g und des Punktes S in die Punkt-Normalenform liefert die Hilfsebene $E_H:\ x_1 + 3x_2 + 4x_3 = 14$. Schneiden mit g ergibt $t = 0$ und damit den Schnittpunkt $L\,(5 \mid -1 \mid 3)$. Für die Länge bzw. den Betrag des Verbindungsvektors ergibt sich $|\overrightarrow{LS}| = \sqrt{56}$, damit sind die beiden Geraden $\sqrt{56}$ LE voneinander entfernt.

17.4 Verschiedene Aufgaben

a) Da der gesuchte Punkt A auf der Geraden von P und Q gleich weit entfernt ist, gilt: $|\overrightarrow{PA}| = |\overrightarrow{QA}|$. Die Gerade wird als «allgemeiner Punkt» geschrieben: $A\,(2+2t \mid 1+t \mid 3+2t)$.

Eingesetzt ergibt sich $|\overrightarrow{PA}| = |\vec{a} - \vec{p}| = \left| \begin{pmatrix} -3+2t \\ t \\ 3+2t \end{pmatrix} \right| = \sqrt{(-3+2t)^2 + t^2 + (3+2t)^2}$.

Für $|\overrightarrow{QA}|$ ergibt sich entsprechend $|\overrightarrow{QA}| = \sqrt{(-4+2t)^2 + (-2+t)^2 + (-4+2t)^2}$.
Die beiden Wurzeln werden gleichgesetzt:

$$\sqrt{(2t-3)^2 + t^2 + (2t+3)^2} = \sqrt{(2t-4)^2 + (t-2)^2 + (2t-4)^2}$$

Als Nächstes wird die Gleichung quadriert, um die Wurzel zu beseitigen, und die Klammern werden aufgelöst. Nachdem zusammengefasst wurde, ergibt sich $18 = 36t$. Dies führt zu $t = \frac{1}{2}$. Damit ist der gesuchte Punkt $A\,(3 \mid 1{,}5 \mid 4)$.

b) Da der gesuchte Punkt M auf der Geraden von A und C gleich weit entfernt ist, gilt $|\overrightarrow{AM}| = |\overrightarrow{CM}|$. Die Gerade wird als «allgemeiner Punkt» geschrieben und eingesetzt: Für den «allgemeinen Punkt» gilt $M\,(-1+2t \mid 4-2t \mid 1+t)$.

Eingesetzt ergibt sich $|\overrightarrow{AM}| = |\vec{m} - \vec{a}| = \left| \begin{pmatrix} 2t-3 \\ -2t+6 \\ t \end{pmatrix} \right| = \sqrt{(2t-3)^2 + (-2t+6)^2 + t^2}$.

Für $|\overrightarrow{CM}|$ ergibt sich entsprechend $|\overrightarrow{CM}| = \sqrt{(2t)^2 + (-2t)^2 + (2+t)^2}$.

Die beiden Wurzeln werden gleichgesetzt:

$$\sqrt{(2t-3)^2+(6-2t)^2+t^2}=\sqrt{(2t)^2+(-2t)^2+(2+t)^2}$$

Als Nächstes wird die Gleichung quadriert, um die Wurzel zu beseitigen, und die Klammern werden aufgelöst. Nachdem zusammengefasst wurde, ergibt sich

$$9t^2-36t+45=9t^2+4t+4$$

Dies führt zu $t=\frac{41}{40}$. Damit ist der gesuchte Punkt $M\left(\frac{21}{20} \mid \frac{39}{20} \mid \frac{81}{40}\right)$.

c) Da die beiden gesuchten Punkte P_1und P_2 auf g die Entfernung 3 vom Punkt A haben, gilt $|\overrightarrow{AP}|=3$. Die Gerade wird als «allgemeiner Punkt» umgeschrieben und eingesetzt: $P(1+2t \mid t \mid 2+2t)$. Damit ist $|\overrightarrow{AP}|=|\vec{p}-\vec{a}|=\sqrt{(2t-2)^2+(t-1)^2+(2t-2)^2}=3$. Die Gleichung wird zuerst quadriert, dann werden die Klammern aufgelöst. Es ergibt sich $9t^2-18t=0$. Ausklammern von t oder Auflösen mit Hilfe der pq- oder abc-Formel führt zu $t_1=2$ und $t_2=0$. Damit sind die gesuchten Punkte $P_1\,(5 \mid 2 \mid 6)$ und $P_2\,(1 \mid 0 \mid 2)$.

d) Zuerst stellt man eine Ebenengleichung der drei Punkte auf. Die Höhe der Pyramide ist der Abstand des Punktes S von der Ebene. Die Ebene wird wie in Kapitel 13.1 aufgestellt, Koordinatengleichung: $E:\ x_1-x_2+x_3=1$. Eingesetzt in die Abstandsformel ergibt sich für den Abstand $d=\frac{15}{\sqrt{3}}$ LE. Die Wurzel im Nenner lässt sich noch durch ein Erweitern mit $\sqrt{3}$ beseitigen: $\frac{15}{\sqrt{3}}\cdot\frac{\sqrt{3}}{\sqrt{3}}=\frac{15\cdot\sqrt{3}}{3}=5\sqrt{3}$ LE.

e) Gesucht ist der Wert b aus der Koordinatengleichung. Die Ebene, der Punkt und der Abstand werden in die Abstandsformel eingesetzt und anschließend nach b aufgelöst:

$$d(p;E)=\frac{|2\cdot(-1)+1\cdot 2-2\cdot(-3)-b|}{\sqrt{2^2+1^2+2^2}}=2 \Rightarrow \frac{|6-b|}{3}=2 \Rightarrow |6-b|=6$$

Nun muss eine Fallunterscheidung gemacht werden, um den Betrag aufzulösen:
1. Fall: $(6-b)=6 \Rightarrow b_1=0$
2. Fall: $-(6-b)=6 \Rightarrow b_2=12$
Damit sind die gesuchten Ebenen $E_1:\ 2x_1+x_2-2x_3=0$ und $E_2:\ 2x_1+x_2-2x_3=12$.

f) Gesucht sind die Punkte auf der Geraden, die den Abstand 13 LE von der angegebenen Ebene haben. Die Gerade wird hierzu als «allgemeiner Punkt» geschrieben, und dieser und die Ebene werden in die Abstandsformel eingesetzt. Anschließend löst man nach dem Parameter s auf und setzt ihn in die Geradengleichung ein, um die Punkte zu bestimmen: «Allgemeiner Punkt» $P(1+2s \mid -3+s \mid 5-3s)$

$$d\,(P;E)=\frac{|1\cdot(1+2s)-4\cdot(-3+s)+8\cdot(5-3s)-1|}{\sqrt{81}}=13$$

$$d\,(P;E)=\frac{|-26s+52|}{9}=13.$$

Fallunterscheidung:
1. Fall: $(2-s)=4{,}5 \Rightarrow s_1=-2{,}5$
2. Fall: $-(2-s)=4{,}5 \Rightarrow s_2=6{,}5$
Einsetzen in die Geradengleichung führt zu $P_1\,(-4 \mid -5{,}5 \mid 12{,}5)$ und $P_2\,(14 \mid 3{,}5 \mid -14{,}5)$.

g) Einsetzen des «allgemeinen Punktes» $P\,(2+2t \mid -5+4t \mid -3+5t)$ in die Abstandsformel:

$$d\,(\mathrm{P};\mathrm{E})=\frac{|2\cdot(2+2t)+1\cdot(-5+4t)+2\cdot(-3+5t)-11|}{\sqrt{9}}=\frac{|18t-18|}{3}=3$$

Fallunterscheidung:
1. Fall: $(18t-18)=9 \Rightarrow t_1=1{,}5$
2. Fall: $-(18t-18)=9 \Rightarrow t_2=0{,}5$
Einsetzen in die Geradengleichung führt zu $P_1\,(5 \mid 1 \mid 4{,}5)$ und $P_2\,(3 \mid -3 \mid -0{,}5)$.

h) Einsetzen des «allgemeinen Punktes» $P\,(2t \mid 4+2t \mid -2+t)$ in die Abstandsformel:

$$d\,(\mathrm{P};\mathrm{E})=\frac{|8t-8|}{3}=8$$

Fallunterscheidung:
1. Fall: $(8t-8)=24 \Rightarrow t_1=4$
2. Fall: $-(8t-8)=24 \Rightarrow t_2=-2$
Einsetzen in die Geradengleichung führt zu $P_1\,(8 \mid 12 \mid 2)$ und $P_2\,(-4 \mid 0 \mid -4)$.

i) Wenn g parallel zu E ist, müssen der Richtungsvektor der Geraden $\vec{r}$ und der Normalenvektor $\vec{n}$ der Ebene senkrecht aufeinander stehen:

$\vec{r}\cdot\vec{n}=0$: $\begin{pmatrix}2\\-1\\3\end{pmatrix}\cdot\begin{pmatrix}4\\-1\\-3\end{pmatrix}=8+1-9=0 \Rightarrow$ g ist parallel zu E bzw. könnte in E liegen. Zur Abstandsberechnung wird der Abstand des «Stützpunktes» der Geraden zur Ebene E ausgerechnet: $d\,((1 \mid 2 \mid 3);\mathrm{E})=\frac{|-26|}{\sqrt{26}}=\frac{26}{\sqrt{26}}=\sqrt{26}$ LE.

j) Wenn die Ebenen parallel zueinander liegen, müssen die beiden Normalenvektoren linear abhängig sein. Es ist $\vec{n}_1=(-1)\cdot\vec{n}_2$, damit ist bewiesen, dass die Ebenen parallel liegen (bzw. identisch sein können). Abstand der Ebenen: Man bestimmt einen Punkt $P\,(p_1 \mid p_2 \mid p_3)$ in E_2 und berechnet den Abstand des Punktes zu E_1. Es werden p_1 und p_2 Null gesetzt und p_3 bestimmt: $-2\cdot0+3\cdot0-1\cdot p_3=-7 \Rightarrow p_3=7$. Damit ist $P(0 \mid 0 \mid 7)$, für den Abstand folgt: $d\,((0 \mid 0 \mid 7);E_1)=\frac{3}{\sqrt{14}}$ LE.

18 Winkelberechnungen

18.1 Winkel zwischen Vektoren und Geraden

Zuerst stellt man die Verbindungsvektoren auf. Anschließend setzt man in die Formel für den Winkel ein.

a)

$$\cos\beta = \overrightarrow{BA}\cdot\overrightarrow{BC} = \frac{\begin{pmatrix}2\\-4\\4\end{pmatrix}\cdot\begin{pmatrix}-4\\2\\4\end{pmatrix}}{\sqrt{2^2+(-4)^2+4^2}\cdot\sqrt{(-4)^2+2^2+4^2}} = 0 \Rightarrow \beta = 90^\circ$$

$$\cos\gamma = \overrightarrow{CA}\cdot\overrightarrow{CB} = \frac{\begin{pmatrix}6\\-6\\0\end{pmatrix}\cdot\begin{pmatrix}4\\-2\\-4\end{pmatrix}}{\sqrt{72}\cdot 6} = \frac{36}{\sqrt{72}\cdot 6} = \frac{6}{\sqrt{72}} = \frac{6}{\sqrt{36}\cdot\sqrt{2}} = \frac{6}{6\cdot\sqrt{2}} = \frac{1}{\sqrt{2}} \Rightarrow \gamma = 45^\circ$$

$$\cos\alpha = \overrightarrow{AB}\cdot\overrightarrow{AC} = \frac{\begin{pmatrix}-2\\4\\-4\end{pmatrix}\cdot\begin{pmatrix}-6\\6\\0\end{pmatrix}}{6\cdot\sqrt{72}} = \frac{36}{6\cdot\sqrt{72}} = \frac{6}{\sqrt{72}} = \frac{1}{\sqrt{2}} \Rightarrow \gamma = 45^\circ$$

b) I) Durch die Aufgabenstellung ist vorausgesetzt, dass sich die beiden Geraden tatsächlich schneiden, dies hätte sonst geprüft werden müssen. Der Winkel zwischen den beiden Geraden wird berechnet, indem man den Winkel zwischen den Richtungsvektoren berechnet:

$$\cos\alpha = \frac{\left|\begin{pmatrix}-1\\3\\5\end{pmatrix}\cdot\begin{pmatrix}7\\-1\\2\end{pmatrix}\right|}{\sqrt{35}\cdot\sqrt{54}} = \frac{|-7-3+10|}{\sqrt{35}\cdot\sqrt{54}} = \frac{|0|}{\sqrt{35}\cdot\sqrt{54}} = 0 \Rightarrow \alpha = 90^\circ$$

II) Auch hier wird der Winkel α zwischen den Richtungsvektoren bestimmt:

$$\cos\alpha = \frac{\left|\begin{pmatrix}2\\-6\\10\end{pmatrix}\cdot\begin{pmatrix}2\\3\\5\end{pmatrix}\right|}{\sqrt{140}\cdot\sqrt{38}} = \frac{|4-18+50|}{\sqrt{140}\cdot\sqrt{38}} = \frac{36}{\sqrt{140}\cdot\sqrt{38}} \Rightarrow \alpha = 60,42^\circ$$

18.2 Winkel zwischen Ebenen

a) Der Winkel zwischen zwei Ebenen wird berechnet, indem man den Winkel zwischen den Normalenvektoren berechnet:

$$\cos\alpha = \frac{\left|\begin{pmatrix}1\\-1\\2\end{pmatrix}\cdot\begin{pmatrix}6\\1\\-1\end{pmatrix}\right|}{\sqrt{1^2+(-1)^2+2^2}\cdot\sqrt{6^2+1^2+(-1)^2}} = \frac{|6-1-2|}{\sqrt{6}\cdot\sqrt{38}} = \frac{3}{\sqrt{6}\cdot\sqrt{38}} \Rightarrow \alpha = 78{,}54\,^\circ$$

b) Auch hier wird der Winkel zwischen den Normalenvektoren bestimmt:

$$\cos\alpha = \frac{\left|\begin{pmatrix}0\\4\\0\end{pmatrix}\cdot\begin{pmatrix}6\\0\\5\end{pmatrix}\right|}{4\cdot\sqrt{6^2+5^2}} = \frac{0}{4\cdot\sqrt{61}} = 0 \Rightarrow \alpha = 90\,^\circ$$

18.3 Winkel zwischen Gerade und Ebene

a) Der Winkel zwischen einer Gerade und einer Ebene wird berechnet, indem man den Winkel zwischen dem Richtungsvektor der Geraden und dem Normalenvektor der Ebene berechnet. Dabei wird im Unterschied zum Winkel zwischen zwei Geraden oder zwischen zwei Ebenen der *Sinus* des Winkels bestimmt:

$$\sin\alpha = \frac{\left|\begin{pmatrix}1\\2\\-1\end{pmatrix}\cdot\begin{pmatrix}3\\5\\-2\end{pmatrix}\right|}{\sqrt{6}\cdot\sqrt{38}} = \frac{|3+10+2|}{\sqrt{6}\cdot\sqrt{38}} = \frac{15}{\sqrt{6}\cdot\sqrt{38}} \Rightarrow \alpha = 83{,}41\,^\circ$$

b) Es ist:

$$\sin\alpha = \frac{\left|\begin{pmatrix}0\\1\\0\end{pmatrix}\cdot\begin{pmatrix}6\\10\\-4\end{pmatrix}\right|}{\sqrt{1}\cdot\sqrt{152}} = \frac{|0+10+0|}{\sqrt{152}} = \frac{10}{\sqrt{4\cdot 38}} = \frac{10}{\sqrt{4}\cdot\sqrt{38}} = \frac{5}{\sqrt{38}} \Rightarrow \alpha = 54{,}20\,^\circ$$

c) Es ist:

$$\sin\alpha = \frac{\left|\begin{pmatrix}1\\2\\3\end{pmatrix}\cdot\begin{pmatrix}0\\0\\1\end{pmatrix}\right|}{\sqrt{14}\cdot 1} = \frac{3}{\sqrt{14}} \Rightarrow \alpha = 53{,}30\,^\circ$$

19 Spiegelungen

Alle Spiegelpunkte sind im Folgenden mit einem Sternchen * versehen.

19.1 Punkt an Punkt

Um den Punkt P an Q zu spiegeln, wird der Vektor $\overrightarrow{PQ}$ an den Ortsvektor von Q einmal angehängt. (Alternativ kann man auch an den Ortsvektor von P den Vektor $\overrightarrow{PQ}$ zweimal anhängen). Damit ist:

a) $\overrightarrow{OP^*} = \overrightarrow{OQ} + \overrightarrow{PQ} = \begin{pmatrix} 2 \\ 1 \\ 2 \end{pmatrix} + \begin{pmatrix} -1 \\ -3 \\ -3 \end{pmatrix} = \begin{pmatrix} 1 \\ -2 \\ -1 \end{pmatrix}$, also ist $P^*(1 \mid -2 \mid -1)$.

b) $\overrightarrow{OP^*} = \overrightarrow{OR} + \overrightarrow{PR} = \begin{pmatrix} 0 \\ 3 \\ -2 \end{pmatrix} + \begin{pmatrix} -3 \\ -1 \\ -7 \end{pmatrix} = \begin{pmatrix} -3 \\ 2 \\ -9 \end{pmatrix}$, also ist $P^*(-3 \mid 2 \mid -9)$.

c) $\overrightarrow{OP^*} = \overrightarrow{OS} + \overrightarrow{PS} = \begin{pmatrix} -3 \\ 1 \\ 4 \end{pmatrix} + \begin{pmatrix} -6 \\ -3 \\ -1 \end{pmatrix} = \begin{pmatrix} -9 \\ -2 \\ 3 \end{pmatrix}$, also ist $P^*(-9 \mid -2 \mid 3)$.

19.2 Punkt an Ebene

Um einen Punkt P an einer Ebene zu spiegeln, braucht man zuerst den sog. Lotfußpunkt L, das ist der Punkt der Ebene, der den kürzesten Abstand zu P besitzt (es wird «das Lot von P auf die Ebene gefällt»). An diesem Punkt wird P gespiegelt. L bestimmt man, indem man eine Lotgerade durch den Punkt P aufstellt und als Richtungsvektor den Normalenvektor $\vec{n}$ der Ebene benutzt.

a) Lotgerade $g_l: \vec{x} = \begin{pmatrix} 1 \\ 4 \\ 7 \end{pmatrix} + s \cdot \begin{pmatrix} 1 \\ -1 \\ -2 \end{pmatrix}$, diese wird geschnitten mit

$E: x_1 - x_2 - 2x_3 + 11 = 0 \Rightarrow 1 + s - (4 - s) - 2(7 - 2s) + 11 = 0 \Rightarrow 6s = 6 \Rightarrow s = 1.$

Es wird s in g_l eingesetzt, damit ergibt sich für den Lotfußpunkt $L(2 \mid 3 \mid 5)$.

Nun wird A an L gespiegelt: $\overrightarrow{OA^*} = \overrightarrow{OL} + \overrightarrow{AL}$, damit ist $A^*(3 \mid 2 \mid 3)$.

b) Lotgerade $g_l: \vec{x} = \begin{pmatrix} -1 \\ -4 \\ -9 \end{pmatrix} + t \cdot \begin{pmatrix} 2 \\ -2 \\ 1 \end{pmatrix}$, Schnitt mit E ergibt $t = 1$, damit ist $L(1 \mid -6 \mid -8)$.

Nun wird S an L gespiegelt, es ist $S^*(3 \mid -8 \mid -7)$.

c) Lotgerade $g_l: \vec{x} = \begin{pmatrix} 2 \\ 3 \\ 4 \end{pmatrix} + r \cdot \begin{pmatrix} 4 \\ 1 \\ -1 \end{pmatrix}$, Schnitt mit E ergibt $r = -\frac{2}{9}$, damit ist

$L\left(\frac{10}{9} \mid \frac{25}{9} \mid \frac{38}{9}\right)$. Nun wird P an L gespiegelt, es ist $P^*\left(\frac{2}{9} \mid \frac{23}{9} \mid \frac{40}{9}\right)$.

19.3 Punkt an Gerade

Ein Punkt wird an einer Geraden gespiegelt, indem man eine Hilfsebene durch den Punkt und senkrecht zur Geraden aufstellt (ähnlich wie bei der Abstandsberechnung eines Punktes von einer Geraden wird der Richtungsvektor $\vec{r}$ der Geraden als Normalenvektor $\vec{n}$ benutzt). Anschließend wird die Hilfsebene mit der Geraden geschnitten und der Punkt am Schnittpunkt S von Gerade und Ebene gespiegelt.

a) Einsetzen von P und $\vec{r}$ in die Punkt-Normalenform: $\left(\begin{pmatrix} x_1 \\ x_2 \\ x_3 \end{pmatrix} - \begin{pmatrix} 2 \\ 3 \\ 4 \end{pmatrix}\right) \cdot \begin{pmatrix} 1 \\ 0 \\ 1 \end{pmatrix} = 0$,
damit ist die Hilfsebene $E_H:\ x_1 + x_3 = 6$. Schneiden mit g führt zu $2+t+2+t=6$ $\Rightarrow t = 1$. Einsetzen in die Geradengleichung führt auf den Schnittpunkt $S\,(3 \mid 1 \mid 3)$. Spiegeln von P an S ergibt $P^*\,(4 \mid -1 \mid 2)$.

b) Einsetzen von B und $\vec{r}$ in die Punkt-Normalenform ergibt die Hilfsebene $E_H:\ 4x_1 - x_2 - x_3 = 21$. Schneiden mit g führt zu $t = 2$. Einsetzen in die Geradengleichung führt auf den Schnittpunkt $S\,(7 \mid 4 \mid 3)$. Spiegeln von B an S ergibt $B^*\,(9 \mid 10 \mid 5)$.

19.4 Allgemeine Spiegelungen

a) Bei der Spiegelung einer Geraden $g:\ \vec{a} + s \cdot \vec{r}$ an einer Ebene unterscheidet man zwei Fälle:

I) Die Gerade ist parallel zur Ebene: In diesem Fall spiegelt man den «Stützpunkt» A der Geraden an der Ebene, indem man eine Hilfsgerade senkrecht zu E durch A aufstellt und den Lotfußpunkt ermittelt. Der gespiegelte «Stützpunkt» A^* ist der «Stützpunkt» der neuen Geraden. Der Richtungsvektor $\vec{r}$ wird übernommen.

II) Die Gerade schneidet die Ebene: Zuerst ermittelt man den Schnittpunkt der Geraden mit der Ebene. Anschließend spiegelt man den «Stützpunkt» A (oder einen beliebigen anderen Punkt außer dem Schnittpunkt) der Geraden an der Ebene. Der Spiegelpunkt ist A^*. Die Spiegelgerade besitzt den «Stützpunkt» A^*, als Richtungsvektor dient der Verbindungsvektor zwischen A^* und dem Schnittpunkt mit der Ebene.

b) Bei der Spiegelung einer Ebene E_1 an einer Ebene E_2 können zwei Fälle auftreten:

I) Die Ebenen sind parallel: Zuerst bestimmt man einen Punkt auf E_1, dieser Punkt wird an E_2 gespiegelt. Der Normalenvektor wird übernommen, da die Ebenen parallel sind. Der Spiegelpunkt und der Normalenvektor werden in die Punkt-Normalenform eingesetzt und ergeben die Spiegelebene.

II) Die Ebenen schneiden sich: Es wird zuerst eine Schnittgerade ermittelt. Anschließend wird ein Punkt P, der nicht auf der Schnittgeraden liegt, auf der Ebene E_1 bestimmt und an E_2 gespiegelt. Mit der Schnittgeraden und dem Spiegelpunkt P^* wird die Spiegelebene aufgestellt.

20 Kreis und Kugel

20.1 Der Kreis in der x_1x_2-Ebene

a) Setzt man die Koordinaten von M sowie den Radius r in die allgemeine Kreisgleichung $k\colon (x_1-m_1)^2+(x_2-m_2)^2=r^2$ ein, so erhält man:

I) $k\colon (x_1-5)^2+(x_2-7)^2=6^2$ bzw. $k\colon (x_1-5)^2+(x_2-7)^2=36$

II) $k\colon (x_1-0)^2+(x_2-0)^2=4^2$ bzw. $k\colon x_1^2+x_2^2=16$

III) $k\colon (x_1-(-1))^2+(x_2-3)^2=2^2$ bzw. $k\colon (x_1+1)^2+(x_2-3)^2=4$.

b) Bringt man die gegebene Kreisgleichung auf die allgemeine Form, so kann man den Mittelpunkt und den Radius bestimmen:

I) $k\colon (x_1+1)^2+(x_2+2)^2=16 \Rightarrow k\colon (x_1-(-1))^2+(x_2-(-2))^2=4^2$
$\Rightarrow \mathrm{M}(-1\mid-2),\ r=4$

II) $k\colon x_1^2+(x_2-5)^2=9 \Rightarrow k\colon (x_1-0)^2+(x_2-5)^2=3^2 \Rightarrow \mathrm{M}(0\mid 5),\ r=3$

III) $k\colon x_1^2+x_2^2=8 \Rightarrow k\colon (x_1-0)^2+(x_2-0)^2=\left(\sqrt{8}\right)^2 \Rightarrow \mathrm{M}(0\mid 0),\ r=\sqrt{8}$.

c) Der Kreis $k\colon (x_1-3)^2+(x_2-4)^2=25$ hat den Mittelpunkt $\mathrm{M}(3\mid 4)$ und den Radius $r=5$. Um die Lage der Punkte P, Q und R bezüglich des Kreises K zu überprüfen, berechnet man jeweils ihren Abstand zu M und vergleicht diesen mit dem Radius von K:

Für den Punkt $\mathrm{P}(7\mid 7)$ ergibt sich: $\overline{\mathrm{PM}}=|\overrightarrow{\mathrm{PM}}|=\left|\begin{pmatrix}-4\\-3\end{pmatrix}\right|=\sqrt{(-4)^2+(-3)^2}=5=r.$

Also liegt $\mathrm{P}(7\mid 7)$ auf dem Kreis k.

Für den Punkt $\mathrm{Q}(6\mid 2)$ ergibt sich: $\overline{\mathrm{QM}}=|\overrightarrow{\mathrm{QM}}|=\left|\begin{pmatrix}-3\\2\end{pmatrix}\right|=\sqrt{(-3)^2+2^2}=\sqrt{13}$

$\approx 3{,}69<r$. Also liegt $\mathrm{Q}(6\mid 2)$ innerhalb des Kreises k.

Für den Punkt $\mathrm{R}(9\mid 6)$ ergibt sich: $\overline{\mathrm{RM}}=|\overrightarrow{\mathrm{RM}}|=\left|\begin{pmatrix}-6\\-2\end{pmatrix}\right|=\sqrt{(-6)^2+(-2)^2}$

$=\sqrt{40}\approx 6{,}33>r$. Also liegt $\mathrm{R}(9\mid 6)$ außerhalb des Kreises k.

20.2 Die Kugelgleichung

Eine Kugel K mit Mittelpunkt $\mathrm{M}(m_1\mid m_2\mid m_3)$ und Radius r hat die Vektorgleichung

$\mathrm{K}\colon \left(\vec{x}-\begin{pmatrix}m_1\\m_2\\m_3\end{pmatrix}\right)^2=r^2$ bzw. die Koordinatengleichung

$\mathrm{K}\colon (x_1-m_1)^2+(x_2-m_2)^2+(x_3-m_3)^2=r^2$.

a) I) Mit $M(2 \mid 1 \mid 5)$ und $r = 3$ ergeben sich folgende Gleichungen für die Kugel:

$$K\colon \left(\vec{x} - \begin{pmatrix} 2 \\ 1 \\ 5 \end{pmatrix}\right)^2 = 3^2 \text{ bzw. } K\colon (x_1 - 2)^2 + (x_2 - 1)^2 + (x_3 - 5)^2 = 9 \text{ bzw.}$$

$K\colon x_1^2 + x_2^2 + x_3^2 - 4x_1 - 2x_2 - 10x_3 + 21 = 0.$

II) Mit $M(-3 \mid 2 \mid -4)$ und $r = \sqrt{7}$ ergeben sich folgende Gleichungen für die Kugel:

$$K\colon \left(\vec{x} - \begin{pmatrix} -3 \\ 2 \\ -4 \end{pmatrix}\right)^2 = \left(\sqrt{7}\right)^2 \text{ bzw. } K\colon (x_1 + 3)^2 + (x_2 - 2)^2 + (x_3 + 4)^2 = 7 \text{ bzw.}$$

$K\colon x_1^2 + x_2^2 + x_3^2 + 6x_1 - 4x_2 + 8x_3 + 22 = 0.$

III) Mit $M(0 \mid 0 \mid 1)$ und $r = 4$ ergeben sich folgende Gleichungen für die Kugel:

$$K\colon \left(\vec{x} - \begin{pmatrix} 0 \\ 0 \\ 1 \end{pmatrix}\right)^2 = 4^2 \text{ bzw. } K\colon (x_1 - 0)^2 + (x_2 - 0)^2 + (x_3 - 1)^2 = 16 \text{ bzw.}$$

$K\colon x_1^2 + x_2^2 + x_3^2 - 2x_3 - 15 = 0.$

b) Bringt man die gegebenen Kugelgleichungen auf die allgemeine Form, so kann man ihren Mittelpunkt und Radius ablesen:

I) $K_1\colon \left(\vec{x} - \begin{pmatrix} 2 \\ 3 \\ -2 \end{pmatrix}\right)^2 = 8$ läßt sich umformen zu $K_1\colon \left(\vec{x} - \begin{pmatrix} 2 \\ 3 \\ -2 \end{pmatrix}\right)^2 = \left(\sqrt{8}\right)^2$

$\Rightarrow M_1(2 \mid 3 \mid -2),\ r_1 = \sqrt{8}.$

II) $K_2\colon (x_1 - 4)^2 + (x_2 - 3)^2 + (x_3 + 1)^2 - 22 = 0$ läßt sich umformen zu

$K_2\colon (x_1 - 4)^2 + (x_2 - 3)^2 + (x_3 - (-1))^2 = \left(\sqrt{22}\right)^2 \Rightarrow M_2(4 \mid 3 \mid -1),\ r_2 = \sqrt{22}.$

III) $K_3\colon x_1^2 + x_2^2 + x_3^2 = 25$ wird umgeformt zu $K_3\colon (x_1 - 0)^2 + (x_2 - 0)^2 + (x_3 - 0)^2 = 5^2$

$\Rightarrow M_3(0 \mid 0 \mid 0),\ r_3 = 5.$

IV) $K_4\colon x_1^2 + x_2^2 + x_3^2 + 8x_1 - 14x_2 + 4x_3 + 40 = 0$ läßt sich durch quadratisches Ergänzen und mit Hilfe der binomischen Formeln umformen zu:

$K_4\colon x_1^2 + 8x_1 + 16 + x_2^2 - 14x_2 + 49 + x_3^2 + 4x_3 + 4 + 40 = 16 + 49 + 4$ bzw.

$K_4\colon (x_1 + 4)^2 + (x_2 - 7)^2 + (x_3 + 2)^2 = 29 \Rightarrow M_4(-4 \mid 7 \mid -2)$ und $r_4 = \sqrt{29}.$

c) Um die Lage der Punkte $P(4 \mid 1 \mid 3)$ bzw. $Q(3 \mid 0 \mid 10)$ P und Q bezüglich der Kugel K mit Mittelpunkt $M(1 \mid 1 \mid 7)$ und Radius $r = 5$ zu überprüfen, berechnet man jeweils ihren

Abstand zu M und vergleicht diesen mit dem Radius von K:

$$\overline{PM} = |\overrightarrow{PM}| = \left| \begin{pmatrix} -3 \\ 0 \\ 4 \end{pmatrix} \right| = \sqrt{(-3)^2+0^2+4^2} = \sqrt{25} = 5 = r \Rightarrow \text{ P liegt auf K.}$$

$$\overline{QM} = |\overrightarrow{QM}| = \left| \begin{pmatrix} -2 \\ 1 \\ -3 \end{pmatrix} \right| = \sqrt{(-2)^2+1^2+(-3)^2} = \sqrt{14} \approx 3,74 < r \Rightarrow \text{ Q liegt inner-}$$

halb von K.

20.3 Gegenseitige Lage von Kugel und Gerade

Eine Gerade kann eine Kugel in zwei Punkten schneiden (Sekante), in einem Punkt berühren (Tangente) oder an ihr vorbeigehen (Passante).

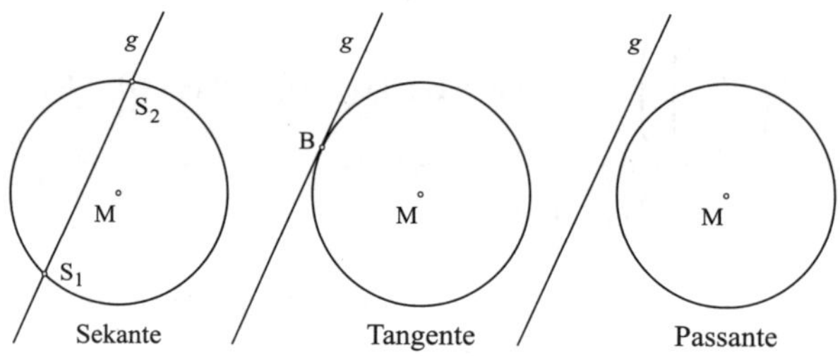

a) Zur Bestimmung der gemeinsamen Punkte von Kugel und Gerade setzt man die Gerade als «allgemeinen Punkt» in die Koordinatengleichung der Kugel ein und löst die entstandene quadratische Gleichung.

I) Die Gerade $g\colon \vec{x} = \begin{pmatrix} 1 \\ 2 \\ 2 \end{pmatrix} + t \cdot \begin{pmatrix} -1 \\ 1 \\ 4 \end{pmatrix}$ hat als «allgemeinen Punkt»

$P_t\,(1-t \mid 2+t \mid 2+4t)$, die Kugel $K_1\colon\ M_1\,(0 \mid 0 \mid 0)$, $r_1 = 3$ hat die Koordinatengleichung

$K_1\colon\ (x_1-0)^2+(x_2-0)^2+(x_3-0)^2 = 3^2$. Setzt man P_t in K_1 ein, so erhält man: $(1-t)^2+(2+t)^2+(2+4t)^2 = 9$ bzw. $18t^2+18t = 0$ mit den Lösungen $t_1 = 0$ und $t_2 = -1$. Setzt man t_1 bzw. t_2 in P_t ein, so erhält man die Schnittpunkte $S_1\,(1 \mid 2 \mid 2)$ und $S_2\,(2 \mid 1 \mid -2)$; die Gerade g ist also eine Sekante.

II) Die Gerade g_{AB} durch $A\,(4 \mid 2 \mid 2)$ und $B\,(4 \mid 4 \mid 6)$ hat die Gleichung

$g_{AB}\colon \vec{x} = \begin{pmatrix} 4 \\ 2 \\ 2 \end{pmatrix} + t \cdot \begin{pmatrix} 0 \\ 2 \\ 4 \end{pmatrix}$ und als «allgemeinen Punkt» $P_t\,(4 \mid 2+2t \mid 2+4t)$.

Setzt man P_t in $K_2\colon\ (x_1-2)^2+(x_2-3)^2+(x_3-4)^2 = 2^2$ ein, so erhält man: $(4-2)^2+(2+2t-3)^2+(2+4t-4)^2 = 4$ bzw. $4t^2-4t+1 = 0$ mit der Lösung $t = \frac{1}{2}$.

Setzt man $t=\frac{1}{2}$ in P_t ein, so erhält man den Berührpunkt B $(4 \mid 3 \mid 4)$; die Gerade g_{AB} ist also Tangente an K_2.

III) Die Gerade h: $\vec{x}=\begin{pmatrix}1\\0\\5\end{pmatrix}+t\cdot\begin{pmatrix}1\\1\\1\end{pmatrix}$ hat als «allgemeinen Punkt»

$P_t\,(1+t \mid t \mid 5+t)$, die Kugel K_3: $M_3\,(1 \mid 0 \mid 3)$, $r_3=1$ hat die Koordinatengleichung

K_3: $(x_1-1)^2+(x_2-0)^2+(x_3-3)^2=1^2$. Setzt man P_t in K_3 ein, so erhält man: $(1+t-1)^2+(t-0)^2+(5+t-3)^2=1$ bzw. $3t^2-4t+3=0$. Diese quadratische Gleichung hat keine reelle Lösung, also haben h und K_3 keine gemeinsamen Punkte; die Gerade h ist also eine Passante.

b) Die Gerade g: $\vec{x}=\begin{pmatrix}18\\-16\\22\end{pmatrix}+t\cdot\begin{pmatrix}2\\1\\0\end{pmatrix}$ hat als «allgemeinen Punkt»

$P_t\,(18+2t \mid -16+t \mid 22)$, die Kugel K hat die Koordinatengleichung
K: $(x_1-0)^2+(x_2-0)^2+(x_3-2)^2=6^2$. Setzt man P_t in K ein, so erhält man: $(18+2t)^2+(-16+t)^2+(22-2)^2=36$ bzw. $5t^2+40t+944=0$. Diese quadratische Gleichung hat keine reelle Lösung, also haben g und K keine gemeinsamen Punkte.
Alternativ hätte man auch den Abstand des Mittelpunkts zur Geraden mit Hilfe einer zu g orthogonalen Hilfsebene berechnen können; dieser wäre größer als der Radius, so dass g und K keine gemeinsamen Punkte haben.

20.4 Gegenseitige Lage von Kugel und Ebene

a) I) Um den Mittelpunkt M^* des Schnittkreises von Ebene und Kugel zu erhalten, stellt man eine Lotgerade l auf, die durch $M(-1 \mid 3 \mid 5)$ geht und den Normalenvektor $\vec{n}=\begin{pmatrix}2\\3\\1\end{pmatrix}$ der Ebene E als Richtungsvektor hat und schneidet diese mit E:

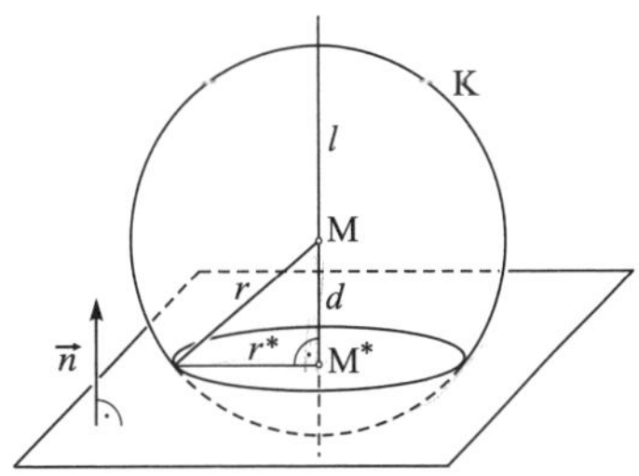

Der Punkt M^* ist ein «allgemeiner Punkt» dieser Lotgeraden:

$$l:\ \vec{x}=\begin{pmatrix}-1\\3\\5\end{pmatrix}+t\cdot\begin{pmatrix}2\\3\\1\end{pmatrix}\ \Rightarrow\ M^*\,(-1+2t \mid 3+3t \mid 5+t).$$

Setzt man diesen in die Ebene E ein, so erhält man als Schnittpunkt von E mit l: $2\cdot(-1+2t)+3\cdot(3+3t)+5+t-26=0$ bzw. $t=1 \Rightarrow M^*\,(1 \mid 6 \mid 6)$.
Den Radius r^* erhält man mit Hilfe des Satzes des Pythagoras: $(r^*)^2+d^2=r^2$ (siehe Zeichnung). Dabei gilt:

$$d = \overline{MM^*} = \left|\overrightarrow{MM^*}\right| = \left|\begin{pmatrix} 2 \\ 3 \\ 1 \end{pmatrix}\right| = \sqrt{2^2+3^2+1^2} = \sqrt{14}.$$

Also gilt $(r^*)^2 + \left(\sqrt{14}\right)^2 = 5^2 \Rightarrow r^* = \sqrt{11}.$

II) Die Kugel K: $(x_1-5)^2+(x_2-2)^2+(x_3-1)^2 = 49$ hat den Mittelpunkt $M(5 \mid 2 \mid 1)$ und den Radius $r = 7$.

Um den Mittelpunkt M^* des Schnittkreises von K mit E zu erhalten, stellt man eine Lotgerade l auf, die durch $M(5 \mid 2 \mid 1)$ geht und den Normalenvektor $\vec{n} = \begin{pmatrix} 2 \\ 2 \\ 1 \end{pmatrix}$ der Ebene E: $2x_1+2x_2+x_3 = 6$ als Richtungsvektor hat und schneidet diese mit E.

Der Punkt M^* ist ein «allgemeiner Punkt» dieser Lotgeraden:

$$l\colon \vec{x} = \begin{pmatrix} 5 \\ 2 \\ 1 \end{pmatrix} + t \cdot \begin{pmatrix} 2 \\ 2 \\ 1 \end{pmatrix} \Rightarrow M^*(5+2t \mid 2+2t \mid 1+t).$$

Setzt man diesen Punkt in die Ebene E ein, so erhält man:

$2\cdot(5+2t)+2\cdot(2+2t)+1+t = 6$ bzw. $t = -1 \Rightarrow M^*(3 \mid 0 \mid 0)$.

Den Radius r^* erhält man mit Hilfe des Satzes des Pythagoras: $(r^*)^2+d^2 = r^2$(siehe Zeichnung). Dabei gilt:

$$d = \overline{MM^*} = \left|\overrightarrow{MM^*}\right| = \left|\begin{pmatrix} -2 \\ -2 \\ -1 \end{pmatrix}\right| = \sqrt{(-2)^2+(-2)^2+(-1)^2} = \sqrt{9} = 3.$$

Also gilt $(r^*)^2+3^2 = 7^2 \Rightarrow r^* = \sqrt{40}.$

b) Um die gegenseitige Lage von Kugel und Ebene zu bestimmen, berechnet man den Abstand d des Mittelpunkts M der Kugel zur Ebene E mit Hilfe der HNF (siehe Kapitel Abstandsberechnungen):

I) Die Kugel K: $(x_1-3)^2+x_2^2+(x_3+1)^2 = 9$ hat den Mittelpunkt $M(3 \mid 0 \mid -1)$ und den Radius $r = 3$. Für den Abstand d von M zu E: $5x_1+6x_2-3x_3 = 11$ gilt (mit Hilfe der HNF):

$d = \frac{|5\cdot 3+6\cdot 0-3\cdot(-1)-11|}{\sqrt{5^2+6^2+3^2}} = \frac{7}{\sqrt{70}} = 0{,}84 < r$. Also schneidet die Ebene die Kugel in einem Schnittkreis.

II) Für den Abstand d von $M(0 \mid 0 \mid 0)$ zu E: $2x_1+2x_2+x_3 = 3$ gilt (mit Hilfe der HNF):

$d = \frac{|2\cdot 0+2\cdot 0+1\cdot 0-3|}{\sqrt{2^2+2^2+1^2}} = \frac{3}{3} = 1 = r$. Also berührt die Ebene die Kugel in einem einzigen Punkt (d.h. E ist Tangentialebene an K).

c) Die Tangentialebene E_T enthält den Punkt B $(7 \mid -3 \mid 2)$ und hat als Normalenvektor den Verbindungsvektor von B zu M $(2 \mid 4 \mid 1)$: $\overrightarrow{BM} = \begin{pmatrix} -5 \\ 7 \\ -1 \end{pmatrix}$.

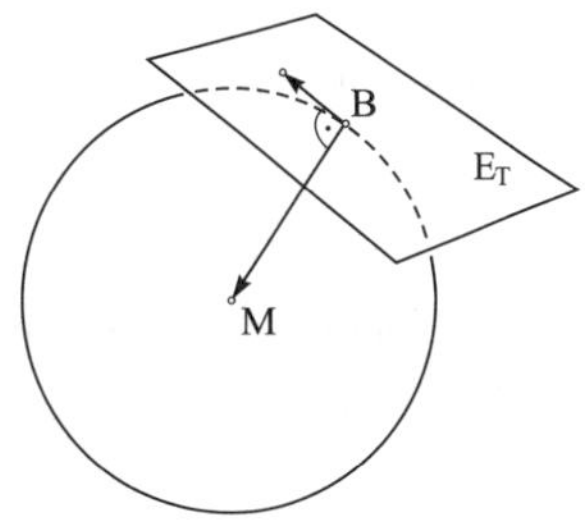

Setzt man B und $\overrightarrow{BM}$ in die Punkt-Normalenform ein, so erhält man:

$$E_T: \left(\vec{x} - \begin{pmatrix} 7 \\ -3 \\ 2 \end{pmatrix}\right) \cdot \begin{pmatrix} -5 \\ 7 \\ -1 \end{pmatrix} = 0 \text{ bzw. } E_T: -5x_1 + 7x_2 - x_3 + 58 = 0.$$

20.5 Gegenseitige Lage zweier Kugeln

a) Um zu prüfen, ob K_1 mit $M_1 (3 \mid 1 \mid 4)$ und $r_1 = 3$ und K_2 mit $M_2 (5 \mid -2 \mid 8)$ und $r_2 = 2$ gemeinsame Punkte haben, vergleicht man den Abstand der beiden Mittelpunkte mit den Radien r_1 und r_2.

Es ist $r_1 + r_2 = 3 + 2 = 5$ und

$$|\overrightarrow{M_1M_2}| = \left|\begin{pmatrix} 2 \\ -3 \\ 4 \end{pmatrix}\right| = \sqrt{2^2 + (-3)^2 + 4^2} = \sqrt{29} > 5.$$

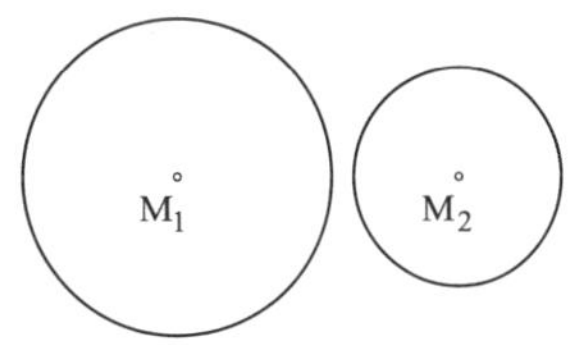

Somit haben K_1 und K_2 keine gemeinsamen Punkte.

b) Um zu zeigen, dass sich K_1 und K_2 berühren, vergleicht man den Abstand der beiden Mittelpunkte mit den Radien r_1 und r_2.
Die Kugel $K_1: (x_1 + 1)^2 + x_2^2 + (x_3 - 2)^2 = 36$ hat den Mittelpunkt $M_1 (-1 \mid 0 \mid 2)$ und den Radius $r_1 = 6$. Die Kugel K_2 hat den Mittelpunkt $M_2 (1 \mid 2 \mid 3)$ und den Radius $r_2 = 3$.

Es gilt:

$$|\overrightarrow{M_1M_2}| = \left|\begin{pmatrix} 2 \\ 2 \\ 1 \end{pmatrix}\right| = \sqrt{2^2 + 2^2 + 1^2} = 3 = r_1 - r_2.$$

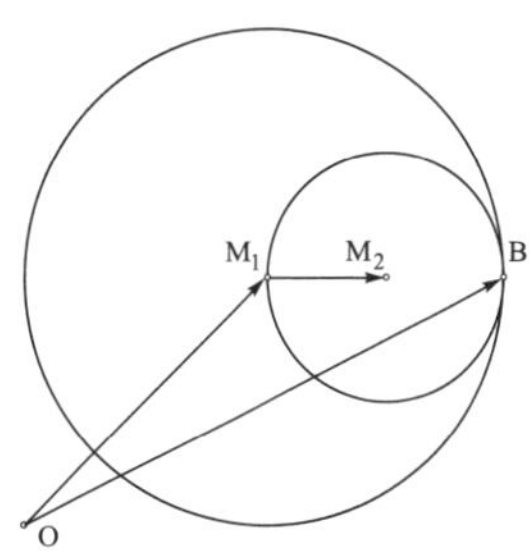

Somit berühren sich K_1 und K_2.
Um die Koordinaten des Berührpunkts B zu bestimmen, stellt man eine geeignete Vektorkette auf:

$$\overrightarrow{OB} = \overrightarrow{OM_1} + 2 \cdot \overrightarrow{M_1M_2} = \begin{pmatrix} -1 \\ 0 \\ 2 \end{pmatrix} + 2 \cdot \begin{pmatrix} 2 \\ 2 \\ 1 \end{pmatrix} = \begin{pmatrix} 3 \\ 4 \\ 4 \end{pmatrix} \Rightarrow B(3 \mid 4 \mid 4).$$

Wenn nicht bekannt wäre, dass M_2 genau in der Mitte zwischen M_1 und B liegt, hätte man eine Gerade durch M_1 und M_2aufstellen und diese mit K_1und K_2 schneiden müssen. Einer der Schnittpunkte liegt sowohl auf K_1 als auch auf K_2; dieser ist der Berührpunkt.
Als weitere Alternative könnte man auch den Vektor $\overrightarrow{M_1M_2}$ auf Länge 1 normieren und eine Vektorkette aufstellen: $\overrightarrow{OB} = \overrightarrow{OM_1} + r_1 \cdot \frac{1}{|\overrightarrow{M_1M_2}|} \cdot \overrightarrow{M_1M_2}$

c) Um die Gleichung der Ebene des Schnittkreises zu bestimmen, subtrahiert man die Gleichungen der beiden Kugeln voneinander.

Die Kugel $K_1: (x_1-3)^2 + (x_2+6)^2 + (x_3-7)^2 = 100$ hat die Koordinatengleichung

$K_1: x_1^2 - 6x_1 + 9 + x_2^2 + 12x_2 + 36 + x_3^2 - 14x_3 + 49 = 100$ bzw.

$K_1: x_1^2 + x_2^2 + x_3^2 - 6x_1 + 12x_2 - 14x_3 = 6.$

Die Kugel $K_2: M_2(-1 \mid 2 \mid -1), r_2 = \sqrt{52}$ hat die Gleichung

$K_2: (x_1+1)^2 + (x_2-2)^2 + (x_3+1)^2 = \left(\sqrt{52}\right)^2$ bzw.

$K_2: x_1^2 + 2x_1 + 1 + x_2^2 - 4x_2 + 4 + x_3^2 + 2x_3 + 1 = 52$ bzw.

$K_2: x_1^2 + x_2^2 + x_3^2 + 2x_1 - 4x_2 + 2x_3 = 46$

Subtrahiert man die beiden Kugelgleichungen voneinander, so erhält man folgende Ebenengleichung:

$E: -8x_1 + 16x_2 - 16x_3 = -40$ bzw. $E: -x_1 + 2x_2 - 2x_3 = -5.$

21 Rechnen mit Matrizen

Ausführliche Rechenregeln zum Rechnen mit Matrizen finden Sie bei den Tipps auf Seite 129.

21.1 Rechnen mit Matrizen

a) I) $A+B=\begin{pmatrix} 2 & 1 \\ 3 & 2 \end{pmatrix}+\begin{pmatrix} 4 & 0 \\ 1 & 3 \end{pmatrix}=\begin{pmatrix} 6 & 1 \\ 4 & 5 \end{pmatrix}$

II) $3\cdot A=3\cdot\begin{pmatrix} 2 & 1 \\ 3 & 2 \end{pmatrix}=\begin{pmatrix} 6 & 3 \\ 9 & 6 \end{pmatrix}$

III) $(-2)\cdot B=(-2)\cdot\begin{pmatrix} 4 & 0 \\ 1 & 3 \end{pmatrix}=\begin{pmatrix} -8 & 0 \\ -2 & -6 \end{pmatrix}$

IV) $\vec{x}\cdot\vec{y}=\begin{pmatrix} 3 \\ 1 \end{pmatrix}\cdot\begin{pmatrix} 4 \\ -1 \end{pmatrix}=3\cdot 4+1\cdot(-1)=11$

V) $A\cdot\vec{x}=\begin{pmatrix} 2 & 1 \\ 3 & 2 \end{pmatrix}\cdot\begin{pmatrix} 3 \\ 1 \end{pmatrix}=\begin{pmatrix} 2\cdot 3+1\cdot 1 \\ 3\cdot 3+2\cdot 1 \end{pmatrix}=\begin{pmatrix} 7 \\ 11 \end{pmatrix}$

VI) $B\cdot\vec{y}=\begin{pmatrix} 4 & 0 \\ 1 & 3 \end{pmatrix}\cdot\begin{pmatrix} 4 \\ -1 \end{pmatrix}=\begin{pmatrix} 4\cdot 4+0\cdot(-1) \\ 1\cdot 4+3\cdot(-1) \end{pmatrix}=\begin{pmatrix} 16 \\ 1 \end{pmatrix}$

VII) $A\cdot B=\begin{pmatrix} 2 & 1 \\ 3 & 2 \end{pmatrix}\cdot\begin{pmatrix} 4 & 0 \\ 1 & 3 \end{pmatrix}=\begin{pmatrix} 2\cdot 4+1\cdot 1 & 2\cdot 0+1\cdot 3 \\ 3\cdot 4+2\cdot 1 & 3\cdot 0+2\cdot 3 \end{pmatrix}=\begin{pmatrix} 9 & 3 \\ 14 & 6 \end{pmatrix}$

VIII) $B\cdot A=\begin{pmatrix} 4 & 0 \\ 1 & 3 \end{pmatrix}\cdot\begin{pmatrix} 2 & 1 \\ 3 & 2 \end{pmatrix}=\begin{pmatrix} 4\cdot 2+0\cdot 3 & 4\cdot 1+0\cdot 2 \\ 1\cdot 2+3\cdot 3 & 1\cdot 1+3\cdot 2 \end{pmatrix}=\begin{pmatrix} 8 & 4 \\ 11 & 7 \end{pmatrix}$

b) I) $\vec{x}\cdot\vec{y}=\begin{pmatrix} 1 \\ 4 \\ -2 \end{pmatrix}\cdot\begin{pmatrix} 0 \\ -2 \\ 1 \end{pmatrix}=1\cdot 0+4\cdot(-2)+(-2)\cdot 1=-10$

II) $A\cdot\vec{x}=\begin{pmatrix} 3 & 2 & -1 \\ 1 & 0 & 1 \\ 2 & 1 & 2 \end{pmatrix}\cdot\begin{pmatrix} 1 \\ 4 \\ -2 \end{pmatrix}=\begin{pmatrix} 3\cdot 1+2\cdot 4+(-1)\cdot(-2) \\ 1\cdot 1+0\cdot 4+1\cdot(-2) \\ 2\cdot 1+1\cdot 4+2\cdot(-2) \end{pmatrix}=\begin{pmatrix} 13 \\ -1 \\ 2 \end{pmatrix}$

III) $B\cdot\vec{y}=\begin{pmatrix} 4 & 1 & 0 \\ 2 & -1 & 1 \\ 3 & 0 & -2 \end{pmatrix}\cdot\begin{pmatrix} 0 \\ -2 \\ 1 \end{pmatrix}=\begin{pmatrix} -2 \\ 3 \\ -2 \end{pmatrix}$

IV) $A\cdot B=\begin{pmatrix} 3 & 2 & -1 \\ 1 & 0 & 1 \\ 2 & 1 & 2 \end{pmatrix}\cdot\begin{pmatrix} 4 & 1 & 0 \\ 2 & -1 & 1 \\ 3 & 0 & -2 \end{pmatrix}=\begin{pmatrix} 13 & 1 & 4 \\ 7 & 1 & -2 \\ 16 & 1 & -3 \end{pmatrix}$

V) $$B \cdot A = \begin{pmatrix} 4 & 1 & 0 \\ 2 & -1 & 1 \\ 3 & 0 & -2 \end{pmatrix} \cdot \begin{pmatrix} 3 & 2 & -1 \\ 1 & 0 & 1 \\ 2 & 1 & 2 \end{pmatrix} = \begin{pmatrix} 13 & 8 & -3 \\ 7 & 5 & -1 \\ 5 & 4 & -7 \end{pmatrix}$$

c) I) $$\begin{pmatrix} 2 & 4 \\ 9 & 0 \\ 3 & -1 \end{pmatrix} \cdot \begin{pmatrix} 1 \\ 3 \end{pmatrix} = \begin{pmatrix} 2 \cdot 1 + & 4 \cdot 3 \\ 9 \cdot 1 + & 0 \cdot 3 \\ 3 \cdot 1 + & (-1) \cdot 3 \end{pmatrix} = \begin{pmatrix} 14 \\ 9 \\ 0 \end{pmatrix}$$

II) $$\begin{pmatrix} 2 & 1 \\ 4 & 2 \\ 1 & 5 \end{pmatrix} \cdot \begin{pmatrix} 4 & 2 & 1 \\ 1 & 3 & 2 \end{pmatrix} = \begin{pmatrix} 9 & 7 & 4 \\ 18 & 14 & 8 \\ 9 & 17 & 11 \end{pmatrix}$$

21.2 Inverse Matrizen

a) I) Es sind $A = \begin{pmatrix} 1 & -3 \\ 1 & -4 \end{pmatrix}$, $B = \begin{pmatrix} 4 & -3 \\ 1 & -1 \end{pmatrix}$.

Multipliziert man A mit B, so erhält man:

$$A \cdot B = \begin{pmatrix} 1 & -3 \\ 1 & -4 \end{pmatrix} \cdot \begin{pmatrix} 4 & -3 \\ 1 & -1 \end{pmatrix} = \begin{pmatrix} 1 & 0 \\ 0 & 1 \end{pmatrix}.$$

Somit sind A und B zueinander invers. Das gleiche Ergebnis hätte man auch erhalten, wenn man $B \cdot A$ berechnet hätte.

II) Es sind $A = \begin{pmatrix} -1 & 2 & 0 \\ 0 & -1 & 1 \\ 1 & 1 & 1 \end{pmatrix}$ und $B = \begin{pmatrix} -\frac{1}{2} & -\frac{1}{2} & \frac{1}{2} \\ \frac{1}{4} & -\frac{1}{4} & \frac{1}{4} \\ \frac{1}{4} & \frac{3}{4} & \frac{1}{4} \end{pmatrix}$.

Multipliziert man A mit B, so erhält man:

$$A \cdot B = \begin{pmatrix} -1 & 2 & 0 \\ 0 & -1 & 1 \\ 1 & 1 & 1 \end{pmatrix} \cdot \begin{pmatrix} -\frac{1}{2} & -\frac{1}{2} & \frac{1}{2} \\ \frac{1}{4} & -\frac{1}{4} & \frac{1}{4} \\ \frac{1}{4} & \frac{3}{4} & \frac{1}{4} \end{pmatrix} = \begin{pmatrix} 1 & 0 & 0 \\ 0 & 1 & 0 \\ 0 & 0 & 1 \end{pmatrix}$$

Somit sind A und B zueinander invers. Auch in diesem Fall hätte man das gleiche Ergebnis erhalten, wenn man $B \cdot A$ berechnet hätte.

b) Es ist $A = \begin{pmatrix} 3 & 1 \\ -2 & -1 \end{pmatrix}$. Wendet man die auf Seite 131 beschriebene Formel zur Bestimmung der Inversen an, ergibt sich:

$$\det(A) = \begin{vmatrix} 3 & 1 \\ -2 & -1 \end{vmatrix} = 3 \cdot (-1) - (-2) \cdot 1 = -1$$

Für B gilt damit:

$$B = A^{-1} = \frac{1}{\det A} \begin{pmatrix} -1 & -1 \\ -(-2) & 3 \end{pmatrix} = \frac{1}{-1} \cdot \begin{pmatrix} -1 & -1 \\ 2 & 3 \end{pmatrix} = \begin{pmatrix} 1 & 1 \\ -2 & -3 \end{pmatrix}$$

c) Man schreibt zunächst links die Matrix A auf, und rechts daneben die Einheitsmatrix. Nun wird die (linke) Matrix auf Diagonalenform gebracht, indem Vielfache der Zeilen zueinander addiert werden. Anschließend wird jede Zeile durch die in der Hauptdiagonale stehende Zahl geteilt, falls diese ungleich 1 ist, damit in der Hauptdiagonale nur noch Einsen stehen. Mit der rechten Einheitsmatrix werden in jedem Schritt die gleichen Umformungen durchgeführt:

1	4	1	0	I		Auf Diagonalenform bringen
2	6	0	1	II	$-2 \cdot \text{I}$	
1	4	1	0	I	$+2 \cdot \text{IIa}$	
0	-2	-2	1	IIa		
1	0	-3	2	Ia		Dort, wo es nötig ist, teilen
0	-2	-2	1	IIa	$:(-2)$	
1	0	-3	2	Ia		
0	1	1	$-\frac{1}{2}$	IIb		

Damit ist $A^{-1} = \begin{pmatrix} -3 & 2 \\ 1 & -\frac{1}{2} \end{pmatrix}$.

d) Um die Inverse A^{-1} von A zu bestimmen, schreibt man links die Matrix A auf und rechts daneben die Einheitsmatrix. Dann formt man beide Matrizen gleichzeitig mit Hilfe der sogenannten elementaren Umformungen (siehe Seite 132) so lange um, bis links die Einheitsmatrix steht. Rechts steht dann die inverse Matrix:

1	1	1	1	0	0	I		Zunächst wird die Matrix auf Dreiecksform gebracht, dazu werden erst die Elemente in der linken Spalte eliminiert.
2	4	1	0	1	0	II	$-2 \cdot \text{I}$	
1	5	0	0	0	1	III	$-1 \cdot \text{I}$	
1	1	1	1	0	0	I		Anschließend das Element in der mittleren Spalte.
0	2	-1	-2	1	0	IIa		
0	4	-1	-1	0	1	IIIa	$-2 \cdot \text{IIa}$	
1	1	1	1	0	0	I	$-1 \cdot \text{IIIb}$	Nun werden die Elemente oberhalb der Hauptdiagonale in der rechten Spalte eliminiert.
0	2	-1	-2	1	0	IIa	$+1 \cdot \text{IIIb}$	
0	0	1	3	-2	1	IIIb		
1	1	0	-2	2	-1	Ia	$-\frac{1}{2} \cdot \text{IIb}$	Anschließend das Element in der mittleren Spalte
0	2	0	1	-1	1	IIb		
0	0	1	3	-2	1	IIIb		

1	0	0	$-\frac{5}{2}$	$\frac{5}{2}$	$-\frac{3}{2}$	Ib		Zum Schluss wird dort, wo es nötig ist, geteilt.
0	2	0	1	-1	1	IIb	$:2$	
0	0	1	3	-2	1	IIIb		

1	0	0	$-\frac{5}{2}$	$\frac{5}{2}$	$-\frac{3}{2}$	Ib		Rechts steht nun die gesuchte inverse Matrix.
0	1	0	$\frac{1}{2}$	$-\frac{1}{2}$	$\frac{1}{2}$	IIc		
0	0	1	3	-2	1	IIIb		

$$\text{Damit ist } A^{-1} = \begin{pmatrix} -\frac{5}{2} & \frac{5}{2} & -\frac{3}{2} \\ \frac{1}{2} & -\frac{1}{2} & \frac{1}{2} \\ 3 & -2 & 1 \end{pmatrix}.$$

e) Es wird analog zur vorstehenden Aufgabe vorgegangen:

1	4	-2	1	0	0	I		Zunächst wird die Matrix auf Dreiecksform gebracht, dazu werden erst die Elemente in der linken Spalte eliminiert.
2	2	-1	0	1	0	II	$-2 \cdot \text{I}$	
-1	-2	2	0	0	1	III	$+1 \cdot \text{I}$	

1	4	-2	1	0	0	I		Anschließend das Element in der mittleren Spalte.
0	-6	3	-2	1	0	IIa		
0	2	0	1	0	1	IIIa	$+\frac{2}{6} \cdot \text{IIa}$	

1	4	-2	1	0	0	I	$+2 \cdot \text{IIIb}$	Nun werden die Elemente oberhalb der Hauptdiagonale in der rechten Spalte eliminiert.
0	-6	3	-2	1	0	IIa	$-3 \cdot \text{IIIb}$	
0	0	1	$\frac{1}{3}$	$\frac{1}{3}$	1	IIIb		

1	4	0	$\frac{5}{3}$	$\frac{2}{3}$	2	Ia	$+\frac{2}{3} \cdot \text{IIb}$	Anschließend das Element in der mittleren Spalte.
0	-6	0	-3	0	-3	IIb		
0	0	1	$\frac{1}{3}$	$\frac{1}{3}$	1	IIIb		

1	0	0	$-\frac{1}{3}$	$\frac{2}{3}$	0	Ib		Zum Schluss wird dort, wo es nötig ist, geteilt.
0	-6	0	-3	0	-3	IIb	$:(-6)$	
0	0	1	$\frac{1}{3}$	$\frac{1}{3}$	1	IIIb		

1	0	0	$-\frac{1}{3}$	$\frac{2}{3}$	0	Ib		Rechts steht nun die gesuchte inverse Matrix.
0	1	0	$\frac{1}{2}$	0	$\frac{1}{2}$	IIc		
0	0	1	$\frac{1}{3}$	$\frac{1}{3}$	1	IIIb		

$$\text{Damit ist } A^{-1} = \begin{pmatrix} -\frac{1}{3} & \frac{2}{3} & 0 \\ \frac{1}{2} & 0 & \frac{1}{2} \\ \frac{1}{3} & \frac{1}{3} & 1 \end{pmatrix}.$$

f) Man geht vor wie bei der Bestimmung der Inversen A^{-1}. Tritt dabei eine Nullzeile auf, gibt es keine Inverse Matrix zu A:

1	-1	3	1	0	0	I			Zunächst wird die Matrix auf Dreiecksform gebracht, dazu werden erst die Elemente in der linken Spalte eliminiert.
2	1	2	0	1	0	II	$-2 \cdot I$		
4	-1	8	0	0	1	III	$-4 \cdot I$		

1	-1	3	1	0	0	I		Anschließend das Element in der mittleren Spalte.
0	3	-4	-2	1	0	IIa		
0	3	-4	-4	0	1	IIIa	$-1 \cdot IIa$	

1	-1	3	1	0	0	I	
0	3	-4	-2	1	0	IIa	
0	0	0	-2	-1	1	IIIb	

Die dritte Zeile ist eine Nullzeile, damit existiert keine Inverse A^{-1}.
Alternativ kann man zeigen, dass die Determinante von A gleich Null ist. Auch damit ist gezeigt, dass die Matrix nicht invertierbar ist.

22 Geometrische Abbildungen

22.1 Abbildungen

a) $\alpha : \vec{x}' = \begin{pmatrix} 1 & 2 \\ 5 & -4 \end{pmatrix} \cdot \vec{x} + \begin{pmatrix} -4 \\ 7 \end{pmatrix}$

Setzt man die Koordinaten von P (2 | 3) in die Gleichung von α ein, so erhält man:

$$\vec{p}' = \begin{pmatrix} 1 & 2 \\ 5 & -4 \end{pmatrix} \cdot \begin{pmatrix} 2 \\ 3 \end{pmatrix} + \begin{pmatrix} -4 \\ 7 \end{pmatrix} = \begin{pmatrix} 1 \cdot 2 + 2 \cdot 3 \\ 5 \cdot 2 + (-4) \cdot 3 \end{pmatrix} + \begin{pmatrix} -4 \\ 7 \end{pmatrix}$$

$$= \begin{pmatrix} 8 \\ -2 \end{pmatrix} + \begin{pmatrix} -4 \\ 7 \end{pmatrix} = \begin{pmatrix} 4 \\ 5 \end{pmatrix} \Rightarrow \mathrm{P}'(4 \mid 5)$$

Setzt man die Koordinaten von Q (−1 | 4) in die Gleichung von α ein, so erhält man:

$$\vec{q}' = \begin{pmatrix} 1 & 2 \\ 5 & -4 \end{pmatrix} \cdot \begin{pmatrix} -1 \\ 4 \end{pmatrix} + \begin{pmatrix} -4 \\ 7 \end{pmatrix} = \begin{pmatrix} 7 \\ -21 \end{pmatrix} + \begin{pmatrix} -4 \\ 7 \end{pmatrix} = \begin{pmatrix} 3 \\ -14 \end{pmatrix}$$

$\Rightarrow \mathrm{Q}'(3 \mid -14)$

Setzt man die Koordinaten der Geraden $g : \vec{x} = \begin{pmatrix} 4 \\ -3 \end{pmatrix} + t \cdot \begin{pmatrix} 1 \\ 2 \end{pmatrix}$ in die Gleichung von α ein, so erhält man

$$\begin{pmatrix} 1 & 2 \\ 5 & -4 \end{pmatrix} \cdot \begin{pmatrix} 4+t \\ -3+2t \end{pmatrix} + \begin{pmatrix} -4 \\ 7 \end{pmatrix} = \begin{pmatrix} 4+t + 2 \cdot (-3+2t) \\ 5 \cdot (4+t) + (-4) \cdot (-3+2t) \end{pmatrix} + \begin{pmatrix} -4 \\ 7 \end{pmatrix}$$

$$= \begin{pmatrix} -2+5t \\ 32-3t \end{pmatrix} + \begin{pmatrix} -4 \\ 7 \end{pmatrix} = \begin{pmatrix} -6+5t \\ 39-3t \end{pmatrix}$$

$$\Rightarrow g' : \vec{x} = \begin{pmatrix} -6 \\ 39 \end{pmatrix} + t \cdot \begin{pmatrix} 5 \\ -3 \end{pmatrix}$$

b) Da bei dieser Aufgabe der Nullvektor und die Einheitsvektoren abgebildet werden, lässt sich die Abbildung relativ einfach bestimmen: Man benötigt die Verbindungsvektoren von O′ zu E_1' bzw. zu E_2' und von O zu O′. Es gilt

$$\overrightarrow{\mathrm{O'E_1'}} = \begin{pmatrix} 7-2 \\ 2-5 \end{pmatrix} = \begin{pmatrix} 5 \\ -3 \end{pmatrix}, \overrightarrow{\mathrm{O'E_2'}} = \begin{pmatrix} -2-2 \\ 6-5 \end{pmatrix} = \begin{pmatrix} -4 \\ 1 \end{pmatrix} \text{ und } \overrightarrow{\mathrm{OO'}} = \begin{pmatrix} 2 \\ 5 \end{pmatrix}.$$

Die Vektoren $\overrightarrow{\mathrm{O'E_1'}}$ und $\overrightarrow{\mathrm{O'E_2'}}$ bilden die «Spaltenvektoren» der Matrix, somit gilt für die Abbildung: $\alpha : \vec{x}' = \begin{pmatrix} 5 & -4 \\ -3 & 1 \end{pmatrix} \cdot \vec{x} + \begin{pmatrix} 2 \\ 5 \end{pmatrix}$.

c) Als Ansatz für die affine Abbildung α verwendet man:

$$\alpha : \begin{pmatrix} {x_1}' \\ {x_2}' \end{pmatrix} = \begin{pmatrix} a_1 & b_1 \\ a_2 & b_2 \end{pmatrix} \cdot \begin{pmatrix} x_1 \\ x_2 \end{pmatrix} + \begin{pmatrix} c_1 \\ c_2 \end{pmatrix}$$

bzw.

$$\begin{array}{rcrcrcr} {x_1}' & = & a_1x_1 & + & b_1x_2 & + & c_1 \\ {x_2}' & = & a_2x_1 & + & b_2x_2 & + & c_2 \end{array}$$

Setzt man die Koordinaten von A $(2 \mid 3)$, A$'(7 \mid -6)$, B $(5 \mid 1)$, B$'(11 \mid -2)$, C $(-2 \mid -3)$ und C$'(-7 \mid 6)$ in α ein, so erhält man insgesamt 6 Gleichungssysteme, die man entsprechend der Variablen in zwei Gleichungssysteme aufteilt:

$$\begin{array}{lrcrcrcr} \text{I} & 7 & = & 2a_1 & + & 3b_1 & + & c_1 \\ \text{II} & 11 & = & 5a_1 & + & b_1 & + & c_1 \\ \text{III} & -7 & = & -2a_1 & - & 3b_1 & + & c_1 \end{array} \quad \text{und} \quad \begin{array}{lrcrcrcr} \text{IV} & -6 & = & 2a_2 & + & 3b_2 & + & c_2 \\ \text{V} & -2 & = & 5a_2 & + & b_2 & + & c_2 \\ \text{VI} & 6 & = & -2a_2 & - & 3b_2 & + & c_2 \end{array}$$

Addiert man Gleichung I und III, so erhält man: $c_1 = 0$.
Subtrahiert man das 3-fache der Gleichung II von Gleichung I, so erhält man: $a_1 = 2 \Rightarrow b_1 = 1$.
Addiert man Gleichung IV und VI, so erhält man: $c_2 = 0$.
Subtrahiert man das 3-fache der Gleichung V von Gleichung IV, so erhält man: $a_2 = 0 \Rightarrow b_2 = -2$.
Somit hat die affine Abbildung α folgende Matrixdarstellung:

$$\alpha : \vec{x}' = \begin{pmatrix} 2 & 1 \\ 0 & -2 \end{pmatrix} \cdot \vec{x}.$$

d) Man verwendet für die affine Abbildung den gleichen Ansatz wie in der vorangehenden Aufgabe.
Setzt man die Koordinaten von A $(3 \mid 0)$, A$'(-1 \mid -2)$, B $(0 \mid -3)$, B$'(-7 \mid -5)$, C $(-2 \mid 0)$ und C$'(-1 \mid -2)$ in α ein, so erhält man insgesamt 6 Gleichungssysteme, die man entsprechend der Variablen in zwei Gleichungssysteme aufteilt:

$$\begin{array}{lrcrcrcr} \text{I} & -1 & = & 3a_1 & & & + & c_1 \\ \text{II} & -7 & = & & - & 3b_1 & + & c_1 \\ \text{III} & -1 & = & -2a_1 & & & + & c_1 \end{array} \quad \text{und} \quad \begin{array}{lrcrcrcr} \text{IV} & -2 & = & 3a_2 & & & + & c_2 \\ \text{V} & -5 & = & & - & 3b_2 & + & c_2 \\ \text{VI} & -2 & = & -2a_2 & & & + & c_2 \end{array}$$

Subtrahiert man Gleichung III von Gleichung I, so erhält man: $a_1 = 0 \Rightarrow c_1 = -1$ und $b_1 = 2$.
Subtrahiert man Gleichung VI von Gleichung IV, so erhält man: $a_2 = 0 \Rightarrow c_2 = -2$ und $b_2 = 1$. Somit hat die affine Abbildung α folgende Matrixdarstellung:

$$\alpha : \vec{x}' = \begin{pmatrix} 0 & 2 \\ 0 & 1 \end{pmatrix} \cdot \vec{x} + \begin{pmatrix} -1 \\ -2 \end{pmatrix}.$$

e) Eine Verschiebung um einen Vektor $\vec{v}$ hat die Darstellung $\alpha : \vec{x}' = \vec{x} + \vec{v}$, also

$$\alpha : \vec{x}' = \vec{x} + \begin{pmatrix} -1 \\ 3 \end{pmatrix}.$$

Eine Drehung um den Ursprung um einen Winkel α hat die Darstellung

$$\beta : \vec{x}' = \begin{pmatrix} \cos\alpha & -\sin\alpha \\ \sin\alpha & \cos\alpha \end{pmatrix} \cdot \vec{x}, \text{ also } \beta : \vec{x}' = \begin{pmatrix} \cos 60^\circ & -\sin 60^\circ \\ \sin 60^\circ & \cos 60^\circ \end{pmatrix} \cdot \vec{x} \text{ bzw.}$$

$$\beta : \vec{x}' = \begin{pmatrix} 0,5 & -\frac{1}{2}\sqrt{3} \\ \frac{1}{2}\sqrt{3} & 0,5 \end{pmatrix} \cdot \vec{x}.$$

Eine zentrische Streckung vom Ursprung aus mit Streckfaktor $k \neq 0$ hat die Darstellung

$$\gamma: \vec{x}' = \begin{pmatrix} k & 0 \\ 0 & k \end{pmatrix} \cdot \vec{x}, \text{ also } \gamma: \vec{x}' = \begin{pmatrix} -\frac{2}{5} & 0 \\ 0 & -\frac{2}{5} \end{pmatrix} \cdot \vec{x}.$$

Eine Spiegelung an einer Ursprungsgeraden, die mit der x_1-Achse einen Winkel α einschließt, hat die Darstellung

$$\delta : \vec{x}' = \begin{pmatrix} \cos(2\alpha) & \sin(2\alpha) \\ \sin(2\alpha) & -\cos(2\alpha) \end{pmatrix} \cdot \vec{x}$$

Da die Gerade $g : \vec{x} = t \cdot \begin{pmatrix} 2 \\ 3 \end{pmatrix}$ die Steigung $\frac{3}{2}$ hat, gilt: $\tan\alpha = \frac{3}{2} \Rightarrow \alpha \approx 56,3°$. Somit gilt $\delta : \vec{x}' = \begin{pmatrix} \cos(2 \cdot 56,3) & \sin(2 \cdot 56,3) \\ \sin(2 \cdot 56,3) & -\cos(2 \cdot 56,3) \end{pmatrix} \cdot \vec{x}$ bzw. $\delta : \vec{x}' = \begin{pmatrix} -0,38 & 0,92 \\ 0,92 & 0,38 \end{pmatrix} \cdot \vec{x}$.

f) Bei $\alpha : \vec{x}' = \begin{pmatrix} \frac{12}{13} & \frac{5}{13} \\ \frac{5}{13} & -\frac{12}{13} \end{pmatrix} \cdot \vec{x}$ handelt es sich um eine Spiegelung, da die Matrix die Form einer Spiegelmatrix $\begin{pmatrix} \cos(2\gamma) & \sin(2\gamma) \\ \sin(2\gamma) & -\cos(2\gamma) \end{pmatrix}$ hat.

Für den Winkel zwischen Spiegelachse und x_1-Achse gilt $\cos(2\gamma) = \frac{12}{13} \Rightarrow \gamma \approx 11,31°$ und $\sin(2\gamma) = \frac{5}{13} \Rightarrow \gamma \approx 11,31°$.

Bei $\beta : \vec{x}' = \begin{pmatrix} \frac{12}{13} & -\frac{5}{13} \\ \frac{5}{13} & \frac{12}{13} \end{pmatrix} \cdot \vec{x}$ handelt es sich um eine Drehung, da die Matrix die Form einer Drehmatrix $\begin{pmatrix} \cos\alpha & -\sin\alpha \\ \sin\alpha & \cos\alpha \end{pmatrix}$ hat. Der Drehwinkel kann wie folgt berechnet werden: $\cos\alpha = \frac{12}{13} \Rightarrow \alpha \approx 22,62°$ und $\sin\alpha = \frac{5}{13} \Rightarrow \alpha \approx 22,62°$.

22.2 Verkettete Abbildungen

a) I) Bei der Verkettung «erst α, dann β» ($\beta \circ \alpha$) wird die Matrix von β von links mit der Matrix von α multipliziert: $\vec{x}' = \begin{pmatrix} 0 & -2 \\ -2 & 0 \end{pmatrix} \cdot \begin{pmatrix} 2 & 3 \\ 0 & 4 \end{pmatrix} \cdot \vec{x} = \begin{pmatrix} 0 & -8 \\ -4 & -6 \end{pmatrix} \cdot \vec{x}$

II) Bei der Verkettung «erst β, dann α», also $\alpha \circ \beta$, wird die Matrix von α von links mit der Matrix von β multipliziert: $\vec{x}' = \begin{pmatrix} 2 & 3 \\ 0 & 4 \end{pmatrix} \cdot \begin{pmatrix} 0 & -2 \\ -2 & 0 \end{pmatrix} \cdot \vec{x} = \begin{pmatrix} -6 & -4 \\ -8 & 0 \end{pmatrix} \cdot \vec{x}$

b) I) Die Matrix D bei einer Drehung um O (0 | 0) um 30° lautet:

$$D = \begin{pmatrix} \cos 30^\circ & -\sin 30^\circ \\ \sin 30^\circ & \cos 30^\circ \end{pmatrix} = \begin{pmatrix} \frac{1}{2}\sqrt{3} & -0{,}5 \\ 0{,}5 & \frac{1}{2}\sqrt{3} \end{pmatrix}$$

Die Gerade $g : \vec{x} = t \cdot \begin{pmatrix} 1 \\ 1 \end{pmatrix}$ hat die Steigung 1 und schließt somit mit der x_1-Achse einen Winkel von 45° ein. Somit lautet die Spiegelmatrix S

$$S = \begin{pmatrix} \cos 90^\circ & \sin 90^\circ \\ \sin 90^\circ & -\cos 90^\circ \end{pmatrix} = \begin{pmatrix} 0 & 1 \\ 1 & 0 \end{pmatrix}$$

Wird zuerst gedreht und dann gespiegelt, gilt für die Verkettung:

$$M = S \cdot D = \begin{pmatrix} 0 & 1 \\ 1 & 0 \end{pmatrix} \cdot \begin{pmatrix} \frac{1}{2}\sqrt{3} & -0{,}5 \\ 0{,}5 & \frac{1}{2}\sqrt{3} \end{pmatrix} = \begin{pmatrix} 0{,}5 & \frac{1}{2}\sqrt{3} \\ \frac{1}{2}\sqrt{3} & -0{,}5 \end{pmatrix}$$

II) Die Matrix Z bei einer zentrischen Streckung von O (0 | 0) aus mit Streckfaktor $k = 3$ lautet: $Z = \begin{pmatrix} 3 & 0 \\ 0 & 3 \end{pmatrix}$. Die x_2-Achse schließt mit der x_1-Achse einen Winkel von 90° ein, also gilt für die Spiegelmatrix

$$S = \begin{pmatrix} \cos 180^\circ & \sin 180^\circ \\ \sin 180^\circ & -\cos 180^\circ \end{pmatrix} = \begin{pmatrix} -1 & 0 \\ 0 & 1 \end{pmatrix}$$

Wird zuerst gestreckt und dann gespiegelt, gilt für die Verkettung:

$$M = S \cdot Z = \begin{pmatrix} -1 & 0 \\ 0 & 1 \end{pmatrix} \cdot \begin{pmatrix} 3 & 0 \\ 0 & 3 \end{pmatrix} = \begin{pmatrix} -3 & 0 \\ 0 & 3 \end{pmatrix}$$

22.3 Umkehrabbildungen

a) I) Es ist $\alpha : \vec{x}' = \begin{pmatrix} 2 & 6 \\ 3 & 4 \end{pmatrix} \cdot \vec{x}$. Die inverse Matrix A^{-1} wird mit der Formel für inverse 2×2 Matrizen auf Seite 131 bestimmt: Es ist $\det(A) = \begin{vmatrix} 2 & 6 \\ 3 & 4 \end{vmatrix} = 2 \cdot 4 - 3 \cdot 6 = -10$, damit ist $A^{-1} = \frac{1}{-10} \begin{pmatrix} 4 & -6 \\ -3 & 2 \end{pmatrix} = \begin{pmatrix} -\frac{2}{5} & \frac{3}{5} \\ \frac{3}{10} & -\frac{1}{5} \end{pmatrix}$.

Also gilt für die Umkehrabbildung: $\alpha^{-1} : \vec{x}' = \begin{pmatrix} -\frac{2}{5} & \frac{3}{5} \\ \frac{3}{10} & -\frac{1}{5} \end{pmatrix} \cdot \vec{x}$.

II) Es ist $\alpha : \vec{x}' = \begin{pmatrix} 1 & -3 \\ 1 & -4 \end{pmatrix} \cdot \vec{x} + \begin{pmatrix} 3 \\ 5 \end{pmatrix}$. Die inverse Matrix A^{-1} wird mit der Formel für inverse 2×2 Matrizen bestimmt: Es ist $\det(A) = 1 \cdot (-4) - 1 \cdot (-3) = -1$, daraus folgt

$$A^{-1} = \frac{1}{-1} \begin{pmatrix} -4 & 3 \\ -1 & 1 \end{pmatrix} = \begin{pmatrix} 4 & -3 \\ 1 & -1 \end{pmatrix}.$$

Also gilt für die Umkehrabbildung:

$$\alpha^{-1}: \vec{x}' = \begin{pmatrix} 4 & -3 \\ 1 & -1 \end{pmatrix} \cdot \vec{x} - \begin{pmatrix} 4 & -3 \\ 1 & -1 \end{pmatrix} \cdot \begin{pmatrix} 3 \\ 5 \end{pmatrix} = \begin{pmatrix} 4 & -3 \\ 1 & -1 \end{pmatrix} \cdot \vec{x} - \begin{pmatrix} -3 \\ -2 \end{pmatrix}$$

$$= \begin{pmatrix} 4 & -3 \\ 1 & -1 \end{pmatrix} \cdot \vec{x} + \begin{pmatrix} 3 \\ 2 \end{pmatrix}.$$

III) Es ist $\alpha: \vec{x}' = \begin{pmatrix} 2 & 3 \\ 3 & 5 \end{pmatrix} \cdot \vec{x} - \begin{pmatrix} 1 \\ 4 \end{pmatrix}$. Die inverse Matrix A^{-1} wird mit der Formel für inverse 2×2 Matrizen bestimmt: Es ist $\det(A) = 2 \cdot 5 - 3 \cdot 3 = 1$

$A^{-1} = \frac{1}{1} \begin{pmatrix} 5 & -3 \\ -3 & 2 \end{pmatrix} = \begin{pmatrix} 5 & -3 \\ -3 & 2 \end{pmatrix}$. Also gilt für die Umkehrabbildung:

$$\alpha^{-1}: \vec{x}' = \begin{pmatrix} 5 & -3 \\ -3 & 2 \end{pmatrix} \cdot \vec{x} + \begin{pmatrix} 5 & -3 \\ -3 & 2 \end{pmatrix} \cdot \begin{pmatrix} 1 \\ 4 \end{pmatrix} = \begin{pmatrix} 5 & -3 \\ -3 & 2 \end{pmatrix} \cdot \vec{x} + \begin{pmatrix} -7 \\ 5 \end{pmatrix}.$$

b) Es ist $\alpha: \vec{x}' = \begin{pmatrix} -3 & 6 \\ -2 & 4 \end{pmatrix} \cdot \vec{x} + \begin{pmatrix} 2 \\ 3 \end{pmatrix}$. Genau dann, wenn die Abbildung keine Umkehrabbildung besitzt, ist die Matrix nicht invertierbar. Bei der Bestimmung der inversen Matrix A^{-1} mit der Formel ergibt sich $\det(A) = -3 \cdot 4 - (-2) \cdot 6 = 0$. Da in der Formel für die inverse Matrix aber $\frac{1}{\det(A)}$ vorkommt, ist die Matrix nicht invertierbar, also gibt es keine Umkehrabbildung.

c) I) Gesucht ist die Matrixdarstellung der Umkehrabbildung α^{-1} der Abbildung α, die eine Drehung um den Ursprung um 45° bewirkt. Die Abbildungsmatrix A der Drehung um 45° um den Ursprung lautet $A = \begin{pmatrix} \cos 45° & -\sin 45° \\ \sin 45° & \cos 45° \end{pmatrix} = \begin{pmatrix} \frac{\sqrt{2}}{2} & -\frac{\sqrt{2}}{2} \\ \frac{\sqrt{2}}{2} & \frac{\sqrt{2}}{2} \end{pmatrix}$.

Damit hat die Abbildung folgende Gestalt:

$$\alpha: \vec{x}' = \begin{pmatrix} \frac{\sqrt{2}}{2} & -\frac{\sqrt{2}}{2} \\ \frac{\sqrt{2}}{2} & \frac{\sqrt{2}}{2} \end{pmatrix} \cdot \vec{x}.$$

Die inverse Matrix A^{-1} wird auch hier mit der Formel auf Seite 131 bestimmt: Es ist $\det(A) = \frac{\sqrt{2}}{2} \cdot \frac{\sqrt{2}}{2} - \frac{\sqrt{2}}{2} \cdot \left(-\frac{\sqrt{2}}{2}\right) = 1$. Also gilt:

$$A^{-1} = \frac{1}{1} \begin{pmatrix} \frac{\sqrt{2}}{2} & \frac{\sqrt{2}}{2} \\ -\frac{\sqrt{2}}{2} & \frac{\sqrt{2}}{2} \end{pmatrix} = \frac{1}{2} \begin{pmatrix} \sqrt{2} & \sqrt{2} \\ -\sqrt{2} & \sqrt{2} \end{pmatrix}$$

Damit gilt für die Umkehrabbildung:

$$\alpha^{-1}: \vec{x}' = \frac{1}{2} \begin{pmatrix} \sqrt{2} & \sqrt{2} \\ -\sqrt{2} & \sqrt{2} \end{pmatrix} \cdot \vec{x}$$

II) Gesucht ist die Matrixdarstellung der Umkehrabbildung α^{-1} der Abbildung α, die eine zentrische Streckung vom Ursprung aus mit Streckfaktor 2 bewirkt. Die Abbildungsmatrix A der Streckung mit Streckfaktor 2 lautet $A = \begin{pmatrix} 2 & 0 \\ 0 & 2 \end{pmatrix}$. Damit hat die Abbildung folgende Gestalt $\alpha: \vec{x}' = \begin{pmatrix} 2 & 0 \\ 0 & 2 \end{pmatrix} \cdot \vec{x}$.

Die inverse Matrix A^{-1} wird auch hier mit der Formel bestimmt:

Es ist $\det(A) = 2 \cdot 2 - 0 \cdot 0 = 4$. Damit ist: $A^{-1} = \frac{1}{4}\begin{pmatrix} 2 & 0 \\ 0 & 2 \end{pmatrix} = \begin{pmatrix} \frac{1}{2} & 0 \\ 0 & \frac{1}{2} \end{pmatrix}$

Also gilt für die Umkehrabbildung $\alpha^{-1}: \vec{x}' = \begin{pmatrix} \frac{1}{2} & 0 \\ 0 & \frac{1}{2} \end{pmatrix} \cdot \vec{x}$.

22.4 Eigenwerte und Eigenvektoren

a) I) Es sind die Eigenwerte und Eigenvektoren der Matrix $A = \begin{pmatrix} 3 & 2 \\ 2 & 6 \end{pmatrix}$ zu bestimmen.

Die Nullstellen des charakteristischen Polynoms ergeben sich aus der Gleichung:

$$\det(A - \lambda E) = \begin{vmatrix} 3-\lambda & 2 \\ 2 & 6-\lambda \end{vmatrix} = 0 \Rightarrow (3-\lambda)\cdot(6-\lambda) - 2\cdot 2 = 0$$

$\Rightarrow \lambda^2 - 9\lambda + 14 = 0.$

Lösen der quadratischen Gleichung führt zu den beiden Lösungen $\lambda_1 = 2$ und $\lambda_2 = 7$.
Damit besitzt die Matrix A die beiden Eigenwerte 2 und 7.
Um die Eigenvektoren zum Eigenwert 2 zu bestimmen, löst man das Gleichungssystem:

$$\begin{array}{rcrcl} (3-2)v_1 & + & 2v_2 & = & 0 \\ 2v_1 & + & (6-2)v_2 & = & 0 \end{array} \Rightarrow \begin{array}{rcrcl} v_1 & + & 2v_2 & = & 0 \\ 2v_1 & + & 4v_2 & = & 0 \end{array} \Rightarrow v_1 = -2v_2$$

mit der Lösungsmenge $L = \{(-2t\,;t) \mid t \in \mathbb{R}\}$. Es ergibt sich für die Eigenvektoren:
$t \cdot \begin{pmatrix} -2 \\ 1 \end{pmatrix}$, $t \in \mathbb{R} \setminus \{0\}$. Um die Eigenvektoren zum Eigenwert 7 zu bestimmen, löst man das Gleichungssystem:

$$\begin{array}{rcrcl} (3-7)v_1 & + & 2v_2 & = & 0 \\ 2v_1 & + & (6-7)v_2 & = & 0 \end{array} \Rightarrow \begin{array}{rcrcl} -4v_1 & + & 2v_2 & = & 0 \\ 2v_1 & - & v_2 & = & 0 \end{array} \Rightarrow v_1 = \tfrac{1}{2}v_2$$

mit der Lösungsmenge $L = \left\{\left(\frac{1}{2}t\,;t\right) \mid t \in \mathbb{R}\right\}$. Es ergibt sich für die Eigenvektoren:
$t \cdot \begin{pmatrix} 1 \\ 2 \end{pmatrix}$, $t \in \mathbb{R} \setminus \{0\}$.

II) Es sind die Eigenwerte und Eigenvektoren der Matrix $A = \begin{pmatrix} 2 & 3 \\ 4 & 13 \end{pmatrix}$ zu bestimmen. Die Eigenwerte ergeben sich aus den Nullstellen des charakteristischen Polynoms von A:

$$\det(A - \lambda E) = \begin{vmatrix} 2-\lambda & 3 \\ 4 & 13-\lambda \end{vmatrix} = 0 \Rightarrow (2-\lambda)\cdot(13-\lambda) - 4\cdot 3 = 0\,.$$

$\Rightarrow \lambda^2 - 15\lambda + 14 = 0$

Lösen der quadratischen Gleichung führt zu den beiden Lösungen $\lambda_1 = 1$ und $\lambda_2 = 14$.
Damit besitzt die Matrix A die beiden Eigenwerte 1 und 14.

Um die Eigenvektoren zum Eigenwert 1 zu bestimmen, löst man das Gleichungssystem

$$\begin{array}{rcrcl} (2-1)v_1 & + & 3v_2 & = & 0 \\ 4v_1 & + & (13-1)v_2 & = & 0 \end{array} \Rightarrow \begin{array}{rcrcl} v_1 & + & 3v_2 & = & 0 \\ 4v_1 & + & 12v_2 & = & 0 \end{array} \Rightarrow v_1 = -3v_2$$

mit der Lösungsmenge $L = \{(-3t\,;t) \mid t \in \mathbb{R}\}$. Es ergibt sich für die Eigenvektoren: $t \cdot \begin{pmatrix} -3 \\ 1 \end{pmatrix}$, $t \in \mathbb{R} \setminus \{0\}$.

Um die Eigenvektoren zum Eigenwert 14 zu bestimmen, löst man das Gleichungssystem

$$\begin{array}{rcrcl} (2-14)v_1 & + & 3v_2 & = & 0 \\ 4v_1 & + & (13-14)v_2 & = & 0 \end{array} \Rightarrow \begin{array}{rcrcl} -12v_1 & + & 3v_2 & = & 0 \\ 4v_1 & - & v_2 & = & 0 \end{array} \Rightarrow v_1 = \tfrac{1}{4}v_2$$

mit der Lösungsmenge $L = \left\{\left(\tfrac{1}{4}t\,;t\right) \mid t \in \mathbb{R}\right\}$. Es ergibt sich für die Eigenvektoren: $t \cdot \begin{pmatrix} 1 \\ 4 \end{pmatrix}$, $t \in \mathbb{R} \setminus \{0\}$.

b) Um zu zeigen, dass die Matrix $A = \begin{pmatrix} 1 & -2 \\ 3 & 4 \end{pmatrix}$ keine Eigenwerte besitzt, untersucht man ihr charakteristisches Polynom:

$$\det(A - \lambda E) = \begin{vmatrix} 1-\lambda & -2 \\ 3 & 4-\lambda \end{vmatrix} = 0 \Rightarrow (1-\lambda)\cdot(4-\lambda) - 3\cdot(-2) = 0$$

$\Rightarrow \lambda^2 - 5\lambda + 10 = 0.$

Diese quadratische Gleichung besitzt keine Lösung, also besitzt die Matrix A keine Eigenwerte und damit auch keine Eigenvektoren.

c) Gegeben ist der Eigenwert 2 mit den Eigenvektoren $\vec{v} = r \cdot \begin{pmatrix} 1 \\ 2 \end{pmatrix}$, $r \in \mathbb{R} \setminus \{0\}$ sowie der Eigenwert 4 mit den Eigenvektoren $\vec{v} = r \cdot \begin{pmatrix} 1 \\ 1 \end{pmatrix}$, $r \in \mathbb{R} \setminus \{0\}$. Das Gleichungssystem, welches sich aus $(A - \lambda E) \cdot \vec{v} = 0$ ergibt, liefert:

$$\begin{array}{rcrcl} (a_1-2)\cdot 1 & + & b_1 \cdot 2 & = & 0 \\ a_2 \cdot 1 & + & (b_2-2)\cdot 2 & = & 0 \end{array} \Rightarrow \begin{array}{rcrcl} a_1 & + & 2b_1 & = & 2 \\ a_2 & + & 2b_2 & = & 4 \end{array}$$

$$\begin{array}{rcrcl} (a_1-4)\cdot 1 & + & b_1 \cdot 1 & = & 0 \\ a_2 \cdot 1 & + & (b_2-4)\cdot 1 & = & 0 \end{array} \Rightarrow \begin{array}{rcrcl} a_1 & + & b_1 & = & 4 \\ a_2 & + & b_2 & = & 4 \end{array}$$

daraus ergibt sich:

$$\begin{array}{rcrcl} a_1 & + & 2b_1 & = & 2 \\ a_1 & + & b_1 & = & 4 \end{array} \Rightarrow b_1 = -2 \text{ und } a_1 = 6$$

$$\begin{array}{rcrcl} a_2 & + & 2b_2 & = & 4 \\ a_2 & + & b_2 & = & 4 \end{array} \Rightarrow b_2 = 0 \text{ und } a_2 = 4$$

Also hat die gesuchte Matrix die Form: $A = \begin{pmatrix} 6 & -2 \\ 4 & 0 \end{pmatrix}$.

23 Matrizen in praktischen Anwendungen

23.1 Verflechtungsmatrizen

a) I) Das Diagramm, auch Gozintograph genannt, der die Produktion der Küchengeräte K_1 und K_2 beschreibt, kann wie folgt gezeichnet werden:

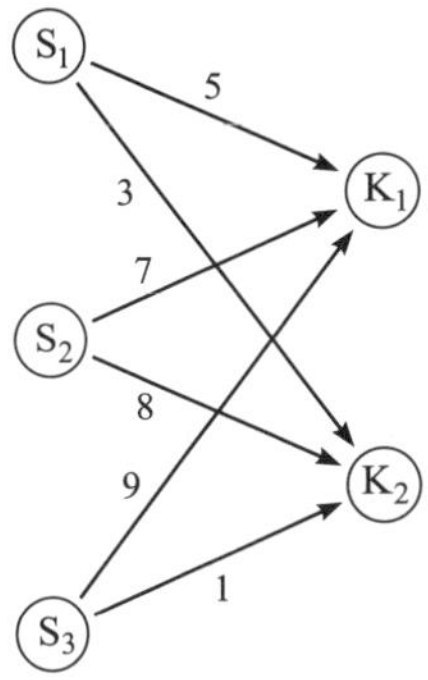

	K_1	K_2
S_1	5	3
S_2	7	8
S_3	9	1

II) Es ist die Anzahl der Schrauben, der sog. «Inputvektor» gesucht. Entweder liest man die Verflechtungsmatrix direkt ab, oder man stellt ein Gleichungssystem so auf, dass auf der linken Seite die Anzahl der Schrauben steht. Es sind y_1, y_2 und y_3 die Anzahl der Schrauben, die für x_1 Küchengeräte K_1 und x_2 Küchengeräte K_2 benötigt werden.

$$y_1 = 5 \cdot x_1 + 3 \cdot x_2$$
$$y_2 = 7 \cdot x_1 + 8 \cdot x_2 \qquad \Rightarrow \text{Die Verflechtungsmatrix hat die Form: } \begin{pmatrix} 5 & 3 \\ 7 & 8 \\ 9 & 1 \end{pmatrix}$$
$$y_3 = 9 \cdot x_1 + 1 \cdot x_2$$

III) Laut Aufgabenstellung sollen 1000 Geräte K_1 und 1500 Geräte K_2 hergestellt werden. Da in der Tabelle die Reihenfolge K_1, K_2 in den Tabellenspalten gewählt wurde, gilt diese Reihenfolge auch für den Outputvektor: $\begin{pmatrix} 1000 \\ 1500 \end{pmatrix}$.

Der Vektor, der die benötigte Anzahl an Schrauben angibt, ist der Inputvektor. Dieser ergibt sich durch Multiplikation der Produktionsmatrix mit dem Outputvektor:

$$\begin{pmatrix} y_1 \\ y_2 \\ y_3 \end{pmatrix} = \begin{pmatrix} 5 & 3 \\ 7 & 8 \\ 9 & 1 \end{pmatrix} \cdot \begin{pmatrix} 1000 \\ 1500 \end{pmatrix} = \begin{pmatrix} 9\,500 \\ 19\,000 \\ 10\,500 \end{pmatrix}$$

Man benötigt 9500 Schrauben S_1, 19000 Schrauben S_2 und 10500 Schrauben S_3.

b) I) Aus der Aufgabenstellung ergibt sich der gezeichnete Gozintograph; die Abhängigkeiten sind in einer Tabelle aufgeführt, wobei die Outputwerte in den Spalten stehen.

Schubladen werden mit S bezeichnet, Türen mit T und Einlegeböden mit E:

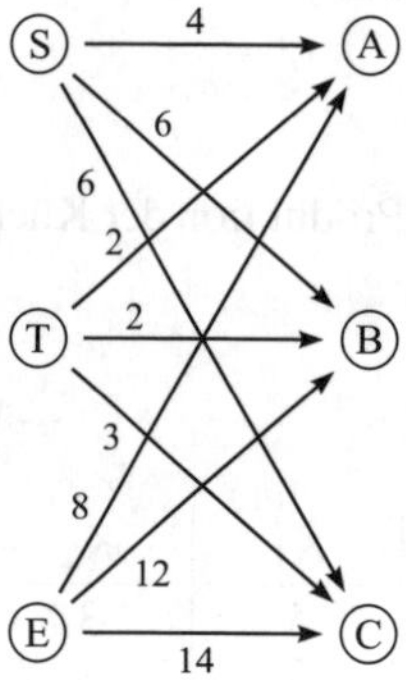

	A	B	C
S	4	6	6
T	2	2	3
E	8	12	14

II) Da der Inputvektor gesucht ist, stellt man das Gleichungssystem so auf, dass auf der linken Seite die Anzahl der Rohmaterialien, also der Schubladen, Türen und Einlegeböden steht; dabei sind y_1, y_2 und y_3 die entsprechenden Anzahlen. Der Outputvektor wird von x_1, x_2 und x_3 gebildet (alternativ kann man die Verflechtungsmatrix direkt aus der Tabelle ablesen.)

$$y_1 = 4 \cdot x_1 + 6 \cdot x_2 + 6 \cdot x_3$$
$$y_2 = 2 \cdot x_1 + 2 \cdot x_2 + 3 \cdot x_3 \qquad \Rightarrow \text{Verflechtungsmatrix: } \begin{pmatrix} 4 & 6 & 6 \\ 2 & 2 & 3 \\ 8 & 12 & 14 \end{pmatrix}$$
$$y_3 = 8 \cdot x_1 + 12 \cdot x_2 + 14 \cdot x_3$$

Laut Aufgabenstellung sollen 10 Schränke von Modell A, 8 Schränke von Modell B und 5 Schränke von Modell C hergestellt werden. Der Vektor, der diese Produktionsmenge beschreibt, ist der Outputvektor: $\begin{pmatrix} 10 \\ 8 \\ 5 \end{pmatrix}$.

Der Inputvektor ergibt sich durch Multiplikation der Produktionsmatrix mit dem Outputvektor:

$$\begin{pmatrix} y_1 \\ y_2 \\ y_3 \end{pmatrix} = \begin{pmatrix} 4 & 6 & 6 \\ 2 & 2 & 3 \\ 8 & 12 & 14 \end{pmatrix} \cdot \begin{pmatrix} 10 \\ 8 \\ 5 \end{pmatrix} = \begin{pmatrix} 118 \\ 51 \\ 246 \end{pmatrix}$$

Für den Auftrag benötigt die Schreinerei also 118 Schubladen, 51 Türen und 246 Einlegeböden.

c) I) Zuerst stellt man das Gleichungssystem so auf, dass auf der linken Seite die jeweilige Menge der Zutaten steht; dabei sind y_1, y_2, y_3 und y_4 die entsprechenden Mengen. Der Outputvektor wird aus x_1, x_2 und x_3 gebildet (man kann die Verflechtungsmatrix auch direkt aus der Tabelle ablesen, wenn man beachtet, dass Zeilen und Spalten vertauscht werden müssen).

Somit gilt:

$$\begin{aligned} y_1 &= 0,6 \cdot x_1 + 0,7 \cdot x_2 + 0,5 \cdot x_3 \\ y_2 &= 0,2 \cdot x_1 + 0,2 \cdot x_2 + 0,1 \cdot x_3 \\ y_3 &= 0,1 \cdot x_1 + 0,05 \cdot x_2 + 0,2 \cdot x_3 \\ y_4 &= 0,1 \cdot x_1 + 0,05 \cdot x_2 + 0,2 \cdot x_3 \end{aligned} \quad \Rightarrow \text{Verflechtungsmatrix: } \begin{pmatrix} 0,6 & 0,7 & 0,5 \\ 0,2 & 0,2 & 0,1 \\ 0,1 & 0,05 & 0,2 \\ 0,1 & 0,05 & 0,2 \end{pmatrix}$$

II) Um die Menge an Zutaten Z_1, Z_2, Z_3und Z_4 (den Inputvektor) zu bestimmen, multipliziert man die Matrix

mit dem Outputvektor $\begin{pmatrix} 200 \\ 400 \\ 600 \end{pmatrix}$:

$$\begin{pmatrix} y_1 \\ y_2 \\ y_3 \\ y_4 \end{pmatrix} = \begin{pmatrix} 0,6 & 0,7 & 0,5 \\ 0,2 & 0,2 & 0,1 \\ 0,1 & 0,05 & 0,2 \\ 0,1 & 0,05 & 0,2 \end{pmatrix} \cdot \begin{pmatrix} 200 \\ 400 \\ 600 \end{pmatrix} = \begin{pmatrix} 700 \\ 180 \\ 160 \\ 160 \end{pmatrix}$$

Es werden 700 kg von Z_1, 180 kg von Z_2, 160 kg von Z_3 und 160 kg von Z_4 benötigt.

23.2 Übergangsmatrizen

a) I) Das Übergangsdiagramm kann wie untenstehend gezeichnet werden, wobei W für Wald und L für Lichtung steht. Es ist dabei nicht zwingend, die Übergangswahrscheinlichkeit einzuzeichnen, die den Übergang eines Zustands zu sich selbst beschreibt, doch kann es zur Übersichtlichkeit beitragen, da die Summe aller Übergänge in einem geschlossenen System immer 1 sein muss.

Beim Erstellen der Tabelle ist zu beachten, dass die Übergänge von «Spalten zu Zeilen» stattfinden

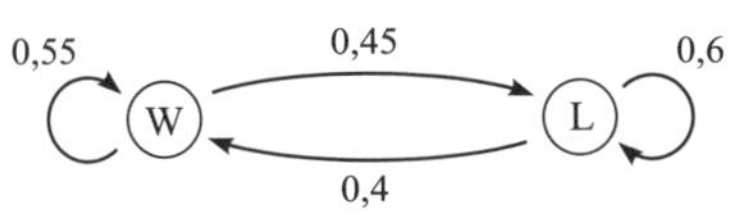

	W	L
W	0,55	0,4
L	0,45	0,6

II) Die Übergangsmatrix lässt sich direkt an der Tabelle ablesen: $A = \begin{pmatrix} 0,55 & 0,4 \\ 0,45 & 0,6 \end{pmatrix}$.

Die Verteilung der Vögel wird durch einen Zustandsvektor beschrieben. Dabei entspricht die Reihenfolge der Komponenten dieses Vektors der Reihenfolge der Zeilen bzw. Spalten in der Tabelle bzw. der Übergangsmatrix. Der Vektor des Anfangszustands ist also $\overrightarrow{v_0} = \begin{pmatrix} 0 \\ 200 \end{pmatrix}$.

Um die Verteilung der Vögel nach einem Tag zu berechen, multipliziert man A mit dem Zustandsvektor: $\begin{pmatrix} 0,55 & 0,4 \\ 0,45 & 0,6 \end{pmatrix} \cdot \begin{pmatrix} 0 \\ 200 \end{pmatrix} = \begin{pmatrix} 80 \\ 120 \end{pmatrix} = \overrightarrow{v_1}$

Nach einem Tag halten sich 80 Vögel im Wald und 120 Vögel auf der Lichtung auf.

b) I) Um die Übergänge zwischen Hauptschule H, Realschule R und Gymnasium G zu veranschaulichen, stellt man einen Übergangsgraphen und eine Tabelle auf. Bei den Einträgen in der Tabelle ist wichtig, dass die Übergänge von «Spalten zu Zeilen» stattfinden:

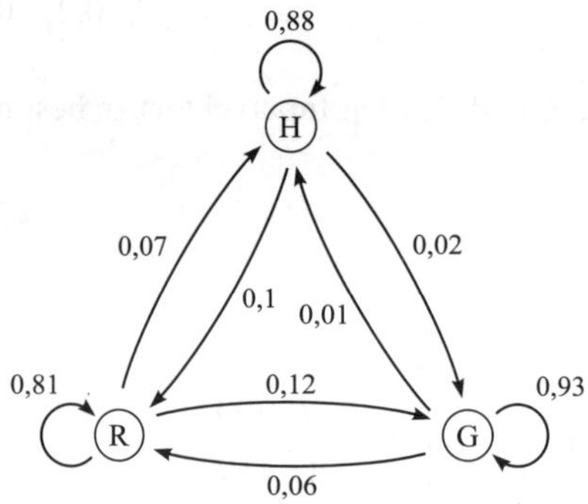

	H	R	G
H	0,88	0,07	0,01
R	0,1	0,81	0,06
G	0,02	0,12	0,93

II) Als Übergangsmatrix ergibt sich: $A = \begin{pmatrix} 0,88 & 0,07 & 0,01 \\ 0,1 & 0,81 & 0,06 \\ 0,02 & 0,12 & 0,93 \end{pmatrix}$.

III) Der Zustandsvektor $\vec{v}$ gibt die Anzahl an Hauptschülern, Realschülern und Gymnasiasten an. Die Verteilung für das folgende Jahr erhält man, indem man zuerst den Zustandsvektor der momentanen Verteilung aufstellt und dann die Matrix M mit diesem Zustandsvektor multipliziert. Beim Aufstellen das Zustandsvektors ist zu beachten, dass die Reihenfolge der jeweiligen Anzahlen so gewählt wird, wie die Reihenfolge der Zeilen bzw. Spalten in der Tabelle (also Hauptschule, Realschule, Gymnasium).

Als Zustandsvektor erhält man: $\vec{v_0} = \begin{pmatrix} 40\,000 \\ 50\,000 \\ 60\,000 \end{pmatrix}$.

$$\vec{v_1} = \begin{pmatrix} 0,88 & 0,07 & 0,01 \\ 0,1 & 0,81 & 0,06 \\ 0,02 & 0,12 & 0,93 \end{pmatrix} \cdot \begin{pmatrix} 40\,000 \\ 50\,000 \\ 60\,000 \end{pmatrix} = \begin{pmatrix} 39\,300 \\ 48\,100 \\ 62\,600 \end{pmatrix}.$$

Es gibt im folgenden Jahr 39 300 Hauptschüler, 48 100 Realschüler und 62 600 Gymnasiasten.

c) I) Es handelt sich um einen Entwicklungsprozess, d.h. von jedem Zustand gibt es immer nur einen Übergang in einen anderen Zustand; daher bestehen Tabelle und Matrix zum überwiegenden Teil aus Nullen. Es bezeichnet N die Anzahl der Neupflanzen, E die Anzahl der einjährigen Pflanzen und Z die Anzahl der zweijährigen Pflanzen.

Das Entwicklungsdiagramm und die Tabelle zeichnet man wie folgt:

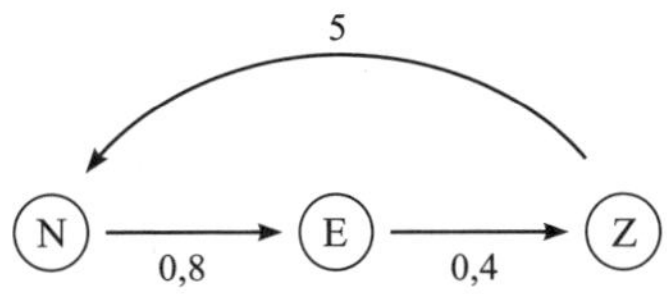

	N	E	Z
N	0	0	5
E	0,8	0	0
Z	0	0,4	0

Die Übergangsmatrix ist damit: $A = \begin{pmatrix} 0 & 0 & 5 \\ 0,8 & 0 & 0 \\ 0 & 0,4 & 0 \end{pmatrix}$.

II) Am Anfang sind 10 Neupflanzen, 15 einjährige Pflanzen und 20 zweijährige Pflanzen vorhanden. Damit ist der Zustandsvektor (Reihenfolge N, E, Z): $\overrightarrow{v_0} = \begin{pmatrix} 10 \\ 15 \\ 20 \end{pmatrix}$.

Um die Anzahl der Pflanzen nach einem Jahr zur berechnen, multipliziert man die Übergangsmatrix mit dem Zustandsvektor:

$$\overrightarrow{v_1} = \begin{pmatrix} 0 & 0 & 5 \\ 0,8 & 0 & 0 \\ 0 & 0,4 & 0 \end{pmatrix} \cdot \begin{pmatrix} 10 \\ 15 \\ 20 \end{pmatrix} = \begin{pmatrix} 100 \\ 8 \\ 6 \end{pmatrix}.$$

Damit sind nach einem Jahr 100 Neupflanzen, 8 einjährige Pflanzen und 6 zweijährige Pflanzen vorhanden.

23.3 Fixvektoren

a) I) Gegeben sind die Matrix $A = \begin{pmatrix} 0,7 & 0,8 \\ 0,3 & 0,2 \end{pmatrix}$ und der Zustandsvektor $\overrightarrow{v_0} = \begin{pmatrix} 150 \\ 10 \end{pmatrix}$.

Schreibt man die Gleichung $A \cdot \vec{v} = \vec{v}$ als Gleichungssystem, ergibt sich:

$$\begin{array}{rcrcl} 0,7v_1 & + & 0,8v_2 & = & v_1 \\ 0,3v_1 & + & 0,2v_2 & = & v_2 \end{array}$$

bzw.

$$\begin{array}{rcrcl} -0,3v_1 & + & 0,8v_2 & = & 0 \\ 0,3v_1 & - & 0,8v_2 & = & 0 \end{array}$$

Die Gleichungen sind ein Vielfaches voneinander, also wird eine Gleichung gestrichen.

Nun nimmt man zur Gleichung $0,3v_1 = 0,8v_2$ die Bedingung hinzu, dass es sich um Anteile handelt, d. h. $v_1 + v_2 = 1$. Umstellen und Einsetzen ergibt: $\frac{8}{3}v_2 + v_2 = 1 \Rightarrow 8v_2 + 3v_2 = 3$ bzw. $11v_2 = 3 \Rightarrow v_2 = \frac{3}{11} \approx 0,27$ bzw. 27 % und $v_1 = \frac{8}{11} \approx 0,73$ bzw. 73 %. Damit ergibt sich für den Fixvektor $\vec{v} = \begin{pmatrix} 0,73 \\ 0,27 \end{pmatrix}$

Alternativ nimmt man die verbleibende Gleichung des Gleichungssystems und bestimmt die Lösungsmenge: Es ist $0,3v_1 - 0,8v_2 = 0$ bzw. $v_1 = \frac{0,8}{0,3}v_2 = \frac{8}{3}v_2$. Setzt man

$v_2 = t$ $(t \neq 0)$ so ergibt sich für die Lösungsmenge $\mathrm{L} = \left\{\left(\frac{8}{3}t\,;\,t\right) \mid t \in \mathbb{R},\, t \neq 0\right\}$. Der (allgemeine) Fixvektor ist also $\vec{v} = t \cdot \begin{pmatrix} \frac{8}{3} \\ 1 \end{pmatrix}$.

Die prozentualen Anteile ergeben sich, indem man die jeweiligen Komponenten des Vektors durch die Summe der Komponenten teilt: $v_1 = \frac{\frac{8}{3}}{\frac{8}{3}+1} = \frac{\frac{8}{3}}{\frac{11}{3}} = \frac{8}{11} \approx 0{,}73$ bzw. 73%, $v_2 = \frac{1}{\frac{8}{3}+1} = \frac{1}{\frac{11}{3}} = \frac{3}{11} \approx 0{,}27$ bzw. 27%. Damit ergibt sich auch hier für den Fixvektor $\vec{v} = \begin{pmatrix} 0{,}73 \\ 0{,}27 \end{pmatrix}$. Um den Fixvektor zu bestimmen, der zum Zustandsvektor $\vec{v_0} = \begin{pmatrix} 150 \\ 10 \end{pmatrix}$ gehört, muss man den Vektor $\begin{pmatrix} 0{,}73 \\ 0{,}27 \end{pmatrix}$ mit $150 + 10 = 160$ multiplizieren: $\begin{pmatrix} 0{,}73 \\ 0{,}27 \end{pmatrix} \cdot 160 = \begin{pmatrix} 116{,}8 \\ 43{,}2 \end{pmatrix}$

II) Gegeben sind die Matrix $\mathrm{A} = \begin{pmatrix} 0{,}55 & 0{,}85 \\ 0{,}45 & 0{,}15 \end{pmatrix}$ und der Zustandsvektor $\vec{v_0} = \begin{pmatrix} 135 \\ 15 \end{pmatrix}$.

Schreibt man die Gleichung $\mathrm{A} \cdot \vec{v} = \vec{v}$ als Gleichungssystem, ergibt sich:

$$\begin{array}{rcrcl} 0{,}55v_1 & + & 0{,}85v_2 & = & v_1 \\ 0{,}45v_1 & + & 0{,}15v_2 & = & v_2 \end{array}$$

bzw.

$$\begin{array}{rcrcl} -0{,}45v_1 & + & 0{,}85v_2 & = & 0 \\ 0{,}45v_1 & - & 0{,}85v_2 & = & 0 \end{array}$$

Die Gleichungen sind ein Vielfaches voneinander, also wird eine Gleichung gestrichen. Es bleibt: $-0{,}45v_1 + 0{,}85v_2 = 0$.

Nun nimmt man zu dieser Gleichung die Bedingung hinzu, dass es sich um Anteile handelt, d.h. dass die Summe der Komponenten 1 ergeben muss: $v_1 + v_2 = 1$. Umstellen und einsetzen: $\frac{17}{9}v_2 + v_2 = 1 \Rightarrow 17v_2 + 9v_2 = 9$ bzw. $v_2 = \frac{9}{26} \approx 0{,}35$ bzw. 35 % und $v_1 = \frac{17}{26} \approx 0{,}65$ bzw. 65 %. Damit ergibt sich für den Fixvektor $\vec{v} = \begin{pmatrix} 0{,}65 \\ 0{,}35 \end{pmatrix}$

Alternativ kann man auch hier für die Bestimmung des Fixvektors die Lösungsmenge der Gleichung $-0{,}45v_1 + 0{,}85v_2 = 0$ bestimmen. Es ist: $v_1 = \frac{0{,}85}{0{,}45}v_2 = \frac{17}{9}v_2$. Setzt man $v_2 = t$ mit $t \neq 0$, so ergibt sich für die Lösungsmenge $\mathrm{L} = \left\{\left(\frac{17}{9}t\,;\,t\right) \mid t \in \mathbb{R},\, t \neq 0\right\}$.

Der (allgemeine) Fixvektor ist also $\vec{v} = t \cdot \begin{pmatrix} \frac{17}{9} \\ 1 \end{pmatrix}$.

Die prozentualen Anteile ergeben sich, indem man die jeweiligen Komponenten des Vektors durch die Summe der Komponenten teilt: $v_1 = \frac{\frac{17}{9}}{\frac{17}{9}+1} = \frac{\frac{17}{9}}{\frac{26}{9}} = \frac{17}{26} \approx 0{,}65$ bzw. 65%, $v_2 = \frac{1}{\frac{17}{9}+1} = \frac{1}{\frac{26}{9}} = \frac{9}{26} \approx 0{,}35$ bzw. 35%. Damit ergibt sich wie in der vorherigen

Rechnung für den Fixvektor $\vec{v} = \begin{pmatrix} 0{,}65 \\ 0{,}35 \end{pmatrix}$.

Möchte man den Fixvektor bestimmen, der zum Zustandsvektor $\overrightarrow{v_0} = \begin{pmatrix} 135 \\ 15 \end{pmatrix}$ gehört, muss man den Vektor $\begin{pmatrix} 0{,}65 \\ 0{,}35 \end{pmatrix}$ mit 150 multiplizieren:

$\begin{pmatrix} 0{,}65 \\ 0{,}35 \end{pmatrix} \cdot 150 = \begin{pmatrix} 97{,}5 \\ 52{,}5 \end{pmatrix}$.

Durch das Rechnen mit den gerundeten Prozentzahlen ergibt sich ein Rundungsfehler. Rechnet man mit Brüchen, kommt man zu folgender Verteilung:

$\begin{pmatrix} \frac{17}{26} \\ \frac{9}{26} \end{pmatrix} \cdot 150 = \begin{pmatrix} 98\frac{1}{13} \\ 51\frac{12}{13} \end{pmatrix}$.

III) Gegeben ist die Matrix $A = \begin{pmatrix} 0{,}6 & 0{,}4 & 0{,}2 \\ 0{,}2 & 0{,}5 & 0{,}4 \\ 0{,}2 & 0{,}1 & 0{,}4 \end{pmatrix}$. Schreibt man die Gleichung $A \cdot \vec{v} = \vec{v}$ als Gleichungssystem, ergibt sich:

$$\begin{aligned} 0{,}6v_1 + 0{,}4v_2 + 0{,}2v_3 &= v_1 \\ 0{,}2v_1 + 0{,}5v_2 + 0{,}4v_3 &= v_2 \\ 0{,}2v_1 + 0{,}1v_2 + 0{,}4v_3 &= v_3 \end{aligned}$$

bzw.

$$\begin{aligned} -0{,}4v_1 + 0{,}4v_2 + 0{,}2v_3 &= 0 \\ 0{,}2v_1 - 0{,}5v_2 + 0{,}4v_3 &= 0 \\ 0{,}2v_1 + 0{,}1v_2 - 0{,}6v_3 &= 0 \end{aligned}$$

Addiert man jeweils die erste Gleichung zum Doppelten der zweiten bzw. der dritten Gleichung, ergibt sich:

$$\begin{aligned} -0{,}4v_1 + 0{,}4v_2 + 0{,}2v_3 &= 0 \\ -0{,}6v_2 + v_3 &= 0 \\ 0{,}6v_2 - v_3 &= 0 \end{aligned}$$

Die zweite und die dritte Gleichung sind Vielfache voneinander, also wird eine der beiden Gleichungen gestrichen. Nimmt man zu den beiden oberen Gleichungen die Bedingung hinzu, dass es sich um Anteile handelt, d. h. dass die Summe der Anteile 1 ergeben muss, ergibt sich: $v_1 + v_2 + v_3 = 1$. Mit dieser Gleichung ergänzt man das umgeformte Gleichungssystem, bei dem eine Zeile gestrichen wurde:

$$\begin{aligned} -0{,}4v_1 + 0{,}4v_2 + 0{,}2v_3 &= 0 \\ -0{,}6v_2 + v_3 &= 0 \\ v_1 + v_2 + v_3 &= 1 \end{aligned}$$

Multipliziert man die dritte Zeile mit $0{,}4$ und addiert anschließend die erste Zeile, ergibt sich:

$$\begin{array}{rcrcrcl} -0,4v_1 & + & 0,4v_2 & + & 0,2v_3 & = & 0 \\ & - & 0,6v_2 & + & v_3 & = & 0 \\ & & 0,8v_2 & + & 0,6v_3 & = & 0,4 \end{array}$$

Nun wird die zweite Zeile mit 4 und die dritte Zeile mit 3 multipliziert und addiert:

$$\begin{array}{rcrcrcl} -0,4v_1 & + & 0,4v_2 & + & 0,2v_3 & = & 0 \\ & - & 0,6v_2 & + & v_3 & = & 0 \\ & & & & 5,8v_3 & = & 1,2 \end{array}$$

Die Lösungsmenge ist damit $\mathrm{L} = \left\{ \left(\frac{13}{29}; \frac{10}{29}; \frac{6}{29}\right) \right\}$.

Damit ergibt sich für den Fixvektor $\vec{v} = \begin{pmatrix} \frac{13}{29} \\ \frac{10}{29} \\ \frac{6}{29} \end{pmatrix} \approx \begin{pmatrix} 0,448 \\ 0,345 \\ 0,207 \end{pmatrix}$.

(Durch das Runden auf zwei Stellen hinter dem Komma würde sich eine Gesamtsumme von 1,01 ergeben; rechnet man mit drei Stellen hinter dem Komma, ergibt sich die korrekte Summe 1).

Alternativ setzt man $v_3 = t$ mit $t \neq 0$ und bestimmt die Lösungsmenge des Gleichungssystems. Es ergibt sich: $0,6v_2 - t = 0$ bzw. $v_2 = \frac{5}{3}t$. Einsetzen in die erste Gleichung ergibt: $-0,4v_1 + 0,4 \cdot \frac{5}{3}t + 0,2 \cdot t = 0$ bzw. $v_1 = \frac{13}{6}t$.
Es ergibt sich also die Lösungsmenge $\mathrm{L} = \left\{ \left(\frac{13}{6}t; \frac{5}{3}t; t\right) \mid t \in \mathbb{R}, t \neq 0 \right\}$. Der (allgemeine) Fixvektor ist damit $\vec{v} = t \cdot \begin{pmatrix} \frac{13}{6} \\ \frac{5}{3} \\ 1 \end{pmatrix}$.

Die prozentualen Anteile errechnen sich, indem man die jeweiligen Komponenten des Vektors durch die Summe der Komponenten teilt: $v_1 = \frac{\frac{13}{6}}{\frac{13}{6}+\frac{5}{3}+1} = \frac{\frac{13}{6}}{\frac{29}{6}} = \frac{13}{29} \approx 0,448$ bzw. $44,8\,\%$, $v_2 = \frac{\frac{5}{3}}{\frac{29}{6}} = \frac{10}{29} \approx 0,345$ bzw. $34,5\,\%$ und $v_3 = \frac{1}{\frac{29}{6}} = \frac{6}{29} \approx 0,207$ bzw. $20,7\,\%$. Damit ist der Fixvektor $\vec{v} = \begin{pmatrix} 0,448 \\ 0,345 \\ 0,207 \end{pmatrix}$.

b) I) Gegeben ist die Matrix $\mathrm{A} = \begin{pmatrix} 0,7 & 0,6 \\ 0,2 & 0,4 \end{pmatrix}$. Schreibt man die Gleichung $\mathrm{A} \cdot \vec{v} = \vec{v}$ als Gleichungssystem, folgt daraus:

$$\begin{array}{rcrcl} 0,7v_1 & + & 0,6v_2 & = & v_1 \\ 0,2v_1 & + & 0,4v_2 & = & v_2 \end{array}$$

bzw.

$$\begin{array}{rcrcl} -0,3v_1 & + & 0,6v_2 & = & 0 \\ 0,2v_1 & - & 0,6v_2 & = & 0 \end{array}$$

Addiert man die beiden Gleichungen, ergibt sich $v_1 = 0$ und damit $v_2 = 0$. Also besitzt das Gleichungssystem nur die sog. triviale Lösung $\vec{v} = \begin{pmatrix} 0 \\ 0 \end{pmatrix}$. Es gibt keinen Fixvektor. Also existiert kein stabiler Zustand.

II) Gegeben ist die Matrix $A = \begin{pmatrix} 0,1 & 0,2 & 0,1 \\ 0 & 0,5 & 0,3 \\ 0 & 0,1 & 0,4 \end{pmatrix}$. Schreibt man die Gleichung $A \cdot \vec{v} = \vec{v}$ als Gleichungssystem, ergibt sich:

$$\begin{array}{rcrcrcl} 0,1v_1 & + & 0,2v_2 & + & 0,1v_3 & = & v_1 \\ & & 0,5v_2 & + & 0,3v_3 & = & v_2 \\ & & 0,1v_2 & + & 0,4v_3 & = & v_3 \end{array}$$

bzw.

$$\begin{array}{rcrcrcl} -0,9v_1 & + & 0,2v_2 & + & 0,1v_3 & = & 0 \\ & - & 0,5v_2 & + & 0,3v_3 & = & 0 \\ & & 0,1v_2 & - & 0,6v_3 & = & 0 \end{array}$$

Addieren des Doppelten der zweiten Zeile zur letzten Zeile, führt zu $-0,9v_2 = 0$. Daraus resultiert zunächst $v_2 = 0$ und dann $v_3 = 0$ und $v_1 = 0$. Das Gleichungssystem besitzt nur die triviale Lösung; also gibt es keinen stabilen Zustand.

23.4 Verkettete Prozesse

a) I) Die Abhängigkeiten der Produktion können durch einen Gozintograph dargestellt werden:

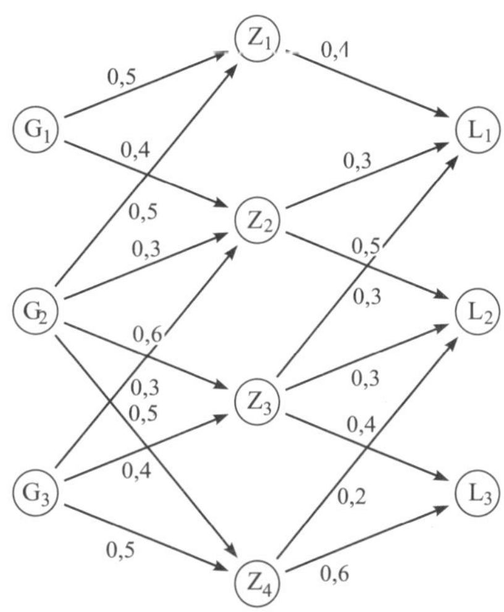

II) Zuerst bestimmt man die Matrix A für den Verarbeitungsprozess der vier Zwischenprodukte in die drei Lacksorten. Der Outputvektor, der aus x_1, x_2 und x_3 besteht, ist die Menge an Lack L_1, L_2 und L_3; der Inputvektor, der sich aus z_1, z_2, z_3 und z_4 zusammensetzt, sei die Menge an Zwischenprodukten Z_1, Z_2, Z_3 und Z_4. Somit gilt:

$$\begin{aligned} z_1 &= 0,4\cdot x_1 \\ z_2 &= 0,3\cdot x_1 + 0,5\cdot x_2 \\ z_3 &= 0,3\cdot x_1 + 0,3\cdot x_2 + 0,4\cdot x_3 \\ z_4 &= \phantom{0,3\cdot x_1 +{}} 0,2\cdot x_2 + 0,6\cdot x_3 \end{aligned} \quad \Rightarrow A = \begin{pmatrix} 0,4 & 0 & 0 \\ 0,3 & 0,5 & 0 \\ 0,3 & 0,3 & 0,4 \\ 0 & 0,2 & 0,6 \end{pmatrix}$$

Für den Verarbeitungsprozess der drei Grundstoffe in die vier Zwischenprodukte ist der Outputvektor z_1, z_2, z_3 und z_4, die Menge der Zwischenprodukte Z_1, Z_2, Z_3 und Z_4; der Inputvektor y_1, y_2 und y_3 sei die Menge an Grundstoffen G_1, G_2 und G_3. Somit gilt:

$$\begin{aligned} y_1 &= 0,5\cdot z_1 + 0,4\cdot z_2 \\ y_2 &= 0,5\cdot z_1 + 0,3\cdot z_2 + 0,6\cdot z_3 + 0,5\cdot z_4 \\ y_3 &= \phantom{0,5\cdot z_1 +{}} 0,3\cdot z_2 + 0,4\cdot z_3 + 0,5\cdot z_4 \end{aligned} \quad \Rightarrow B = \begin{pmatrix} 0,5 & 0,4 & 0 & 0 \\ 0,5 & 0,3 & 0,6 & 0,5 \\ 0 & 0,3 & 0,4 & 0,5 \end{pmatrix}$$

Die Matrix C für den Gesamtprozess erhält man durch die Matrizenmultiplikation $B\cdot A$, da zuerst Matrix A auf den Outputvektor und anschließend (von rechts gesehen) Matrix B auf das Zwischenergebnis angewendet wird:

$$C = B\cdot A = \begin{pmatrix} 0,5 & 0,4 & 0 & 0 \\ 0,5 & 0,3 & 0,6 & 0,5 \\ 0 & 0,3 & 0,4 & 0,5 \end{pmatrix} \cdot \begin{pmatrix} 0,4 & 0 & 0 \\ 0,3 & 0,5 & 0 \\ 0,3 & 0,3 & 0,4 \\ 0 & 0,2 & 0,6 \end{pmatrix} = \begin{pmatrix} 0,32 & 0,2 & 0 \\ 0,47 & 0,43 & 0,54 \\ 0,21 & 0,37 & 0,46 \end{pmatrix}$$

III) Den Bedarf y_1, y_2 und y_3 an Grundstoffen G_1, G_2 und G_3 erhält man nun, indem man die Matrix C mit dem Outputvektor $\begin{pmatrix} 100 \\ 200 \\ 300 \end{pmatrix}$ multipliziert:

$$\begin{pmatrix} y_1 \\ y_2 \\ y_3 \end{pmatrix} = \begin{pmatrix} 0,32 & 0,2 & 0 \\ 0,47 & 0,43 & 0,54 \\ 0,21 & 0,37 & 0,46 \end{pmatrix} \cdot \begin{pmatrix} 100 \\ 200 \\ 300 \end{pmatrix} = \begin{pmatrix} 72 \\ 295 \\ 233 \end{pmatrix}$$

Man benötigt 72 kg von G_1, 295 kg von G_2 und 233 kg von G_3 um 100 kg L_1, 200 kg L_2 und 300 kg L_3 herzustellen.

b) I) Um die Verteilung der Vögel nach zwei Tagen zu berechnen, muss man den Zustandsvektor $\overrightarrow{v_2}$ für das System nach zwei Tagen berechnen. Dazu multipliziert man die Matrix A mit dem Zustandsvektor $\overrightarrow{v_1}$:

$$\begin{pmatrix} 0,55 & 0,4 \\ 0,45 & 0,6 \end{pmatrix} \cdot \begin{pmatrix} 80 \\ 120 \end{pmatrix} = \begin{pmatrix} 92 \\ 108 \end{pmatrix} = \overrightarrow{v_2}.$$

Alternativ kann man $\overrightarrow{v_2}$ auch durch $A^2\cdot\overrightarrow{v_0}$ berechnen. Nach zwei Tagen halten sich 92 Vögel im Wald und 108 auf der Lichtung auf.

Die Verteilung nach 5 Tagen wird berechnet durch $A^5 \cdot \overrightarrow{v_0} = A \cdot A \cdot A \cdot A \cdot A \cdot \overrightarrow{v_0}$:

$$\begin{pmatrix} 0,47 & 0,47 \\ 0,53 & 0,53 \end{pmatrix} \cdot \begin{pmatrix} 0 \\ 200 \end{pmatrix} = \begin{pmatrix} 94 \\ 106 \end{pmatrix} = \overrightarrow{v_5}.$$

Nach 5 Tagen halten sich ca. 94 Vögel im Wald und ca. 106 Vögel auf der Lichtung auf. (Es wurde mit gerundeten Werten gerechnet.)

II) Um zu berechnen, ob es eine stabile Verteilung gibt, muss der zugehörige Fixvektor $\vec{v}$ bestimmt werden, für den gilt: $A \cdot \vec{v} = \vec{v}$. Das zugehörige Gleichungssystem ist

$$\begin{array}{rcrcl} 0,55v_1 & + & 0,4v_2 & = & v_1 \\ 0,45v_1 & + & 0,6v_2 & = & v_2 \end{array}$$

bzw.

$$\begin{array}{rcrcl} -0,45v_1 & + & 0,4v_2 & = & 0 \\ 0,45v_1 & - & 0,4v_2 & = & 0 \end{array}$$

Die Gleichungen sind ein Vielfaches voneinander, also wird eine Gleichung gestrichen.

Die Gesamtzahl der Vögel ist immer 200, also erhält man als zusätzliche Bedingung: $v_1 + v_2 = 200$

Damit wird das Gleichungssystem zu:

$$\begin{array}{rcrcl} -0,45v_1 & + & 0,4v_2 & = & 0 \\ v_1 & + & v_2 & = & 200 \end{array}$$

Lösen des Gleichungssystems führt zu $v_1 \approx 94,12$ und $v_2 \approx 105,88$.

Also besteht die stabile Verteilung aus ca. 94 Vögel im Wald und ca. 106 Vögeln auf der Lichtung.

Alternativ hätte man auch die Lösungsmenge der Gleichung $-0,45v_1 + 0,4v_2 = 0$ bestimmen können. Es ist $-0,45v_1 + 0,4v_2 = 0$ bzw. $v_1 = \frac{8}{9}v_2$. Setzt man $v_2 = t$ mit $t \neq 0$, ergibt sich für $L = \left\{ \left(\frac{8}{9}t\,;\,t \right) \mid t \in \mathbb{R},\, t \neq 0 \right\}$. Der (allgemeine) Fixvektor ist also

$\vec{v} = t \cdot \begin{pmatrix} \frac{8}{9} \\ 1 \end{pmatrix}$. Die prozentualen Anteile ergeben sich, indem man die jeweiligen Komponenten des Vektors durch die Summe der Komponenten teilt: $v_1 = \frac{\frac{8}{9}}{\frac{17}{9}} = \frac{8}{17} \approx 0,47$ bzw. 47%, $v_2 = \frac{1}{\frac{17}{9}} = \frac{9}{17} \approx 0,53$ bzw. 53% Um die konkrete Verteilung zu berechnen, muss man diese Werte noch mit der Gesamtanzahl der Vögel multiplizieren. Auch hier ergibt sich für die stabile Verteilung $0,47 \cdot 200 = 94$ und $0,53 \cdot 200 = 106$.

c) Es ist $A = \begin{pmatrix} 0,88 & 0,07 & 0,01 \\ 0,1 & 0,81 & 0,06 \\ 0,02 & 0,12 & 0,93 \end{pmatrix}$.

I) Um zu berechnen, wie viele Schüler die einzelnen Schularten nach vier Jahren besuchen, berechnet man $A^4 \cdot \vec{v_0} = A \cdot A \cdot A \cdot A \cdot \vec{v_0}$:

$$\vec{v_4} = \begin{pmatrix} 0,63 & 0,18 & 0,05 \\ 0,25 & 0,49 & 0,17 \\ 0,12 & 0,33 & 0,78 \end{pmatrix} \cdot \begin{pmatrix} 40000 \\ 50000 \\ 60000 \end{pmatrix} = \begin{pmatrix} 37200 \\ 44700 \\ 68100 \end{pmatrix}$$

Damit besuchen nach 4 Jahren ca. 37 200 Schüler die Hauptschule, ca. 44 700 die Realschule und ca. 68 100 das Gymnasium (es wurde mit gerundeten Werten gerechnet).

II) Um zu berechnen, ob es eine stabile Verteilung gibt, muss der zugehörige Fixvektor $\vec{v}$ bestimmt werden, für den gilt: $A \cdot \vec{v} = \vec{v}$. Das zugehörige Gleichungssystem ist

$$\begin{array}{rcrcrcl} 0,88v_1 & + & 0,07v_2 & + & 0,01v_3 & = & v_1 \\ 0,1v_1 & + & 0,81v_2 & + & 0,06v_3 & = & v_2 \\ 0,02v_1 & + & 0,12v_2 & + & 0,93v_3 & = & v_3 \end{array}$$

bzw.

$$\begin{array}{rcrcrcl} -0,12v_1 & + & 0,07v_2 & + & 0,01v_3 & = & 0 \\ 0,1v_1 & - & 0,19v_2 & + & 0,06v_3 & = & 0 \\ 0,02v_1 & + & 0,12v_2 & - & 0,07v_3 & = & 0 \end{array}$$

Man addiert nun die erste Gleichung zum 1,2-fachen der zweiten Gleichung, anschließend wird die erste Gleichung zum 6-fachen der dritten Gleichung addiert:

$$\begin{array}{rcrcrcl} -0,12v_1 & + & 0,07v_2 & + & 0,01v_3 & = & 0 \\ & - & 0,158v_2 & + & 0,082v_3 & = & 0 \\ & & 0,79v_2 & - & 0,41v_3 & = & 0 \end{array}$$

Die zweite und die dritte Gleichung sind Vielfache voneinander, also wird die dritte Gleichung gestrichen.

Da eine konkrete Verteilung gesucht ist, nimmt man zur Bestimmung des Fixvektors die Bedingung hinzu, dass die Summe aller Schüler fest ist: $v_1 + v_2 + v_3 = 150000$. Mit dieser Gleichung ergänzt man das umgeformte Gleichungssystem, bei dem eine Zeile ersetzt wurde:

$$\begin{array}{rcrcrcl} -0,12v_1 & + & 0,07v_2 & + & 0,01v_3 & = & 0 \\ & - & 0,158v_2 & + & 0,082v_3 & = & 0 \\ v_1 & + & v_2 & + & v_3 & = & 150000 \end{array}$$

Der Lösungsvektor (auf zwei Stellen gerundet) ist : $\vec{v} = \begin{pmatrix} 30398,67 \\ 40863,78 \\ 78737,54 \end{pmatrix}$.

Also gehen langfristig ca. 30 399 Schüler auf die Hauptschule, ca. 40 864 auf die Realschule und ca. 78 738 Schüler aufs Gymnasium.

Alternativ kann man nach dem Streichen der dritten Gleichung $v_3 = t$ mit $t \neq 0$ setzen. Damit ergibt sich: $0,79v_2 - 0,41t = 0$ bzw. $v_2 \approx 0,52t$. Einsetzen in die erste Gleichung ergibt: $-0,12v_1 + 0,07 \cdot 0,52t + 0,01 \cdot t = 0$ bzw. $v_1 \approx 0,39t$

Es ergibt sich also die Lösungsmenge $L = \{(0,39t\,;\,0,52t\,;\,t) \mid t \in \mathbb{R}, t \neq 0\}$. Der (allgemeine) Fixvektor ist damit $\vec{v} = t \cdot \begin{pmatrix} 0,39 \\ 0,52 \\ 1 \end{pmatrix}$. Die prozentualen Anteile ergeben sich, indem man die jeweiligen Komponenten des Vektors durch die Summe der Komponenten teilt: $v_1 = \frac{0,39}{0,39+0,52+1} = \frac{0,39}{1,91} \approx 0,2$ bzw. 20%, $v_2 = \frac{0,52}{1,91} \approx 0,27$ bzw. 27% und $v_3 = \frac{1}{1,91} = 0,52$ bzw. 52%. (Durch das Runden auf zwei Stellen hinter dem Komma ergibt sich eine Gesamtsumme von 0,99)
Um den Fixvektor zu berechnen, der zu $\vec{v_0}$ gehört, muss man die prozentualen Anteile noch mit der Gesamtsumme der Schüler $= 40\,000 + 50\,000 + 60\,000 = 150\,000$ multiplizieren:

Es ergibt sich der Fixvektor $\vec{v} = \begin{pmatrix} 30\,000 \\ 40\,500 \\ 78\,000 \end{pmatrix}$.

Wie zu erwarten, weicht die Lösung von der oberen exakteren Lösung ab. Wenn man mit Brüchen rechnet, kann man die Rundungsfehler vermeiden, grundsätzlich führt aber der zuerst beschriebene Lösungsweg zu genaueren Ergebnissen.

d) Es ist $A = \begin{pmatrix} 0 & 0 & 5 \\ 0,8 & 0 & 0 \\ 0 & 0,4 & 0 \end{pmatrix}$.

I) Um die Anzahl $\vec{v_2}$ der Pflanzen nach zwei Jahren zu bestimmen, wird $A^2 \cdot \vec{v_0}$ berechnet:

$$\vec{v_2} = \begin{pmatrix} 0 & 0 & 5 \\ 0,8 & 0 & 0 \\ 0 & 0,4 & 0 \end{pmatrix}^2 \cdot \begin{pmatrix} 10 \\ 15 \\ 20 \end{pmatrix} = \begin{pmatrix} 0 & 2 & 0 \\ 0 & 0 & 4 \\ 0,32 & 0 & 0 \end{pmatrix} \cdot \begin{pmatrix} 10 \\ 15 \\ 20 \end{pmatrix} = \begin{pmatrix} 30 \\ 80 \\ 3,2 \end{pmatrix}$$

Damit sind nach zwei Jahren 30 Neupflanzen, 80 einjährige Pflanzen und etwa drei zweijährige Pflanzen vorhanden.
Um die Anzahl $\vec{v_2}$ der Pflanzen nach 7 Jahren zu bestimmen, berechnet man $A^7 \cdot \vec{v_0}$:

$$\vec{v_7} = \begin{pmatrix} 0 & 0 & 12,8 \\ 2,048 & 0 & 0 \\ 0 & 1,024 & 0 \end{pmatrix} \cdot \begin{pmatrix} 10 \\ 15 \\ 20 \end{pmatrix} = \begin{pmatrix} 256 \\ 20,48 \\ 15,36 \end{pmatrix}$$

Damit sind nach 7 Jahren 256 Neupflanzen, etwa 20 einjährige Pflanzen und etwa 15 zweijährige Pflanzen vorhanden.

II) Wenn es eine stabile Verteilung geben würde, müsste man einen Fixvektor bestimmen können. Die Gleichung für den Fixvektor $A \cdot \vec{v} = \vec{v}$ wird als Gleichungssystem geschrieben:

$$\begin{array}{rrrcl} & & 5v_3 & = & v_1 \\ 0,8v_1 & & & = & v_2 \\ & 0,4v_2 & & = & v_3 \end{array}$$

bzw.

$$\begin{aligned} -v_1 & & &+ 5v_3 &= 0 \\ 0,8v_1 &- v_2 & & &= 0 \\ & 0,4v_2 &-& v_3 &= 0 \end{aligned}$$

Addiert man das $0,8$-fache der ersten Gleichung zur zweiten Gleichung und anschließend das $0,4$-fache der so erhaltenen zweiten Gleichung zur dritten, ergibt sich:

$$\begin{aligned} -v_1 & & + 5v_3 &= 0 \\ &- v_2 & + 4v_3 &= 0 \\ & & + 0,6v_3 &= 0 \end{aligned}$$

Damit sind $v_3 = 0$, $v_2 = 0$ und $v_1 = 0$, und das Gleichungssystem besitzt nur die Lösungsmenge $L = \{(0;0;0)\}$. Damit gibt es keinen Fixvektor, der ungleich Null ist und somit auch keinen stabilen Zustand.

III) Die längerfristige Entwicklung der Pflanzenanzahl hängt davon ab, wie groß der Anteil der absterbenden Pflanzen im Verhältnis zu der Anzahl der neugebildeten Pflanzen ist. Der Anteil der überlebenden Pflanzen ist $0,8 \cdot 0,4 = 0,32$; d.h. von 100 Pflanzen bleiben 32 übrig, um neue Pflanzen zu bilden. Um zu berechnen, wie viele Pflanzen sich (im Mittel) pro Pflanze neu bilden müssen, damit wieder 100 Neupflanzen entstehen, löst man die Gleichung $x \cdot 32 = 100 \Rightarrow x = \frac{100}{32} = 3,125$. Also muss der Koeffizient, der die Vermehrung beschreibt, den Wert $3,125$ besitzen. Eine Übergangsmatrix, bei der die Pflanze also weder ausstirbt, noch sich unbegrenzt vermehrt, ist daher:

$$B = \begin{pmatrix} 0 & 0 & 3,125 \\ 0,8 & 0 & 0 \\ 0 & 0,4 & 0 \end{pmatrix}$$

24 Weiterführende Aufgaben – Analytische Geometrie

24.1 Turm

a) Für die einzelnen Punkte ergeben sich folgende Koordinaten:
$A(8\,|\,0\,|\,0)$, $B(8\,|\,8\,|\,0)$, $C(0\,|\,8\,|\,0)$, $D(0\,|\,0\,|\,0)$, $E(8\,|\,0\,|\,18)$, $F(8\,|\,8\,|\,18)$, $G(0\,|\,8\,|\,18)$, $H(0\,|\,0\,|\,18)$, $S(4\,|\,4\,|\,24)$, $M(4\,|\,4\,|\,18)$.
Den Neigungswinkel des Daches bestimmt man mit Hilfe der Trigonometrie:

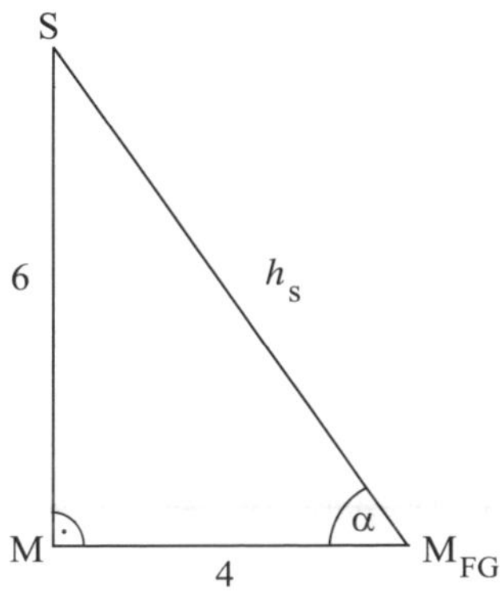

Es ist $\tan\alpha = \frac{6}{4} \Rightarrow \alpha = 56{,}31°$.
Für die Berechnung der Größe der Dachfläche ermittelt man zuerst die Dreiecksfläche einer Seitenfläche der Pyramide: $A_\triangle = \frac{1}{2} \cdot g \cdot h_s$.
Die Grundseite g ist 8 m lang, h_s erhält man mit Hilfe des Satzes des Pythagoras (siehe Skizze)
$h_s^2 = 4^2 + 6^2 \Rightarrow h_s = \sqrt{52} = 2\sqrt{13}$.
Für eine Dreiecksfläche ergibt sich
$A_\triangle = \frac{1}{2} \cdot 8 \cdot 2\sqrt{13} = 8\sqrt{13}$.

Da die gesamte Dachfläche aus 4 kongruenten Dreiecken besteht, erhält man für die Größe der Dachfläche:
$A_{Dach} = 4 \cdot A_\triangle = 4 \cdot 8 \cdot \sqrt{13} = 32 \cdot \sqrt{13} \approx 115{,}4$.
Die Größe der Dachfläche beträgt somit 115,4 m^2.

b) Um die Länge des Schattens zu bestimmen, braucht man den Schattenpunkt der Spitze des Fahnenmastes an der Wand und den Schattenpunkt am Übergang zwischen Boden und Wand.
Für die Spitze S' des Fahnenmastes ergibt sich: $S'(18\,|\,4\,|\,8)$.
Den Schattenpunkt Z' der Spitze S' an der Wand erhält man, indem mit S' und der Richtung des Sonnenlichtes eine Gerade g aufgestellt wird, welche mit der Turmebene ABFE mit der Gleichung $x = 8$ geschnitten wird:

$$g: \vec{x} = \begin{pmatrix} 18 \\ 4 \\ 8 \end{pmatrix} + t \cdot \begin{pmatrix} -10 \\ 1 \\ -2 \end{pmatrix};\ t \in \mathbb{R} \text{ geschnitten mit } x = 8 \text{ führt zu } 18 - 10t = 8 \Rightarrow t = 1.$$

Setzt man $t = 1$ in g ein, so erhält man: $\vec{z}\,' = \begin{pmatrix} 18 \\ 4 \\ 8 \end{pmatrix} + 1 \cdot \begin{pmatrix} -10 \\ 1 \\ -2 \end{pmatrix} = \begin{pmatrix} 8 \\ 5 \\ 6 \end{pmatrix}$

$\Rightarrow Z'(8\,|\,5\,|\,6)$.
Geht man von Z' aus vertikal bis zum Boden nach unten, so erhält man einen Schattenpunkt Z am Übergang zwischen Boden und Wand: $Z(8\,|\,5\,|\,0)$.
Die Länge des Schattens ergibt sich nun aus zwei Teilstrecken:

$l_1 = \overline{PZ}$ (Schattenlänge am Boden), $l_2 = \overline{ZZ'}$ (Schattenlänge an der Wand):

$$l_1 = \overline{PZ} = |\overrightarrow{PZ}| = \left|\begin{pmatrix} -10 \\ 1 \\ 0 \end{pmatrix}\right| = \sqrt{(-10)^2 + 1^2 + 0^2} = \sqrt{101},$$

$$l_2 = \overline{ZZ'} = |\overrightarrow{ZZ'}| = \left|\begin{pmatrix} 0 \\ 0 \\ 6 \end{pmatrix}\right| = \sqrt{0^2 + 0^2 + 6^2} = 6.$$

So ergibt sich für die Gesamtlänge l:
$l = l_1 + l_2 = \sqrt{101} + 6 \approx 16{,}05.$
Der Schatten hat eine Gesamtlänge von 16,05 m.

c) Das Auge des Kindes befindet sich in der Ebene E*: $z = 1$. Es kann die Spitze S erstmals sehen, wenn das Auge sich in der Linie SF befindet, folglich ist die Gerade h durch S und F mit der Ebene E* zu schneiden, um die Position des Kindes zu erhalten, wenn es die Turmspitze erstmals sehen kann:

$$h: \vec{x} = \begin{pmatrix} 8 \\ 8 \\ 18 \end{pmatrix} + t \cdot \begin{pmatrix} 4 \\ 4 \\ -6 \end{pmatrix}; t \in \mathbb{R} \text{ geschnitten mit } z = 1 \text{ ergibt: } 18 - 6t = 1 \Rightarrow t = \tfrac{17}{6}.$$

Setzt man $t = \frac{17}{6}$ in h ein, so erhält man die Position des Kindes K:

$$\vec{k} = \begin{pmatrix} 8 \\ 8 \\ 18 \end{pmatrix} + \tfrac{17}{6} \cdot \begin{pmatrix} 4 \\ 4 \\ -6 \end{pmatrix} = \begin{pmatrix} \frac{58}{3} \\ \frac{58}{3} \\ 1 \end{pmatrix} \Rightarrow \mathrm{K}\left(\tfrac{58}{3} \mid \tfrac{58}{3} \mid 1\right).$$

Alternativ erhält man den Punkt K, indem man die Gerade h durch S und F mit der Geraden, auf der sich das Kind bewegt, schneidet. Die «Kindgerade» k verläuft durch die Punkte $\mathrm{D}'(0 \mid 0 \mid 1)$ und $\mathrm{B}'(8 \mid 8 \mid 1)$:

$$h: \vec{x} = \begin{pmatrix} 8 \\ 8 \\ 18 \end{pmatrix} + t \cdot \begin{pmatrix} 4 \\ 4 \\ -6 \end{pmatrix}, \qquad k: \vec{x} = \begin{pmatrix} 0 \\ 0 \\ 1 \end{pmatrix} + s \cdot \begin{pmatrix} 8 \\ 8 \\ 0 \end{pmatrix}; s \in \mathbb{R}.$$

$$h \cap k \text{ ergibt: } \begin{array}{rcrcl} 8 & + & 4t & = & 8s \\ 8 & + & 4t & = & 8s \\ 18 & - & 6t & = & 1 \end{array} \quad \text{mit den Lösungen } t = \tfrac{17}{6} \text{ und } s = \tfrac{29}{12}.$$

Eingesetzt in h bzw. k ergibt sich ebenfalls $\mathrm{K}\left(\frac{58}{3} \mid \frac{58}{3} \mid 1\right)$.

Die Entfernung zur Turmkante BF erhält man, indem man zuerst den Punkt B′ auf BF in Höhe 1 bestimmt und dann den Abstand zwischen B′ und K berechnet: B' $(8 \mid 8 \mid 1)$,

$$d(\mathrm{B}';\mathrm{K}) = |\overrightarrow{\mathrm{B}'\mathrm{K}}| = \left|\begin{pmatrix} \frac{34}{3} \\ \frac{34}{3} \\ 0 \end{pmatrix}\right| = \sqrt{\left(\tfrac{34}{3}\right)^2 + \left(\tfrac{34}{3}\right)^2 + 0^2} \approx 16{,}03.$$

Die Entfernung des Kindes zur Turmkante beträgt 16,03 m.

24.2 Kiste

a)

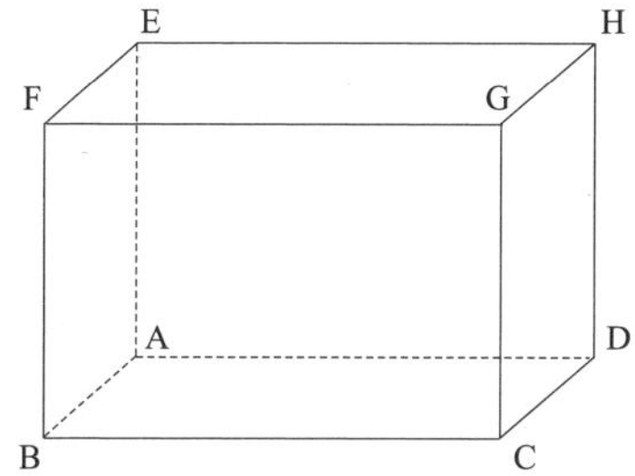

Die Koordinaten der Eckpunkte der Kiste sind A(0 | 0 | 0), B(3 | 0 | 0), C(3 | 5 | 0), D(0 | 5 | 0), E(0 | 0 | 4), F(3 | 0 | 4), G(3 | 5 | 4) und H(0 | 5 | 4).
Den Abstand zwischen den Kanten AB und GH erhält man, indem man z.B. die Entfernung der Punkte A und H berechnet, da die Kiste quaderförmig ist :

$$\overline{AH} = |\overrightarrow{AH}| = \left|\begin{pmatrix}0\\5\\4\end{pmatrix}\right| = \sqrt{0^2+5^2+4^2} = \sqrt{41} \approx 6{,}40$$

Der Abstand der Kanten AB und GH beträgt etwa 6,4 LE.

Um zu zeigen, dass die Gerade g durch E und H in jeder Ebene $E_t : tx_1 - x_3 = -4$ liegt, stellt man die Geradengleichung von g auf und setzt sie in E_t ein. Man erhält:

$$g : \vec{x} = \begin{pmatrix}0\\0\\4\end{pmatrix} + s \cdot \begin{pmatrix}0\\1\\0\end{pmatrix} ; s \in \mathbb{R}$$

Einsetzen von g in E_t ergibt: $t \cdot 0 - (4 + s \cdot 0) = -4$ bzw. $-4 = -4$.
Aufgrund der wahren Aussage liegt die Gerade g in jeder der Ebenen E_t.

Bei geschlossener Kiste liegt der Punkt F(3 | 0 | 4) auf dem Deckel. Setzt man die Koordinaten von F in E_t ein, so erhält man: $t \cdot 3 - 4 = -4 \Rightarrow t = 0$.
Somit liegt der Deckel bei geschlossener Kiste in der Ebene E_0.

b) Der gesuchte Punkt P ist der Schnittpunkt der Lotgeraden l, die durch den Mittelpunkt M_{EF} der Kante EF geht und senkrecht auf E_2 steht, mit der Ebene E_2.
Die Ebene E_2 hat die Gleichung $E_2 : 2x_1 - x_3 = -4$. Der Mittelpunkt der Kante EF hat die Koordinaten $M_{EF}(1{,}5 \mid 0 \mid 4)$.

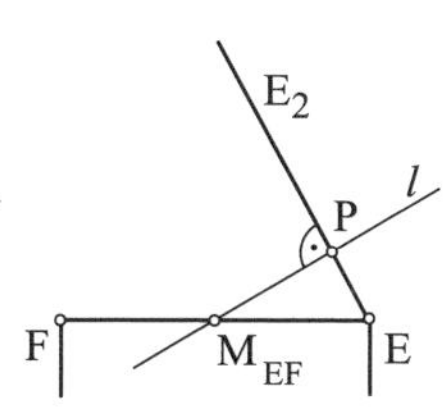

Die Lotgerade l geht durch den Punkt M_{EF} und ist orthogonal zu E_2 (der Richtungsvektor von l ist somit der Normalenvektor von E_2):

$$l\colon \vec{x} = \begin{pmatrix} 1,5 \\ 0 \\ 4 \end{pmatrix} + r \cdot \begin{pmatrix} 2 \\ 0 \\ -1 \end{pmatrix};\ r \in \mathbb{R}$$

Schneidet man l mit E_2, so ergibt sich:

$$2 \cdot (1,5 + 2r) - (4 - r) = -4 \Leftrightarrow r = -0,6$$

Setzt man $r = -0,6$ in l ein, erhält man den gesuchten Punkt $P(0,3 \mid 0 \mid 4,6)$, in welchem der Stützstab auf den Deckel trifft.

c) Um den Öffnungswinkel α_1 zu bestimmen, wenn der Deckel in der Ebene E_2 liegt, berechnet man den Winkel zwischen dem Normalenvektor $\overrightarrow{n_2} = \begin{pmatrix} 2 \\ 0 \\ -1 \end{pmatrix}$ von E_2 und dem Normalenvektor $\overrightarrow{n_1} = \begin{pmatrix} 0 \\ 0 \\ 1 \end{pmatrix}$ der Ebene EFGH. Man erhält:

$$\cos\alpha_1 = \frac{|\overrightarrow{n_1} \cdot \overrightarrow{n_2}|}{|\overrightarrow{n_1}| \cdot |\overrightarrow{n_2}|} = \frac{\left| \begin{pmatrix} 0 \\ 0 \\ 1 \end{pmatrix} \cdot \begin{pmatrix} 2 \\ 0 \\ -1 \end{pmatrix} \right|}{\left| \begin{pmatrix} 0 \\ 0 \\ 1 \end{pmatrix} \right| \cdot \left| \begin{pmatrix} 2 \\ 0 \\ -1 \end{pmatrix} \right|} = \frac{|-1|}{\sqrt{1} \cdot \sqrt{5}} = \frac{1}{\sqrt{5}} \Rightarrow \alpha_1 \approx 63,4^\circ$$

Wenn der Deckel in E_2 liegt, beträgt der Öffnungswinkel etwa $63,4^\circ$.
Bei einem Öffnungswinkel von $\alpha_2 = 60^\circ$ erhält man:

$$\cos 60^\circ = \frac{|\overrightarrow{n_1} \cdot \overrightarrow{n_t}|}{|\overrightarrow{n_1}| \cdot |\overrightarrow{n_t}|} = \frac{\left| \begin{pmatrix} 0 \\ 0 \\ 1 \end{pmatrix} \cdot \begin{pmatrix} t \\ 0 \\ -1 \end{pmatrix} \right|}{\left| \begin{pmatrix} 0 \\ 0 \\ 1 \end{pmatrix} \right| \cdot \left| \begin{pmatrix} t \\ 0 \\ -1 \end{pmatrix} \right|} = \frac{|0 \cdot t + 0 \cdot 0 + 1 \cdot (-1)|}{\sqrt{1} \cdot \sqrt{t^2 + (-1)^2}} = \frac{1}{\sqrt{t^2 + 1}}$$

Da $\cos 60^\circ = \frac{1}{2}$ ist, gilt: $\frac{1}{2} = \frac{1}{\sqrt{t^2+1}} \Rightarrow \sqrt{t^2+1} = 2 \Rightarrow t^2 + 1 = 4 \Rightarrow t_{1;2} = \pm\sqrt{3}$
Da für $0 \leqslant \alpha < 90^\circ$ der Parameter t aufgrund der Richtung des Normalenvektors

$\overrightarrow{n_t} = \begin{pmatrix} t \\ 0 \\ -1 \end{pmatrix}$ positiv sein muss, liegt der um 60° geöffnete Deckel in der Ebene $E_{\sqrt{3}}$.

d)

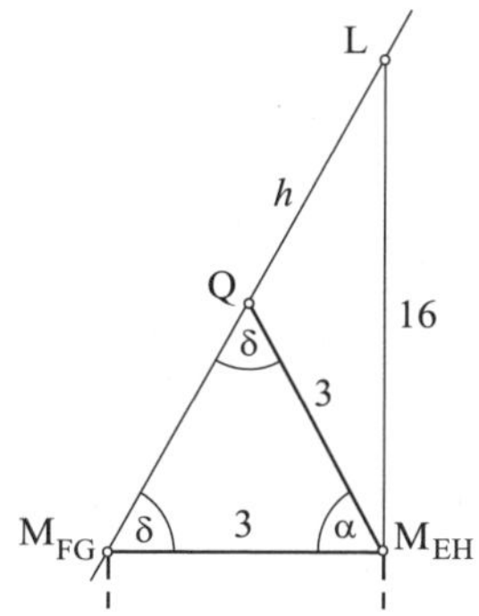

Der Mittelpunkt M_{FG} der Kante FG hat die Koordinaten $M_{FG}\,(3 \mid 2{,}5 \mid 4)$, der Mittelpunkt M_{EH} der Kante EH hat die Koordinaten $M_{EH}\,(0 \mid 2{,}5 \mid 4)$. Die Lichtquelle in $L\,(0 \mid 2{,}5 \mid 20)$ liegt also direkt senkrecht über M_{EH} im Abstand von 16 LE. Q ist der Mittelpunkt des vorderen Deckelrandes der geöffneten Kiste. Liegen M_{FG}, Q und L auf einer Geraden, scheint das Licht auf den Kistenrand. Würde man den Deckel dann noch weiter öffnen, d.h. α vergrößern, könnte Licht in das Kisteninnere dringen.

Die Gerade h durch M_{FG} und L hat die Gleichung:

$$h\colon \vec{x} = \begin{pmatrix} 3 \\ 2{,}5 \\ 4 \end{pmatrix} + r \cdot \begin{pmatrix} -3 \\ 0 \\ 16 \end{pmatrix} \;;\; r \in \mathbb{R}$$

Die maximal zulässige Öffnung ist erreicht, wenn Q ein Punkt auf der Geraden h ist und damit die Koordinaten $Q\,(3-3r \mid 2{,}5 \mid 4+16r)$ hat.

Der Abstand von M_{EH} zu M_{FG} ist gleich groß wie der Abstand von M_{EH} zu Q, nämlich 3 LE (Deckeltiefe). Damit gilt:

$$|\overrightarrow{M_{EH}Q}| = 3 \text{ bzw. } \left| \begin{pmatrix} 3-3r \\ 0 \\ 16r \end{pmatrix} \right| = 3 .$$

Dies führt zu: $\sqrt{265r^2 - 18r + 9} = 3 \Rightarrow r_1 = 0$ und $r_2 = \frac{18}{265} \approx 0{,}068$.

Die Lösung $r_1 = 0$ führt zum bereits bekannten Punkt M_{FG}.

Setzt man $r_2 = 0{,}068$ in h ein, so erhält man: $Q\,(2{,}80 \mid 2{,}5 \mid 5{,}09)$.

Der gesuchten Öffnungswinkel α ergibt sich, indem man den Winkel zwischen den Vektoren $\overrightarrow{M_{EH}Q}$ und $\overrightarrow{M_{EH}M_{FG}}$ berechnet. Man erhält:

$$\cos\alpha = \frac{|\overrightarrow{M_{EH}Q}\cdot\overrightarrow{M_{EH}M_{FG}}|}{|\overrightarrow{M_{EH}Q}|\cdot|\overrightarrow{M_{EH}M_{FG}}|} = \frac{\left|\begin{pmatrix}2,8\\0\\1,09\end{pmatrix}\cdot\begin{pmatrix}3\\0\\0\end{pmatrix}\right|}{\left|\begin{pmatrix}2,8\\0\\1,09\end{pmatrix}\right|\cdot\left|\begin{pmatrix}3\\0\\0\end{pmatrix}\right|} \approx \frac{|8,4|}{\sqrt{9,0281}\cdot\sqrt{9}} \Rightarrow \alpha \approx 21,27^\circ$$

Alternativ kann man den Winkel α auch folgendermaßen berechnen:
Im rechtwinkligen Dreieck $M_{EH}LM_{FG}$ gilt: $\tan\delta = \frac{16}{3} \Rightarrow \delta \approx 79,38^\circ$
Im gleichschenkligen Dreieck $M_{EH}QM_{FG}$ gilt:

$$\delta + \delta + \alpha = 180^\circ \Rightarrow \alpha \approx 180^\circ - 2\cdot(79,38^\circ) = 21,24^\circ$$

Somit beträgt der maximale Öffnungswinkel, so dass kein Licht von L in die Kiste fällt, etwa 21°.

e)

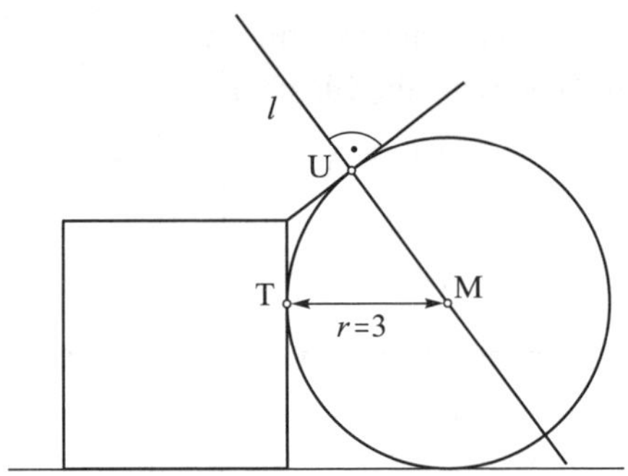

Der Mittelpunkt M der Kugel K mit Radius $r = 3$ hat die Koordinaten $M(-3 \mid 3 \mid 3)$, denn er liegt in der Ebene $x_2 = 3$, auf gleicher Höhe wie der Berührpunkt T ($x_3 = 3$), ist von diesem 3 LE (Radius) entfernt und liegt «hinter» der Kiste (negative x_1-Koordinate).
Der Abstand d von M zum Deckel der Kiste muss ebenfalls $r = 3$ betragen, wenn der Deckel die Kugel berührt.
Den Abstand d von M zur Ebene E_t, in welcher der Deckel der Kiste liegt, erhält man mit Hilfe der Hesseschen Normalenform:

$$d = \frac{|t\cdot(-3) - 3 + 4|}{\left|\begin{pmatrix}t\\0\\-1\end{pmatrix}\right|} = \frac{|-3t+1|}{\sqrt{t^2+1}}$$

Wegen $d = 3$ erhält man folgende Gleichung:

$$\frac{|-3t+1|}{\sqrt{t^2+1}} = 3 \Leftrightarrow |-3t+1| = 3\cdot\sqrt{t^2+1}$$

Durch Quadrieren erhält man:

$$(-3t+1)^2 = 9\cdot\left(t^2+1\right) \Leftrightarrow 9t^2 - 6t + 1 = 9t^2 + 9 \Rightarrow t = -\frac{4}{3}$$

Setzt man $t = -\frac{4}{3}$ in E_t ein, so erhält man: $E_{-\frac{4}{3}}: -\frac{4}{3}x_1 - x_3 = -4$ bzw. $E_{-\frac{4}{3}}: 4x_1 + 3x_3 = 12$
Den Berührpunkt U erhält man, indem man eine Lotgerade l durch M orthogonal zu $E_{-\frac{4}{3}}$ aufstellt und mit dieser Ebene schneiden. Die Lotgerade l hat die Gleichung:

$$l\colon \vec{x} = \begin{pmatrix} -3 \\ 3 \\ 3 \end{pmatrix} + s \cdot \begin{pmatrix} 4 \\ 0 \\ 3 \end{pmatrix}; s \in \mathbb{R}$$

Schneidet man l mit $E_{-\frac{4}{3}}$, so ergibt sich: $4 \cdot (-3 + 4s) + 3 \cdot (3 + 3s) = 12 \Rightarrow s = 0,6$
Setzt man $s = 0,6$ in l ein, so erhält man die Koordinaten des Berührpunkts U von Kugel und Kistendeckel: $U(-0,6 \mid 3 \mid 4,8)$.

24.3 Geradenschar

a) Um die Gleichung von g zu bestimmen, benötigt man zwei Punkte, z.B. $C_0(0\,|\,0\,|\,4)$ und $C_1(0\,|\,1\,|\,4)$:

$$g\colon \vec{x} = \begin{pmatrix} 0 \\ 0 \\ 4 \end{pmatrix} + t \cdot \begin{pmatrix} 0 \\ 1 \\ 0 \end{pmatrix};\ t \in \mathbb{R}.$$

Diese Gerade ist parallel zur x_2-Achse.

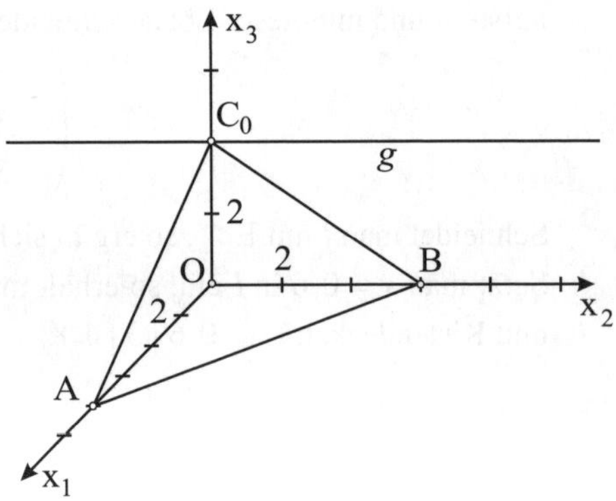

Fasst man die Punkte $A(8\,|\,0\,|\,0)$, $B(0\,|\,6\,|\,0)$ und $C_0(0\,|\,0\,|\,4)$ als Spurpunkte der Ebene E: $ax_1 + bx_2 + cx_3 - d = 0$ auf, so erhält man durch Einsetzen:

$$\begin{array}{llllllll} \text{I} & a\cdot 8 & + & b\cdot 0 & + & c\cdot 0 & - & d = 0 \\ \text{II} & a\cdot 0 & + & b\cdot 6 & + & c\cdot 0 & - & d = 0 \quad \Rightarrow 8a = 6b = 4c \\ \text{III} & a\cdot 0 & + & b\cdot 0 & + & c\cdot 4 & - & d = 0 \end{array}$$

Dies wird erfüllt durch z.B. $a = 3 \Rightarrow b = 4 \Rightarrow c = 6 \Rightarrow d = 24$.
Somit erhält man: E: $3x_1 + 4x_2 + 6x_3 - 24 = 0$.

Alternativ berechnet man mit Hilfe des Vektorprodukts (siehe Seite 47) zweier Verbindungsvektoren der drei Punkte $A(8\,|\,0\,|\,0)$, $B(0\,|\,6\,|\,0)$ und $C_0(0\,|\,0\,|\,4)$ einen Normalenvektor:

$$\overrightarrow{AB} \times \overrightarrow{AC_0} = \begin{pmatrix} -8 \\ 6 \\ 0 \end{pmatrix} \times \begin{pmatrix} -8 \\ 0 \\ 4 \end{pmatrix} = \begin{pmatrix} 24 \\ 32 \\ 48 \end{pmatrix} = 8 \cdot \begin{pmatrix} 3 \\ 4 \\ 6 \end{pmatrix} \Rightarrow \vec{n} = \begin{pmatrix} 3 \\ 4 \\ 6 \end{pmatrix}.$$

Setzt man A und $\vec{n}$ in die Normalenform E: $(\vec{x} - \vec{a}) \cdot \vec{n} = 0$ ein, so ergibt sich für E:

$$\left(\vec{x} - \begin{pmatrix} 8 \\ 0 \\ 0 \end{pmatrix}\right) \cdot \begin{pmatrix} 3 \\ 4 \\ 6 \end{pmatrix} = 0 \Rightarrow \text{E: } 3x_1 + 4x_2 + 6x_3 - 24 = 0.$$

b) Damit das Dreieck ABC_t rechtwinklig ist, muss das Skalarprodukt von je zwei Verbindungsvektoren Null sein:

$$\overrightarrow{AB} \cdot \overrightarrow{AC_t} = 0 \Rightarrow \begin{pmatrix} -8 \\ 6 \\ 0 \end{pmatrix} \cdot \begin{pmatrix} -8 \\ t \\ 4 \end{pmatrix} = 64 + 6t = 0 \Rightarrow t = -\tfrac{32}{3}.$$

$$\overrightarrow{AB} \cdot \overrightarrow{BC_t} = 0 \Rightarrow \begin{pmatrix} -8 \\ 6 \\ 0 \end{pmatrix} \cdot \begin{pmatrix} 0 \\ t-6 \\ 4 \end{pmatrix} = 6t - 36 = 0 \Rightarrow t = 6.$$

$$\overrightarrow{AC_t} \cdot \overrightarrow{BC_t} = 0 \Rightarrow \begin{pmatrix} -8 \\ t \\ 4 \end{pmatrix} \cdot \begin{pmatrix} 0 \\ t-6 \\ 4 \end{pmatrix} = t^2 - 6t + 16 = 0 \Rightarrow \text{keine reelle Lösung.}$$

Somit ist das Dreieck ABC_t für $t_1 = -\frac{32}{3}$ und $t_2 = 6$ rechtwinklig.
Der Flächeninhalt des Dreiecks ABC_6 lässt sich einfach bestimmen, da für $t = 6$ beim Punkt B ein rechter Winkel ist:

$$A = \frac{1}{2} \cdot \overline{AB} \cdot \overline{BC_6} = \frac{1}{2} \cdot \left|\begin{pmatrix} -8 \\ 6 \\ 0 \end{pmatrix}\right| \cdot \left|\begin{pmatrix} 0 \\ 0 \\ 4 \end{pmatrix}\right| = \frac{1}{2} \cdot 10 \cdot 4 = 20.$$

Das Dreieck ABC_6 hat einen Flächeninhalt von 20 FE.

c) Alle Punkte C_t liegen auf der Geraden g. Der Punkt A ist nicht in g enthalten. Somit liegen alle Geraden der Geradenschar h_t in einer Ebene, die den Punkt A und die Gerade g enthält.

Die Geradenschar h_t hat die Gleichung: $h_t\colon \vec{x} = \begin{pmatrix} 8 \\ 0 \\ 0 \end{pmatrix} + s \cdot \begin{pmatrix} -8 \\ t \\ 4 \end{pmatrix}; s \in \mathbb{R}.$

Die Gerade h_{10} hat demzufolge die Gleichung: $h_{10}\colon \vec{x} = \begin{pmatrix} 8 \\ 0 \\ 0 \end{pmatrix} + s \cdot \begin{pmatrix} -8 \\ 10 \\ 4 \end{pmatrix}; s \in \mathbb{R}.$

Damit eine der Geraden h_t auf der Geraden h_{10} senkrecht steht, muss das Skalarprodukt der beiden Richtungsvektoren Null sein:

$$\begin{pmatrix} -8 \\ 10 \\ 4 \end{pmatrix} \cdot \begin{pmatrix} -8 \\ t \\ 4 \end{pmatrix} = 0 \text{ führt zu } 64 + 10t + 16 = 0 \Rightarrow t = -8$$

Somit steht die Gerade h_{-8} senkrecht auf h_{10}.

Wenn zwei beliebige Geraden h_{t_1} und h_{t_2} senkrecht aufeinander stehen, muss das Skalarprodukt der Richtungsvektoren ebenfalls Null sein:

$$\begin{pmatrix} -8 \\ t_1 \\ 4 \end{pmatrix} \cdot \begin{pmatrix} -8 \\ t_2 \\ 4 \end{pmatrix} = 0 \text{ führt zu } 64 + t_1 \cdot t_2 + 16 = 0 \Rightarrow t_1 \cdot t_2 = -80.$$

Somit muss das Produkt der beiden Parameter -80 sein.

d) Zur Erstellung der Matrix des Produktionsprozesses bestimmt man zuerst die Eingangs- bzw. Ausgangswerte. Die Eingangswerte x_1, x_2 und x_3 sind die Mengen an Farbtönen F_1, F_2 und F_3, die Ausgangswerte y_1, y_2 und y_3 sind die Mengen an Grundfarben G_1, G_2, und

G_3. Somit gilt:

$y_1 = 0,8 \cdot x_1 + 0,7 \cdot x_2 + 0,6 \cdot x_3$

$y_2 = 0,1 \cdot x_1 + 0,1 \cdot x_2 + 0,1 \cdot x_3$ $\Rightarrow$ Die Matrix hat die Form: $\begin{pmatrix} 0,8 & 0,7 & 0,6 \\ 0,1 & 0,1 & 0,1 \\ 0,1 & 0,2 & 0,3 \end{pmatrix}$

$y_3 = 0,1 \cdot x_1 + 0,2 \cdot x_2 + 0,3 \cdot x_3$

Um den Bedarf an Grundfarben G_1, G_2, und G_3 zu bestimmen, multipliziert man die Matrix mit den Eingangswerten:

$$\begin{pmatrix} y_1 \\ y_2 \\ y_3 \end{pmatrix} = \begin{pmatrix} 0,8 & 0,7 & 0,6 \\ 0,1 & 0,1 & 0,1 \\ 0,1 & 0,2 & 0,3 \end{pmatrix} \cdot \begin{pmatrix} 200 \\ 300 \\ 400 \end{pmatrix} = \begin{pmatrix} 610 \\ 90 \\ 200 \end{pmatrix}$$

Es werden 610 kg von G_1, 90 kg von G_2 und 200 kg von G_3 benötigt.

Stochastik

25 Grundlegende Begriffe

25.1 Zufallsexperimente und Ereignisse

a) I) $\Omega = \{$www, wwz, wzw, zww, wzz, zwz, zzw, zzz$\}$, die Reihenfolge spielt bei einer Mengenaufzählung keine Rolle.

II) $\Omega = \{$6, keine 6$\}$.
Die Lösung $\Omega = \{1, 2, 3, 4, 5, 6\}$ wäre auch möglich, ist aber der Fragestellung weniger angemessen.

III) $\Omega = \{$Alter zwischen 14 und 18 Jahren einschließlich, nicht zur Altersgruppe gehörend$\}$
oder: $\Omega = \{$jünger als 14, zwischen 14 und 18, älter als 18$\}$
Möglich wäre auch die (unnötig große) Menge $\Omega = \{0, 1, 2, ..., 100, ...\}$.

b) Lösungen:
$A = \{2; 4; 6\}$.
$B = \{1; 2\}$.
$C = \{2; 3; 5\}$; 1 ist keine Primzahl.
$D = \{1, 2; 3; 4; 5; 6\}$; dies nennt man das sichere Ereignis, da es auf jeden Fall eintritt.
$E = \{\}$ oder $E = \emptyset$; E ist hier die leere Menge, da keine der Zahlen von 1 bis 6 durch 7 teilbar ist. Man spricht vom unmöglichen Ereignis.

c) I) A: Es erscheint dreimal dieselbe Seite.
B: Es taucht höchstens einmal «Zahl» auf oder
B: Es taucht mindestens zweimal «Wappen» auf oder
B: Es taucht mehr als einmal «Wappen» auf.
C: Beim ersten Wurf erscheint Zahl.

II) $\overline{A} = \{$wwz, wzw, zww, zzw, zwz, wzz$\}$.
$\overline{A}$: Es tauchen sowohl «Wappen» als auch «Zahl» auf oder
$\overline{A}$: Es erscheint nicht dreimal dieselbe Seite.
$\overline{B} = \{$zzz, zzw, zwz, wzz$\}$.
$\overline{B}$: Es taucht mehr als einmal «Zahl» auf.
$\overline{C} = \{$www, wwz, wzw, wzz$\}$.
$\overline{C}$: Beim ersten Wurf erscheint «Wappen».

25.2 Absolute und relative Häufigkeit

a) Es sind insgesamt 20 Ziffern. Die Anzahl, mit der eine bestimmte Ziffer auftritt, stellt deren absolute Häufigkeit H dar. Teilt man diese Anzahl durch die Gesamtanzahl an Ziffern, erhält man die relative Häufigkeit h:

Die Ziffer 1 kommt 10-mal, die Ziffer 2 kommt 6-mal und die Ziffer 3 kommt 4-mal vor, also gilt:

$$\begin{aligned} H(1) &= 10 \qquad & h(1) &= \tfrac{10}{20} = \tfrac{1}{2} = 0{,}5 \\ H(2) &= 6 & h(2) &= \tfrac{6}{20} = \tfrac{3}{10} = 0{,}3 \\ H(3) &= 4 & h(3) &= \tfrac{4}{20} = \tfrac{1}{5} = 0{,}2 \end{aligned}$$

b) Es sind insgesamt 30 Schüler. Für die relativen Häufigkeiten gilt dann:

$$\begin{aligned} h(1) &= \tfrac{3}{30} = \tfrac{1}{10} \qquad & h(4) &= \tfrac{8}{30} = \tfrac{4}{15} \\ h(2) &= \tfrac{5}{30} = \tfrac{1}{6} & h(5) &= \tfrac{3}{30} = \tfrac{1}{10} \\ h(3) &= \tfrac{10}{30} = \tfrac{1}{3} & h(6) &= \tfrac{1}{30} \end{aligned}$$

c) Die Werte der relativen Häufigkeit h liegen zwischen Null und Eins (einschließlich): $0 \leqslant h \leqslant 1$.
Die relative Häufigkeit ist 0, wenn ein Ereignis gar nicht auftritt; sie ist 1, wenn bei der Versuchsreihe immer dasselbe Ereignis auftritt. Addiert man die relativen Häufigkeiten aller möglichen Ereignisse, so erhält man 1.

25.3 Wahrscheinlichkeit bei Laplace-Versuchen

a) Das empirische Gesetz der großen Zahl besagt, dass sich bei sehr langen Versuchsreihen die relative Häufigkeit eines Ergebnisses immer mehr der Wahrscheinlichkeit dieses Ergebnisses annähert.

b) Insgesamt gibt es 20 mögliche Ergebnisse.
Die Zahlen 4, 8, 12, 16 und 20 sind durch 4 teilbar, also gibt es 5 günstige Ergebnisse bei Ereignis A, die Wahrscheinlichkeit P(A) ist also: $P(A) = \frac{5}{20} = \frac{1}{4} = 0{,}25$.
Die Zahlen 14, 15, 16, 17, 18, 19 und 20 sind größer als 13, also gibt es 7 günstige Ergebnisse bei Ereignis B, die Wahrscheinlichkeit P(B) ist also: $P(B) = \frac{7}{20} = 0{,}35$.
Die Zahlen 1, 4, 9 und 16 sind Quadratzahlen, also gibt es 4 günstige Ergebnisse bei Ereignis C, die Wahrscheinlichkeit P(C) ist also: $P(C) = \frac{4}{20} = \frac{1}{5} = 0{,}2$.

c) Es gibt bei zweimaligem Würfeln insgesamt 36 mögliche Ergebnisse (6 Möglichkeiten für den 1. Wurf und 6 Möglichkeiten für den 2. Wurf). Für die Wahrscheinlichkeiten ergibt sich somit:
$P(A) = \frac{1}{36}$, da (6,6) nur einmal vorkommt.
$P(B) = \frac{4}{36}$, da (1,4), (4,1), (2,3) und (3,2) die Augensumme 5 ergeben.
$P(C) = \frac{9}{36}$, da bei (2,2), (2,4), (2,6), (4,2), (4,4), (4,6), (6,2), (6,4) und (6,6) beide Augenzahlen gerade sind.

d) Es gibt für das Tennis-Doppel mit Anke (A), Britta (B), Christine (C) und Doris (D) insgesamt 12 mögliche Ziehungen: AB, AC, AD, BA, BC, BD, CA, CB, CD, DA, DB, DC.
Davon sind AB, BA, CD und DC für das gefragte Ereignis günstig.
Also gilt: P(«Anke und Britta bilden ein Team») $= \frac{4}{12} = \frac{1}{3}$.
Alternativ kann man auch so argumentieren:
Es gibt drei mögliche Paarungen: AB/CD, AC/BD und AD/BC, die alle gleich wahrscheinlich sind, also hat jede die Wahrscheinlichkeit $\frac{1}{3}$.

26 Berechnung von Wahrscheinlichkeiten

26.1 Additionssatz, Vierfeldertafel

a) Es ergeben sich folgende ergänzte Tafeln:

I)

	A	$\overline{A}$	
B	0,3	0,1	0,4
$\overline{B}$	0,5	0,1	0,6
	0,8	0,2	1

II)

	A	$\overline{A}$	
B	$\frac{1}{8}$	$\frac{1}{2}$	$\frac{5}{8}$
$\overline{B}$	$\frac{1}{4}$	$\frac{1}{8}$	$\frac{3}{8}$
	$\frac{3}{8}$	$\frac{5}{8}$	1

b) I)

	F	$\overline{F}$	
S	0,4	0,2	0,6
$\overline{S}$	0,3	0,1	0,4
	0,7	0,3	1

Es sind:
F: mag Fußball
S: mag Schwimmen
$\overline{F}$: mag Fußball nicht
$\overline{S}$: mag Schwimmen nicht

Gegeben sind $P(F) = 0{,}7$ und $P(S) = 0{,}6$ sowie $P(F \cup S) = 0{,}9$ bzw. $P(\overline{F} \cap \overline{S}) = 0{,}1$, da sich 10 % der Schüler für keine der beiden Sportarten begeistern.
Aus der Vierfeldertafel ergibt sich: $P(F \cap S) = 0{,}4$.
Somit begeistern sich 40 % der Schüler für beide Sportarten.

II) Der Additionssatz besagt in diesem Fall:
$P(F \cup S) = P(F) + P(S) - P(F \cap S)$, also:
$0{,}9 = 0{,}7 + 0{,}6 - 0{,}4$.
Der Additionssatz gilt somit für dieses Beispiel.

26.2 Baumdiagramme und Pfadregeln

a) I)

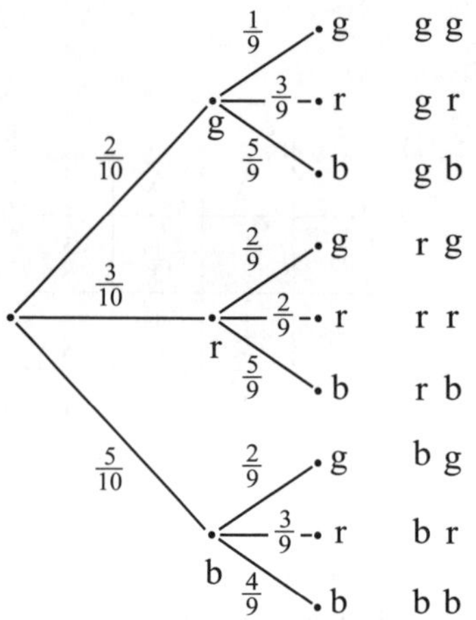

Da insgesamt 10 Kugeln in der Urne sind, betragen die Wahrscheinlichkeiten beim 1. Ziehen für grün, rot bzw. blau: $\frac{2}{10}$, $\frac{3}{10}$ bzw. $\frac{5}{10}$.

Danach sind nur noch 9 Kugeln in der Urne und die Wahrscheinlichkeiten bzgl. der 2. Ziehung hängen jeweils davon ab, welche Farbe beim 1. Mal gezogen wurde.

II) Die erste Pfadregel (Produktregel) besagt, dass sich die Wahrscheinlichkeit für einen Pfad aus dem Produkt der Wahrscheinlichkeiten längs des Pfades ergibt.
Dem Ereignis A entspricht der Pfad zu gg, dem Ereignis B entsprechend zu rb.
$A = \{gg\}; P(A) = \frac{2}{10} \cdot \frac{1}{9} = \frac{1}{45}$.
$B = \{rb\}; P(B) = \frac{3}{10} \cdot \frac{5}{9} = \frac{1}{6}$.
Die zweite Pfadregel (Summenregel) besagt, dass sich die Wahrscheinlichkeit eines Ereignisses aus der Summe der Wahrscheinlichkeiten aller Pfade, die zu diesem Ereignis gehören, ergibt.
$C = \{rg,gr\}; P(C) = \frac{3}{10} \cdot \frac{2}{9} + \frac{2}{10} \cdot \frac{3}{9} = \frac{2}{15}$.
$D = \{gg,rr,bb\}; P(D) = \frac{2}{10} \cdot \frac{1}{9} + \frac{3}{10} \cdot \frac{2}{9} + \frac{5}{10} \cdot \frac{4}{9} = \frac{2+6+20}{90} = \frac{14}{45}$.
$E = \{gg, gr, rg, rr\}; P(E) = \frac{2}{10} \cdot \frac{1}{9} + \frac{2}{10} \cdot \frac{3}{9} + \frac{3}{10} \cdot \frac{2}{9} + \frac{3}{10} \cdot \frac{2}{9} = \frac{2+6+6+6}{90} = \frac{2}{9}$.

b) I)

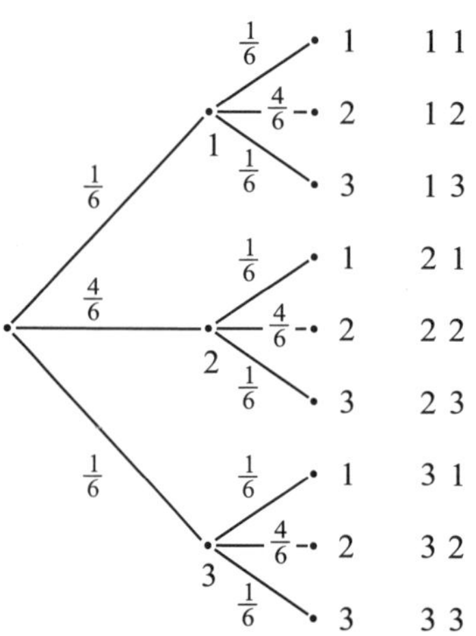

II) $A = \{12\}; P(A) = \frac{1}{6} \cdot \frac{4}{6} = \frac{1}{9}$.

$B = \{12, 22, 32\}$; $P(B) = \frac{1}{6} \cdot \frac{4}{6} + \frac{4}{6} \cdot \frac{4}{6} + \frac{1}{6} \cdot \frac{4}{6} = \frac{1}{9} + \frac{4}{9} + \frac{1}{9} = \frac{6}{9} = \frac{2}{3}$.
$C = \{11, 12, 13\}$; $P(C) = \frac{1}{6} \cdot \frac{1}{6} + \frac{1}{6} \cdot \frac{4}{6} + \frac{1}{6} \cdot \frac{1}{6} = \frac{1+4+1}{36} = \frac{6}{36} = \frac{1}{6}$.
$D = \{13, 22, 31\}$; $P(D) = \frac{1}{6} \cdot \frac{1}{6} + \frac{4}{6} \cdot \frac{4}{6} + \frac{1}{6} \cdot \frac{1}{6} = \frac{1+16+1}{36} = \frac{18}{36} = \frac{1}{2}$.
$E = \{11, 13, 23, 31\}$; $P(E) = \frac{1}{6} \cdot \frac{1}{6} + \frac{1}{6} \cdot \frac{1}{6} + \frac{4}{6} \cdot \frac{1}{6} + \frac{1}{6} \cdot \frac{1}{6} = \frac{1+1+4+1}{36} = \frac{7}{36}$.

c) I) e: Fehler erkannt; $P(e) = 0,8$.
$\overline{e}$: Fehler nicht erkannt; $P(\overline{e}) = 0,2$.
Zweimal den Fehler übersehen und beim dritten Mal erkennen entspricht dem Pfad $\overline{e}\overline{e}e$.
Es ist $P(\overline{e}\overline{e}e) = 0,2 \cdot 0,2 \cdot 0,8 = 0,032 = 3,2\,\%$.

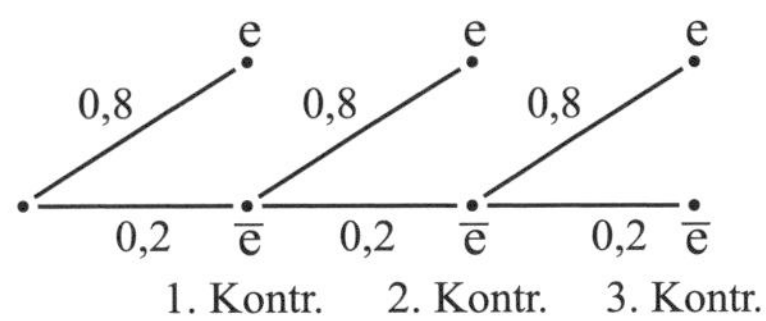

II) Den Fehler spätestens beim 3. Mal erkennen bedeutet $\{e, \overline{e}e, \overline{e}\overline{e}e\}$.
Es ist: $P(e) = 0,8$, $P(\overline{e}e) = 0,2 \cdot 0,8 = 0,16$ und $P(\overline{e}\overline{e}e) = 0,032$.
Nach der 2. Pfadregel gilt:
P(«spätestens beim 3. Mal erkannt») $= 0,8 + 0,16 + 0,032 = 0,992 = 99,2\,\%$.
Schneller lässt sich die Wahrscheinlichkeit mit dem Gegenereignis bestimmen. Es heißt hier: «Der Fehler ist auch beim 3. Mal noch nicht erkannt» und bedeutet $\{\overline{e}\overline{e}\overline{e}\}$.
Für die Wahrscheinlichkeit des Gegenereignisses gilt:
$P(\overline{e}\overline{e}\overline{e}) = 0,2 \cdot 0,2 \cdot 0,2 = 0,008 = 0,8\,\%$.
Damit ist $100\,\% - 0,8\,\% = 99,2\,\%$ die gesuchte Wahrscheinlichkeit.

d)

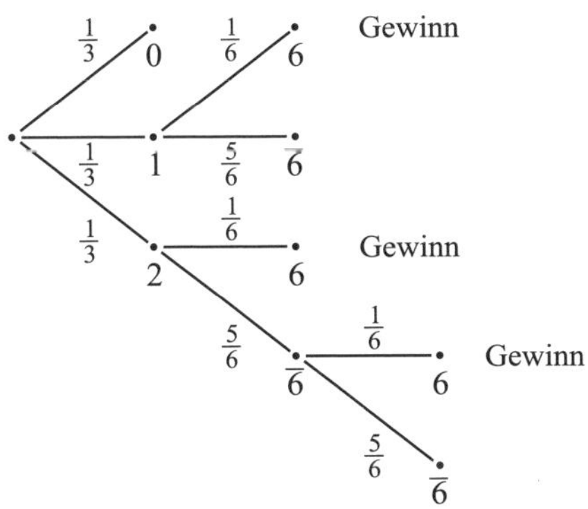

Die drei Pfade (1,6), (2,6) und (2,$\overline{6}$,6) führen zum Gewinn.
$P(\text{Gewinn}) = \frac{1}{3} \cdot \frac{1}{6} + \frac{1}{3} \cdot \frac{1}{6} + \frac{1}{3} \cdot \frac{5}{6} \cdot \frac{1}{6}$
$= \frac{6+6+5}{108} = \frac{17}{108} \approx 0,16$
Die Gewinnwahrscheinlichkeit beträgt etwa $16\,\%$.

e)

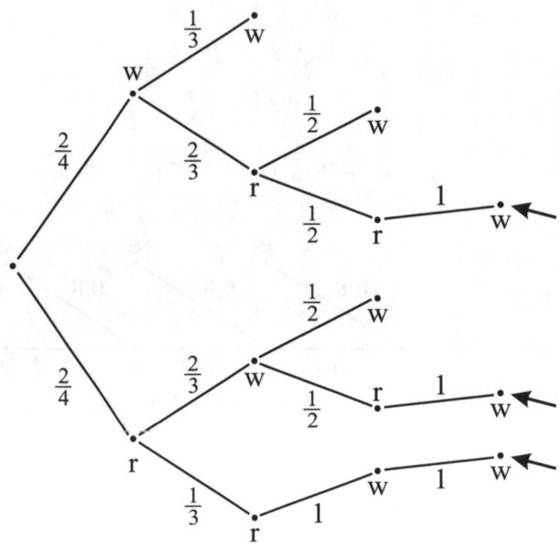

Bei den drei markierten Pfaden mussten alle vier Kugeln herausgenommen werden.

P(«4-mal ziehen»)

$= \frac{2}{4} \cdot \frac{2}{3} \cdot \frac{1}{2} \cdot 1 + \frac{2}{4} \cdot \frac{2}{3} \cdot \frac{1}{2} \cdot 1 + \frac{2}{4} \cdot \frac{1}{3} \cdot 1 \cdot 1$

$= \frac{1}{6} + \frac{1}{6} + \frac{1}{6} = \frac{1}{2}$.

Die gesuchte Wahrscheinlichkeit beträgt $\frac{1}{2}$ oder 50 %.

f)

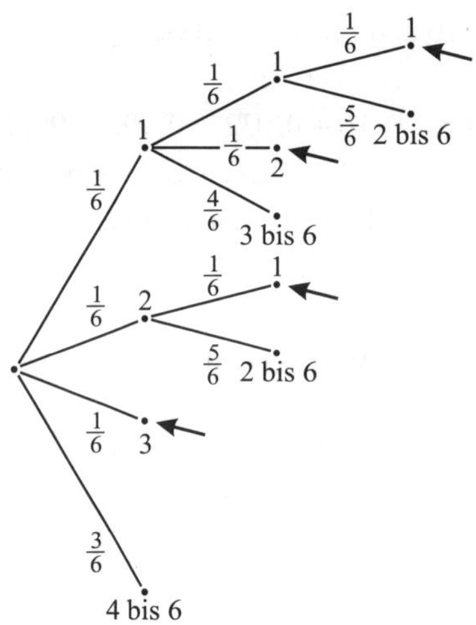

Die markierten Pfade führen zum Gewinn.

$\text{P(Gewinn)} = \frac{1}{6} \cdot \frac{1}{6} \cdot \frac{1}{6} + \frac{1}{6} \cdot \frac{1}{6} + \frac{1}{6} \cdot \frac{1}{6} + \frac{1}{6}$

$= \frac{1+6+6+36}{216} = \frac{49}{216} \approx 0,23$

Die Gewinnwahrscheinlichkeit beträgt $\frac{49}{216}$ oder etwa 23 %.

26.3 Unabhängigkeit von zwei Ereignissen

a) I)

	A	$\overline{A}$	
B	0,32	0,08	0,4
$\overline{B}$	0,48	0,12	0,6
	0,8	0,2	1

II)

	A	$\overline{A}$	
B	$\frac{3}{5}$	$\frac{1}{15}$	$\frac{2}{3}$
$\overline{B}$	$\frac{3}{10}$	$\frac{1}{30}$	$\frac{1}{3}$
	$\frac{9}{10}$	$\frac{1}{10}$	1

III)

	A	$\overline{A}$	
B	$\frac{1}{20}$	$\frac{1}{5}$	$\frac{1}{4}$
$\overline{B}$	$\frac{3}{20}$	$\frac{3}{5}$	$\frac{3}{4}$
	$\frac{1}{5}$	$\frac{4}{5}$	1

b) Es ist: $P(m) = \frac{90}{200} = 0,45$; $P(R) = \frac{80}{200} = 0,4$; $P(m \cap R) = \frac{36}{200} = 0,18$.
Da $0,45 \cdot 0,4 = 0,18$ gilt der spezielle Multiplikationssatz und die Ereignisse sind unabhängig.
Alternativer Lösungsweg:

Man prüft nach, ob der Anteil an Rauchern unter allen Befragten genau so groß ist wie der Anteil an Rauchern unter den Männern.
Anteil der Raucher unter allen Befragten: $\frac{80}{200} = \frac{2}{5} = 0,4$.
Anteil der Raucher unter den Männern: $\frac{36}{90} = \frac{2}{5} = 0,4$.
Die Werte stimmen überein, also sind Geschlecht und Rauchverhalten unabhängig voneinander.

26.4 Bedingte Wahrscheinlichkeit

a) Es ist a: älter als 70 Jahre, j $(=\overline{a})$: höchstens 70 Jahre, m: männlich, w$(=\overline{m})$: weiblich.
Gegeben sind $P(a) = 0,3$; $P_a(m) = 0,4$ und $P_j(m) = 0,5$.
Dann gilt: $P(a \cap m) = P(a) \cdot P_a(m) = 0,3 \cdot 0,4 = 0,12$.
$P(j) = 1 - P(a) = 0,7$.
$P(j \cap m) = P(j) \cdot P_j(m) = 0,7 \cdot 0,5 = 0,35$.

P(a), P(j), $P(a \cap m)$ und $P(j \cap m)$ werden in die Vierfeldertafel eingetragen und diese wird vervollständigt: Gesucht ist $P_m(j)$.
Entsprechend der Formel gilt:
$P_m(j) = \frac{P(m \cap j)}{P(m)} = \frac{0,35}{0,47} \approx 0,74 = 74\,\%$.
Also sind rund 74 % der Männer höchstens 70 Jahre alt.

	a	j	
m	0,12	0,35	0,47
w	0,18	0,35	0,53
	0,3	0,7	1

b) Es ist a: über 40 Jahre, j: bis 40 Jahre und L: Leserin.
Aus den Angaben lassen sich folgende Wahrscheinlichkeiten bestimmen:
$P(a) = \frac{65}{250} = \frac{13}{50} = 0,26$.
$P(L) = \frac{100}{250} = 0,4$.
$P(a \cap L) = \frac{32}{250} = 0,128$.
$P_L(a) = \frac{32}{100} = 0,32$ (für die Vierfeldertafel nicht nötig).

Die ersten drei Wahrscheinlichkeiten werden in eine Vierfeldertafel eingesetzt und diese wird vervollständigt.
Gesucht sind $P_a(L)$ und $P_j(L)$.
Bei bedingten Wahrscheinlichkeiten gilt der spezielle Multiplikationssatz:
$P_a(L) = \frac{P(L \cap a)}{P(a)} = \frac{0,128}{0,26} \approx 0,49 = 49\,\%$ und
$P_j(L) = \frac{P(L \cap j)}{P(j)} = \frac{0,272}{0,74} \approx 0,37 = 37\,\%$.

	L	$\overline{L}$	
a	0,128	0,132	0,26
j	0,272	0,468	0,74
	0,4	0,6	1

Die Zeitschrift spricht also mehr die älteren Frauen an; dies hätte man auch schon daraus ersehen können, dass $P_L(a)$ größer als P(a) ist.

c) Es ist k: krank, g: gesund, «+»: positiv getestet, «−»: negativ getestet.

I) Aus den Angaben lassen sich folgende Wahrscheinlichkeiten bestimmen:
$P(k) = 0{,}2$; $P_k(+) = 0{,}96$; $P_g(-) = 0{,}94$.
Damit ist:
$P(g) = 1 - P(k) = 0{,}8$.
$P(k \cap +) = P(k) \cdot P_k(+) = 0{,}2 \cdot 0{,}96 = 0{,}192$
$P(g \cap -) = P(g) \cdot P_g(-) = 0{,}8 \cdot 0{,}94 = 0{,}752$
Gesucht sind $P_+(k)$ und $P_-(g)$. Daher gilt:
$P_+(k) = \frac{P(k \cap +)}{P(+)} = \frac{0{,}192}{0{,}24} = 0{,}8 = 80\,\%$ und
$P_-(g) = \frac{P(g \cap -)}{P(-)} = \frac{0{,}752}{0{,}76} \approx 0{,}99 = 99\,\%$.

	k	g	
+	0,192	0,048	0,24
−	0,008	0,752	0,76
	0,2	0,8	1

Die Wahrscheinlichkeit, dass man bei einem positiven Testergebnis tatsächlich krank ist, beträgt 80 %.
Die Wahrscheinlichkeit, dass man bei einem negativen Testergebnis tatsächlich gesund ist, beträgt 99 %.

II) Aus den Angaben lassen sich folgende Wahrscheinlichkeiten bestimmen:
$P(k) = 0{,}5$; $P_k(+) = 0{,}96$; $P_g(-) = 0{,}94$.
Die Rechnungen wie bei I) ergeben nebenstehende Vierfeldertafel.
Gesucht sind wieder $P_+(k)$ und $P_-(g)$.
Daher gilt:
$P_+(k) = \frac{0{,}48}{0{,}51} \approx 0{,}94 = 94\,\%$ und
$P_-(g) = \frac{0{,}47}{0{,}49} \approx 0{,}96 = 96\,\%$.

	k	g	
+	0,48	0,03	0,51
−	0,02	0,47	0,49
	0,5	0,5	1

Je größer der Anteil der Kranken an der Bevölkerung wird, desto sicherer deutet ein positives Testergebnis auf eine Erkrankung hin. Dafür kann man sich auf ein negatives Testergebnis weniger verlassen.

27 Kombinatorische Zählprobleme

27.1 Geordnete Stichproben mit Zurücklegen

a) Zuerst bestimmt man die Anzahl aller Möglichkeiten: Für jede der 4 Stellen gibt es 10 mögliche Ziffern, also insgesamt 10^4 Möglichkeiten.

A: Für jede Stelle stehen 5 ungerade Ziffern zur Verfügung, also 5^4 günstige Möglichkeiten.
Somit gilt für die Wahrscheinlichkeit: $P(A) = \frac{5^4}{10^4} = (\frac{5}{10})^4 = (\frac{1}{2})^4 = \frac{1}{16}$.

B: Für jede Stelle stehen 2 verschiedene Ziffern zur Verfügung, also 2^4 günstige Möglichkeiten. Somit gilt: $P(B) = \frac{2^4}{10^4} = (\frac{1}{5})^4 = \frac{1}{625}$.

C: Die erste und die zweite Ziffer können frei gewählt werden, die beiden anderen liegen dann fest: $10 \cdot 10 \cdot 1 \cdot 1 = 100$ günstige Ausfälle, also: $P(C) = \frac{100}{10^4} = \frac{1}{100}$.

b) Für jede Perle stehen 3 Farben mit der gleichen Wahrscheinlichkeit zur Verfügung (zufällige Farbwahl).
Anzahl aller möglichen Ausfälle: $3^6 = 729$.

A: Für jede Perle gibt es 2 Möglichkeiten (blau bzw. grün), also 2^6 günstige Ausfälle.
Somit ist $P(A) = \frac{2^6}{3^6} = \frac{64}{729}$.

B: Die 3 letzten Perlen können frei gewählt werden, also 3^3 günstige Ausfälle.
Somit ist $P(B) = \frac{3^3}{3^6} = \frac{1}{3^3} = \frac{1}{27}$.

C: Es gibt nur die 2 Möglichkeiten, dass mit rot bzw. mit grün begonnen wird; der Rest ist festgelegt, also 2 günstige Ausfälle. Somit ist $P(C) = \frac{2}{3^6} = \frac{2}{729}$.

c) Für jeden der 8 Mühlesteine stehen 2 Farben zur Verfügung.
Anzahl aller möglichen Ausfälle: $2^8 = 256$.

A: Es gibt nur 2 günstige Ausfälle (alle schwarz oder alle weiß).
Somit ist $P(A) = \frac{2}{2^8} = \frac{1}{2^7} = \frac{1}{128}$.

B: Es gibt 8 günstige Ausfälle, da der weiße Stein an 8 verschiedenen Stellen sein kann.
Somit ist $P(B) = \frac{8}{2^8} = \frac{1}{2^5} = \frac{1}{32}$.

C: Es gibt 2^7 günstige Ausfälle, da die ersten 7 Steine frei gewählt werden können, der letzte aber festgelegt ist. Somit ist $P(C) = \frac{2^7}{2^8} = \frac{1}{2}$.

d) Anzahl aller möglichen Ausfälle: $5^3 = 125$.

A: Es gibt 5^2 günstige Ausfälle, da die beiden ersten Ziffern beliebig sind, die letzte Ziffer aber 5 sein muss. Somit ist $P(A) = \frac{5^2}{5^3} = \frac{1}{5}$.

B: Es gibt 2^3 günstige Ausfälle, da es für jede Ziffer 2 Möglichkeiten gibt.
Somit ist $P(B) = \frac{2^3}{5^3} = \frac{8}{125}$.

C: Es gibt 4^3 günstige Ausfälle, da es für jede Ziffer 4 Möglichkeiten gibt.
Somit ist $P(C) = \frac{4^3}{5^3} = \frac{64}{125}$.

e) Anzahl aller möglichen Ausfälle: $5^4 = 625$.

A: Es gibt einen günstigen Ausfall, da es für jeden Buchstaben des Wortes genau eine

Möglichkeit gibt. Somit ist $P(A) = \frac{1}{5^4} = \frac{1}{625}$.

B: Es gibt ebenfalls einen günstigen Ausfall, da es für jeden Buchstaben des Wortes genau eine Möglichkeit gibt. Somit ist $P(B) = \frac{1}{5^4} = \frac{1}{625}$.

C: Es gibt 5^3 günstige Ausfälle, da es für die letzten drei Buchstaben des Wortes jeweils 5 Möglichkeiten gibt. Somit ist $P(C) = \frac{5^3}{5^4} = \frac{1}{5} = 0,2$.

D: Es gibt 5^2 günstige Ausfälle, da es für die ersten beiden Buchstaben des Wortes jeweils 5 Möglichkeiten gibt. Somit ist $P(D) = \frac{5^2}{5^4} = \frac{1}{25} = 0,04$.

E: Für den anderen Buchstaben (kein T) gibt es 4 Möglichkeiten; dieser andere Buchstabe kann an jeder der 4 Stellen auftreten, also gibt es $4 \cdot 4 = 16$ günstige Ausfälle. Somit ist $P(E) = \frac{16}{5^4} = \frac{16}{625}$.

F: Da alle Buchstaben die Rolle von T im Ereignis E übernehmen können, gibt es fünfmal so viele günstige Ausfälle wie bei Ereignis E. Somit ist $P(F) = \frac{5 \cdot 16}{5^4} = \frac{16}{5^3} = \frac{16}{125}$.

f) Anzahl aller möglichen Ausfälle: $5^3 = 125$.

Um an eine Stelle N oder A zu ziehen, gibt es jeweils 2 Möglichkeiten, für H dagegen nur eine Möglichkeit. Die Möglichkeiten jeder Stelle werden miteinander multipliziert, um die günstigen Ausfälle zu erhalten.

$P(A) = \frac{2 \cdot 2 \cdot 1}{5^3} = \frac{4}{125}$ $P(B) = \frac{2 \cdot 1 \cdot 2}{5^3} = \frac{4}{125}$ $P(C) = \frac{1 \cdot 1 \cdot 1}{5^3} = \frac{1}{125}$

$P(D) = \frac{2 \cdot 2 \cdot 2}{5^3} = \frac{8}{125}$ $P(E) = \frac{4 \cdot 4 \cdot 4}{5^3} = \frac{64}{125}$

27.2 Geordnete Stichproben ohne Zurücklegen

Die Möglichkeiten pro Stufe werden jeweils miteinander multipliziert.

a) Anzahl aller möglichen Ausfälle: $10 \cdot 9 \cdot 8 \cdot 7 \cdot 6$, da zu Beginn 10 Kugeln in der Urne sind.

$P(A) = \frac{6 \cdot 5 \cdot 4 \cdot 3 \cdot 2}{10 \cdot 9 \cdot 8 \cdot 7 \cdot 6} = \frac{4 \cdot 3}{9 \cdot 8 \cdot 7} = \frac{1}{3 \cdot 2 \cdot 7} = \frac{1}{42}$.

$P(B) = \frac{4 \cdot 3 \cdot 2 \cdot 1 \cdot 6}{10 \cdot 9 \cdot 8 \cdot 7 \cdot 6} = \frac{1}{10 \cdot 3 \cdot 7} = \frac{1}{210}$.

$P(C) = \frac{4 \cdot 9 \cdot 8 \cdot 7 \cdot 6}{10 \cdot 9 \cdot 8 \cdot 7 \cdot 6} = \frac{4}{10} = \frac{2}{5}$.

$P(D) = P(rwrwr) + P(wrwrw) = \frac{6 \cdot 4 \cdot 5 \cdot 3 \cdot 4}{10 \cdot 9 \cdot 8 \cdot 7 \cdot 6} + \frac{4 \cdot 6 \cdot 3 \cdot 5 \cdot 2}{10 \cdot 9 \cdot 8 \cdot 7 \cdot 6} = \frac{3}{9 \cdot 7} + \frac{3}{9 \cdot 2 \cdot 7} = \frac{1}{21} + \frac{1}{42} = \frac{3}{42} = \frac{1}{14}$.

b) Anzahl aller möglichen Ausfälle: $10 \cdot 9 \cdot 8 = 720$.

$P(A) = \frac{1}{10 \cdot 9 \cdot 8} = \frac{1}{720}$.

$P(B) = \frac{3 \cdot 2 \cdot 1}{10 \cdot 9 \cdot 8} = \frac{1}{10 \cdot 3 \cdot 4} = \frac{1}{120}$.

$P(C) = \frac{9 \cdot 8 \cdot 7}{10 \cdot 9 \cdot 8} = \frac{7}{10}$.

$P(D) = \frac{7 \cdot 6 \cdot 5}{10 \cdot 9 \cdot 8} = \frac{7}{3 \cdot 8} = \frac{7}{24}$.

c) Anzahl aller möglichen Ausfälle: $5 \cdot 4 \cdot 3 \cdot 2 \cdot 1$.

$P(A) = \frac{4 \cdot 3 \cdot 1 \cdot 2 \cdot 1}{5 \cdot 4 \cdot 3 \cdot 2 \cdot 1} = \frac{1}{5}$.

$P(B) = 1 - P(\overline{B}) = 1 - \frac{4 \cdot 3 \cdot 2 \cdot 1 \cdot 1}{5 \cdot 4 \cdot 3 \cdot 2 \cdot 1} = 1 - \frac{1}{5} = \frac{4}{5}$.

d) Anzahl aller möglichen Ausfälle: $8 \cdot 7 \cdot 6 \cdot 5 \cdot 4 \cdot 3 \cdot 2 \cdot 1$.

$P(A) = \frac{7 \cdot 6 \cdot 5 \cdot 4 \cdot 3 \cdot 2 \cdot 1 \cdot 1}{8 \cdot 7 \cdot 6 \cdot 5 \cdot 4 \cdot 3 \cdot 2 \cdot 1} = \frac{1}{8}$.

$P(B) = \frac{6 \cdot 5 \cdot 4 \cdot 3 \cdot 2 \cdot 1 \cdot 1 \cdot 1}{8 \cdot 7 \cdot 6 \cdot 5 \cdot 4 \cdot 3} = \frac{2}{8 \cdot 7} = \frac{1}{28}$.

e) Anzahl aller möglichen Ausfälle: $6 \cdot 5 \cdot 4 \cdot 3 \cdot 2 \cdot 1$.
$P(A) = \frac{3 \cdot 2 \cdot 2 \cdot 1 \cdot 1 \cdot 1}{6 \cdot 5 \cdot 4 \cdot 3 \cdot 2 \cdot 1} = \frac{1}{5 \cdot 4 \cdot 3} = \frac{1}{60}$.
$P(B) = \frac{3 \cdot 2 \cdot 1 \cdot 3 \cdot 2 \cdot 1}{6 \cdot 5 \cdot 4 \cdot 3 \cdot 2 \cdot 1} = \frac{1}{5 \cdot 4} = \frac{1}{20}$.
$P(C) = 4 \cdot P(B) = \frac{4}{20} = \frac{1}{5}$, da es für das dreifache A insgesamt viermal so viele Möglichkeiten wie bei Ereignis B gibt.

27.3 Ungeordnete Stichproben ohne Zurücklegen

a) Das Pascalsche Dreieck beginnt mit der Zeile »1;1«.
Die nächste Zeile erhält man jeweils, indem man zwischen zwei Zahlen deren Summe darunter schreibt und die Zeile rechts und links durch «1» ergänzt:

$$\begin{array}{ccccccccc} & & & 1 & & 1 & & & \\ & & 1 & & 2 & & 1 & & \\ & 1 & & 3 & & 3 & & 1 & \\ 1 & & 4 & & 6 & & 4 & & 1 \end{array}$$

Die n-te Zeile besteht aus den Zahlen $\binom{n}{0}, \binom{n}{1}, \binom{n}{2}, \binom{n}{3}, ..., \binom{n}{n}$.
Die Anzahl aller Möglichkeiten bei ungeordneten Stichproben ohne Zurücklegen, wenn von n Elementen k gezogen werden, ist: $\binom{n}{k} = \frac{n!}{k!(n-k)!}$.

b) Die Anzahl aller möglichen Ausfälle, wenn von 25 Kugeln 4 gezogen werden, ist:
$\binom{25}{4} = \frac{25 \cdot 24 \cdot 23 \cdot 22}{4 \cdot 3 \cdot 2 \cdot 1} = 25 \cdot 23 \cdot 22$.
A: 5 Zahlen sind durch 5 teilbar, also gibt es $\binom{5}{4}$ günstige Ausfälle.
Damit ist $P(A) = \frac{\binom{5}{4}}{\binom{25}{4}} = \frac{5}{25 \cdot 23 \cdot 22} = \frac{1}{5 \cdot 23 \cdot 22} = \frac{1}{23 \cdot 110} = \frac{1}{2530}$.
B: 12 Zahlen sind gerade, also gibt es $\binom{12}{4}$ günstige Ausfälle.
Damit ist $P(B) = \frac{\binom{12}{4}}{\binom{25}{4}} = \frac{\frac{12 \cdot 11 \cdot 10 \cdot 9}{4 \cdot 3 \cdot 2 \cdot 1}}{25 \cdot 23 \cdot 22} = \frac{11 \cdot 5 \cdot 9}{25 \cdot 23 \cdot 22} = \frac{9}{230}$.
C: Es gibt nur zwei günstige Ausfälle: $\{(1,2,3,4),(1,2,3,5)\}$.
Damit ist $P(C) = \frac{2}{25 \cdot 23 \cdot 22} = \frac{1}{25 \cdot 23 \cdot 11} = \frac{1}{6325}$.
D: Das Produkt 12 ist nicht möglich, da $1 \cdot 2 \cdot 3 \cdot 4$ schon 24 ergibt. Damit ist $P(D) = 0$.

c) Wenn von 15 Kugeln 3 gezogen werden, ist die Anzahl aller möglichen Ausfälle:
$\binom{15}{3} = \frac{15 \cdot 14 \cdot 13}{3 \cdot 2 \cdot 1} = 5 \cdot 7 \cdot 13$.
A: Von 7 weißen Kugeln 3 ziehen ergibt $\binom{7}{3}$ günstige Ausfälle.
Damit ist $P(A) = \frac{\binom{7}{3}}{\binom{15}{3}} = \frac{\frac{7 \cdot 6 \cdot 5}{3 \cdot 2 \cdot 1}}{5 \cdot 7 \cdot 13} = \frac{7 \cdot 5}{5 \cdot 7 \cdot 13} = \frac{1}{13}$.
B: Von 7 weißen (w) Kugeln 3 ziehen, ergibt $\binom{7}{3}$ günstige Ausfälle, von 5 schwarzen (s) Kugeln 3 ziehen, ergibt $\binom{5}{3}$ günstige Ausfälle, von 3 roten (r) Kugeln 3 ziehen, ergibt $\binom{3}{3}$ günstige Ausfälle.
Damit ist $P(B) = P(www) + P(sss) + P(rrr)$
$= \frac{\binom{7}{3}}{\binom{15}{3}} + \frac{\binom{5}{3}}{\binom{15}{3}} + \frac{\binom{3}{3}}{\binom{15}{3}} = \frac{\frac{7 \cdot 6 \cdot 5}{3 \cdot 2 \cdot 1}}{5 \cdot 7 \cdot 13} + \frac{\frac{5 \cdot 4 \cdot 3}{3 \cdot 2 \cdot 1}}{5 \cdot 7 \cdot 13} + \frac{\frac{3 \cdot 2 \cdot 1}{3 \cdot 2 \cdot 1}}{5 \cdot 7 \cdot 13} = \frac{7 \cdot 5 + 10 + 1}{5 \cdot 7 \cdot 13} = \frac{46}{455}$.

C: Von 7 weißen Kugeln 1 ziehen, ergibt $\binom{7}{1}$ günstige Ausfälle, von 5 schwarzen Kugeln 2 ziehen ergibt $\binom{5}{2}$ günstige Ausfälle, insgesamt $\binom{7}{1}\cdot\binom{5}{2}$ günstige Ausfälle.

Damit ist $P(C) = \frac{\binom{7}{1}\cdot\binom{5}{2}}{\binom{15}{3}} = \frac{7\cdot 10}{5\cdot 7\cdot 13} = \frac{2}{13}$.

D: Es gibt 12 nicht-rote Kugeln, von denen 3 gezogen werden müssen, also gibt es $\binom{12}{3}$ günstige Ausfälle.

Damit ist $P(D) = \frac{\binom{12}{3}}{\binom{15}{3}} = \frac{\frac{12\cdot 11\cdot 10}{3\cdot 2\cdot 1}}{5\cdot 7\cdot 13} = \frac{2\cdot 11\cdot 10}{5\cdot 7\cdot 13} = \frac{44}{91}$.

E: Entsprechend Ereignis C ergeben sich $\binom{7}{1}\cdot\binom{5}{1}\cdot\binom{3}{1}$ günstige Ausfälle.

Damit ist $P(E) = \frac{\binom{7}{1}\cdot\binom{5}{1}\cdot\binom{3}{1}}{\binom{15}{3}} = \frac{7\cdot 5\cdot 3}{5\cdot 7\cdot 13} = \frac{3}{13}$.

F: Betrachtet man das Gegenereignis $\overline{F}$: «keine weiße Kugel», so muss man von 8 Kugeln 3 ziehen, d.h. es gibt hierfür $\binom{8}{3}$ günstige Ausfälle.

Damit ist $P(F) = 1 - P(\overline{F}) = 1 - \frac{\binom{8}{3}}{\binom{15}{3}} = 1 - \frac{\frac{8\cdot 7\cdot 6}{3\cdot 2\cdot 1}}{5\cdot 7\cdot 13} = 1 - \frac{8\cdot 7}{5\cdot 7\cdot 13} = 1 - \frac{8}{65} = \frac{57}{65}$.

d) Wenn von 10 Glühbirnen 3 herausgegriffen werden, so ist die Anzahl aller möglichen Ausfälle: $\binom{10}{3} = \frac{10\cdot 9\cdot 8}{3\cdot 2\cdot 1} = 10\cdot 3\cdot 4$.

A: Von 8 nicht-defekten Glühbirnen werden 3 gegriffen, also gibt es $\binom{8}{3}$ günstige Ausfälle.

Damit ist $P(A) = \frac{\binom{8}{3}}{\binom{10}{3}} = \frac{\frac{8\cdot 7\cdot 6}{3\cdot 2\cdot 1}}{\frac{10\cdot 9\cdot 8}{3\cdot 2\cdot 1}} = \frac{8\cdot 7}{10\cdot 3\cdot 4} = \frac{7}{15}$.

B: Von 8 nicht-defekten Glühbirnen werden 2 gegriffen und von 2 defekten Glühbirnen wird eine gegriffen, also gibt es $\binom{8}{2}\cdot\binom{2}{1}$ günstige Ausfälle.

Damit ist $P(B) = \frac{\binom{8}{2}\cdot\binom{2}{1}}{\binom{10}{3}} = \frac{\frac{8\cdot 7}{2\cdot 1}\cdot 2}{10\cdot 3\cdot 4} = \frac{8\cdot 7}{10\cdot 3\cdot 4} = \frac{7}{15}$.

C: Von 8 nicht-defekten Glühbirnen wird eine gegriffen und von 2 defekten Glühbirnen werden 2 gegriffen, also gibt es $\binom{8}{1}\cdot\binom{2}{2}$ günstige Ausfälle.

Damit ist $P(C) = \frac{\binom{8}{1}\cdot\binom{2}{2}}{\binom{10}{3}} = \frac{8\cdot 1}{10\cdot 3\cdot 4} = \frac{1}{15}$.

Probe: $P(A) + P(B) + P(C) = \frac{7}{15} + \frac{7}{15} + \frac{1}{15} = 1$.

e) Anzahl aller möglichen Tipps, wenn von 49 Kugeln 6 gezogen werden: $\binom{49}{6}$.

Um genau 4 Richtige zu haben, müssen 4 der getippten Zahlen zu den 6 gezogenen gehören und 2 zu den nicht-gezogenen, also gibt es $\binom{6}{4}\cdot\binom{43}{2}$ günstige Ausfälle.

Damit ist:

$P(\text{4 Richtige}) = \frac{\binom{6}{4}\cdot\binom{43}{2}}{\binom{49}{6}} = \frac{\frac{6\cdot 5\cdot 4\cdot 3}{4\cdot 3\cdot 2\cdot 1}\cdot\frac{43\cdot 42}{2\cdot 1}}{\frac{49\cdot 48\cdot 47\cdot 46\cdot 45\cdot 44}{6\cdot 5\cdot 4\cdot 3\cdot 2\cdot 1}} = \frac{3\cdot 5\cdot 43}{7\cdot 47\cdot 46\cdot 44} = \frac{645}{665896} \approx \frac{1}{1000} = 0{,}001 = 0{,}1\,\%$.

Die Wahrscheinlichkeit beträgt etwa $0{,}1\,\%$.

f) Die Anzahl aller Möglichkeiten, aus 8 Personen 4 auszulosen, ist:

$\binom{8}{4} = \frac{8\cdot 7\cdot 6\cdot 5}{4\cdot 3\cdot 2\cdot 1} = 7\cdot 2\cdot 5 = 70$.

I) Von 4 Frauen können 2 mit dem Auto fahren und von 4 Männern ebenfalls 2, also gibt es $\binom{4}{2}\cdot\binom{4}{2}$ günstige Ausfälle.

Damit ist $P(\text{2 Frauen, 2 Männer}) = \frac{\binom{4}{2}\cdot\binom{4}{2}}{\binom{8}{4}} = \frac{6\cdot 6}{70} = \frac{18}{35}$.

II) Von 4 Frauen können 4 mit dem Auto fahren, also gibt es nur diese eine Möglichkeit. Damit ist $P(4\,\text{Frauen}) = \frac{\binom{4}{4}}{\binom{8}{4}} = \frac{1}{70}$.

III) Die 4 Frauen fahren in einem Wagen zusammen, wenn sie entweder alle für den 1. Wagen ausgelost werden oder wenn alle Männer für den 1. Wagen ausgelost werden. Beide Ereignisse haben entsprechend Aufgabe II) die Wahrscheinlichkeit $\frac{1}{70}$. Die Wahrscheinlichkeit, dass die Frauen zusammen fahren, beträgt demnach $2 \cdot \frac{1}{70} = \frac{1}{35}$.

27.4 Vermischte Aufgaben

a) Es gibt insgesamt $4! = 4 \cdot 3 \cdot 2 \cdot 1 = 24$ Möglichkeiten für die Sitzverteilung.

A: Horst muss auf Platz «2» oder «3» sitzen. Die anderen haben jeweils $3! = 6$ Möglichkeiten, sich auf die anderen Sitze zu verteilen, es gibt also 12 günstige Ausfälle. Damit ist $P(A) = \frac{12}{24} = \frac{1}{2}$.

B: Entweder Horst sitzt auf Platz «1» und Peter auf Platz «4» oder umgekehrt. Die beiden anderen können jeweils noch die Sitze tauschen, also gibt es $2 \cdot 2 = 4$ günstige Ausfälle. Damit ist $P(B) = \frac{4}{24} = \frac{1}{6}$.

C: Horst und Peter können entweder die Plätze «1» und «2» oder die Plätze «2» und «3» oder die Plätze «3» und «4» einnehmen. Für jeden dieser Fälle gibt es 4 Möglichkeiten (vgl. B), also insgesamt 12 günstige Ausfälle. Damit ist $P(C) = \frac{12}{24} = \frac{1}{2}$.

b) Für die Auswahl der Prüfungsthemen gibt es insgesamt $\binom{10}{3} = \frac{10 \cdot 9 \cdot 8}{3 \cdot 2 \cdot 1} = 120$ Möglichkeiten. Wenn der Prüfling keines (0) der Prüfungsthemen vorbereitet hat, werden aus den 4 unvorbereiteten 3 gewählt, also gibt es $\binom{4}{3}$ günstige Ausfälle. Damit ist $P(0) = \frac{\binom{4}{3}}{\binom{10}{3}} = \frac{4}{120} = \frac{1}{30}$.
Wenn der Prüfling eines der Prüfungsthemen vorbereitet hat, werden aus den 4 unvorbereiteten 2 gewählt und aus den 6 vorbereiteten wird eines gewählt, also gibt es $\binom{4}{2} \cdot \binom{6}{1}$ günstige Ausfälle. Damit ist $P(1) = \frac{\binom{6}{1} \cdot \binom{4}{2}}{\binom{10}{3}} = \frac{6 \cdot 6}{120} = \frac{3}{10}$.
Wenn der Prüfling zwei der Prüfungsthemen vorbereitet hat, wird aus den 4 unvorbereiteten eines gewählt und aus den 6 vorbereiteten werden 2 gewählt, also gibt es $\binom{4}{1} \cdot \binom{6}{2}$ günstige Ausfälle. Damit ist $P(2) = \frac{\binom{6}{2} \cdot \binom{4}{1}}{\binom{10}{3}} = \frac{15 \cdot 4}{120} = \frac{1}{2}$.
Wenn der Prüfling alle drei Prüfungsthemen vorbereitet hat, werden aus den 6 vorbereiteten 3 gewählt, also gibt es $\binom{6}{3}$ günstige Ausfälle. Damit ist $P(3) = \frac{\binom{6}{3}}{\binom{10}{3}} = \frac{\frac{6 \cdot 5 \cdot 4}{3 \cdot 2 \cdot 1}}{120} = \frac{20}{120} = \frac{1}{6}$.

c) Es handelt sich um eine geordnete Stichprobe mit Zurücklegen (bei jeder Frage gibt es 3 Antworten). Anzahl aller möglichen Ergebnisse: $3^{10} = 59049$.

A: Bei jeder Frage gibt es 2 falsche Antworten, also $P(A) = \frac{2^{10}}{3^{10}} = \frac{1024}{59049} = 0{,}0173 = 1{,}73\,\%$.

B: Für die ersten 5 Fragen gibt es jeweils eine Möglichkeit, für die zweiten 5 Fragen gibt es jeweils 2 Möglichkeiten, also $P(B) = \frac{1^5 \cdot 2^5}{3^{10}} = \frac{32}{59049} = 0{,}00054 = 0{,}05\,\%$.

C: Um die 5 richtigen Antworten auf die 10 Fragen zu verteilen, gibt es $\binom{10}{5}$ Möglichkeiten. Jede einzelne hat die Wahrscheinlichkeit von B, also
$P(C) = \binom{10}{5} \cdot \frac{1^5 \cdot 2^5}{3^{10}} = 252 \cdot \frac{2^5}{3^{10}} = \frac{252 \cdot 32}{59049} = \frac{8064}{59049} \approx 0,137 = 13,7\,\%$

D: Um die 4 richtigen Antworten zu verteilen gibt es $\binom{10}{4} = 210$ Möglichkeiten, bei jeder der 6 falschen Antworten gibt es jeweils 2 Möglichkeiten, also $\binom{10}{4} \cdot 2^6$ günstige Ausfälle. Damit ist $P(D) = \frac{\binom{10}{4} \cdot 2^6}{3^{10}} = \frac{210 \cdot 64}{59049} = \frac{13440}{59049} \approx 0,228 = 22,8\,\%$.

d) I) Es gibt $\binom{6}{2} = \frac{6 \cdot 5}{2 \cdot 1} = 15$ Möglichkeiten, aus den 6 Punkten 2 auszuwählen, und zu jeder solchen Wahl gibt es eine Verbindungsgerade. Sie sind verschieden, da keine 3 Punkte auf derselben Gerade liegen.

II) Zu jeder Auswahl von 3 Punkten lässt sich der Umkreis des entsprechenden Dreiecks konstruieren; alle diese Kreise sind nach der Voraussetzung verschieden. Es gibt also $\binom{6}{3} = \frac{6 \cdot 5 \cdot 4}{3 \cdot 2 \cdot 1} = 20$ Kreise.

e) Das Gegenereignis bedeutet, dass alle 8 Personen in verschiedenen Monaten Geburtstag haben. Die Anzahl aller möglichen Verteilungen ist 12^8, da für jede Person 12 Monate zur Verfügung stehen.
Nummeriert man die Personen durch, so ergeben sich $12 \cdot 11 \cdot 10 \cdot 9 \cdot 8 \cdot 7 \cdot 6 \cdot 5$ günstige Ergebnisse (keine Wiederholungen).
Damit ist P(Gegenereignis)$= \frac{12 \cdot 11 \cdot 10 \cdot 9 \cdot 8 \cdot 7 \cdot 6 \cdot 5}{12^8} = \frac{11 \cdot 7 \cdot 5 \cdot 5}{6 \cdot 6 \cdot 2 \cdot 4 \cdot 12 \cdot 12} = \frac{1925}{41472} = 0,046$.
Also gilt: P(mind. 2 Personen in einem Monat) $= 1 - 0,046 = 0,954 = 95,4\,\%$.
Die Wahrscheinlichkeit, dass von 8 Personen mindestens zwei Personen im selben Monat Geburtstag haben, ist $95,4\,\%$.

28 Wahrscheinlichkeitsverteilung von Zufallsgrößen

28.1 Erwartungswert

a)

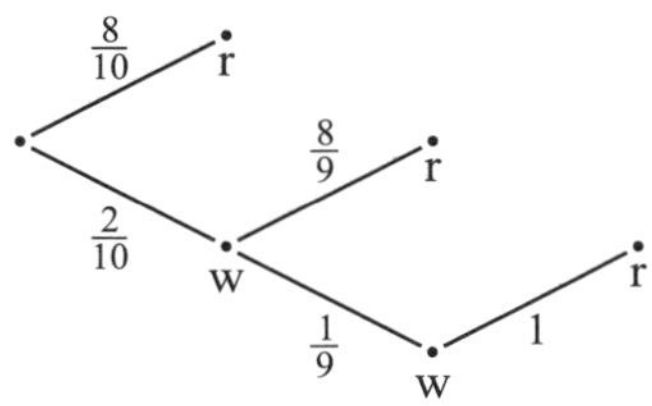

$P(r) = \frac{8}{10}$,
$P(wr) = \frac{2}{10} \cdot \frac{8}{9} = \frac{16}{90}$,
$P(wwr) = \frac{2}{10} \cdot \frac{1}{9} \cdot 1 = \frac{2}{90}$.

Ergebnis	Anzahl der Züge x_i	$P(x_i)$	$x_i \cdot P(x_i)$
r	1	$\frac{8}{10}$	$\frac{8}{10}$
wr	2	$\frac{16}{90}$	$\frac{32}{90}$
wwr	3	$\frac{2}{90}$	$\frac{6}{90}$
			$\frac{110}{90}$

Die Summe der letzten Spalte ergibt den Erwartungswert E(X):
$E(X) = \Sigma x_i \cdot P(x_i) = \frac{8}{10} + \frac{32}{90} + \frac{6}{90} = \frac{72+32+6}{90} = \frac{110}{90} = \frac{11}{9} = 1,\overline{2}$.
Man braucht durchschnittlich etwa 1,2 Züge.

b)

Augensumme	Auszahlung x_i in Euro	$P(x_i)$	$x_i \cdot P(x_i)$
2	4	$\frac{1}{36}$	$\frac{4}{36}$
3	1	$\frac{2}{36}$	$\frac{2}{36}$
4	1	$\frac{3}{36}$	$\frac{3}{36}$
5 bis 12	0	$\frac{30}{36}$	0
			$\frac{9}{36}$

Die Summe der letzten Spalte ergibt den Erwartungswert E(X):
$E(X) = \frac{4+2+3}{36} = \frac{9}{36} = \frac{1}{4} = 0,25$.
Man bekommt im Durchschnitt 25 Cent ausgezahlt.

c) I)

Entnommener Betrag x_i in Euro	$P(x_i)$	$x_i \cdot P(x_i)$
0,50	$\frac{6}{10}$	$\frac{3}{10}$
1	$\frac{3}{10}$	$\frac{3}{10}$
2	$\frac{1}{10}$	$\frac{2}{10}$
		$\frac{8}{10}$

Die Summe der letzten Spalte ergibt den Erwartungswert E(X):
$E(X) = \frac{3+3+2}{10} = \frac{8}{10} = 0,8.$
Man kann durchschnittlich 80 Cent erwarten.

II)

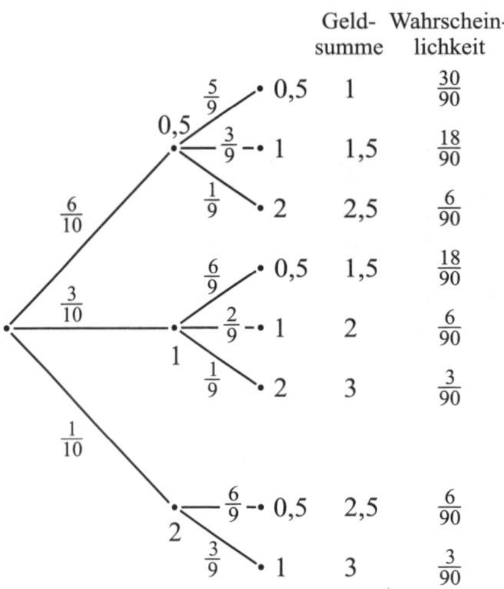

Zusammengefasst:

Entnommener Betrag x_i in Euro	$P(x_i)$	$x_i \cdot P(x_i)$
1	$\frac{30}{90}$	$\frac{30}{90}$
1,5	$\frac{36}{90}$	$\frac{54}{90}$
2	$\frac{6}{90}$	$\frac{12}{90}$
2,5	$\frac{12}{90}$	$\frac{30}{90}$
3	$\frac{6}{90}$	$\frac{18}{90}$
		$\frac{144}{90}$

Die Summe der letzten Spalte ergibt den Erwartungswert E(X):
$E(X) = \frac{30+54+12+30+18}{90} = \frac{144}{90} = \frac{16}{10} = 1,6.$
Man erhält im Durchschnitt 1,60 Euro.

d) Insgesamt gibt es $\binom{10}{3}$ Ausfälle.
Wenn man von 6 schwarzen (s) Kugeln 3 auswählt, gibt es $\binom{6}{3}$ günstige Ausfälle, also ist $P(sss) = \frac{\binom{6}{3}}{\binom{10}{3}} = \frac{20}{120} = \frac{1}{6}$.
Wenn man von 6 schwarzen Kugeln 2 auswählt und von 4 weißen (w) Kugeln eine, so gibt es $\binom{6}{2} \cdot \binom{4}{1}$ günstige Ausfälle, also ist $P(ssw) = \frac{\binom{6}{2} \cdot \binom{4}{1}}{\binom{10}{3}} = \frac{15 \cdot 4}{120} = \frac{60}{120} = \frac{1}{2}$.
Wenn man von 6 schwarzen Kugeln eine auswählt und von 4 weißen Kugeln 2, so gibt es $\binom{6}{1} \cdot \binom{4}{2}$ günstige Ausfälle, also ist $P(sww) = \frac{\binom{6}{1} \cdot \binom{4}{2}}{\binom{10}{3}} = \frac{6 \cdot 6}{120} = \frac{36}{120} = \frac{3}{10}$.
Wenn man von 4 weißen Kugeln 3 auswählt, so gibt es $\binom{4}{3}$ günstige Ausfälle, also ist $P(www) = \frac{\binom{4}{3}}{\binom{10}{3}} = \frac{4}{120} = \frac{1}{30}$.

Ereignis	Punkte x_i	$P(x_i)$	$x_i \cdot P(x_i)$
(sss)	3	$\frac{1}{6}$	$\frac{1}{2}$
(ssw)	4	$\frac{1}{2}$	2
(sww)	5	$\frac{3}{10}$	$\frac{3}{2}$
(www)	6	$\frac{1}{30}$	$\frac{1}{5}$
			$\frac{21}{5}$

Die Summe der letzten Spalte ergibt den Erwartungswert E(X):
$E(X) = \frac{1}{2} + 2 + \frac{3}{2} + \frac{1}{5} = 4 + \frac{1}{5} = 4,2.$
Man erhält durchschnittlich 4,2 Punkte.

28.2 Varianz und Standardabweichung

a) I)

Ereignis	Gewinn x_i	$P(x_i)$	$x_i \cdot P(x_i)$	$(x_i - E(X))^2$	$(x_i - E(X))^2 \cdot P(x_i)$
weiß	4	0,1	0,4	$2,8^2 = 7,84$	0,784
rot	8	0,1	0,8	$6,8^2 = 46,24$	4,624
schwarz	0	0,8	0	$(-1,2)^2 = 1,44$	1,152
			$E(X) = 1,2$		$V(X) = 6,56$

Die Varianz V(X) ergibt sich als Summe der letzten Spalte:
$V(X) = \Sigma (x_i - E(X))^2 \cdot P(x_i) = 0,784 + 4,624 + 1,152 = 6,56.$
Die Standardabweichung σ erhält man durch $\sigma(X) = \sqrt{V(X)} = \sqrt{6,56} \approx 2,56.$
Der Erwartungswert für den Gewinn beträgt 1,20 Euro, die Standardabweichung 2,56 Euro.

II)

Ereignis	Gewinn x_i	$P(x_i)$	$x_i \cdot P(x_i)$	$(x_i - E(X))^2$	$(x_i - E(X))^2 \cdot P(x_i)$
weiß	1	0,4	0,4	$(-0,2)^2 = 0,04$	0,016
rot	2	0,4	0,8	$0,8^2 = 0,64$	0,256
schwarz	0	0,2	0	$(-1,2)^2 = 1,44$	0,288
			$E(X) = 1,2$		$V(X) = 0,56$

Die Varianz V(X) ergibt sich als Summe der letzten Spalte:
$V(X) = 0,016 + 0,256 + 0,288 = 0,56.$
Die Standardabweichung σ erhält man durch $\sigma(X) = \sqrt{V(X)} = \sqrt{0,56} \approx 0,75.$

III) In beiden Spielen beträgt der durchschnittliche Gewinn, wenn man oft spielt, 1,20 Euro. Die Standardabweichung $\sigma(X)$ ist bei I) wesentlich größer als bei II); dies liegt daran, dass bei I) die Gewinne bis zu 8 Euro betragen (allerdings mit viel kleinerer Wahrscheinlichkeit), bei II) ist der höchste mögliche Gewinn nur 2 Euro. Wer das Risiko liebt und bei wenigen Spielen auf einen großen Gewinn spekuliert, wird Spiel I) bevorzugen. Wer eher «auf Nummer sicher geht», wird die 80 %ige Gewinnchance bei Spiel II) nutzen, auch wenn die Gewinne geringer sind. Wenn man sehr oft spielt, ist es sowieso egal, welches der beiden Spiele man wählt (wegen des gleichen Erwartungswertes E(X)).

b) Es bietet sich an, die Tabelle mit den absoluten Häufigkeiten $H(x_i)$ aufzustellen:

I)

Note x_i	1	2	3	4	5	6	
$H(x_i)$	3	7	11	6	2	1	
$x_i \cdot H(x_i)$	3	14	33	24	10	6	90*
$(x_i - E(X))^2$	$(-2)^2 = 4$	$(-1)^2 = 1$	0	$1^2 = 1$	$2^2 = 4$	$3^2 = 9$	
$(x_i - E(X))^2 \cdot H(x_i)$	12	7	0	6	8	9	42**

Den Erwartungswert E(X) erhält man, indem man $\Sigma x_i \cdot H(x_i)$ durch die Gesamtzahl der Schüler teilt:

$^*E(X) = \frac{90}{30} = 3.$

Die Varianz V(X) erhält man, indem man $\Sigma(x_i - E(X))^2 \cdot H(x_i)$ durch die Gesamtzahl der Schüler teilt:

$^{**}V(X) = \frac{42}{30} = 1{,}4.$

Die Standardabweichung σ ist $\sigma(X) = \sqrt{V(X)} = \sqrt{1{,}4} \approx 1{,}18.$

II)

Note x_i	1	2	3	4	5	6	
$H(x_i)$	5	8	5	8	2	2	
$x_i \cdot H(x_i)$	5	16	15	32	10	12	90*
$(x_i - E(X))^2$	$(-2)^2 = 4$	$(-1)^2 = 1$	0	$1^2 = 1$	$2^2 = 4$	$3^2 = 9$	
$(x_i - E(X))^2 \cdot H(x_i)$	20	8	0	8	8	18	62**

Den Erwartungswert E(X) erhält man, indem man $\Sigma x_i \cdot H(x_i)$ durch die Gesamtzahl der Schüler teilt:

$^*E(X) = \frac{90}{30} = 3.$

Die Varianz V(X) erhält man, indem man $\Sigma(x_i - E(X))^2 \cdot H(x_i)$ durch die Gesamtzahl der Schüler teilt:

$^{**}V(X) = \frac{62}{30} = 2{,}0\overline{6}.$

Die Standardabweichung σ ist $\sigma(X) = \sqrt{V(X)} = \sqrt{2{,}06} \approx 1{,}44.$

Der Notendurchschnitt E(X) ist bei beiden Klassenarbeiten derselbe, die Streuung V(X) ist bei der zweiten Klassenarbeit aber größer.

29 Binomialverteilung

29.1 Bernoulliketten

a) Ein Bernoulli-Experiment ist ein Zufallsexperiment, das nur zwei Ausfälle hat, einer davon wird als «Treffer» bezeichnet. Seine Wahrscheinlichkeit nennt man die Trefferwahrscheinlichkeit p. Eine Bernoullikette entsteht, wenn dasselbe Bernoulli-Experiment mehrmals nacheinander ausgeführt wird. Die Länge n der Bernoullikette gibt an, wie oft das einzelne Experiment nacheinander ausgeführt wird.

b) I) Bernoullikette: Auf jeder Stufe geht es nur um «6» oder «$\overline{6}$» («nicht Sechs»). Wird der Treffer mit «6» bezeichnet, so ist die Trefferwahrscheinlichkeit $p = \frac{1}{6}$, die Länge der Kette ist $n = 3$.

II) Keine Bernoullikette: Es kommt auf die Augenzahl (1 bis 6) an, also mehr als 2 Ausfälle auf jeder Stufe.

III) Keine Bernoullikette: Da die Kugeln nicht zurückgelegt werden, ändert sich die Trefferwahrscheinlichkeit (z.B. für «weiß») auf jeder Stufe.

IV) Bernoullikette der Länge $n = 4$ mit $p = 0{,}3$ bei Treffer «weiß» ($p = 0{,}7$ bei Treffer «rot»).

V) Keine Bernoullikette, da es auf jeder Stufe 3 relevante Ausfälle gibt.

VI) Bernoullikette der Länge $n = 8$: Es kommt nur auf «3» oder «$\overline{3}$» an. Bei Treffer «3» ist $p = \frac{1}{4}$ ($= 25\,\%$).

VII) Bernoullikette mit nicht festgelegter Länge, aber $n \leqslant 5$ und $p = \frac{1}{4}$ für Treffer «3».

29.2 Binomialverteilung mit Gebrauch der Formel (Taschenrechner)

Bei einem Bernoulli-Experiment wird die Wahrscheinlichkeit P eines Ereignisses bei k Treffern mit der Trefferwahrscheinlichkeit p und der Kettenlänge n (Anzahl der Durchführungen des Experiments) mit folgender Formel berechnet:
$P(X = k) = \binom{n}{k} \cdot p^k \cdot (1-p)^{n-k}$.

a) Bei Treffer «Zahl» ist $p = \frac{1}{2}$, die Kettenlänge ist $n = 5$.
$P(A) = P(X = 2) = \binom{5}{2} \cdot \left(\frac{1}{2}\right)^2 \cdot \left(\frac{1}{2}\right)^3 = 10 \cdot \left(\frac{1}{2}\right)^5 = \frac{10}{32} = \frac{5}{16} \approx 0{,}3125$.
$P(B) = P(X = 0) = \binom{5}{0} \cdot \left(\frac{1}{2}\right)^0 \cdot \left(\frac{1}{2}\right)^5 = \frac{1}{32} = 0{,}03125$.
$P(C) = P(X \leqslant 1) = P(X = 0) + P(X = 1) = \frac{1}{32} + \binom{5}{1} \cdot \left(\frac{1}{2}\right)^1 \cdot \left(\frac{1}{2}\right)^4 = \frac{1}{32} + \frac{5}{32} = \frac{3}{16} = 0{,}1875$.
$P(D) = P(X \geqslant 1) = 1 - P(X = 0) = 1 - \frac{1}{32} = \frac{31}{32} = 0{,}96875$ (Rechnen mit dem Gegenereignis).

b) Bei Treffer «Stern» ist $p = \frac{1}{3}$, die Kettenlänge ist $n = 4$.
$P(A) = P(X = 3) = \binom{4}{3} \cdot \left(\frac{1}{3}\right)^3 \cdot \left(\frac{2}{3}\right)^1 = 4 \cdot \frac{2}{81} = \frac{8}{81} \approx 0{,}099$.
$P(B) = P(X \geqslant 3) = P(X = 3) + P(X = 4) = \frac{8}{81} + \binom{4}{4} \cdot \left(\frac{1}{3}\right)^4 = \frac{8}{81} + \frac{1}{81} = \frac{9}{81} = \frac{1}{9} = 0{,}\overline{1}$.

$$P(C) = P(X \leqslant 1) = P(X=0) + P(X=1)$$
$$= \binom{4}{0} \cdot \left(\tfrac{1}{3}\right)^0 \cdot \left(\tfrac{2}{3}\right)^4 + \binom{4}{1} \cdot \left(\tfrac{1}{3}\right)^1 \cdot \left(\tfrac{2}{3}\right)^3 = \tfrac{16}{81} + 4 \cdot \tfrac{8}{81} = \tfrac{48}{81} = \tfrac{16}{27} \approx 0{,}593.$$

c) Bei Treffer «verdorben» ist $p = \frac{1}{5}$, die Kettenlänge ist $n = 5$.
$P(A) = P(X=1) = \binom{5}{1} \cdot \left(\frac{1}{5}\right)^1 \cdot \left(\frac{4}{5}\right)^4 = 5 \cdot \frac{4^4}{5^5} = \left(\frac{4}{5}\right)^4 = \frac{256}{625}$.
$P(B) = P(X=0) = \binom{5}{0} \cdot \left(\frac{1}{5}\right)^0 \cdot \left(\frac{4}{5}\right)^5 = \left(\frac{4}{5}\right)^5 = \frac{1024}{3125}$.
$P(C) = P(X \geqslant 2) = 1 - P(X \leqslant 1) = 1 - P(X=1) - P(X=0)$
$= 1 - \frac{1024}{3125} - \frac{256}{625} = 1 - \frac{1024}{3125} - \frac{1280}{3125} = \frac{821}{3125}$.

d) Bei Treffer «Mädchen» ist $p = 0{,}49$, die Kettenlänge ist $n = 4$.
$P(A) = P(X=2) = \binom{4}{2} \cdot 0{,}49^2 \cdot 0{,}51^2 \approx 0{,}375$.
$P(B) = P(X \leqslant 3) = 1 - P(X=4) = 1 - \binom{4}{4} \cdot 0{,}49^4 \cdot 0{,}51^0 \approx 0{,}942$.

e) Bei Treffer «Wappen» ist $p = \frac{1}{2}$; gesucht ist die Kettenlänge n.
Bedingung: $P(X \geqslant 1) \geqslant 0{,}99$, d.h. für das Gegenereignis gilt: $P(X=0) \leqslant 0{,}01$.
Da $P(X=0) = \binom{n}{0} \cdot \left(\frac{1}{2}\right)^0 \cdot \left(\frac{1}{2}\right)^n = \left(\frac{1}{2}\right)^n$ muss also gelten:
$\left(\frac{1}{2}\right)^n \leqslant 0{,}01$ | Logarithmieren mit lg
$\lg\left(\frac{1}{2}\right)^n \leqslant \lg 0{,}01$ | Anwenden der Logarithmengesetze
$n \cdot \lg\left(\frac{1}{2}\right) \leqslant -2 \mid : \lg\left(\frac{1}{2}\right)$
$n \geqslant \frac{-2}{\lg\left(\frac{1}{2}\right)} \approx 6{,}64$ (Beim Teilen duch eine negative Zahl dreht sich das «$\leqslant$»-Zeichen um.)
Man muss also 7-mal eine Münze werfen, um mit 99 %iger Sicherheit mindestens einmal Wappen zu erhalten.

f) Bei Treffer «Sechs» ist $p = \frac{1}{6}$, gesucht ist die Kettenlänge n.
Bedingung: $P(X \geqslant 1) \geqslant 0{,}9$, d.h. für das Gegenereignis gilt: $P(X=0) \leqslant 0{,}1$.
Da $P(X=0) = \binom{n}{0} \cdot \left(\frac{1}{6}\right)^0 \cdot \left(\frac{5}{6}\right)^n = \left(\frac{5}{6}\right)^n$, muss also gelten:
$\left(\frac{5}{6}\right)^n \leqslant 0{,}1 \mid \lg$
$n \cdot \lg\left(\frac{5}{6}\right) \leqslant -1 \mid : \lg\left(\frac{5}{6}\right)$
$n \geqslant -\frac{1}{\lg\left(\frac{5}{6}\right)} \approx 12{,}63$.
Man muss 13-mal würfeln, um mit 90 %iger Sicherheit mindestens eine «Sechs» zu erhalten.

29.3 Binomialverteilung mit Gebrauch der Tabelle

In der Tabelle «Binomialverteilung (Summenfunktion)» auf Seite 343 kann man die Wahrscheinlichkeit $P(X \leqslant k)$ ablesen.

a) Ablesen aus der Tabelle für $n = 20$ in der Spalte $p = \frac{1}{3}$ führt zu:
$P(X \leqslant 5) = 0{,}2972 = 29{,}72\,\%$.
$P(X < 10) = P(X \leqslant 9) = 0{,}9081 = 90{,}81\,\%$.
$P(X > 6) = 1 - P(X \leqslant 6) = 1 - 0{,}4793 = 0{,}5207 = 52{,}07\,\%$.
$P(X \geqslant 3) = 1 - P(X \leqslant 2) = 1 - 0{,}0176 = 0{,}9824 = 98{,}24\,\%$.
$P(4 \leqslant X \leqslant 10) = P(X \leqslant 10) - P(X \leqslant 3) = 0{,}9624 - 0{,}0604 = 0{,}9020 = 90{,}20\,\%$.

b) Ablesen aus der Tabelle für $n = 100$ in der Spalte $p = 0,4$ führt zu:
$P(X \leqslant 40) = 0,5433 = 54,33\,\%$.
$P(X > 45) = 1 - P(X \leqslant 45) = 1 - 0,8689 = 0,1311 = 13,11\,\%$.
$P(X \geqslant 50) = 1 - P(X \leqslant 49) = 1 - 0,9729 = 0,0271 = 2,71\,\%$.
$P(X < 30) = P(X \leqslant 29) = 0,0148 = 1,48\,\%$.
$P(X = 40) = P(X \leqslant 40) - P(X \leqslant 39) = 0,5433 - 0,4621 = 0,0812 = 8,12\,\%$.
$P(35 \leqslant X \leqslant 45) = P(X \leqslant 45) - P(X \leqslant 34) = 0,8689 - 0,1303 = 0,7386 = 73,86\,\%$.

c) Für die Ereignisse A bis E ist $n = 50$ und $p = \frac{1}{6}$ bei Treffer «Sechs»:
$P(A) = P(X \leqslant 10) = 0,7986 = 79,86\,\%$.
$P(B) = P(X \geqslant 10) = 1 - P(X \leqslant 9) = 1 - 0,6830 = 0,3170 = 31,70\,\%$.
$P(C) = P(X = 10) = P(X \leqslant 10) - P(X \leqslant 9) = 0,7986 - 0,6830 = 0,1156 = 11,56\,\%$.
$P(D) = P(5 \leqslant X \leqslant 11) = P(X \leqslant 11) - P(X \leqslant 4) = 0,8827 - 0,0643 = 0,8184 = 81,84\,\%$.
$P(E) = P(3 < X < 14) = P(X \leqslant 13) - P(X \leqslant 3) = 0,9693 - 0,0238 = 0,9455 = 94,55\,\%$.
Für die Ereignisse F bis H ist $n = 50$, aber $p = \frac{1}{2}$, falls Treffer «gerade Augenzahl»:
$P(F) = P(X < 20) = P(X \leqslant 19) = 0,0595 = 5,95\,\%$.
$P(G) = P(X > 25) = 1 - P(X \leqslant 25) = 1 - 0,5561 = 0,4439 = 44,39\,\%$.
$P(H) = P(20 < X < 30) = P(X \leqslant 29) - P(X \leqslant 20) = 0,8987 - 0,1013 = 0,7974$
$= 79,74\,\%$.

d) Da $p > 0,5$ müssen die Werte aus der Tabelle «von unten» abgelesen und noch von 1 subtrahiert werden. Ablesen aus der Tabelle für $n = 50$ in der Spalte $p = 0,7$ führt zu:
$P(X \leqslant 40) = 1 - 0,0402 = 0,9598 = 95,98\,\%$.
$P(X < 30) = P(X \leqslant 29) = 1 - 0,9522 = 0,0478 = 4,78\,\%$.
$P(X = 35) = P(X \leqslant 35) - P(X \leqslant 34) = (1 - 0,4468) - (1 - 0,5692) = 0,1224 = 12,24\,\%$.
$P(32 \leqslant X \leqslant 38) = P(X \leqslant 38) - P(X \leqslant 31) = (1 - 0,1390) - (1 - 0,8594) = 0,7204$
$= 72,04\,\%$.
$P(X > 36) = 1 - P(X \leqslant 36) = 1 - (1 - 0,3279) = 0,3279 = 32,79\,\%$.

e) Setzt man als Treffer «keimt nicht», so ist $p = 1 - 0,90 = 0,1$ und $n = 20$.
A: Mindestens 16 Blumenzwiebeln keimen bedeutet, dass höchstens 4 nicht keimen:
$P(A) = P(X \leqslant 4) = 0,9568 = 95,68\,\%$.
B: Mindestens 18 Blumenzwiebeln keimen bedeutet, dass höchstens 2 nicht keimen:
$P(B) = P(X \leqslant 2) = 0,6769 = 67,69\,\%$.
C: Alle Blumenzwiebeln keimen bedeutet, dass keine nicht keimt:
$P(C) = P(X \leqslant 0) = 0,1216 = 12,16\,\%$.

f) Setzt man als Treffer «die Mannschaft gewinnt», so ist $p = \frac{1}{3}$ (Erfahrung aus der letzten Saison) und $n = 20$ (Spiele in der kommenden Saison):
$P(A) = P(X = 7) = P(X \leqslant 7) - P(X \leqslant 6) = 0,6615 - 0,4793 = 0,1822 = 18,22\,\%$.
$P(B) = P(X > 7) = 1 - P(X \leqslant 7) = 1 - 0,6615 = 0,3385 = 33,85\,\%$.
$P(C) = P(X > 10) = 1 - P(X \leqslant 10) = 1 - 0,9624 = 0,0376 = 3,76\,\%$.

29.4 Erwartungswert und Standardabweichung

a) Sei X Zufallsvariable für die Anzahl der defekten Glühbirnen.
Mit $n = 150$ und $p = 0,04$ (4 %) erhält man:
Erwartungswert: $E(X) = \mu = n \cdot p = 150 \cdot 0,04 = 6$.
Zugehörige Standardabweichung: $\sigma = \sqrt{n \cdot p \cdot (1-p)} = \sqrt{150 \cdot 0,04 \cdot 0,96} = 2,4$.
Bei einer Entnahme von 150 Glühbirnen hat man durchschnittlich mit 6 defekten Glühbirnen zu rechnen. Die zugehörige Standardabweichung beträgt 2,4 Glühbirnen.

b) I) Erwartungswert: $E(X) = \mu = n \cdot p = 80 \cdot 0,3 = 24$.
Zugehörige Standardabweichung: $\sigma = \sqrt{n \cdot p \cdot (1-p)} = \sqrt{80 \cdot 0,3 \cdot 0,7} \approx 4,10$.

II) Erwartungswert: $E(X) = \mu = n \cdot p = 50 \cdot 0,4 = 20$.
Zugehörige Standardabweichung: $\sigma = \sqrt{n \cdot p \cdot (1-p)} = \sqrt{50 \cdot 0,4 \cdot 0,6} \approx 3,46$.

III) Erwartungswert: $E(X) = \mu = n \cdot p = 20 \cdot 0,6 = 12$.
Zugehörige Standardabweichung: $\sigma = \sqrt{n \cdot p \cdot (1-p)} = \sqrt{20 \cdot 0,6 \cdot 0,4} \approx 2,19$.

c) Sei X Zufallsvariable für die Menge verdorbener Tomaten (in kg).
Mit $n = 30$ und $p = 0,2$ (20 %) erhält man:
Erwartungswert: $E(X) = \mu = n \cdot p = 30 \cdot 0,2 = 6$.
Zugehörige Standardabweichung: $\sigma = \sqrt{n \cdot p \cdot (1-p)} = \sqrt{30 \cdot 0,2 \cdot 0,8} \approx 2,19$.
Bei einer Entnahme von 30 kg sind durchschnittlich 6 kg verdorbene Tomaten zu erwarten. Die zugehörige Standardabweichung beträgt etwa 2,2 kg.

d) Sei X Zufallsvariable für die Anzahl der mängelbehafteten Autos.
Mit $n = 2300$ und $p = 0,08$ (8 %) erhält man:
Erwartungswert: $E(X) = \mu = n \cdot p = 2300 \cdot 0,08 = 184$.
Zugehörige Standardabweichung: $\sigma = \sqrt{n \cdot p \cdot (1-p)} = \sqrt{2300 \cdot 0,08 \cdot 0,92} \approx 13,01$.
An einem Tag hat man durchschnittlich mit 184 mängelbehafteten Autos zu rechnen. Die zugehörige Standardabweichung beträgt etwa 13 Autos.

30 Normalverteilung

30.1 Berechnung von Wahrscheinlichkeiten

a) Der Intelligenzquotient IQ ist normalverteilt mit dem Erwartungswert $\mu = 100$ und der Standardabweichung $\sigma = 15$.

I) Wenn der IQ zwischen 85 und 115 liegt, gilt für die Wahrscheinlichkeit:
$P(85 < X < 115) = \Phi\left(\frac{115-100}{15}\right) - \Phi\left(\frac{85-100}{15}\right) = \Phi(1) - \Phi(-1) = 0,8413 - 0,1587$
$= 0,6826 = 68,26\,\%$.

II) Wenn der IQ kleiner als 90 ist, gilt für die Wahrscheinlichkeit:
$P(X < 90) = \Phi\left(\frac{90-100}{15}\right) = \Phi\left(-\frac{2}{3}\right) = \Phi(-0,67) = 0,2514 = 25,14\,\%$.

III) Wenn der IQ größer als 120 ist, gilt für die Wahrscheinlichkeit:
$P(X > 120) = 1 - P(X \leqslant 120) = 1 - \Phi\left(\frac{120-100}{15}\right) = 1 - \Phi\left(\frac{4}{3}\right) = 1 - \Phi(1,33)$
$= 1 - 0,9082 = 0,0918 = 9,18\,\%$

b) Das Gewicht von Brezeln ist normalverteilt mit dem Erwartungswert $\mu = 58\,g$ und der Standardabweichung $\sigma = 2\,g$.

I) Wenn eine Brezel weniger als 54 g wiegt, gilt für die Wahrscheinlichkeit:
$P(X < 54) = \Phi\left(\frac{54-58}{2}\right) = \Phi(-2) = 0,0228 = 2,28\,\%$.

II) Wenn eine Brezel zwischen 55 g und 61 g wiegt, gilt für die Wahrscheinlichkeit:
$P(55 < X < 61) = \Phi\left(\frac{61-58}{2}\right) - \Phi\left(\frac{55-58}{2}\right) = \Phi(1,5) - \Phi(-1,5) = 0,9332 - 0,0668$
$= 0,8664 = 86,64\,\%$.

III) Wenn eine Brezel mehr als 60 g wiegt, gilt für die Wahrscheinlichkeit:
$P(X > 60) = 1 - P(X \leqslant 60) = 1 - \Phi\left(\frac{60-58}{2}\right) = 1 - \Phi(1) = 1 - 0,8413 = 0,1587$
$= 15,87\,\%$.

c) Das Gewicht der Birnensorte ist normalverteilt mit dem Erwartungswert $\mu = 150\,g$ und der Standardabweichung $\sigma = 5\,g$. Eine Packung (Leergewicht 50 g) enthält 6 Birnen. Da das Leergewicht der Verpackung immer konstant ist, muss man vom Gesamtgewicht das Leergewicht subtrahieren und erhält das «Nettogewicht». Dieses ist normalverteilt mit dem Erwartungswert $\mu^* = 6 \cdot 150\,g = 900\,g$ und der Standardabweichung $\sigma^* = \sqrt{6} \cdot 5\,g \approx 12,25\,g$.

I) Wenn das Gesamtgewicht zwischen 930 g und 960 g liegt, liegt das normalverteilte Nettogewicht zwischen 880 g und 910 g. Somit gilt für die Wahrscheinlichkeit:
$P(880 < X < 910) = \Phi\left(\frac{910-900}{12,25}\right) - \Phi\left(\frac{880-900}{12,25}\right) \approx \Phi(0,82) - \Phi(-1,63)$
$= 0,7939 - 0,0516 = 0,7423 = 74,23\,\%$.

II) Wenn das Gesamtgewicht weniger als 925 g beträgt, muss das Nettogewicht kleiner als 875 g sein. Somit gilt für die Wahrscheinlichkeit:
$P(X < 875) = \Phi\left(\frac{875-900}{12,25}\right) \approx \Phi(-2,04) = 0,0207 = 2,07\,\%$.

III) Wenn das Gesamtgewicht mehr als 980 g beträgt, muss das Nettogewicht größer als 930 g sein. Somit gilt für die Wahrscheinlichkeit:
$P(X > 930) = 1 - P(X \leqslant 930) = 1 - \Phi\left(\frac{930-900}{12{,}25}\right) \approx 1 - \Phi(2{,}45) = 1 - 0{,}9929$
$= 0{,}0071 = 0{,}71\,\%$.

30.2 Erwartungswert und Standardabweichung

a) Wenn die Hypothese $\mu = 3{,}5$ nicht verworfen werden soll, muss der Mittelwert $\overline{x} = 3{,}9$ mit einer Wahrscheinlichkeit von ca. 95 % im $2\sigma^*$-Intervall liegen.
Bei 34 Klassenarbeiten gilt für die Standardabweichung: $\sigma^* = \frac{\sigma}{\sqrt{34}} = \frac{1{,}3}{\sqrt{34}} = 0{,}22$
Somit ist das $2\sigma^*$-Intervall:
$[\mu - 2\sigma^*; \mu + 2\sigma^*] = [3{,}5 - 2 \cdot 0{,}22; 3{,}5 + 2 \cdot 0{,}22] = [3{,}06; 3{,}94]$
Da $\overline{x} = 3{,}9$ innerhalb des Intervalls liegt, kann man die Hypothese annehmen.

b) Wenn die Hypothese $\mu = 1000\,\text{ml}$ nicht verworfen werden soll, muss der Mittelwert $\overline{x} = 995\,\text{ml}$ mit einer Wahrscheinlichkeit von ca. 95 % im $2\sigma^*$-Intervall liegen.
Bei 20 Flaschen gilt für die Standardabweichung: $\sigma^* = \frac{\sigma}{\sqrt{20}} = \frac{10}{\sqrt{20}} \approx 2{,}24\,\text{ml}$.
Somit ist das $2\sigma^*$-Intervall:
$[\mu - 2\sigma^*; \mu + 2\sigma^*] = [1000 - 2 \cdot 2{,}24; 1000 + 2 \cdot 2{,}24] = [995{,}52; 1004{,}48]$
Da $\overline{x} = 995\,\text{ml}$ nicht innerhalb des Intervalls liegt, muss die die Hypothese $\mu = 1000\,\text{ml}$ verworfen und die Befüllungsanlage neu eingestellt werden.

c) Wenn die Hypothese $\mu = 500$ Stunden nicht verworfen werden soll, muss der Mittelwert $\overline{x} = 495$ Stunden mit einer Wahrscheinlichkeit von ca. 95 % im $2\sigma^*$-Intervall liegen.
Bei 100 Lampen gilt für die Standardabweichung: $\sigma^* = \frac{\sigma}{\sqrt{100}} = \frac{20}{\sqrt{100}} = 2$ Stunden.
Somit ist das $2\sigma^*$–Intervall: $[\mu - 2\sigma^*; \mu + 2\sigma^*] = [500 - 2 \cdot 2; 500 + 2 \cdot 2] = [496; 504]$
Da $\overline{x} = 495$ Stunden nicht innerhalb des Intervalls liegt, muss die die Hypothese $\mu = 500$ Stunden verworfen werden.

d) Als Testgröße verwendet man das Gesamtgewicht der Packung.
Der Erwartungswert des Gesamtgewichts ist: $\mu^* = 620 \cdot \mu = 620 \cdot 0{,}4\,\text{g} = 248\,\text{g}$, die Standardabweichung ist: $\sigma^* = \sqrt{620} \cdot \sigma = \sqrt{620} \cdot 0{,}1 \approx 2{,}49\,\text{g}$.
Wenn die Hypothese $\mu = 620$ Feuerbohnen nicht verworfen werden soll, muss das Packungsgewicht $x = 250\,\text{g}$ mit einer Wahrscheinlichkeit von ca. 95 % im $2\sigma^*$–Intervall liegen.
Es gilt für das $2\sigma^*$-Intervall:
$[\mu^* - 2\sigma^*; \mu^* + 2\sigma^*] = [248 - 2 \cdot 2{,}49; 248 + 2 \cdot 2{,}49] = [243{,}02; 252{,}98]$
Da $x = 250\,\text{g}$ innerhalb des Intervalls liegt, kann man die Hypothese «die Packung enthält 620 Feuerbohnen» annehmen.

e) Bei n Menschen beträgt der Erwartungswert für die Länge: $\mu^* = n \cdot \mu = n \cdot 1{,}6$. Die Standardabweichung beträgt $\sigma^* = \sqrt{n} \cdot \sigma = \sqrt{n} \cdot 0{,}4$.

Um die Anzahl der Menschen mit einer Wahrscheinlichkeit von 95 % zu bestimmen, muss die Gesamtlänge $l = 1000\,\text{m}$ im $2\sigma^*$-Intervall liegen.

Es gilt für das $2\sigma^*$-Intervall: $[\mu^* - 2\sigma^*\,;\, \mu^* + 2\sigma^*] = \left[1{,}6\text{n} - 2 \cdot 0{,}4 \cdot \sqrt{\text{n}};\, 1{,}6\text{n} + 2 \cdot 0{,}4 \cdot \sqrt{\text{n}}\right]$
$= \left[1{,}6\text{n} - 0{,}8\sqrt{\text{n}};\, 1{,}6\text{n} + 0{,}8\sqrt{\text{n}}\right]$

Da $l = 1000\,\text{m}$ innerhalb dieses Intervalls liegen muss, sind folgende zwei Gleichungen zu lösen:

I) $1{,}6\text{n} - 0{,}8\sqrt{\text{n}} = 1000$ führt mit der Substitution $\text{z} = \sqrt{\text{n}}$ zu $1{,}6\text{z}^2 - 0{,}8\text{z} = 1000$ mit der positiven Lösung der quadratischen Gleichung $\text{z} \approx 25{,}25 \;\Rightarrow\; \text{n} \approx 638$.

II) $1{,}6\text{n} + 0{,}8\sqrt{\text{n}} = 1000$ führt mit der Substitution $\text{z} = \sqrt{\text{n}}$ zu $1{,}6\text{z}^2 + 0{,}8\text{z} = 1000$ mit der positiven Lösung der quadratischen Gleichung $\text{z} \approx 24{,}75 \;\Rightarrow\; \text{n} \approx 613$.
Das Konfidenzintervall ist somit: $[613\,;\,638]$.
Man braucht für eine Menschenkette von 1 km Länge 613 bis 638 Menschen.

f) Wenn 30 Schrauben 162 g wiegen, ist der Mittelwert für das Gewicht einer Schraube:
$\overline{\text{x}} = \frac{162}{30} = 5{,}4\,\text{g}$, die Standardabweichung ist: $\sigma^* = \frac{\sigma}{\sqrt{30}} = \frac{0{,}3}{\sqrt{30}} \approx 0{,}055\,\text{g}$.
Der Erwartungswert für das Gewicht einer Schraube liegt mit einer Wahrscheinlichkeit von 95 % im $2\sigma^*$-Intervall:
$[\overline{\text{x}} - 2\sigma^*\,;\, \overline{\text{x}} + 2\sigma^*] = [5{,}4 - 2 \cdot 0{,}055\,;\, 5{,}4 + 2 \cdot 0{,}055] = [5{,}29\,;\, 5{,}51]$
Somit kann man für eine Schraube ein Gewicht von etwa 5,3 g bis 5,5 g erwarten.

31 Hypothesentests

31.1 Grundbegriffe, Fehler 1. und 2. Art

a) Die Nullhypothese lautet: H_0: $p = \frac{1}{6}$ bei Treffer «Sechs», $n = 60$.
Der Annahmebereich ist $A = \{8, 9, 10, 11, 12\}$, der Ablehnungsbereich ist $\overline{A} = \{0, ..., 7\} \cup \{13, ..., 60\}$.
Wenn nur 7-mal «Sechs» fällt, wird die Hypothese abgelehnt. Ist der Würfel trotzdem in Ordnung, begeht man einen Fehler 1. Art.
Die Wahrscheinlichkeit, einen Fehler 1. Art zu begehen, heißt Irrtumswahrscheinlichkeit α. Im vorliegenden Fall ist α die Wahrscheinlichkeit, dass weniger als 8 oder mehr als 12 «Sechsen» fallen, obwohl $p = \frac{1}{6}$ gilt.

b) Die Nullhypothese lautet: H_0: $p \leqslant 0,05$ bei Treffer «Apfel nicht einwandfrei», $n = 50$.
Ein möglicher Annahmebereich ist beispielsweise $A = \{0, .., 4\}$, entsprechend ist dann der Ablehnungsbereich $\overline{A} = \{5, 6, ..., 50\}$.
Es handelt sich um einen rechtsseitigen Test, da $\overline{A}$ die großen Werte enthält. Wird A vergrößert, so wird $\overline{A}$ und damit auch $P(\overline{A})$ unter der Voraussetzung $p \leqslant 0,05$ verkleinert. Dies ist die Wahrscheinlichkeit für einen Fehler 1. Art. Die Wahrscheinlichkeit, dass man dem Händler glaubt, obwohl mehr Äpfel nicht einwandfrei sind (Fehler 2. Art), nimmt dabei zu.

31.2 Einseitiger Test

a) I) Man verwendet die Tabelle für $p = 0,4$ und $n = 100$:
Für $\overline{A} = \{50, ..., 100\}$ ergibt sich:
$\alpha = P(\overline{A}) = P(X \geqslant 50) = 1 - P(X \leqslant 49) = 1 - 0,9729 = 0,0271 = 2,71\,\%$.
Für $\overline{A} = \{49, ..., 100\}$ ergibt sich:
$\alpha = P(\overline{A}) = P(X \geqslant 49) = 1 - P(X \leqslant 48) = 1 - 0,9577 = 0,0423 = 4,23\,\%$.

II) Man verwendet die Tabelle für $p = 0,8$ und $n = 100$:
Wegen $p > 0,5$ müssen die Werte in der Tabelle «von unten» abgelesen und die Differenz zu 1 gebildet werden.
Für $\overline{A} = \{0, ..., 74\}$ ergibt sich:
$\alpha = P(\overline{A}) = P(X \leqslant 74) = 1 - 0,9125 = 0,0875 = 8,75\,\%$.

b) I) Es handelt sich um einen rechtsseitigen Test.
Die Tabelle für $n = 100$ und $p = 0,1$ liefert:
$P(X \leqslant 14) = 0,9274 \Rightarrow P(X > 14) = 0,0726 = 7,26\,\%$.
$P(X \leqslant 15) = 0,9601 \Rightarrow P(X > 15) = 0,0399 = 3,99\,\%$.
$P(X \leqslant 16) = 0,9794 \Rightarrow P(X > 16) = 0,0206 = 2,06\,\%$.
$P(X \leqslant 17) = 0,9900 \Rightarrow P(X > 17) = 0,0100 = 1,00\,\%$.
Da $P(\overline{A})$ höchstens den Wert α annehmen darf, ist der Ablehnungsbereich $\overline{A} = \{16, ..., 100\}$ für $\alpha = 5\,\%$ bzw. $\overline{A} = \{18, ..., 100\}$ für $\alpha = 2\,\%$ und $\alpha = 1\,\%$.

II) Es handelt sich um einen linksseitigen Test.
Die Tabelle für $n = 50$ und $p = 0,3$ liefert:
$P(X \leqslant 7) = 0,0073 = 0,73\,\%$.
$P(X \leqslant 8) = 0,0183 = 1,83\,\%$.
$P(X \leqslant 9) = 0,0402 = 4,02\,\%$.
$P(X \leqslant 10) = 0,0789 = 7,89\,\%$.
Also ist der Ablehnungsbereich $\overline{A} = \{0,...,9\}$ für $\alpha = 5\,\%$,
$\overline{A} = \{0,...,8\}$ für $\alpha = 2\,\%$ und $\overline{A} = \{0,...,7\}$ für $\alpha = 1\,\%$.

c) Die Nullhypothese lautet: H_0: $p \leqslant 0,04$ bei Treffer «Chip defekt» und $n = 100$.
Es handelt sich um einen rechtsseitigen Test mit $\alpha = 5\,\%$.
Die Tabelle liefert:
$P(X \leqslant 7) = 0,9525 \Rightarrow P(X > 7) = 1 - P(X \leqslant 7) = 1 - 0,9525 = 0,0475 = 4,75\,\%$.
Also ist $A = \{0,...,7\}$ und $\overline{A} = \{8,...,100\}$.
Da eine 9 im Ablehnungsbereich liegt, kann man bei $\alpha = 5\,\%$ auf mehr als $4\,\%$ Ausschuss schließen.

d) Die Nullhypothese lautet: H_0: $p \geqslant 0,3$ bei Treffer «die Partei wird gewählt» und $n = 100$.
Es handelt sich um einen linksseitigen Test mit $\alpha = 5\,\%$.
Die Tabelle liefert:
$P(X \leqslant 22) = 0,0479 = 4,79\,\%$.
$P(X \leqslant 23) = 0,0755 = 7,55\,\%$ (zu groß).
Also ist $\overline{A} = \{0,...,22\}$ und $A = \{23,...,100\}$.
Da 25 nicht im Ablehnungsbereich liegt, kann man bei der vorgegebenen Irrtumswahrscheinlichkeit nicht auf einen gesunkenen Stimmenanteil schließen.

e) Die Nullhypothese lautet: H_0: $p \leqslant 0,04$ bei Treffer «Birne defekt» und $n = 50$.
Es handelt sich um einen rechtsseitigen Test.
Da $\overline{A} = \{5,...,50\}$ und $A = \{0,...,4\}$, ist
$P(\overline{A}) = P(X \geqslant 5) = 1 - P(X \leqslant 4) = 1 - 0,9510 = 0,0490 = 4,90\,\%$.
Die Irrtumswahrscheinlichkeit beträgt somit $4,9\,\%$.
Um $\alpha = 2\,\%$ zu erreichen, muss $\overline{A}$ verkleinert werden. Die Tabelle liefert:
$P(X \leqslant 5) = 0,9856 = 98,56\,\% \Rightarrow P(X > 5) = 1,44\,\% < 2\,\%$.
Also ist der Ablehnungsbereich $\overline{A} = \{6,...,50\}$ bei $\alpha = 2\,\%$.

31.3 Zweiseitiger Test

a) I) Der Ablehnungsbereich ist $\overline{A} = \{0,...,7\} \cup \{13,...,20\}$.
Die Tabelle für $n = 20$ und $p = 0,5$ liefert:
$P(X \leqslant 7) = 0,1316 = 13,16\,\%$ und
$P(X \geqslant 13) = 1 - P(X \leqslant 12) = 1 - 0,8684 = 0,1316 = 13,16\,\%$.
Die gesamte Irrtumswahrscheinlichkeit beträgt also $13,16\,\% + 13,16\,\% = 26,32\,\%$.

II) Der Ablehnungsbereich ist $\overline{A} = \{0,..,3\} \cup \{14,...,50\}$.
Die Tabelle für $n = 50$ und $p = \frac{1}{6}$ liefert:
$P(X \leqslant 3) = 0,0238 = 2,38\,\%$ und
$P(X \geqslant 14) = 1 - P(X \leqslant 13) = 1 - 0,9693 = 0,0307 = 3,07\,\%$.
Die gesamte Irrtumswahrscheinlichkeit beträgt also $2,38\,\% + 3,07\,\% = 5,45\,\%$.

b) Die Tabelle für $n = 100$ und $p = \frac{1}{3}$ liefert:
$P(X \leqslant 21) = 0,0048 = 0,48\,\% \leqslant 0,5\,\%$.
$P(X \leqslant 22) = 0,0091 = 0,91\,\% \leqslant 1\,\%$.
$P(X \leqslant 23) = 0,0164 = 1,64\,\% \leqslant 2,5\,\%$.
$P(X \leqslant 24) = 0,0281 = 2,81\,\%$ (zu groß).
Ferner gilt:
$P(X \geqslant 43) = 1 - P(X \leqslant 42) = 1 - 0,9724 = 0,0276 = 2,76\,\%$ (zu groß).
$P(X \geqslant 44) = 1 - P(X \leqslant 43) = 1 - 0,9831 = 0,0169 = 1,69\,\% \leqslant 2,5\,\%$.
$P(X \geqslant 45) = 1 - P(X \leqslant 44) = 1 - 0,9900 = 0,0100 = 1,00\,\% \leqslant 1\,\%$.
$P(X \geqslant 46) = 1 - P(X \leqslant 45) = 1 - 0,9943 = 0,0057 = 0,57\,\%$.
$P(X \geqslant 47) = 1 - P(X \leqslant 46) = 1 - 0,9969 = 0,0031 = 0,31\,\% \leqslant 0,5\,\%$.
Daraus ergeben sich folgende Ablehnungs- und Annahmebereiche:
$\alpha = 5\,\%$: $\overline{A} = \{0,...,23\} \cup \{44,...,100\}$ und $A = \{24,...,43\}$.
$\alpha = 2\,\%$: $\overline{A} = \{0,...,22\} \cup \{45,...,100\}$ und $A = \{23,...,44\}$.
$\alpha = 1\,\%$: $\overline{A} = \{0,...,21\} \cup \{47,...,100\}$ und $A = \{22,...,46\}$.

c) Die Nullhypothese lautet: H_0: $p = 0,5$ bei Treffer «Zahl» und $n = 50$.
Es handelt sich um einen zweiseitigen Test mit $\alpha = 5\,\%$.
Die Tabelle liefert:
$P(X \leqslant 17) = 0,0164 = 1,64\,\% \leqslant 2,5\,\%$.
$P(X \leqslant 18) = 0,0325 = 3,25\,\%$ (zu groß).
$P(X \geqslant 32) = 1 - P(X \leqslant 31) = 1 - 0,9675 = 0,0325 = 3,25\,\%$ (zu groß).
$P(X \geqslant 33) = 1 - P(X \leqslant 32) = 1 - 0,9836 = 0,0164 = 1,64\,\% \leqslant 2,5\,\%$.
Also ist der Ablehnungsbereich $\overline{A} = \{0,...,17\} \cup \{33,...,50\}$.
Da 30 nicht im Ablehnungsbereich liegt, kann man bei $\alpha = 5\,\%$ nicht schließen, dass die Münze nicht ideal ist.

d) Die Nullhypothese lautet: H_0: $p = 0,2$ bei Treffer «Gewinn» und $n = 100$.
Es handelt sich um einen zweiseitigen Test mit $\alpha = 2\,\%$. Die Tabelle liefert:
$P(X \leqslant 10) = 0,0057 = 0,57\,\% \leqslant 1\,\%$.
$P(X \leqslant 11) = 0,0126 = 1,26\,\%$ (zu groß).
$P(X \geqslant 31) = 1 - P(X \leqslant 30) = 1 - 0,9939 = 0,0061 = 0,61\,\% \leqslant 1$.
$P(X \geqslant 30) = 1 - P(X \leqslant 29) = 1 - 0,9888 = 0,0112 = 1,12\,\%$ (zu groß).
Also ist der Ablehnungsbereich $\overline{A} = \{0,...,10\} \cup \{31,...,100\}$, der Annahmebereich ist $A = \{11,...,30\}$.

e) Die Nullhypothese lautet: $H_0 : p = 0,6$ bei Treffer «Gruppe bekannt» und $n = 100$.

Der Annahmebereich ist $A = \{53, ..., 67\}$, der Ablehnungsbereich ist
$\overline{A} = \{0, ..., 52\} \cup \{68, ..., 100\}$.
Da $p > 0,5$ muss die Tabelle «von unten» abgelesen und die Differenz zu 1 gebildet werden.

I) Die Tabelle liefert:
$P(X \leqslant 52) = 1 - 0,9362 = 0,0638 = 6,38\,\%$.
$P(X \geqslant 68) = 1 - P(X \leqslant 67) = 1 - (1 - 0,0615) = 0,0615 = 6,15\,\%$.
Die Irrtumswahrscheinlichkeit beträgt $6,38\,\% + 6,15\,\% = 12,53\,\%$.

II) Die Tabelle liefert:
$P(X \leqslant 49) = 1 - 0,9832 = 0,0168 = 1,68\,\% \leqslant 2,5\,\%$.
$P(X \leqslant 50) = 1 - 0,9729 = 0,0271 = 2,71\,\%$ (zu groß).
$P(X \geqslant 70) = 1 - P(X \leqslant 69) = 1 - (1 - 0,0248) = 0,0248 = 2,48\,\% \leqslant 2,5\,\%$.
$P(X \geqslant 69) = 1 - P(X \leqslant 68) = 1 - (1 - 0,0398) = 0,0398 = 3,98\,\%$ (zu groß).
Also ist der Ablehnungsbereich $\overline{A} = \{0, ..., 49\} \cup \{70, ..., 100\}$.

32 Schätzen von Wahrscheinlichkeiten

32.1 Annäherung der Binomialverteilung durch die Gaußverteilung

a) I) Die Zufallsvariable X ist binomialverteilt mit $n = 100$ und $p = 0,8$. Gesucht ist die Wahrscheinlichkeit für

$$\begin{aligned} P(75 \leqslant X \leqslant 100) &= P(X \leqslant 100) - P(X \leqslant 75) = 1 - F_{100;0,8}(75) \\ &\approx 1 - 0,1314 = 0,8686 \approx 86,9\,\% \end{aligned}$$

Mit einer Wahrscheinlichkeit von ca. 86,9 % sind von 100 Mikrochips mindestens 75 in Ordnung.

II) Die Laplace-Bedingung ist $n \cdot p \cdot (1-p) > 9$ bzw. $\sigma > 3$. Für $n = 100$ und $p = 0,8$ ist $100 \cdot 0,8 \cdot 0,2 = 16 > 9$. Also ist die Laplace-Bedingung erfüllt.
Es wird die Näherungsformel von de Moivre-Laplace verwendet:

$$P(k_1 \leqslant X \leqslant k_2) \approx \Phi\left(\frac{k_2 - \mu + 0,5}{\sigma}\right) - \Phi\left(\frac{k_1 - \mu + 0,5}{\sigma}\right)$$

Für den Erwartungswert μ gilt: $\mu = n \cdot p = 100 \cdot 0,8 = 80$; Für die Standardabweichung σ gilt: $\sigma = \sqrt{n \cdot p \cdot (1-p)} = \sqrt{100 \cdot 0,8 \cdot 0,2} = \sqrt{16} = 4$. Einsetzen ergibt

$$\begin{aligned} P(75 \leqslant X \leqslant 100) &\approx \Phi\left(\frac{100 - 80 + 0,5}{4}\right) - \Phi\left(\frac{75 - 80 + 0,5}{4}\right) \\ &= \Phi(5,125) - \Phi(-1,125) \approx 1 - 0,1314 = 0,8686 \approx 86,9\,\% \end{aligned}$$

Die Werte für die Normalverteilung wurden der Tabelle auf Seite 345 entnommen. Für 5,125 wurde $\Phi(5,125)$ auf 1 gerundet. Es ergibt sich mit Hilfe der Näherung der gleiche Wert, wie durch die Berechnung mit Hilfe der Binomialverteilung.

b) Die Zufallsvariable X ist binomialverteilt mit $n = 100$ und $p = 0,9$. Gesucht ist die Wahrscheinlichkeit für

$$\begin{aligned} P(88 \leqslant X \leqslant 100) &= P(X \leqslant 100) - P(X \leqslant 88) = 1 - F_{100;0,9}(88) \\ &\approx 1 - 0,2970 = 0,7030 = 70,3\,\% \end{aligned}$$

Die Laplace-Bedingung ist $n \cdot p \cdot (1-p) > 9$. Für $n = 100$ und $p = 0,9$ ergibt sich damit $100 \cdot 0,9 \cdot 0,1 = 9$. Damit wird die Laplace-Bedingung knapp verfehlt. Es ist also zu erwarten, dass die genäherten Werte von den berechneten Werten abweichen werden.
Für den Erwartungswert μ gilt: $\mu = n \cdot p = 100 \cdot 0,9 = 90$; für die Standardabweichung σ gilt: $\sigma = \sqrt{n \cdot p \cdot (1-p)} = \sqrt{100 \cdot 0,9 \cdot 0,1} = \sqrt{9} = 3$. Einsetzen ergibt

$$\begin{aligned} P(88 \leqslant X \leqslant 100) &\approx \Phi\left(\frac{100 - 90 + 0,5}{3}\right) - \Phi\left(\frac{88 - 90 + 0,5}{3}\right) \\ &\approx \Phi(3,5) - \Phi(-0,5) \approx 1 - 0,3085 = 0,6915 \approx 69,2\,\% \end{aligned}$$

Auch hier wurden die Werte für die Normalverteilung der Tabelle entnommen und $\Phi(3,5)$ auf 1 gerundet. Der Näherungswert von $69,2\,\%$ weicht wie erwartet vom errechneten Wert von $70,3\,\%$ ab, wobei diese Abweichung mit ca. $1,1$ Prozentpunkten nicht sehr gravierend ist.

32.2 Schätzen

a) I) Um die relative Häufigkeit zu bestimmen, teilt man die Anzahl der Befragten, die für Kandidat A gestimmt haben, durch die Stichprobengröße n:

$$h = \frac{270}{500} = 0,54$$

Damit beträgt die relative Häufigkeit $0,54 = 54\,\%$.

II) Mit Hilfe der Formel für das $95\,\%$-Konfidenzintervall ergibt sich

$$\begin{aligned} I &= \left[h - 1,96 \cdot \sqrt{\frac{h(1-h)}{n}};\; h + 1,96 \cdot \sqrt{\frac{h(1-h)}{n}} \right] \\ &= \left[0,54 - 1,96 \cdot \sqrt{\frac{0,54(1-0,54)}{500}};\; 0,54 + 1,96 \cdot \sqrt{\frac{0,54(1-0,54)}{500}} \right] \\ &\approx [\,0,54 - 0,0437;\; 0,54 + 0,0437\,] \\ &= [\,0,4963;\; 0,5837\,] \end{aligned}$$

III) Da die untere Grenze des Konfidenzintervalls bei $49,6\,\%$ und damit knapp unter $50\,\%$ liegt, kann man bei einer Sicherheitswahrscheinlichkeit von $95\,\%$ nicht fest auf einen Wahlsieg bauen.

b) I) Um die relative Häufigkeit zu bestimmen, teilt man die Anzahl der Befragten, die angegeben haben, ein Mobiltelefon der entsprechenden Firma zu besitzen, durch die Stichprobengröße n:

$$h = \frac{46}{200} = 0,23$$

Damit beträgt die relative Häufigkeit $0,23 = 23\,\%$. Mit Hilfe der Formel für das $95\,\%$-Konfidenzintervall folgt:

$$\begin{aligned} I &= \left[0,23 - 1,96 \cdot \sqrt{\frac{0,23(1-0,23)}{200}};\; 0,23 + 1,96 \cdot \sqrt{\frac{0,23(1-0,23)}{200}} \right] \\ &\approx [\,0,23 - 1,96 \cdot 0,0298;\; 0,23 + 1,96 \cdot 0,0298\,] \\ &\approx [\,0,1716;\; 0,2884\,] \end{aligned}$$

II) Für n = 500 ergibt sich:

$$I = \left[0,23 - 1,96 \cdot \sqrt{\frac{0,23\,(1-0,23)}{500}};\ 0,23 + 1,96 \cdot \sqrt{\frac{0,23\,(1-0,23)}{500}}\right]$$

$$\approx [\,0,23 - 1,96 \cdot 0,0188;\ 0,23 + 1,96 \cdot 0,0188\,]$$

$$\approx [\,0,1932;\ 0,2669\,]$$

Für n = 1000 ergibt sich:

$$I = \left[0,23 - 1,96 \cdot \sqrt{\frac{0,23\,(1-0,23)}{1000}};\ 0,23 + 1,96 \cdot \sqrt{\frac{0,23\,(1-0,23)}{1000}}\right]$$

$$\approx [\,0,23 - 1,96 \cdot 0,0133;\ 0,23 + 1,96 \cdot 0,0133\,]$$

$$\approx [\,0,2039;\ 0,2561]$$

Das Konfidenzintervall wird also mit zunehmender Stichprobengröße immer kleiner.

III) Das Konfidenzintervall I gibt an, in welchem Bereich der (unbekannte) Verbreitungsgrad p der Mobiltelefone liegt. Als Intervallmitte wählt man dabei den Wert der relativen Häufigkeit, der sich aus der Befragung ergibt. Wenn mit zunehmender Stichprobengröße I immer kleiner wir, bedeutet das, dass die Genauigkeit der Schätzung zunimmt: Je mehr Personen befragt werden, umso geringer ist die Abweichung von p zur relativen Häufigkeit h.

c) Da die relative Häufigkeit $h = 17\,\%$ schon bekannt ist, kann man das Konfidenzintervall direkt berechnen: Für n = 300 ergibt sich:

$$I = \left[0,17 - 1,96 \cdot \sqrt{\frac{0,17\,(1-0,17)}{300}};\ 0,17 + 1,96 \cdot \sqrt{\frac{0,17\,(1-0,17)}{300}}\right]$$

$$\approx [\,0,17 - 1,96 \cdot 0,0217;\ 0,17 + 1,96 \cdot 0,0217\,]$$

$$\approx [\,0,1275;\ 0,2125\,]$$

Um die absolute Häufigkeit zu berechnen, muss man die relativen Häufigkeiten noch mit der Gesamtanzahl der Hörer von 1,3 Mio. multiplizieren. Also haben die Radiosendung zwischen $0,1275 \cdot 1\,300\,000 = 165\,750$ und $0,2125 \cdot 1\,300\,000 = 276\,250$ Menschen gehört, wenn man ein Sicherheitsniveau von 95 % zugrundelegt.

d) Um die relative Häufigkeit zu bestimmen, teilt man die Anzahl der markierten Fische durch die Stichprobengröße n = 200, da ja nur die Fische des zweiten Fangs in Betracht kommen

$$h = \frac{64}{200} = 0,32$$

Damit beträgt die relative Häufigkeit $0,32 = 32\,\%$. Nun kann man das Konfidenzintervall mit Hilfe der Formel für das 95 %-Konfidenzintervall berechnen, dabei muss durch 300 geteilt werden, da sich das Konfidenzintervall auf die Gesamtpopulation bezieht:

$$\begin{aligned} I &= \left[\, 0{,}32 - 1{,}96 \cdot \sqrt{\frac{0{,}32\,(1-0{,}32)}{300}};\; 0{,}32 + 1{,}96 \cdot \sqrt{\frac{0{,}32\,(1-0{,}32)}{300}} \,\right] \\ &\approx [\,0{,}32 - 1{,}96 \cdot 0{,}0269;\; 0{,}32 + 1{,}96 \cdot 0{,}0269\,] \\ &\approx [\,0{,}2673;\; 0{,}3727\,] \end{aligned}$$

Da von der Gesamtanzahl N der Fischpopulation 300 Fische markiert wurden, gilt für die Gesamtpopulation: $N \cdot h = 300$, wobei h die relative Häufigkeit ist. Entsprechend gilt $N = \frac{300}{h}$. Also leben in dem Teich zwischen $\frac{300}{0{,}3727} \approx 805$ und $\frac{300}{0{,}2673} \approx 1122$ Fische, wenn man ein Sicherheitsniveau von 95 % zugrundelegt.

e) I) Mit Hilfe der relativen Häufigkeit $h = 90\,\%$ wird das Konfidenzintervall berechnet:

$$\begin{aligned} I &= \left[\, 0{,}90 - 1{,}96 \cdot \sqrt{\frac{0{,}90\,(1-0{,}90)}{2000}};\; 0{,}90 + 1{,}96 \cdot \sqrt{\frac{0{,}90\,(1-0{,}90)}{2000}} \,\right] \\ &\approx [\,0{,}90 - 1{,}96 \cdot 0{,}0067;\; 0{,}90 + 1{,}96 \cdot 0{,}0067\,] \\ &\approx [\,0{,}8869;\; 0{,}9131\,] \end{aligned}$$

Das Konfidenzintervall beschreibt den Bereich der relativen Auslastung. Die Differenz zwischen der oberen Grenze des «absoluten Vertauensintervalls» und 2000 kann als zusätzliche Plätze vergeben werden. Man erhält: $0{,}9131 \cdot 2000 = 1826{,}2 \approx 1826$. Es können also 174 Plätze zusätzlich vergeben werden, wenn man ein Sicherheitsniveau von 95 % zugrundelegt.

II) Die Berechnung ist deswegen nicht ganz genau, weil von den zusätzlichen 174 Passagieren auch nur 90 % ihr Ticket tatsächlich in Anspruch nehmen werden. Also müsste man ein weiteres Konfidenzintervall berechnen.

III) Wenn man ein Sicherheitsniveau von 99 % zugrundelegt, muss man in der Formel für das Konfidenzintervall den Faktor 2,58 benutzen, da dies der Faktor ist, der zu einem 99 %-igen Konfidenzintervall gehört. Damit ergibt sich:

$$\begin{aligned} I &= \left[\, 0{,}90 - 2{,}58 \cdot \sqrt{\frac{0{,}90\,(1-0{,}90)}{2000}};\; 0{,}90 + 2{,}58 \cdot \sqrt{\frac{0{,}90\,(1-0{,}90)}{2000}} \,\right] \\ &\approx [\,0{,}90 - 2{,}58 \cdot 0{,}0067;\; 0{,}90 + 2{,}58 \cdot 0{,}0067\,] \\ &\approx [\,0{,}8827;\; 0{,}9173\,] \end{aligned}$$

Für den absoluten Wert der oberen Grenze des Konfidenzintervalls erhält man damit $0{,}9173 \cdot 2000 \approx 1835$. Also können bei einem Sicherheitsniveau von 99 % 165 Plätze zusätzlich vergeben werden.

f)

33 Weiterführende Aufgaben Stochastik

33.1 Glücksspiel

a) Um eine Übersicht über alle möglichen Ausgänge des Spiels und deren Wahrscheinlichkeiten zu erhalten, bietet es sich an, ein Baumdiagramm zu zeichnen. Dabei ist darauf zu achten, dass sich bei Ziehung einer roten Kugel die Verhältnisse in der Urne ändern.
Es ist b: blau und r: rot.
Damit gilt entsprechend der Pfadregeln (Produkt- und Summenregel) folgendes:

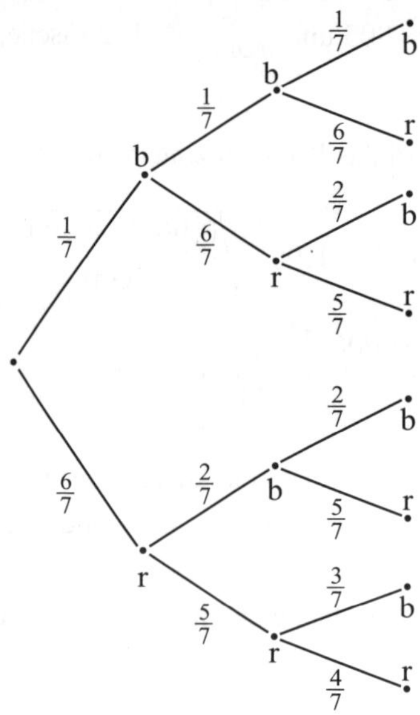

$P(A) = P(\text{nur die zweite Kugel ist rot})$
$= P(brb) = \frac{1}{7} \cdot \frac{6}{7} \cdot \frac{2}{7} = \frac{12}{343} \approx 3{,}5\,\%$

$P(B) = P(\text{genau eine blaue Kugel})$
$= P(brr) + P(rbr) + P(rrb)$
$= \frac{1}{7} \cdot \frac{6}{7} \cdot \frac{5}{7} + \frac{6}{7} \cdot \frac{2}{7} \cdot \frac{5}{7} + \frac{6}{7} \cdot \frac{5}{7} \cdot \frac{3}{7} = \frac{180}{343} \approx 52{,}5\,\%$

$P(C) = P(\text{höchstens zwei rote Kugeln})$
$= 1 - P(\text{alle Kugeln rot}) = 1 - P(rrr)$
$= 1 - \frac{6}{7} \cdot \frac{5}{7} \cdot \frac{4}{7} = \frac{223}{343} \approx 65{,}0\,\%$
(Gegenereignis).

$P(D) = P(\text{zweite Kugel blau}) = P(bb) + P(rb)$
$= \frac{1}{7} \cdot \frac{1}{7} + \frac{6}{7} \cdot \frac{2}{7} = \frac{13}{49} \approx 26{,}5\,\%$

$P(E) = P(\text{mindestens eine blaue Kugel})$
$= 1 - P(\text{alle Kugeln rot})$
$= 1 - P(rrr) = 1 - \frac{6}{7} \cdot \frac{5}{7} \cdot \frac{4}{7} = \frac{223}{343} \approx 65{,}0\,\%$
(Gegenereignis)

b) Um die Gewinnerwartung des Standbesitzers pro Glücksspiel zu ermitteln, berechnet man für die einzelnen Ereignisse die Wahrscheinlichkeiten (mit Hilfe des Baumdiagramms und der Pfadregeln). Es ist
$P(\text{keine blaue Kugel}) = P(rrr) = \frac{6}{7} \cdot \frac{5}{7} \cdot \frac{4}{7} = \frac{120}{343}$.
$P(\text{genau eine blaue Kugel}) = P(brr) + P(rbr) + P(rrb) = P(B) = \frac{180}{343}$.
$P(\text{genau zwei blaue Kugeln}) = P(bbr) + P(brb) + P(rbb) = \frac{1}{7} \cdot \frac{1}{7} \cdot \frac{6}{7} + \frac{1}{7} \cdot \frac{6}{7} \cdot \frac{2}{7} + \frac{6}{7} \cdot \frac{2}{7} \cdot \frac{2}{7} = \frac{42}{343}$.
$P(\text{drei blaue Kugeln}) = P(bbb) = \frac{1}{7} \cdot \frac{1}{7} \cdot \frac{1}{7} = \frac{1}{343}$.

Wird der Einsatz des Spielers mit x Euro angesetzt, erhält man folgende Tabelle:

Anzahl blaue Kugeln	0	1	2	3
Wahrscheinlichkeit	$\frac{120}{343}$	$\frac{180}{343}$	$\frac{42}{343}$	$\frac{1}{343}$
Gewinn des Standbesitzers in Euro	x	x − 2	x − 10	x − 50

Die Gewinnerwartung E des Standbesitzers pro Spiel erhält man, indem man die Wahrscheinlichkeit jedes Ereignisses mit dem entsprechenden Gewinn multipliziert und anschließend aufsummiert:

$E = \frac{120}{343} \cdot x + \frac{180}{343} \cdot (x-2) + \frac{42}{343} \cdot (x-10) + \frac{1}{343} \cdot (x-50) = x - \frac{830}{343}$.

Damit die langfristige Gewinnerwartung des Standbesitzers pro Spiel 0,58 beträgt, muss gelten:

$E = 0,58$. Diese Gleichung führt zu $x - \frac{830}{343} = 0,58$ bzw. $x = 0,58 + \frac{830}{343} = 3,00$.

Der Spieleinsatz muss also 3,- Euro betragen.

c) Zuerst bestimmt man die Wahrscheinlichkeit für das Ereignis F: mindestens eine Kugel ist rot:

Hierzu verwendet man das Gegenereignis: alle Kugeln sind blau. Dann gilt:

$P(F) = 1 - P(bb) = 1 - \frac{1}{7} \cdot \frac{1}{7} = \frac{48}{49} = 0,98$.

Die Wahrscheinlichkeit, bei zwei Ziehungen mindestens eine rote Kugel zu ziehen, beträgt 98 %, somit hat der Glücksspieler mit seiner Behauptung (99 %) nicht recht.

Wenn sich in der Urne statt 6 roter Kugeln nur noch 4 befinden, beträgt die Wahrscheinlichkeit, dass bei einer Ziehung eine blaue Kugel gezogen wird, $\frac{1}{5}$.

Mit der gleichen Argumentation wie oben beträgt bei *n* Ziehungen die Wahrscheinlichkeit für das Ereignis F^*: mindestens eine Kugel ist rot:

$P(F^*) = 1 - \left(\frac{1}{5}\right)^n$.

Da diese mindestens 99 % betragen soll, muss gelten:

$1 - \left(\frac{1}{5}\right)^n = 0,99 \Rightarrow \left(\frac{1}{5}\right)^n = 0,01 \Rightarrow \ln\left(\frac{1}{5}\right)^n = \ln(0,01) \Rightarrow n \cdot \ln\left(\frac{1}{5}\right) = \ln(0,01)$

$\Rightarrow n = \frac{\ln(0,01)}{\ln(\frac{1}{5})} \approx 2,86$.

Auch wenn die Anzahl der roten Kugeln auf 4 reduziert wird, muss man also mindestens dreimal ziehen, um mit einer Wahrscheinlichkeit von mindestens 99 % mindestens eine rote Kugel zu ziehen.

33.2 Handys

a) Da bei den Handys nur die Ausfälle «fehlerhaft» und «fehlerfrei» unterschieden werden, kann die Herstellung eines Handys als Bernoulli-Experiment angesehen werden. Ferner handelt es sich um Massenproduktion, so dass sich die Wahrscheinlichkeit beim Ziehen ohne Zurücklegen nur unwesentlich ändert. Somit kann mit einer binomialverteilten Zufallsgröße der Kettenlänge $n = 100$ mit der Trefferwahrscheinlichkeit $p = 0,1$ für «fehlerhaft» gerechnet werden.

Ist X die Anzahl der fehlerhaften Handys, ergeben sich mit Hilfe einer Tabelle für die gesuchten Ereignisse folgende Wahrscheinlichkeiten:

$P(A) = P(\text{weniger als 5 fehlerhafte Handys}) = P(X \leqslant 4) = 0,0237 = 2,37\,\%$.

$P(B) = P(\text{genau 3 fehlerhafte Handys})$

$= P(X = 3) = P(X \leqslant 3) - P(X \leqslant 2) = 0,0078 - 0,0019 = 0,0059 = 0,59\,\%$.

$P(C) = P(\text{mindestens 90 Handys funktionieren}) = P(\text{höchstens 10 fehlerhafte Handys})$

$= P(X \leqslant 10) = 0,5832 = 58,32\,\%$

b) Um das kleinstmögliche Intervall mit Mittelpunkt 10 zu bestimmen, bei dem die Anzahl der fehlerhaften Handys mit einer Wahrscheinlichkeit von mindestens 95 % liegt, berechnet

man die Wahrscheinlichkeit für verschiedene Intervalle:
$P(9 \leqslant X \leqslant 11) = P(X \leqslant 11) - P(X \leqslant 8) = 0,7030 - 0,3209 = 0,3821 = 38,21\,\%$.
$P(8 \leqslant X \leqslant 12) = P(X \leqslant 12) - P(X \leqslant 7) = 0,8018 - 0,2061 = 0,5957 = 59,57\,\%$.
$P(7 \leqslant X \leqslant 13) = P(X \leqslant 13) - P(X \leqslant 6) = 0,8761 - 0,1172 = 0,7589 = 75,89\,\%$.
$P(6 \leqslant X \leqslant 14) = P(X \leqslant 14) - P(X \leqslant 5) = 0,9274 - 0,0576 = 0,8698 = 86,98\,\%$.
$P(5 \leqslant X \leqslant 15) = P(X \leqslant 15) - P(X \leqslant 4) = 0,9601 - 0,0237 = 0,9364 = 93,64\,\%$.
$P(4 \leqslant X \leqslant 16) = P(X \leqslant 16) - P(X \leqslant 3) = 0,9794 - 0,0078 = 0,9716 = 97,16\,\%$.
Damit ist $[4;16]$ das kleinstmögliche Intervall mit den geforderten Eigenschaften.

Um die Anzahl der Handys zu bestimmen, die entnommen werden müssen, so dass mit einer Wahrscheinlichkeit von mehr als 99 % wenigstens ein fehlerhaftes dabei ist, rechnet man mit dem Gegenereignis «kein fehlerhaftes», dessen Wahrscheinlichkeit pro Ziehung 0,9 ist. Werden nun n Handys entnommen, so gilt:
P(wenigstens ein fehlerhaftes Handy) = 1 − P(kein fehlerhaftes Handy) = $1 - 0,9^n$.
Damit diese Wahrscheinlichkeit 99 % beträgt, ist folgende Gleichung zu lösen:
$1 - 0,9^n = 0,99 \Rightarrow 0,9^n = 0,01 \Rightarrow n \cdot \ln(0,9) = \ln(0,01) \Rightarrow n = \frac{\ln(0,01)}{\ln(0,9)} \approx 43,7$.
Es müssen also mindestens 44 Handys entnommen werden.

c) Es sei F: Handy fehlerhaft und A: Handy ausgesondert.
Da die Ereignisse F und A unabhängig voneinander sind, gelten entsprechend der gegebenen Daten folgende Wahrscheinlichkeiten:
$P(F) = 0,1$ und $P(\overline{F} \cap A) = 0,04$ sowie $P(\overline{A}) = 0,93$.
Hieraus folgt: $P(\overline{F}) = 1 - P(F) = 1 - 0,1 = 0,9$ und $P(A) = 1 - P(\overline{A}) = 1 - 0,93 = 0,07$.
Trägt man diese Wahrscheinlichkeiten in eine Vierfeldertafel ein und ergänzt diese, so ergibt sich:

	A	$\overline{A}$	
F	0,03	0,07	0,1
$\overline{F}$	0,04	0,86	0,9
	0,07	0,93	1

Die Wahrscheinlichkeit, dass ein Handy fehlerhaft ist und ausgesondert wird, kann aus der Vierfeldertafel abgelesen werden: $P(F \cap A) = 0,03 = 3\,\%$.
Der Anteil der fehlerhaften und ausgesonderten Handys im Verhältnis zu allen fehlerhaften Handys ist: $\frac{0,03}{0,1} = 30\,\%$.

d) Die Nullhypothese lautet: H_0: $p \leqslant 0,04$ bei Treffer «Handy fehlerhaft» und $n = 100$.
Es handelt sich um einen rechtsseitigen Test mit der Irrtumswahrscheinlichkeit $\alpha = 5\,\%$.
Ist X die Anzahl der fehlerhaften Handys, so liefert die Tabelle:
$P(X \leqslant 6) = 0,8936 \Rightarrow P(X > 6) = 1 - P(X \leqslant 6) = 1 - 0,8936 = 0,1064 = 10,64\,\%$.
$P(X \leqslant 7) = 0,9525 \Rightarrow P(X > 7) = 1 - P(X \leqslant 7) = 1 - 0,9525 = 0,0475 = 4,75\,\%$.
Da für die Zahlen des Ablehnungsbereichs $\overline{A^*}$ die Wahrscheinlichkeit höchstens den Wert $\alpha = 5\,\%$ erreichen darf, ist der Ablehnungsbereich $\overline{A^*} = \{8, ..., 100\}$ und der Annahmebereich ist demzufolge $A^* = \{0, ..., 7\}$.
Da eine 7 nicht im Ablehnungsbereich liegt, kann der Großhändler nicht schließen, dass die Firma Noko eine falsche Angabe gemacht hat.

Binomialverteilung – Summenverteilung

$$P(X \leqslant k) = F_{n;p}(k) = \sum_{i=0}^{k} \binom{n}{i} \cdot p^i \cdot (1-p)^{n-i}$$

		p												
n	k	0,02	0,03	0,04	0,05	0,10	1/6	0,20	0,30	1/3	0,40	0,50	k	n
20	0	0,6676	5438	4420	3585	1216	0261	0115	0008	0003	0000	0000	19	20
	1	9401	8802	8103	7358	3917	1304	0692	0076	0033	0005	0000	18	
	2	9929	9790	9561	9245	6769	3287	2061	0355	0176	0036	0002	17	
	3	9994	9973	9926	9841	8670	5665	4114	1071	0604	0160	0013	16	
	4		9997	9990	9974	9568	7687	6296	2375	1515	0510	0059	15	
	5			9999	9997	9887	8982	8042	4164	2972	1256	0207	14	
	6					9976	9629	9133	6080	4793	2500	0577	13	
	7					9996	9887	9679	7723	6615	4159	1316	12	
	8					9999	9972	9900	8867	8095	5956	2517	11	
	9						9994	9974	9520	9081	7553	4119	10	
	10						9999	9994	9829	9624	8725	5881	9	
	11							9999	9949	9870	9435	7483	8	
	12								9987	9963	9790	8684	7	
	13								9997	9991	9935	9423	6	
	14									9998	9984	9793	5	
	15										9997	9941	4	
	16											9987	3	
	17											9998	2	
50	0	0,3642	2181	1299	0769	0052	0001	0000	0000	0000	0000	0000	49	50
	1	7358	5553	4005	2794	0338	0012	0002	0000	0000	0000	0000	48	
	2	9216	8108	6767	5405	1117	0066	0013	0000	0000	0000	0000	47	
	3	9822	9372	8609	7604	2503	0238	0057	0000	0000	0000	0000	46	
	4	9968	9832	9510	8964	4312	0643	0185	0002	0000	0000	0000	45	
	5	9995	9963	9856	9622	6161	1388	0480	0007	0001	0000	0000	44	
	6	9999	9993	9964	9882	7702	2506	1034	0025	0005	0000	0000	43	
	7		9999	9992	9968	8779	3911	1904	0073	0017	0000	0000	42	
	8			9999	9992	9421	5421	3073	0183	0050	0002	0000	41	
	9				9998	9755	6830	4437	0402	0127	0008	0000	40	
	10					9906	7986	5836	0789	0284	0022	0000	39	
	11					9968	8827	7107	1390	0570	0057	0000	38	
	12					9990	9373	8139	2229	1035	0133	0002	37	
	13					9997	9693	8894	3279	1715	0280	0005	36	
	14					9999	9862	9393	4468	2612	0540	0013	35	
	15						9943	9692	5692	3690	0955	0033	34	
	16						9978	9856	6839	4868	1561	0077	33	
	17						9992	9937	7822	6046	2369	0164	32	
	18						9998	9975	8594	7126	3356	0325	31	
	19						9999	9991	9152	8036	4465	0595	30	
	20							9997	9522	8741	5610	1013	29	
	21							9999	9749	9244	6701	1611	28	
	22								9877	9576	7660	2399	27	
	23								9944	9778	8438	3359	26	
	24								9976	9892	9022	4439	25	
	25								9991	9951	9427	5561	24	
	26								9997	9979	9686	6641	23	
	27								9999	9992	9840	7601	22	
	28									9997	9924	8389	21	
	29									9999	9960	8987	20	
	30										9986	9405	19	
	31										9995	9675	18	
	32										9998	9836	17	
	33										9999	9923	16	
	34											9967	15	
	35											9987	14	
	36											9995	13	
	37											9968	12	
n		0,98	0,97	0,96	0,95	0,90	5/6	0,80	0,70	2/3	0,60	0,50	k	n
		p												

Nicht aufgeführte Werte sind gleich 1
(auf 4 Stellen hinter dem Komma)

Für $p \geqslant 0,5$ wird von unten abgelesen.
Dabei gilt:
$P(X \leqslant k) = 1-$ abgelesener Wert von p

Beispiel:
$F_{50;0,60}(25) = 1 - 0,9022 = 0,0978$

		p												
n	k	0,02	0,03	0,04	0,05	0,10	1/6	0,20	0,30	1/3	0,40	0,50	k	n
	0	0,1326	0476	0169	0059	0000	0000	0000	0000	0000	0000	0000	99	
	1	4033	1946	0872	0371	0003	0000	0000	0000	0000	0000	0000	98	
	2	6767	4198	2321	1183	0019	0000	0000	0000	0000	0000	0000	97	
	3	8590	6472	4295	2578	0078	0000	0000	0000	0000	0000	0000	96	
	4	9492	8179	6289	4360	0237	0001	0000	0000	0000	0000	0000	95	
	5	9845	9192	7884	6160	0576	0004	0000	0000	0000	0000	0000	94	
	6	9959	9688	8936	7660	1172	0013	0001	0000	0000	0000	0000	93	
	7	9991	9894	9525	8720	2061	0038	0003	0000	0000	0000	0000	92	
	8	9998	9968	9810	9369	3209	0095	0009	0000	0000	0000	0000	91	
	9		9991	9932	9718	4513	0213	0023	0000	0000	0000	0000	90	
	10		9998	9978	9885	5832	0427	0057	0000	0000	0000	0000	89	
	11			9993	9957	7030	0777	0126	0000	0000	0000	0000	88	
	12			9998	9985	8018	1297	0253	0000	0000	0000	0000	87	
	13				9995	8761	2000	0469	0001	0000	0000	0000	86	
	14				9999	9274	2874	0804	0002	0000	0000	0000	85	
	15					9601	3877	1285	0004	0000	0000	0000	84	
	16					9794	4942	1923	0010	0001	0000	0000	83	
	17					9900	5994	2712	0022	0002	0000	0000	82	
	18					9954	6965	3621	0045	0005	0000	0000	81	
	19					9980	7803	4602	0089	0011	0000	0000	80	
	20					9992	8481	5595	0165	0024	0000	0000	79	
	21					9997	8998	6540	0288	0048	0000	0000	78	
	22					9999	9370	7389	0479	0091	0001	0000	77	
	23						9621	8109	0755	0164	0003	0000	76	
	24						9783	8686	1136	0281	0006	0000	75	
	25						9881	9125	1631	0458	0012	0000	74	
	26						9938	9442	2244	0715	0024	0000	73	
	27						9969	9658	2964	1066	0046	0000	72	
	28						9985	9800	3768	1524	0084	0000	71	
	29						9993	9888	4623	2093	0148	0000	70	
	30						9997	9939	5491	2766	0248	0000	69	
	31						9999	9969	6331	3525	0398	0001	68	
	32							9985	7107	4344	0615	0002	67	
	33							9993	7793	5188	0913	0004	66	
100	34							9997	8371	6019	1303	0009	65	100
	35							9999	8839	6803	1795	0018	64	
	36							9999	9201	7511	2386	0033	63	
	37								9470	8123	3068	0060	62	
	38								9660	8630	3822	0105	61	
	39								9790	9034	4621	0176	60	
	40								9875	9341	5433	0284	59	
	41								9928	9566	6225	0443	58	
	42								9960	9724	6967	0666	57	
	43								9979	9831	7635	0967	56	
	44								9989	9900	8211	1356	55	
	45								9995	9943	8689	1841	54	
	46								9997	9969	9070	2421	53	
	47								9999	9983	9362	3087	52	
	48								9999	9991	9577	3822	51	
	49									9996	9729	4602	50	
	50									9998	9832	5398	49	
	51									9999	9900	6178	48	
	52										9942	6914	47	
	53										9968	7579	46	
	54										9983	8159	45	
	55										9991	8644	44	
	56										9996	9033	43	
	57										9998	9334	42	
	58										9999	9557	41	
	59											9716	40	
	60											9824	39	
	61											9895	38	
	62											9940	37	
	63											9967	36	
	64											9982	35	
	65											9991	34	
	66											9996	33	
	67											9998	32	
	68											9999	31	
n		0,98	0,97	0,96	0,95	0,90	5/6	0,80	0,70	2/3	0,60	0,50	k	n
		p												

Nicht aufgeführte Werte sind gleich 1 (auf 4 Stellen hinter dem Komma)

Für $p \geqslant 0,5$ wird von unten abgelesen.
Dabei gilt:
$P(X \leqslant k) = 1-$ abgelesener Wert von p

Beispiel:
$F_{100;0,60}(50) = 1 - 0,9729 = 0,0271$

Gaußsche Summenfunktion

$\Phi(x) = \frac{1}{\sqrt{2\pi}} \int_{-\infty}^{x} e^{-t^2} dt$ mit $\Phi(-x) = 1 - \Phi(x)$ Beispiele: $\Phi(-0,47) = 0,3192$

$\Phi(1,05) = 0,8531$

x	$\Phi(-x)$	$\Phi(x)$	x	$\Phi(-x)$	$\Phi(x)$	x	$\Phi(-x)$	$\Phi(x)$	x	$\Phi(-x)$	$\Phi(x)$	x	$\Phi(-x)$	$\Phi(x)$
	0,	0,		0,	0,		0,	0,		0,	0,		0,	0,
0,01	4960	5040	0,61	2709	7291	1,21	1131	8869	1,81	0351	9649	2,41	0080	9920
0,02	4920	5080	0,62	2676	7324	1,22	1112	8888	1,82	0344	9656	2,42	0078	9922
0,03	4880	5120	0,63	2643	7357	1,23	1093	8907	1,83	0336	9664	2,43	0075	9925
0,04	4840	5160	0,64	2611	7389	1,24	1075	8925	1,84	0329	9671	2,44	0073	9927
0,05	4801	5199	0,65	2578	7422	1,25	1056	8944	1,85	0322	9678	2,45	0071	9929
0,06	4761	5239	0,66	2546	7454	1,26	1038	8962	1,86	0314	9686	2,46	0069	9931
0,07	4721	5279	0,67	2514	7486	1,27	1020	8980	1,87	0307	9693	2,47	0068	9932
0,08	4681	5319	0,68	2483	7517	1,28	1003	8997	1,88	0301	9699	2,48	0066	9934
0,09	4641	5359	0,69	2451	7549	1,29	0985	9015	1,89	0294	9706	2,49	0064	9936
0,10	4602	5398	0,70	2420	7580	1,30	0968	9032	1,90	0287	9713	2,50	0062	9938
0,11	4562	5438	0,71	2389	7611	1,31	0951	9049	1,91	0281	9719	2,51	0060	9940
0,12	4522	5478	0,72	2358	7642	1,32	0934	9066	1,92	0274	9726	2,52	0059	9941
0,13	4483	5517	0,73	2327	7673	1,33	0918	9082	1,93	0268	9732	2,53	0057	9943
0,14	4443	5557	0,74	2296	7704	1,34	0901	9099	1,94	0262	9738	2,54	0055	9945
0,15	4404	5596	0,75	2266	7734	1,35	0885	9115	1,95	0256	9744	2,55	0054	9946
0,16	4364	5636	0,76	2236	7764	1,36	0869	9131	1,96	0250	9750	2,56	0052	9948
0,17	4325	5675	0,77	2206	7794	1,37	0853	9147	1,97	0244	9756	2,57	0051	9949
0,18	4286	5714	0,78	2177	7823	1,38	0838	9162	1,98	0239	9761	2,58	0049	9951
0,19	4247	5753	0,79	2148	7852	1,39	0823	9177	1,99	0233	9767	2,59	0048	9952
0,20	4207	5793	0,80	2119	7881	1,40	0808	9192	2,00	0228	9772	2,60	0047	9953
0,21	4168	5832	0,81	2090	7910	1,41	0793	9207	2,01	0222	9778	2,61	0045	9955
0,22	4129	5871	0,82	2061	7939	1,42	0778	9222	2,02	0217	9783	2,62	0044	9956
0,23	4090	5910	0,83	2033	7967	1,43	0764	9236	2,03	0212	9788	2,63	0043	9957
0,24	4052	5948	0,84	2005	7995	1,44	0749	9251	2,04	0207	9793	2,64	0041	9959
0,25	4013	5987	0,85	1977	8023	1,45	0735	9265	2,05	0202	9798	2,65	0040	9960
0,26	3974	6026	0,86	1949	8051	1,46	0721	9279	2,06	0197	9803	2,66	0039	9961
0,27	3936	6064	0,87	1922	8078	1,47	0708	9292	2,07	0192	9808	2,67	0038	9962
0,28	3897	6103	0,88	1894	8106	1,48	0694	9306	2,08	0188	9812	2,68	0037	9963
0,29	3859	6141	0,89	1867	8133	1,49	0681	9319	2,09	0183	9817	2,69	0036	9964
0,30	3821	6179	0,90	1841	8159	1,50	0668	9332	2,10	0179	9821	2,70	0035	9965
0,31	3783	6217	0,91	1814	8186	1,51	0655	9345	2,11	0174	9826	2,71	0034	9966
0,32	3745	6255	0,92	1788	8212	1,52	0643	9351	2,12	0170	9830	2,72	0033	9967
0,33	3707	6293	0,93	1762	8238	1,53	0630	9370	2,13	0166	9834	2,73	0032	9968
0,34	3669	6331	0,94	1736	8264	1,54	0618	9382	2,14	0162	9838	2,74	0031	9969
0,35	3632	6368	0,95	1711	8289	1,55	0606	9394	2,15	0158	9842	2,75	0030	9970
0,36	3594	6406	0,96	1685	8315	1,56	0594	9406	2,16	0154	9846	2,76	0029	9971
0,37	3557	6443	0,97	1660	8340	1,57	0582	9418	2,17	0150	9850	2,77	0028	9972
0,38	3520	6480	0,98	1635	8365	1,58	0571	9429	2,18	0146	9854	2,78	0027	9973
0,39	3483	6517	0,99	1611	8389	1,59	0559	9441	2,19	0143	9857	2,79	0026	9974
0,40	3446	6554	1,00	1587	8413	1,60	0548	9452	2,20	0139	9861	2,80	0026	9974
0,41	3409	6591	1,01	1562	8438	1,61	0537	9463	2,21	0136	9864	2,81	0025	9975
0,42	3372	6628	1,02	1539	8461	1,62	0526	9474	2,22	0132	9868	2,82	0024	9976
0,43	3336	6664	1,03	1515	8485	1,63	0516	9484	2,23	0129	9871	2,83	0023	9977
0,44	3300	6700	1,04	1492	8508	1,64	0505	9495	2,24	0125	9875	2,84	0023	9977
0,45	3264	6736	1,05	1469	8531	1,65	0495	9505	2,25	0122	9878	2,85	0022	9978
0,46	3228	6772	1,06	1446	8554	1,66	0485	9515	2,26	0119	9881	2,86	0021	9979
0,47	3192	6808	1,07	1423	8577	1,67	0475	9525	2,27	0116	9884	2,87	0021	9979
0,48	3156	6844	1,08	1401	8599	1,68	0465	9535	2,28	0113	9887	2,88	0020	9980
0,49	3121	6879	1,09	1379	8621	1,69	0455	9545	2,29	0110	9890	2,89	0019	9981
0,50	3085	6915	1,10	1357	8643	1,70	0446	9554	2,30	0107	9893	2,90	0019	9981
0,51	3050	6950	1,11	1335	8665	1,71	0436	9564	2,31	0104	9896	2,91	0018	9982
0,52	3015	6985	1,12	1314	8686	1,72	0427	9573	2,32	0102	9898	2,92	0018	9982
0,53	2981	7019	1,13	1292	8708	1,73	0418	9582	2,33	0099	9901	2,93	0017	9983
0,54	2946	7054	1,14	1271	8729	1,74	0409	9591	2,34	0096	9904	2,94	0016	9984
0,55	2912	7088	1,15	1251	8749	1,75	0401	9599	2,35	0094	9906	2,95	0016	9984
0,56	2877	7123	1,16	1230	8770	1,76	0392	9608	2,36	0091	9909	2,96	0015	9985
0,57	2843	7157	1,17	1210	8790	1,77	0384	9616	2,37	0089	9911	2,97	0015	9985
0,58	2810	7190	1,18	1190	8810	1,78	0375	9625	2,38	0087	9913	2,98	0014	9986
0,59	2776	7224	1,19	1170	8830	1,79	0367	9633	2,39	0084	9916	2,99	0014	9986
0,60	2743	7257	1,20	1151	8849	1,80	0359	9641	2,40	0082	9918	3,00	0013	9987

Stichwortverzeichnis

Ihr Feedback zu diesem Buch

Für Ihre Anregungen, Hinweise und Bewertungen sind wir dankbar und offen.
Sie helfen damit, dieses Buch noch weiter zu optimieren ... für einen bestmöglichen Erfolg im Mathe-Abi.

Als einfache und schnelle Verfahren bieten sich folgende Wege für Ihr Feedback an:

- per Post: einfach dieses Blatt im frankierten Umschlag zurücksenden;
- per Fax: an unsere Faxnummer 0761 45699 45;
- per E-mail: an info@freiburger-verlag.de;
- per Internet: unter www.erfolg-im-mathe-abi.de unter „Feedback".

Besten Dank für Ihre Mithilfe! Zudem erhalten Sie für alle Vorschläge, die in Folgeauflagen eingearbeitet werden, als Dankeschön eine kleine Aufmerksamkeit von uns.

Erfolg im Mathe-Abi Rheinland-Pfalz
Das Basiswissen-Übungsbuch für den Grund- und Leistungskurs

Seite	Anregung

Erfolg im Mathe-Abi Rheinland-Pfalz

Das Basiswissen-Übungsbuch für Grund- und Leistungskurs

Freiburger Verlag GmbH
›Erfolg im Mathe-Abi‹
Hartkirchweg 37

79111 Freiburg

Fax: 0761 45699 45

Absender:

Name / Vorname / Position	Kundennummer, falls bekannt
Straße / Nr.	Schule
PLZ / Ort	Klasse
Tel. für Rückfragen	Schuladresse
email-Adresse	

Besten Dank für Ihre Mithilfe!
Ihr Freiburger-Verlags-Team